电子电路设计、仿真与制作

常用传感器技术及应用

（第2版）

周润景　李茂泉　编著

電子工業出版社
Publishing House of Electronics Industry
北京·BEIJING

内容简介

本书介绍了32个典型的传感器技术设计案例，内容包含液化气检测报警电路设计、铂热电阻温度测量电路设计、大气压力测量电路设计、电流输出型温度传感器测量电路设计、电阻应变片压力电桥测量电路设计、房间湿度测量电路设计、霍尔转速计电路设计、酒精检测电路设计、空气质量检测电路设计、热电偶温度测量电路设计、位移测量电路设计、温差测量电路设计、温度测量电路设计、烟雾测量电路设计、阳光强度测量显示电路设计、液位测量显示电路设计、转速测量电路设计、振动检测电路设计、一氧化碳测量电路设计、加速度测量电路设计、小型称重电路设计、数字电容测量电路设计、位置检测电路设计、电阻测量电路设计、频率测量电路设计、红外测温电路设计、人体感应自动开关电路设计、红外线自动洗手控制电路设计、红外测距电路设计、基于单片机的公交车自动报站器设计、火灾检测电路设计及物体流量计数器设计。这些案例均来源于作者多年的实际科研项目，因此具有很强的实用性。通过对本书的学习和实践，读者可以很快掌握常用传感器技术的基础知识及应用方法。

本书适合电子电路设计爱好者自学使用，也可作为高等学校相关专业课程设计、毕业设计及电子设计竞赛的指导书籍。

图书在版编目（CIP）数据

常用传感器技术及应用/周润景，李茂泉编著. —2版. —北京：电子工业出版社，2020.2
（电子电路设计、仿真与制作）
ISBN 978-7-121-38375-5

Ⅰ. ①常…　Ⅱ. ①周…　②李…　Ⅲ. ①传感器　Ⅳ. ①TP212

中国版本图书馆CIP数据核字（2020）第021974号

责任编辑：张　剑（zhang@phei.com.cn）
文字编辑：康　霞
印　　刷：北京捷迅佳彩印刷有限公司
装　　订：北京捷迅佳彩印刷有限公司
出版发行：电子工业出版社
　　　　　北京市海淀区万寿路173信箱　邮编 100036
开　　本：787×1092　1/16　印张：22　字数：560千字
版　　次：2017年6月第1版
　　　　　2020年2月第2版
印　　次：2025年1月第12次印刷
定　　价：88.00元

凡所购买电子工业出版社图书有缺损问题，请向购买书店调换。若书店售缺，请与本社发行部联系，联系及邮购电话：（010）88254888，88258888。

质量投诉请发邮件至zlts@phei.com.cn，盗版侵权举报请发邮件至dbqq@phei.com.cn。

本书咨询联系方式：zhang@phei.com.cn。

前　　言

目前，传感器已经应用于机械制造、工业过程控制、汽车电子产品、通信电子产品、消费电子产品和专用设备等诸多领域。因此，掌握传感器的基本原理和工作特性在电路设计中有着至关重要的作用。本书以传感器为主，单片机系统为辅，以设计、分析、制作为主线，围绕传感器应用中的一些具体案例进行讲解。

书中的案例都是作者实际科研工作经验的总结，案例的选择经过了多方面考虑，涵盖了各式各样的传感器，对其应用进行了详细讲解。本书案例配有汇编语言或C语言的源代码，不仅编程规范，而且代码具有良好的可移植性。

本书结合EDA开发工具Proteus软件、Protel 99SE及Keil软件进行单片机电路的软、硬件联调。在电路设计中主要运用了Proteus或Protel 99SE的原理图布局、PCB自动或人工布线、SPICE电路仿真等。在不需要制作PCB的情况下对电路进行设计与分析，并且可以通过改变元器件参数使整个电路的性能达到最优化，通过调整传感器参数，可以在仿真中得到不同的结果。这样不仅节省了宝贵的开发时间和经费，也提高了设计效率和质量。

本书是作者多年实践经验的整理和总结，读者通过对本书的学习，可以借鉴作者的研发思路和实践经验，这种方法无疑可以帮助读者找到更快、更有效的学习路径，可以尽快取得最佳的学习效果，减少许多不必要的摸索时间。从实践性与技术性的角度来看，本书有其独特的地方，对读者很有帮助。

本书由周润景、李茂泉编著。其中，李茂泉编写了项目23，周润景负责其余项目的编写，全书由周润景统稿。另外，参加本书编写的还有崔婧、任自鑫、蔡富佳、孟浩博、祖晓伟、黄河、王雪洁、安臣伟、秦家旺、乌日图、张晨、武立群、王伟和蔺雨露。

需要说明的是，本书收录的实例仅限于器件原理学习、研究之用，不得直接用于工程实际商业生产或其他非法用途，在应用与实践中产生的一切安全事故或纠纷均不在本书作者承担责任范围内。

由于作者水平有限，书中难免存在错误、疏漏和不妥之处，敬请读者批评指正。

编著者

前言

目　录

项目1　液化气检测报警电路设计

设计任务

设计一个能够检测环境中液化气浓度，并具有显示、报警功能的电路。

基本要求

☺ LM016L 显示当前环境中液化气浓度及报警浓度。

☺ 通过按键设置合适的报警浓度。

☺ 当检测到环境中的液化气浓度大于设置的报警浓度时，蜂鸣器报警。

总体思路

液化气检测报警电路是能够检测环境中液化气浓度，并具有报警功能的电路。此电路的基本组成部分包括电源电路、气体传感器电路、模数转换电路、单片机控制电路、液晶显示电路、按键电路和报警电路。

气体传感器电路中，由气体传感器将液化气信号转化为模拟信号；模数转换电路ADC0832将液化气检测电路送出的模拟信号转换成数字信号后送入单片机，并对处理后的数据进行分析，判断是否大于或等于某个预设值（也就是报警限值），如果大于则启动报警电路并发出报警声音，反之则为正常状态；按键电路设置报警限值，液晶显示电路显示当前检测的液化气浓度及报警浓度。

系统组成

液化气检测报警电路系统主要分为7个部分。

☺ 电源电路：直流稳压源为整个电路提供5V的稳定电压。

☺ 气体传感器电路：采集液化气模拟信号。

☺ 模数转换电路：将液化气模拟信号转换成单片机可识别的数字信号。

☺ 单片机控制电路：处理送入的数字信号。

☺ 液晶显示电路：显示传感器检测到的液化气浓度和报警浓度。

☺ 按键电路：用来设置报警浓度。

☺ 报警电路：当检测浓度大于设定的报警浓度时报警。

整个系统方案的模块框图如图 1-1 所示。

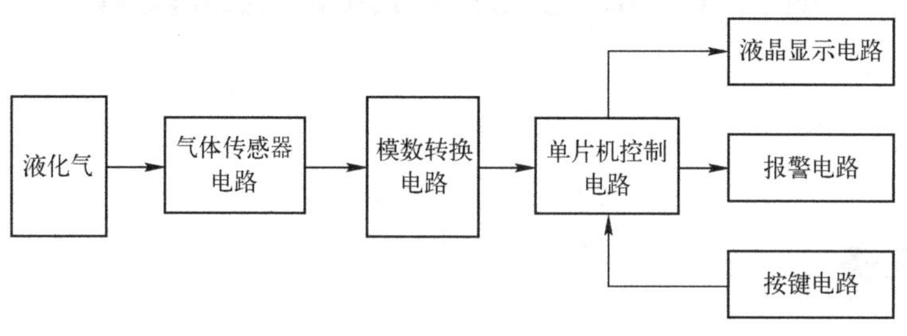

图 1-1　模块框图

模块详解

1. AT89C51 单片机模块

AT89C51 单片机是一款低功耗、低电压、高性能的 CMOS 8 位单片机，片内含 8KB 可编程序 Flash 存储器，256×8 字节内部 RAM，32 个外部双向输入/输出口，可方便地应用在各个控制领域。

本设计的单片机模块包含 12MHz 时钟电路、上电复位电路，以及对数码管有限流作用的 RP1。单片机模块电路图如图 1-2 所示。

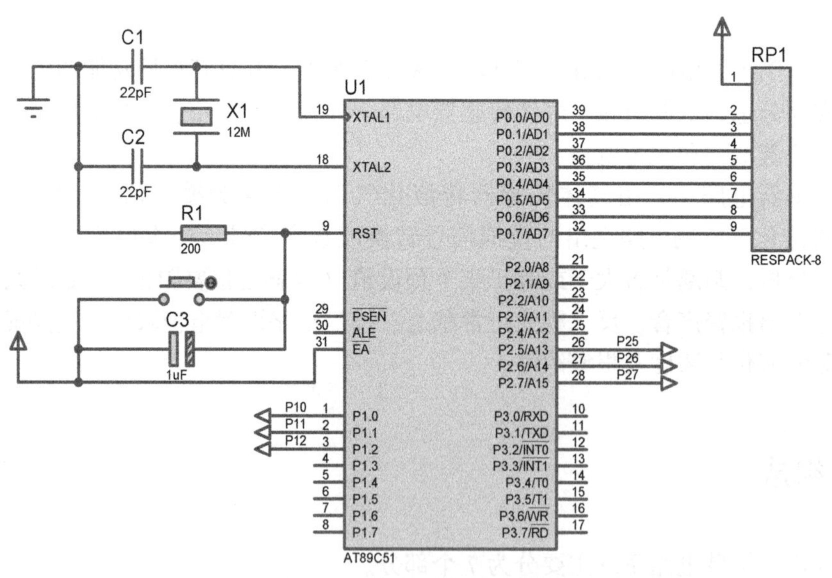

图 1-2　单片机模块电路图

2. 传感器模块

本设计采用的液化气传感器模块主要由 MQ-2 型气体传感器构成。MQ-2 型气体传感器采用了二氧化锡半导体气敏材料，属于表面离子式 N 型半导体。当处于 200~300℃时，二氧化锡吸附空气中的氧，形成氧的负离子吸附，使半导体中的电子密度减小，从而使其电阻值增加。当与烟雾接触时，如果晶粒间界处的势垒受到该烟雾的调制而变化，就会引起表面电导率的变化。利用这一点就可以获得这种烟雾存在的信息，烟雾浓度越大，电导率越大，输出电阻越小。

☺ MQ-2 型气体传感器对天然气、液化石油气等烟雾有很高的灵敏度，尤其对烷类烟雾更敏感，具有良好的抗干扰性，可准确排除有刺激性非可燃性烟雾的干扰信息。

☺ MQ-2 型气体传感器具有良好的可重复性和长期的稳定性：初始稳定，响应时间短，长时间工作性能好。

☺ 其检测可燃气体与烟雾的范围是 100~10000ppm。

说明

ppm 为体积浓度单位，即

☺ $1\text{ppm}=\dfrac{1\ \text{cm}^3}{1\text{m}^3}$

☺ 电路设计电压范围宽，24V 以下均可；加热电压为 5V±0.2V。

注意

加热电压必须在 5V±0.2V 范围内，否则容易使内部的信号线熔断。

☺ 工作电压为 5V DC，模拟量输出 0~5V 电压，浓度越高，其输出电压越高。

MQ-2 的技术参数如表 1-1 所示。

表 1-1　MQ-2 的技术参数

产品型号			MQ-2
产品类型			半导体气敏元件
标准封装			胶木（黑胶木）
检测气体			可燃气体、烟雾
检测浓度			300~10000ppm（可燃气体）
标准电路条件	回路电压	V_c	≤15V AC 或 DC
	加热电压	V_h	5.0V±0.2V AC 或 DC
	负载电阻	R_L	可调
标准测试条件下气敏元件的特性	加热电阻	R_h	31Ω±3Ω（室温）
	加热功耗	P_h	≤900mW
	敏感体表面电阻	R_s	3~30kΩ（2000ppm 异丁烷中）
	灵敏度	S	R_s（空气中）/R_s（1000ppm 丁烷）≥5
	浓度斜率	α	≤0.6（$R_{3000ppm}/R_{1000ppm}$ C_3H_8）
标准测试条件	温度、湿度		20℃±2℃；65%RH±5%RH
	标准测试电路		V_c：5.0V±0.1V V_h：5.0V±0.1V
	预热时间		不少于 48h

液化气传感器模块适用于家庭或工厂的气体泄漏监测装置，以及适合液化气、丁烷、丙烷、甲烷、酒精、氢气等的监测。在本设计中，液化气传感器模块负责采集液化气模拟信号。由 MQ-2 传感器的工作原理可知，浓度越高，其输出电压越高，在后面的电路仿真中用电位器来代替。

液化气传感器模块实物图如图 1-3 所示。

图 1-3　液化气传感器模块实物图

本设计中的传感器模块电路图如图 1-4 所示。

3. ADC0832 模数转换模块

ADC0832 是 8 位分辨率、8 位串行 A/D 转换器，其最高分辨率可达 256 级，可以适应一般的模拟量转换要求，输入模拟信号电压范围为 0～5V，通过三线接口与单片机连接。在本设计中负责将液化气模拟信号转换成单片机可识别的数字信号，A/D 转换模块电路图如图 1-5 所示。

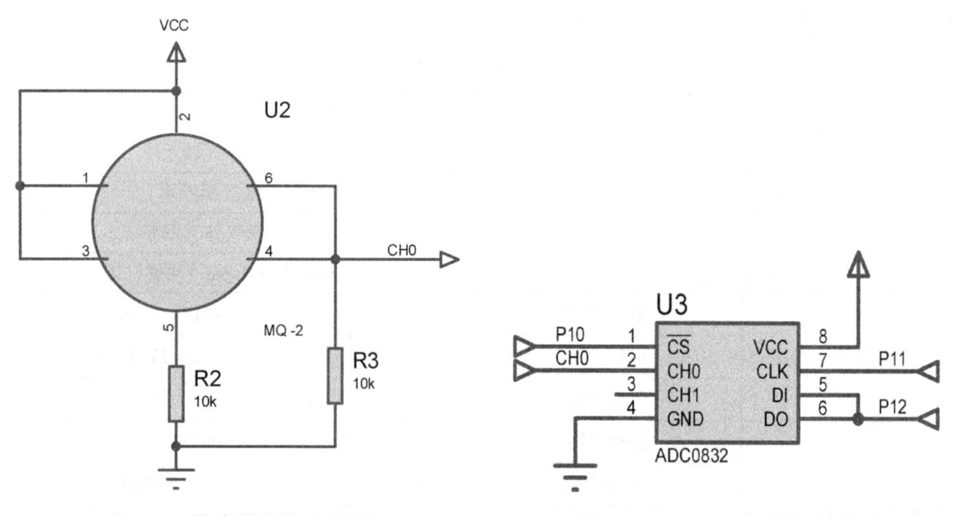

图 1-4　传感器模块电路图　　图 1-5　A/D 转换模块电路图

4. LM016L 液晶显示模块

LM016L 可以显示 2 行 16 个字符，具有 8 位数据总线 D0～D7 和 RS、R/W、E 三个控制端口，工作电压为 5V，并且带有字符对比度调节和背光设置。其实物图如图 1-6 所示。引脚介绍如下，其电路图如图 1-7 所示。

☺ 第 1 脚：VSS 为电源地，接 GND。

☺ 第 2 脚：VDD 接 5V 正电源。

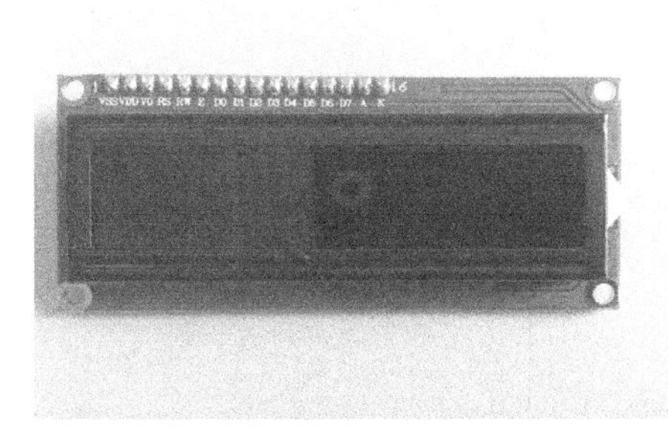

图 1-6　LM016L 液晶显示模块实物图

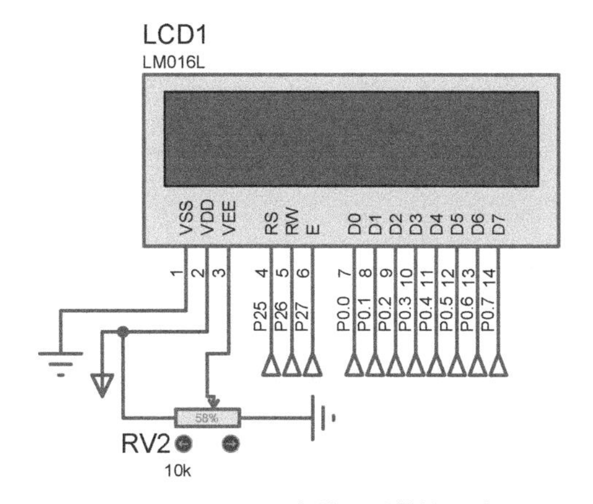

图 1-7　LCD1602 液晶显示模块电路图

☺ 第 3 脚：VEE 为液晶显示器对比度调整端，接正电源时对比度最弱，接地线时对比度最高，对比度过高时会产生“鬼影”，使用时可以通过一个 10kΩ 的电位器调整对比度。

☺ 第 4 脚：RS 为寄存器选择端，高电平时选择数据寄存器，低电平时选择指令寄存器。

☺ 第 5 脚：RW 为读写控制信号线端，高电平时进行读操作，低电平时进行写操作。当 RS 和 RW 同为低电平时可以写入指令或显示地址；当 RS 为低电平而 RW 为高电平时可以读忙信号；当 RS 为高电平而 RW 为低电平时可以写入数据。

☺ 第 6 脚：E 为使能信号端，当 E 端由高电平跳变成低电平时，液晶显示模块执行命令。

☺ 第 7~14 脚：D0~D7 为 8 位双向数据线。

5. 报警模块

将蜂鸣器一端连接到地，另一端连接到三极管的集电极，三极管的基极由单片机的 P1.7 引脚来控制，当 P1.7 引脚为低电平时，三极管导通，这样蜂鸣器的电流形成回路，发出声音。当 P1.7 引脚为高电平时，三极管截止，蜂鸣器不发出声音。报警模块电路图如图 1-8 所示，P1.7 引脚会接收到单片机传输的一个脉冲信号，对报警模块进行仿真，脉冲信号参数如图 1-9 所示，仿真图及其蜂鸣器两端的脉冲信号图如图 1-10 和图 1-11 所示。

蜂鸣器响起，蜂鸣器两端幅值高的为 LS(1)信号端，幅值低的为 R5(1)信号端，如图 1-11 所示。

6. 按键模块

按键的开关状态通过一定的电路转换为高、低电平状态。按键闭合过程中在相应的 I/O 口形成一个负脉冲。本设计采用的是独立式按键，直接用 I/O 口线构成单个按键电路，每个按键占用一条 I/O 口线，每个按键的工作状态不会互相影响。通过调节按键来设置报警浓度的变化，本系统共两个按键：功能加键和功能减键（按键模块电路图如图 1-12 所示）。

P3.0 口（K1）表示数字“+”键，按一下则对应的浓度值加 1mg/L。

P3.1 口（K2）表示数字“-”键，按一下则对应的浓度值减 1mg/L。

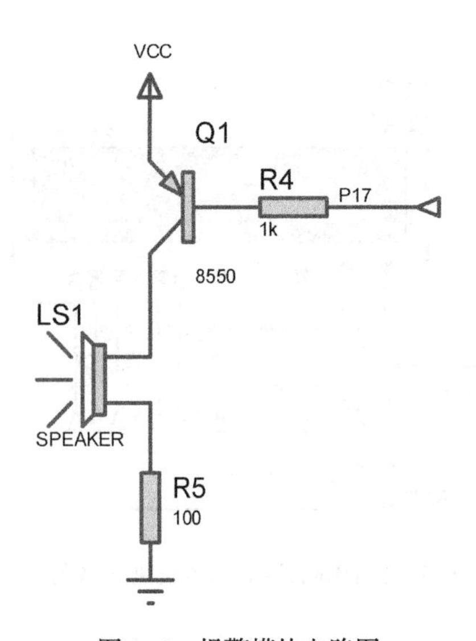

图 1-8　报警模块电路图

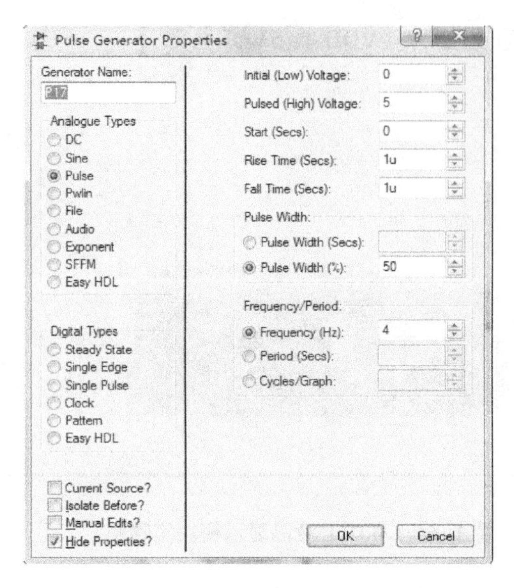

图 1-9　脉冲信号参数

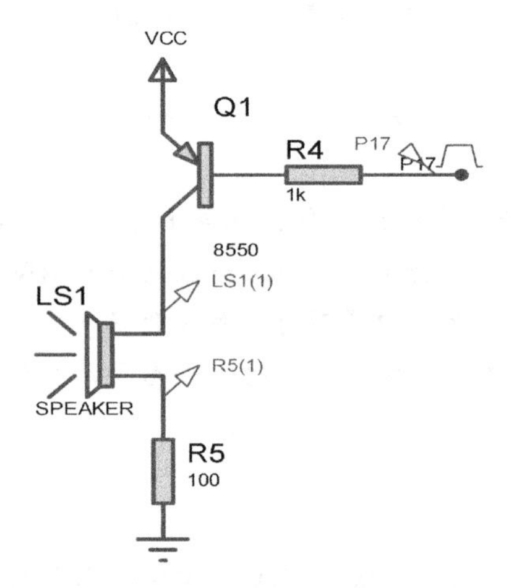

图 1-10　报警模块仿真图

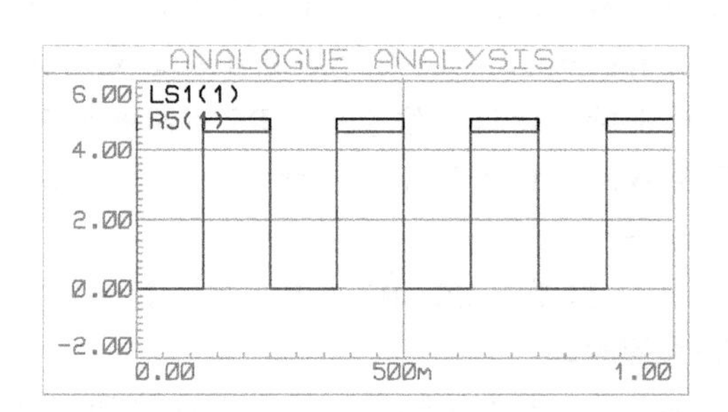

图 1-11　蜂鸣器两端的脉冲信号图

7. 电源模块

本设计使用 5V 直流稳压电源。电源模块电路图如图 1-13 所示。

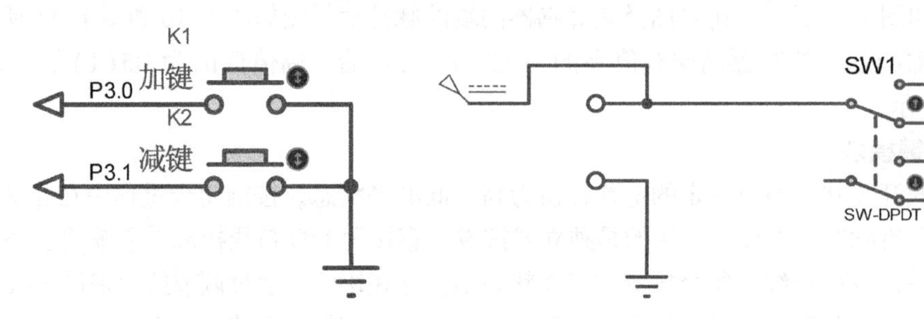

图 1-12　按键模块电路图　　　　图 1-13　电源模块电路图

整体电路图如图 1-14 所示。

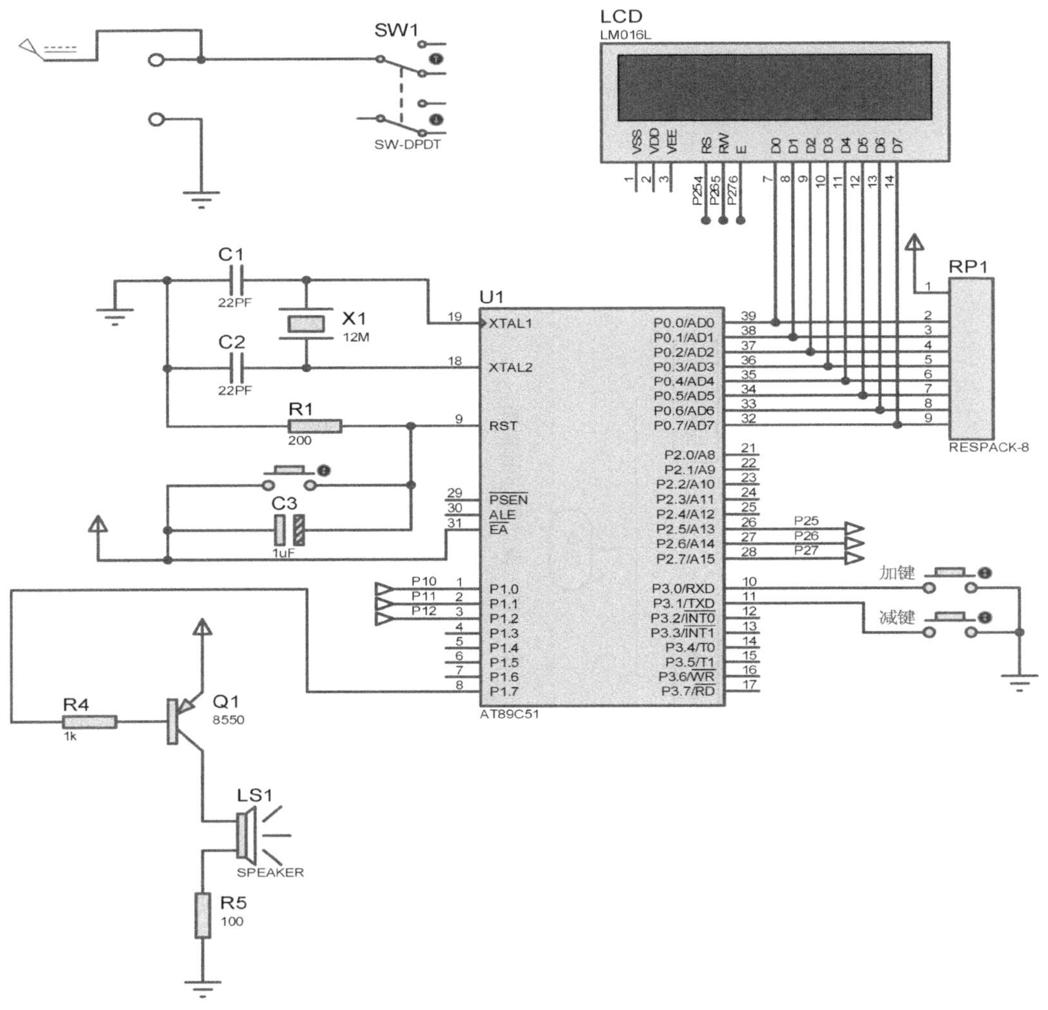

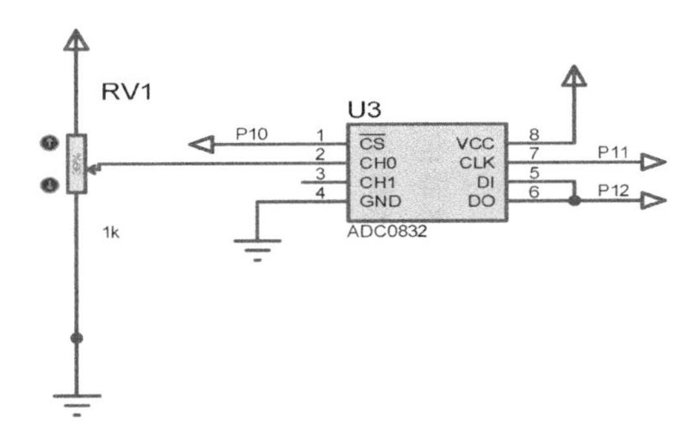

图1-14　液化气泄漏检测电路原理图

软件设计

本设计中，软件解决的主要问题是检测传感器的液化气浓度信号，然后对信号进行A/D转换、数字滤波、线性化处理、段式液晶浓度显示、按键功能设置，以及蜂鸣器声光报警。设计程序流程图如图1-15所示。

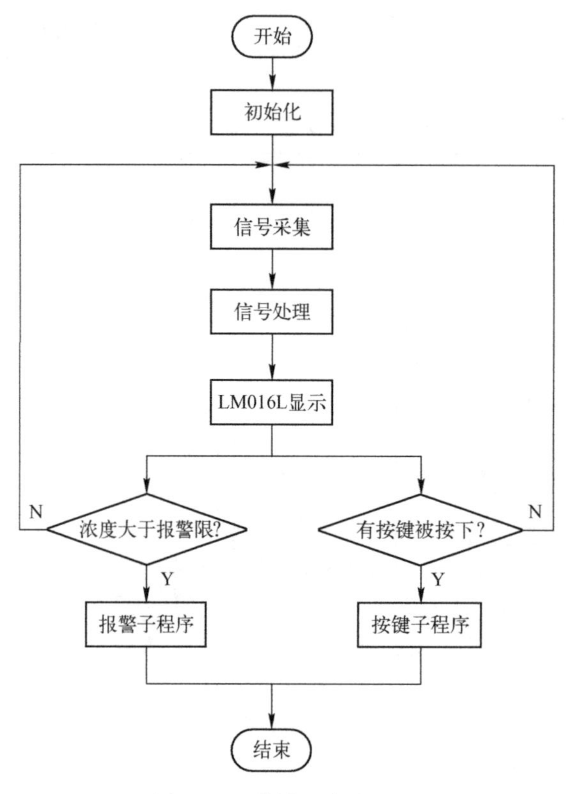

图1-15　设计程序流程图

按照程序流程图，编写程序如下：

```
#include <reg52. h>                        //调用单片机头文件
#define uchar unsigned char                //无符号字符型 宏定义 变量范围0~255
#define uint unsigned int                  //无符号整型 宏定义 变量范围0~65535
#include<intrins. h>
#include " eeprom52. h"
sbit CS=P1^0;                              //将CS位定义为P1.0引脚
sbit CLK=P1^1;                             //将CLK位定义为P1.1引脚
sbit DIO=P1^2;                             //将DIO位定义为P1.2引脚
sbit K1=P3^0;
sbit K2=P3^1;
sbit beep=P1^7;                            //蜂鸣器I/O口定义
long dengji,s_dengji=50;                   //等级
bit flag;
```

```
#include "lcd1602.h"
/**********************1ms 延时函数**************************/
void delay_1ms(uint q)
{
    uint i,j;
    for(i=0;i<q;i++)
        for(j=0;j<120;j++);
}
/***************** 把数据保存到单片机内部 eeprom 中 *****************/
void write_eeprom()
{
    SectorErase(0x2000);
//  byte_write(0x2000,s_dengji);
    byte_write(0x2001,s_dengji);
    byte_write(0x2060,a_a);
}
/***************** 把数据从单片机内部 eeprom 中读出来 ***************/
void read_eeprom()
{
//  s_dengji =byte_read(0x2000);
    s_dengji=byte_read(0x2001);
    a_a =byte_read(0x2060);
}
/************** 开机自检 eeprom 初始化 *****************/
void init_eeprom()
{
    read_eeprom();              //先读
    if(a_a !=2)                 //初始单片机内部 eeprom
    {
        s_dengji=80;
        a_a=2;
        write_eeprom();
    }
}
/**************************************************
函数功能:将模拟信号转换成数字信号
**************************************************/
unsigned char A_D()
{
    unsigned char i,dat;
        CS=1;               //一个转换周期开始
        CLK=0;              //为第一个脉冲做准备
        CS=0;               //CS 置 0,片选有效
        DIO=1;              //DIO 置 1,规定的起始信号
        CLK=1;              //第 1 个脉冲
        CLK=0;              //第 1 个脉冲的下降沿,此前 DIO 必须是高电平
        CLK=1;              //第 2 个脉冲,第 2、3 个脉冲下沉之前,DI 必须分别输入两位数
                            //据用于选择通道,这里选通道 CH0
        CLK=0;              //第 2 个脉冲下降沿
        CLK=0;              //第 3 个脉冲下降沿
        DIO=1;              //第 3 个脉冲下沉之后,输入端 DIO 失去作用,应置 1
        CLK=1;              //第 4 个脉冲
```

```
        for(i=0;i<8;i++)     //高位在前
          {
            CLK=1;           //第 4 个脉冲
            CLK=0;
            dat<<=1;         //将下面存储的低位数据向右移
                dat |=(unsigned char)DIO;  //将输出数据 DIO 通过或运算存储在 dat 最
                                           //低位
          }
    return dat;                  //将读出的数据返回
    }
/*************定时器 0 初始化程序***************/
void time_init()
{
    EA =1;                       //开总中断
    TMOD=0X01;                   //定时器 0、定时器 1 工作方式 1
    ET0 =1;                      //开定时器 0 中断
    TR0 =1;                      //允许定时器 0 定时
}
void key()                       //独立按键程序
{
    if(! K1)
        {
            delay_1ms(20);
            if(! K1)
            {
            while(!K1)
            ;
                s_dengji++;                    //浓度设置值加 1
          if(s_dengji> 999)
            s_dengji=999;

                    write_sfm2(2,9,s_dengji);  //显示等级
          write_eeprom();                      //保存数据
            }
          }
          if(!K2)
        {
            delay_1ms(20);
            if(!K2)
            {
            while(!K2)
            ;
                s_dengji -=1;                  //浓度设置值减 1
          if(s_dengji<=1)
            s_dengji=1 ;

                    write_sfm2(2,9,s_dengji);  //显示等级
         write_eeprom();                       //保存数据
            }
        }
}
/****************报警函数***************/
```

```
void baojing( )
{
    static uchar value;
    if( dengji>=s_dengji )                          //报警
    {
        value++;
        if( value>=2)
        {
            value=0;
            beep=~beep;                             //蜂鸣器报警
        }
    }else
    {
        if( dengji<s_dengji)                        //取消报警
        {
            value=0;
            beep=1;
        }
    }
}
/****************主函数*****************/
void main( )
{
    beep=0;                                         //开机叫一声
    delay_1ms( 150) ;
    P0=P1=P2=P3=0xff;                               //单片机 I/O 口初始化为 1
    init_eeprom( ) ;                                //读 eeprom 数据
    time_init( ) ;                                  //初始化定时器
    show( ) ;                                       //开机显示欢迎
    delay_1ms( 1500) ;
    init_1602( ) ;
    while( 1)
    {
        key( ) ;                                    //独立按键程序
        if( flag==1)
        {
            flag=0;
            dengji=A_D( ) ;
            dengji=dengji * 450/255.0;
            dengji=dengji-160;          //首先减去零点漂移,一般是 1V
            dengji=dengji * 2;          //将 mV 转换成 mg/L,系数需要校准
                                        //电压每升高 0.1V,实际被测气体的浓度增加 20ppm
                                        //1ppm=1mg/kg=1mg/L=1×10^-6 常用来表示气体浓
                                        //度,或者溶液浓度
            write_sfm2(1,9,dengji);     //显示浓度
            baojing( ) ;
        }
    }
}
/**************定时器 0 中断服务程序***************/
void time0_int( ) interrupt 1
{
```

```
        static uchar value;
        TH0=0x3c;
        TL0=0xb0;                          //50ms
        value++;
        if(value % 4==0)
        {
            flag=1;                        //200ms 刷新一下主循环
        }
}
```

调试与仿真

将程序下载到单片机中，进行仿真。根据传感器的工作原理，可以用电位器来代替传感器。调节电位器，就可改变所测得的浓度值，启动仿真时，液晶显示界面出现“Hello：welcome”，如图 1-16 所示，而后显示出当前所测得的浓度值和报警值，如图 1-17 所示。此时所测得的浓度值未达到报警浓度，蜂鸣器两端的信号电压差如图 1-18 所示。

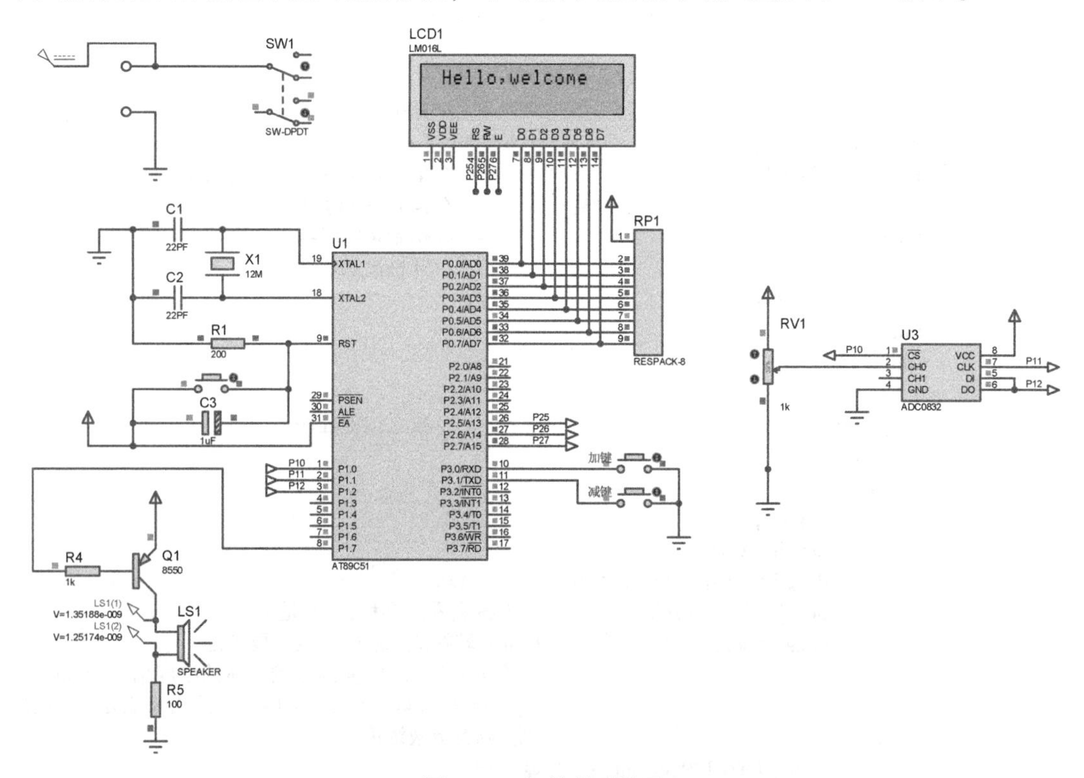

图 1-16　初始界面显示

图 1-18 所显示的信号是开始仿真时，初始界面所产生的信号，不是蜂鸣器报警信号。高幅值的是 LS1(1)信号，低幅值的为 LS1(2)信号。

调节滑动变阻器阻值，当所调节的浓度超过所设定的报警浓度时，蜂鸣器响起，如图 1-19 所示，此时蜂鸣器两端的信号图如图 1-20 所示。

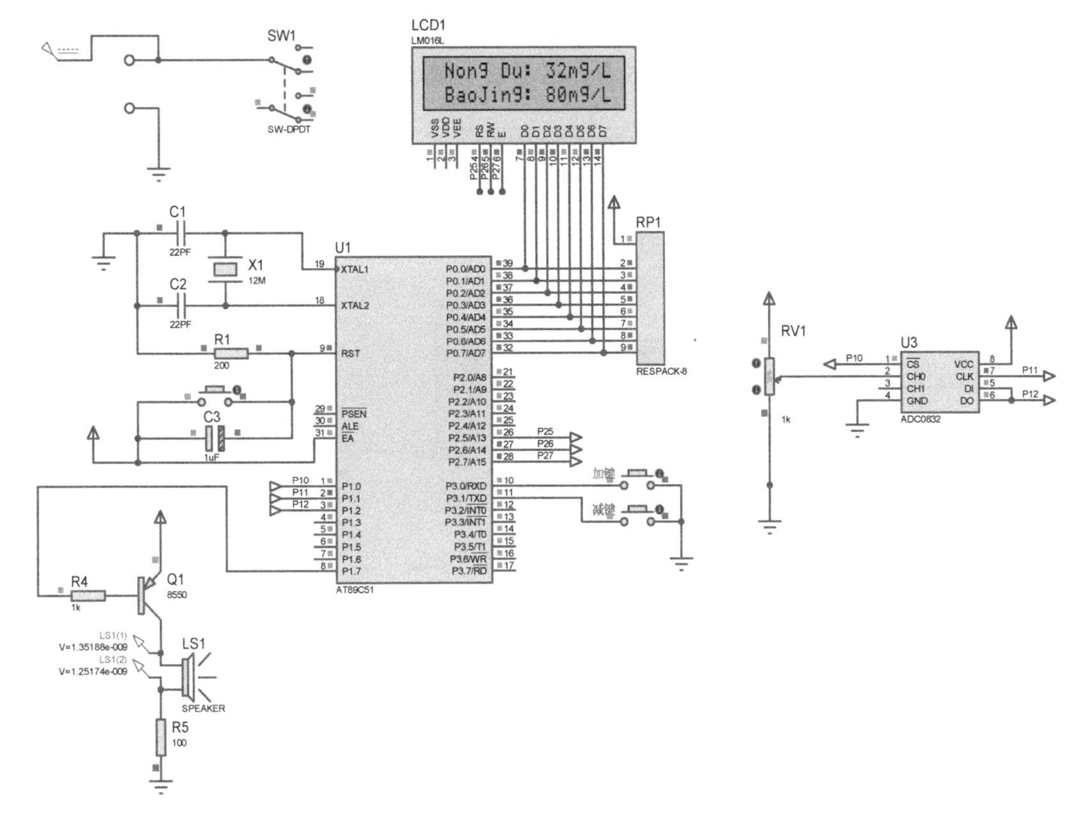

图 1-17　仿真显示界面

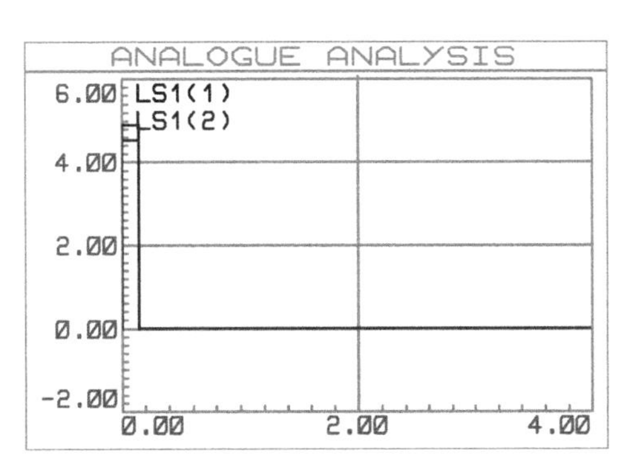

图 1-18　蜂鸣器两端的信号电压差

当发生报警时，可以调节按键模块，增大报警浓度限值，使当前浓度再次小于报警浓度限值，此时报警器不再响起，两端信号恢复，如图 1-18 所示，仿真电路如图 1-21 所示。

PCB 版图

电路板布线图（PCB 版图）是根据原理图的设计，在 Protues 界面单击 PCB Layout，将原理图中各个元器件进行排布，然后进行布线处理而得到的，如图 1-22 所示。在 PCB

Layout 过程中需要考虑外部连接的布局、内部电子元器件的优化布局、金属连线和通孔的优化布局、电磁保护、热耗散等各种因素，这里就不做过多说明了。

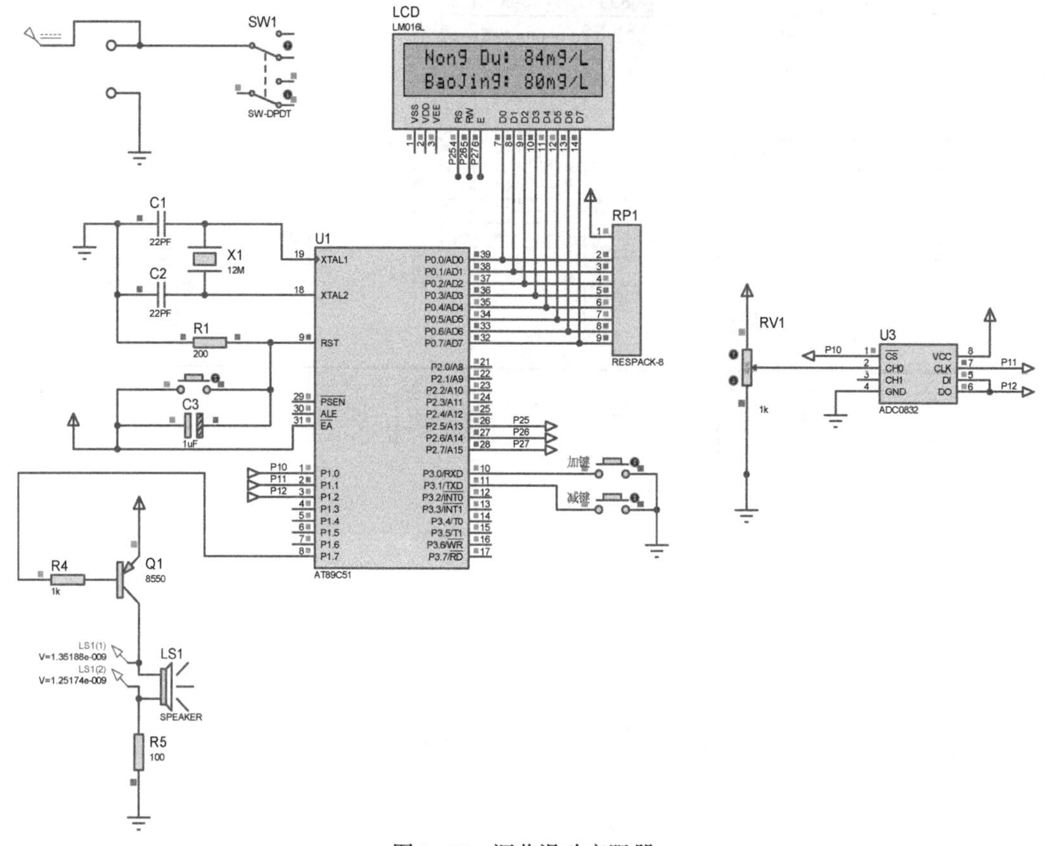

图 1-19　调节滑动变阻器

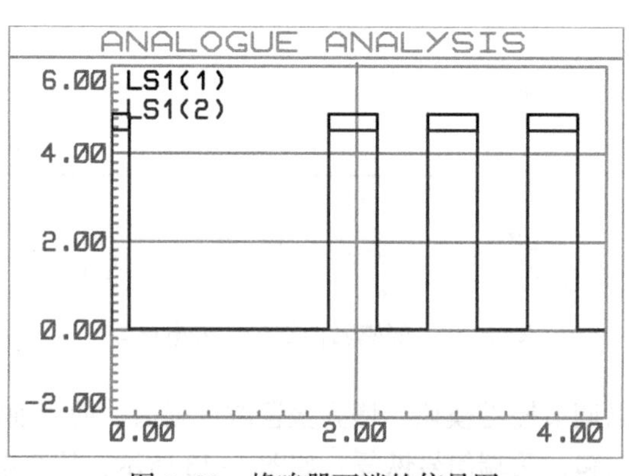

图 1-20　蜂鸣器两端的信号图

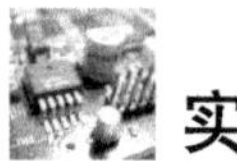

实物测试

按照原理图的布局，在实际电路板上进行各个元器件的焊接，焊接完成后的实物图如图 1-23 所示。实物测试图如图 1-24 所示。

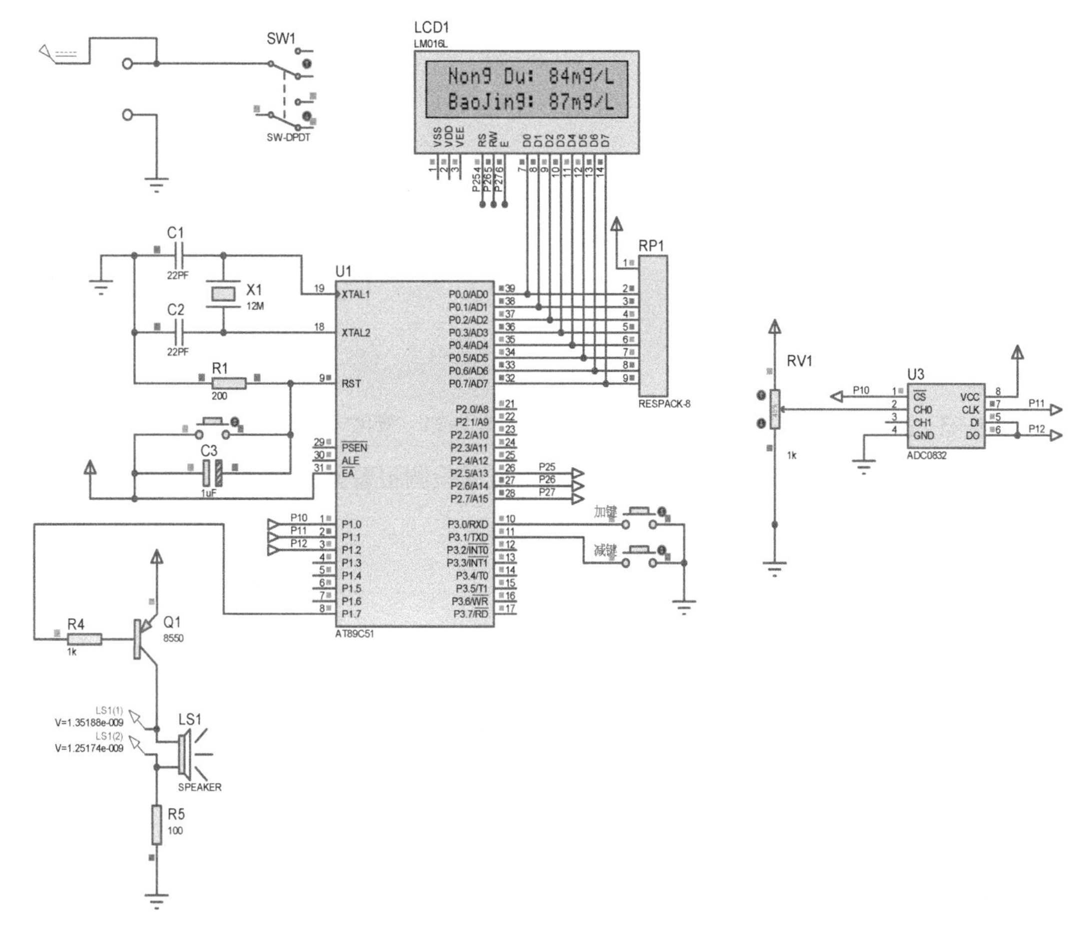

图 1-21 仿真电路

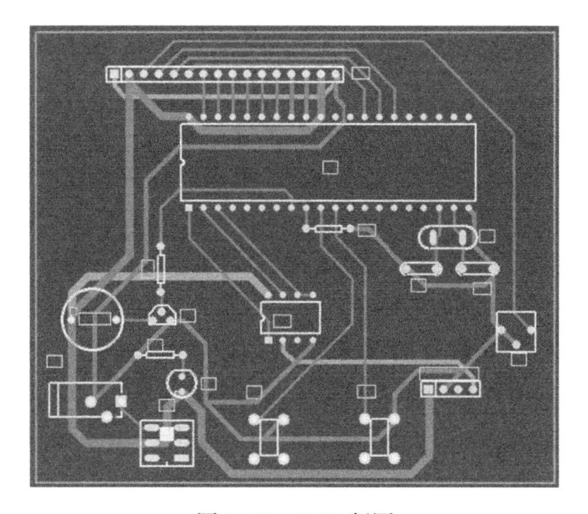

图 1-22 PCB 版图

图 1-23　液化气检测报警装置实物图

图 1-24　液化气检测报警装置实物测试图

通过对实物的测试，此电路能够完成液化气泄漏检测报警并且能够显示当前检测到的液化气浓度值，符合设计要求。

思考与练习

（1）蜂鸣器的驱动三极管为什么选用 PNP 型的，而不是 NPN 型的？

答： 因为单片机刚一上电的时候，所有的 I/O 口都会有一个短暂的高电平。如果选用 NPN 型的，即使程序上将 I/O 口拉低，蜂鸣器也会响一小下或吸合一下，为了避免这种情况的发生，选用 PNP 型的：因为我们想控制蜂鸣器工作，而单片机的 I/O 口要是低电平，不可能刚一通电就让蜂鸣器响，从而避免了不必要的麻烦。

（2）传感器的工作原理是什么？

答： MQ-2 型传感器属于二氧化锡半导体气敏材料，属于表面离子式 N 型半导体。处于 200～300℃时，二氧化锡吸附空气中的氧，形成氧的负离子吸附，使半导体中的电子密度减小，从而使其电阻值增加。当与液化气接触时，如果晶粒间界处的势垒受到液化气的调整而变化，就会引起表面导电率的变化。利用这一点就可以获得这种气体存在的信息，气体的浓度越大，导电率越大，输出电阻越小，则输出的模拟信号就越大。

（3）ADC0832 与单片机的连接方式是什么？

答： ADC0832 与单片机的连接方式是 SPI 串行接口方式。SPI 是 MOTOROLA 公司推出的一种同步串行外设接口，允许主机 MCU 与各个厂家生产工具的标准外围设备直接接口，以串行方式交换信息。SPI 使用 4 条线与 MCU 连接：串行时钟 SCK、主机输入/从机输出数据线 SO、主机输出/从机输入数据线 SI 和低电平有效的从机选择线 CS。SPI 串行扩展系统的主器件单片机可以带有 SPI 接口，也可以不带 SPI 接口，但从器件必须具有 SPI 接口。

特别提醒

为保证传感器准确、稳定地工作，检测前要对传感器预热大约 3min。

项目2　铂热电阻温度测量电路设计

设计任务

设计一个简单的铂热电阻温度测量电路，能将温度值转换为相应的电压值输出。

基本要求

电路应满足如下要求：

☺ 采用桥式电路测温。

☺ 电压基准源可调。

☺ 运放采用单一电源供电。

总体思路

铂热电阻接成三线制，电路采用TL431和电位器VR1调节，产生4.096V参考电压，当温度变化时，采用测温电桥测量压差信号，然后将此信号放大输出。

系统组成

铂热电阻温度测量电路主要分为3部分。

☺ 第一部分为直流稳压源：为整个电路提供5V稳定电压。

☺ 第二部分为测量电桥。

☺ 第三部分为差动放大电路。

整个系统方案的模块框图如图2-1所示。

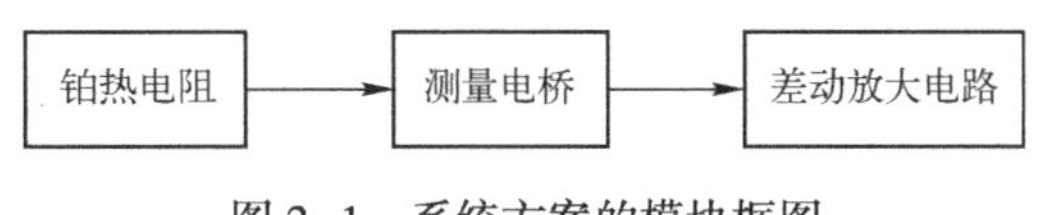

图2-1　系统方案的模块框图

模块详解

1. 直流稳压源

直流稳压源主要由滤波电路和稳压电路组成。电路在三端稳压器的输入端接入电解电

容 $C_3=1000\mu F$，用于电源滤波，其后并入电解电容 $C_4=4.7\mu F$，用于进一步滤波。在三端稳压器的输出端接入电解电容 $C_5=4.7\mu F$，用于减小电压纹波，而并入陶瓷电容 $C_6=100nF$，用于改善负载的瞬态响应并抑制高频干扰。稳压电路选择三端稳压器 7805，输出电压是稳定的 5V 直流电压，其原理图如图 2-2 所示。

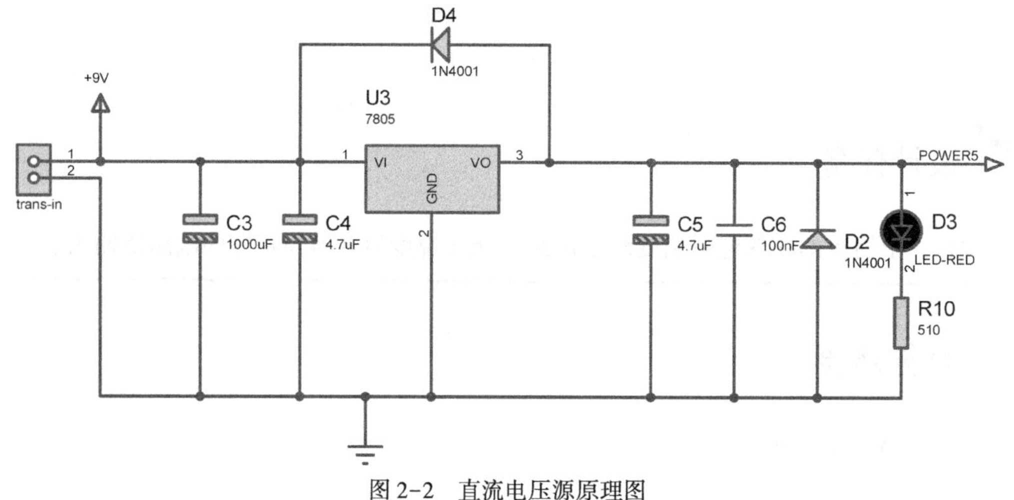

图 2-2　直流电压源原理图

用电压表来验证直流稳压源提供的 5V 电压，此时的 LED-RED 亮起，如图 2-3 所示。

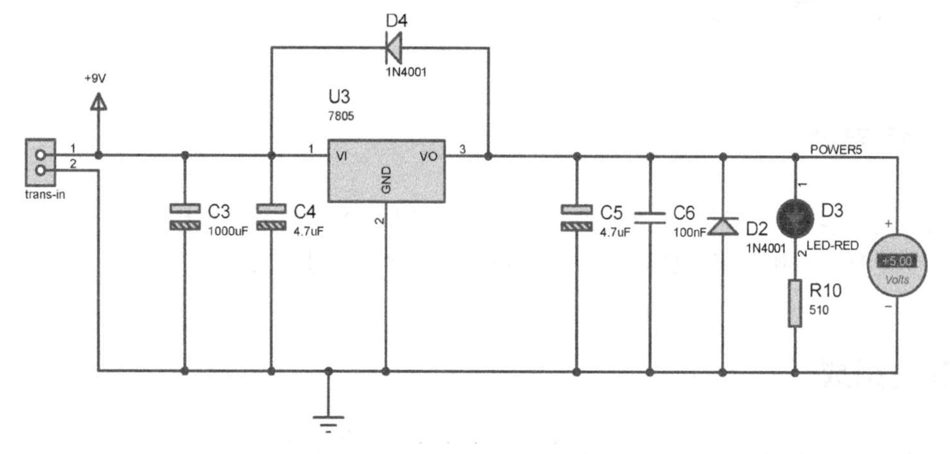

图 2-3　直流稳压源验证

2. 测量电桥

前端的 R1 是限流电阻，需满足 $1mA<(5-4.096)/R_1<500mA$，这里选取的电阻值是 62Ω。电路采用 R2、R3、R9 及 PT100（图中由排针接口引出）构成测量电桥（其中 $R_2=R_3$）。当 PT100 的电阻值和 R9 的电阻值不相等时，电桥会输出一个 mV 级的压差信号，其中 R9 也可以替换成电位器，调节电位器的大小可以改变温度的零点设定（如 PT100 的零点温度为 0，即时电阻为 100Ω，当电位器阻值变化时，温度的零点也将改变）。如果换成电位器，测量电位器的阻值时需在没有接入电路时调节。测量电桥原理图如图 2-4 所示。

PT100 铂电阻的阻值会随着温度的变化而改变。型号中的 100 表示它为 0 时阻值为 100Ω，在 100℃时其阻值约为 138.5Ω。它的工作原理：当 PT100 为 0 时，其阻值为

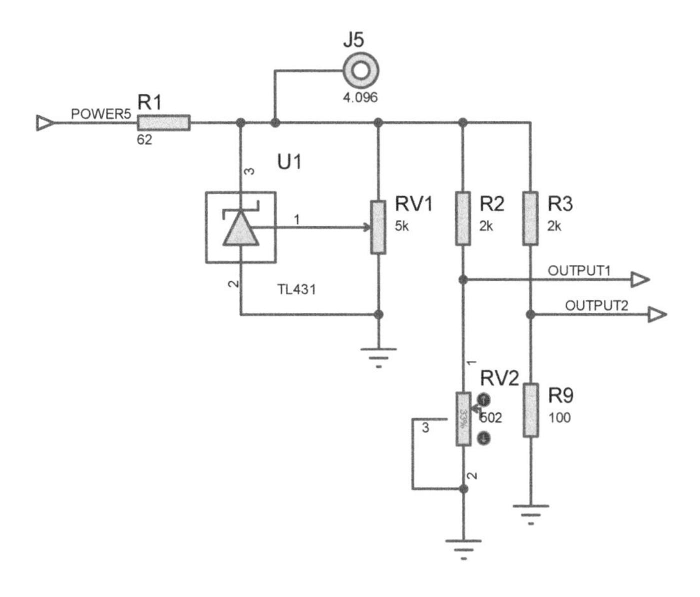

图 2-4　测量电桥原理图

100Ω，其阻值会随着温度的上升而匀速增长。

热电阻传感器主要利用温度变化时传感器电阻发生变化的原理测量温度，这种温度传感器在常温和较低温区范围内的灵敏度比热电阻更高。由于金属铂在氧化性介质或高温中有较好的物理和化学稳定性，因此利用铂制作的铂热电阻温度传感器有较高的精度，它不仅作为工业上的测温元件，也可以用来复现热力学温度的基准和标准——温度自动检定系统、温度校验仪。

铂电阻的技术参数如表 2-1 所示。

表 2-1　铂电阻的技术参数

型　号	技 术 参 数	外形结构示意图
ZRN-WZP-T	① 铂电阻：PT100、PT500、PT1000 温度范围：-80~300℃ ② 常用精度等级： A 级：±(0.15+0.002 $\lvert t \rvert$)℃ B 级：±(0.30+0.005 $\lvert t \rvert$)℃ $\lvert t \rvert$ 为实测温度的绝对值 ③ 常压：对于存在压力的工况，请注明压力大小	Y M L D

电路中电压的放大倍数为 100，所以电路最终输出电压为 $4.096\times\left(\frac{R_{PT100}}{R_2+R_{PT100}}-\frac{R_9}{R_3+R_9}\right)\times 100$，由输出电压即可推算出铂热电阻阻值，再由铂热电阻分度表可以知道所测温度值。铂热电阻分度表如表 2-2 所示。

表 2-2　铂热电阻分度表（$R_9=100$）

温度/℃	电阻值/Ω					（JJG 229-87）$R_9=100.00\Omega$				
	0	1	2	3	4	5	6	7	8	9
-200	18.49	—	—	—	—	—	—	—	—	—
-190	22.8	22.37	21.94	21.51	21.08	20.65	20.22	19.79	19.36	18.93
-180	27.08	26.65	26.23	25.8	25.37	24.94	24.52	24.09	23.66	23.23
-170	31.32	30.9	30.47	30.05	29.63	29.2	28.78	28.35	27.93	27.5
-160	35.53	35.11	34.69	34.27	33.85	33.43	33.01	32.59	32.16	31.74
-150	39.71	39.3	38.88	38.46	38.04	37.63	37.21	36.79	36.37	35.95
-140	43.87	43.45	43.04	42.63	42.21	41.79	41.38	40.96	40.55	40.13
-130	48	47.59	47.18	46.76	46.35	45.94	45.52	45.11	44.7	44.28
-120	52.11	51.7	51.2	50.88	50.47	50.06	49.64	49.23	48.82	48.41
-110	56.19	55.78	55.38	54.97	54.56	54.15	53.74	53.33	52.92	52.52
-100	60.25	59.85	59.44	59.04	58.63	58.22	57.82	57.41	57	56.6
-90	64.3	63.9	63.49	63.09	62.68	62.28	61.87	61.47	61.06	60.66
-80	68.33	67.92	67.52	67.12	66.72	66.31	65.91	65.51	65.11	64.7
-70	72.33	71.93	71.53	71.13	70.73	70.33	69.93	69.53	69.13	68.73
-60	76.33	75.93	75.53	75.13	74.73	74.33	73.93	73.53	73.13	72.73
-50	80.31	79.91	79.51	79.11	78.72	78.32	77.92	77.52	77.13	76.73
-40	84.27	83.88	83.48	83.08	82.69	82.29	81.89	81.5	81.1	80.7
-30	88.22	87.83	87.43	87.04	86.64	86.25	85.85	85.46	85.06	84.67
-20	92.16	91.77	91.37	90.98	90.59	90.19	89.8	89.4	89.01	88.62
-10	96.09	95.69	95.3	94.91	94.52	94.12	93.75	93.34	92.95	92.55
0	100	99.61	99.22	98.83	98.44	98.04	97.65	97.26	96.87	96.48
0	100	100.39	100.78	101.17	101.56	101.95	102.34	102.73	103.12	103.51
10	103.9	104.29	104.68	105.07	105.46	105.85	106.24	106.63	107.02	107.4
20	107.79	108.18	108.57	108.96	109.35	109.73	110.12	110.51	110.9	111.28
30	111.67	112.06	112.45	112.83	113.22	113.61	113.99	114.38	114.77	115.15
40	115.54	115.93	116.31	116.7	117.08	117.47	117.85	118.24	118.62	119.01
50	119.4	119.78	120.16	120.55	120.93	121.32	121.7	122.09	122.47	122.86
60	123.24	123.62	124.01	124.39	124.77	125.16	125.54	125.92	126.31	126.69
70	127.07	127.45	127.84	128.22	128.6	128.98	129.37	129.75	130.13	130.51
80	130.89	131.27	131.66	132.04	132.42	132.8	133.18	133.56	133.94	134.32
90	134.7	135.08	135.46	135.84	136.22	136.6	136.98	137.36	137.74	138.12
100	138.5	138.88	139.26	139.64	140.02	140.39	140.77	141.15	141.53	141.91
110	142.29	142.66	143.04	143.42	143.8	144.17	144.55	144.93	145.31	145.68
120	146.06	146.44	146.81	147.19	147.57	147.94	148.32	148.7	149.07	149.45
130	149.82	150.2	150.57	150.95	151.33	151.7	152.08	152.45	152.83	153.2
140	153.58	153.95	154.32	154.7	155.07	155.45	155.82	156.19	156.57	156.94
150	157.31	157.69	158.06	158.43	158.81	159.18	159.55	159.93	160.3	160.67
160	161.04	161.42	161.79	162.16	162.53	162.9	163.27	163.65	164.02	164.39
170	164.76	165.13	165.5	165.87	166.14	166.61	166.98	167.35	167.72	168.09
180	168.46	168.83	169.2	169.57	169.94	170.31	170.68	171.05	171.42	171.79
190	172.16	172.53	172.9	173.26	173.63	174	174.37	174.74	175.1	175.47
200	175.84	176.21	176.57	176.94	177.31	177.68	178.04	178.41	178.78	179.14

续表

温度/℃	电阻值/Ω				(JJG 229-87) $R_9=100.00\Omega$					
	0	1	2	3	4	5	6	7	8	9
210	179.51	179.88	180.24	180.61	180.97	181.34	181.71	182.07	182.44	182.8
220	183.17	183.53	183.9	184.26	184.63	184.99	185.36	185.72	186.09	186.45
230	186.82	187.18	187.54	187.91	188.27	188.63	189	189.36	189.72	190.09
240	190.45	190.81	191.18	191.54	191.9	192.26	192.63	192.99	193.35	193.71
250	194.07	194.44	194.8	195.16	195.52	195.88	196.24	196.6	196.96	197.33
260	197.69	198.05	198.41	198.77	199.13	199.49	199.85	200.21	200.57	200.93
270	201.29	201.65	202.01	202.36	202.72	203.08	203.44	203.8	204.16	204.52
280	204.88	205.23	205.59	205.95	206.31	206.67	207.02	207.38	207.74	208.1
190	208.45	208.81	209.17	209.52	209.88	210.24	210.59	210.95	211.31	211.66
300	212.02	212.37	212.73	213.09	213.44	213.8	214.15	214.51	214.86	215.22
310	215.57	215.93	216.28	216.64	216.99	217.35	217.7	218.05	218.41	218.76
320	219.12	219.47	219.82	220.18	220.53	220.88	221.24	221.59	221.94	222.29
330	222.65	223	223.35	223.7	224.06	224.41	224.76	225.11	225.46	225.81
340	226.17	226.52	226.87	227.22	227.57	227.92	228.27	228.62	228.97	229.32
350	229.67	230.02	230.37	230.72	231.07	231.42	231.77	232.12	232.47	232.82
360	233.17	233.52	233.87	234.22	234.56	234.91	235.26	235.61	235.96	236.31
370	236.65	237	237.35	237.7	238.04	238.39	238.74	239.09	239.43	239.78
380	240.13	240.47	240.82	241.17	241.51	241.86	242.2	242.55	242.9	243.24
390	243.59	243.93	244.28	244.62	244.97	245.31	245.66	246	246.35	246.69
400	247.04	247.38	247.73	248.07	248.41	248.76	249.1	249.45	249.79	250.13
410	250.48	250.82	251.16	251.5	251.85	252.19	252.53	252.88	253.22	253.56
420	253.9	254.24	254.59	254.93	255.27	255.61	255.95	256.29	256.64	256.98
430	257.32	257.66	258	258.34	258.68	259.02	259.36	259.7	260.04	260.38
440	260.72	261.06	261.4	261.74	262.08	262.42	262.76	263.1	263.43	263.77
450	264.11	264.45	264.79	265.13	265.47	265.8	266.14	266.48	266.82	267.15
460	267.49	267.83	268.17	268.5	268.84	269.18	269.51	269.85	270.19	270.52
470	270.86	271.2	271.53	271.87	272.2	272.54	272.88	273.21	273.55	273.88
480	274.22	274.55	274.89	275.22	275.56	275.89	276.23	276.56	276.89	277.23
490	277.56	277.9	278.23	278.56	278.9	279.23	279.56	279.9	280.23	280.56
500	280.9	281.23	281.56	281.89	282.23	282.56	282.89	283.22	283.55	283.89
510	284.22	284.55	284.88	285.21	285.54	285.87	286.21	286.54	286.87	287.2
520	287.53	287.86	288.19	288.52	288.85	289.18	289.51	289.84	290.17	290.5
530	290.83	291.16	291.49	291.81	292.14	292.47	292.8	293.13	293.46	293.79
540	294.11	294.44	294.77	295.1	295.43	295.75	296.08	296.41	296.74	297.06
550	297.39	297.72	298.04	298.37	298.7	299.02	299.35	299.68	300	300.33
560	300.65	300.98	301.31	301.63	301.96	302.28	302.61	302.93	303.26	303.58
570	303.91	304.23	304.56	304.88	305.2	305.53	305.85	306.18	306.5	306.82
580	307.15	307.47	307.79	308.12	308.44	308.76	309.09	309.41	309.73	310.05
590	310.38	310.7	311.02	311.34	311.67	311.99	312.31	312.63	312.95	313.27
600	313.59	313.92	314.24	314.56	314.88	315.2	315.52	315.84	316.16	316.48
610	316.8	317.12	317.44	317.76	318.08	318.4	318.72	319.04	319.36	319.68
620	319.99	320.31	320.63	320.95	321.27	321.59	321.91	322.22	322.54	322.86

续表

温度/℃	电阻值/Ω					(JJG 229-87) $R_9=100.00\Omega$				
	0	1	2	3	4	5	6	7	8	9
630	323.18	323.49	323.81	324.13	324.45	324.76	325.08	325.4	325.72	326.03
640	326.35	326.66	326.98	327.3	327.61	327.93	328.25	328.56	328.88	329.19
650	329.51	329.82	330.14	330.45	330.77	331.08	331.4	331.71	332.03	332.34
660	332.66	332.97	333.28	333.6	333.91	334.23	334.54	334.85	335.17	335.48
670	335.79	336.11	336.42	336.73	337.04	337.36	337.67	337.98	338.29	338.61
680	338.92	339.23	339.54	339.85	340.16	340.48	340.79	341.1	341.41	341.72
690	342.03	342.34	342.65	342.96	343.27	343.58	343.89	344.2	344.51	344.82
700	345.13	345.44	345.75	346.06	346.37	346.68	346.99	347.3	347.6	347.91
710	348.22	348.53	348.84	349.15	349.45	349.76	350.07	350.38	350.69	350.99
720	351.3	351.61	351.91	352.22	352.53	352.83	353.14	353.45	353.75	354.06
730	354.37	354.67	354.98	355.28	355.59	355.9	356.2	356.51	356.81	357.12
740	357.42	357.73	358.03	358.34	358.64	358.95	359.25	359.55	359.86	360.16
750	360.47	360.77	361.07	361.38	361.68	361.98	362.29	362.59	362.89	363.19
760	363.5	368.8	364.1	364.4	364.71	365.01	365.31	365.61	365.91	366.22
770	366.52	366.82	367.12	367.42	367.72	368.02	368.32	368.63	368.93	369.23
780	369.53	369.83	370.13	370.43	370.73	371.03	371.33	371.63	371.93	372.22
790	372.52	372.82	373.12	373.42	373.72	374.02	374.32	374.61	374.91	375.21
800	375.51	375.81	376.1	376.4	376.7	377	377.2	377.59	377.89	378.19
810	378.48	378.78	379.08	379.37	379.67	379.97	380.26	380.56	380.85	381.15
820	381.45	381.74	382.04	382.33	382.63	382.92	383.22	383.51	383.81	384.1
830	384.4	384.69	384.98	385.28	385.57	385.87	386.16	386.45	386.75	387.04
840	387.34	387.63	387.92	388.21	388.51	388.8	389.09	389.39	389.68	389.97
850	390.26	—	—	—	—	—	—	—	—	—

3. 差动放大电路

差动放大电路原理图如图 2-5 所示。改变 R_6/R_4 的比值即可改变电压信号的放大倍数，以便满足设计者对温度范围的要求。

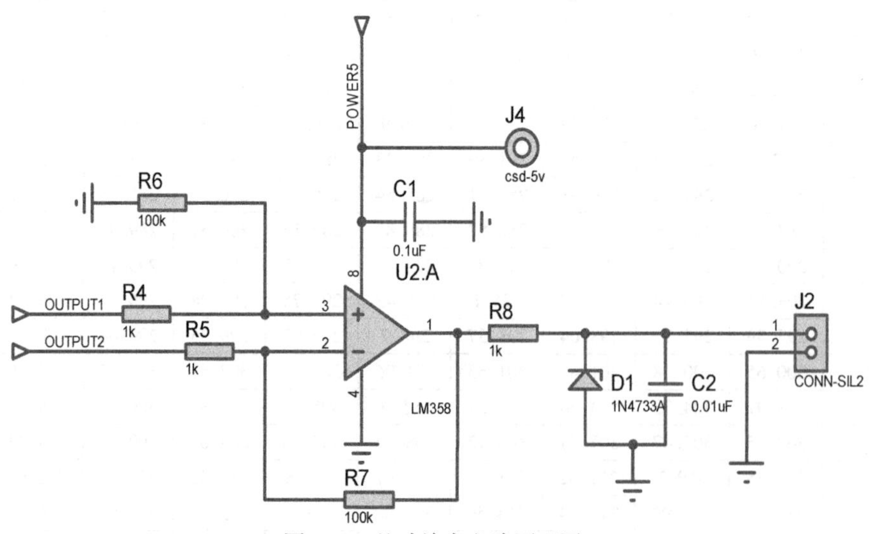

图 2-5 差动放大电路原理图

整体电路原理图如图 2-6 所示。

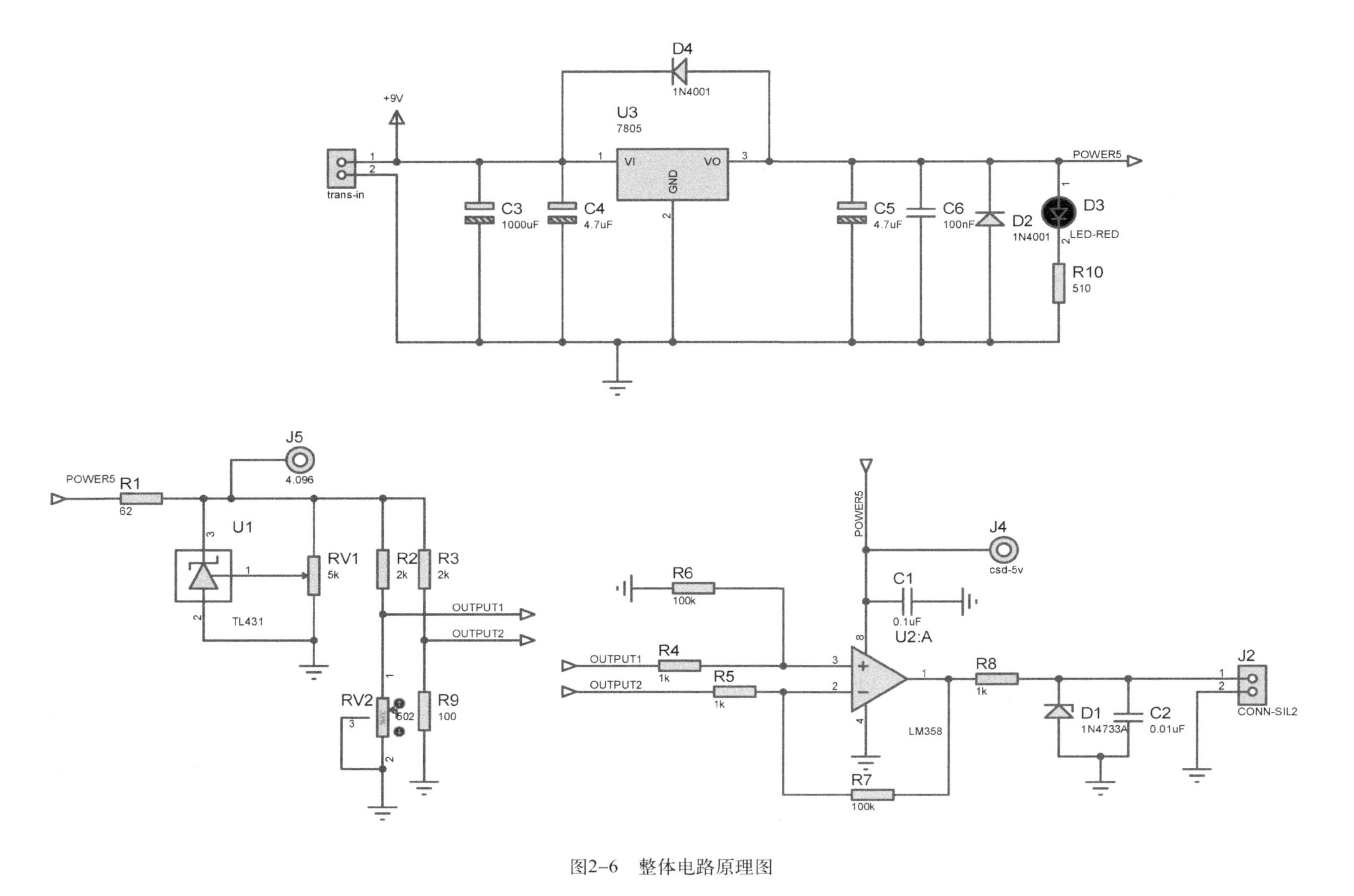
D4
1N4001
+9V
U3
7805
VI
VO
GND
trans-in
C3
1000uF
C4
4.7uF
C5
4.7uF
C6
100nF
D2
1N4001
D3
LED-RED
R10
510
POWER5
J5
4.096
POWER5
R1
62
U1
TL431
RV1
5k
R2
2k
R3
2k
OUTPUT1
OUTPUT2
RV2
502
R9
100
POWER5
J4
csd-5v
R6
100k
C1
0.1uF
U2:A
OUTPUT1
R4
1k
OUTPUT2
R5
1k
LM358
R7
100k
R8
1k
D1
1N4733A
C2
0.01uF
J2
CONN-SIL2

图2-6　整体电路原理图

调试与仿真

直流稳压源给测量电桥供电，通过改变测量电桥中滑动变阻器的阻值，将信号传递给差分放大电路，输出所测得的电压值。下面进行仿真实验研究。

在 Proteus 仿真电路中，由于铂热电阻随温度的升高阻值变大，同样也会随温度的降低阻值变小，所以用电位器来代替。由图 2-7 所示的 Proteus 仿真电路图可知，在输出点 J2 处，所测得的电压值为 1.22V。调节电位器，可以升高或降低 J2 处的电压值，以此来表示铂热电阻温度的升高或降低，如图 2-8 和图 2-9 所示。电压值分别为 3.98V 或 0.25V。

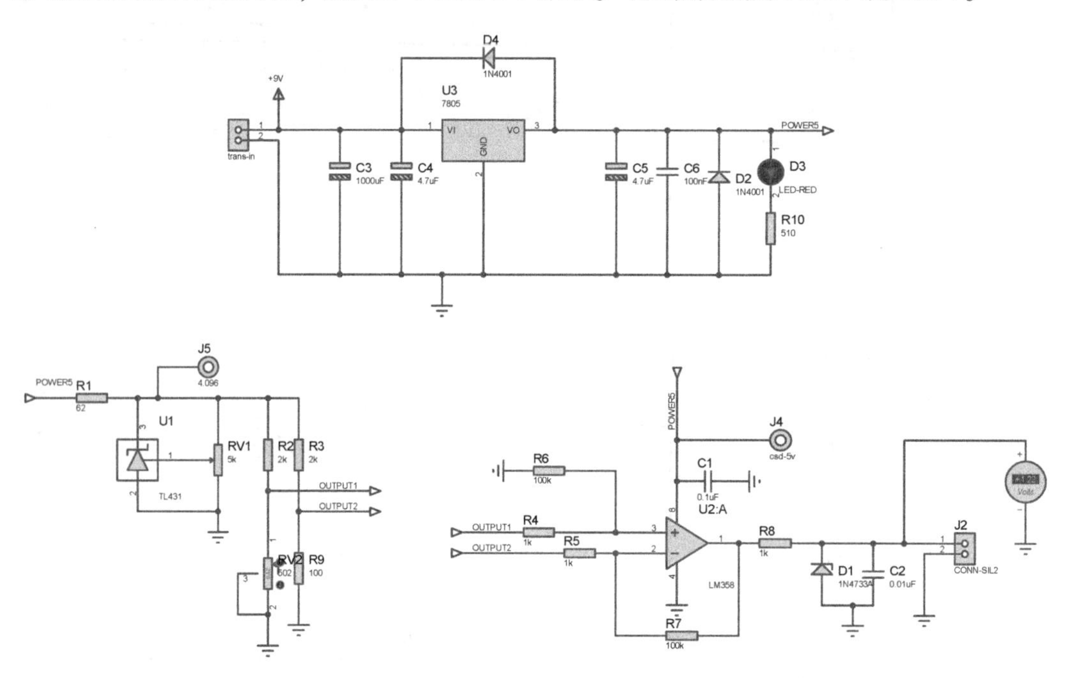

图 2-7　Proteus 仿真电路图（1）

经过实物测试，电路的输出电压随着温度的升高而升高，所换算温度与实际基本相符。

PCB 版图

PCB 版图是根据原理图的设计，在 Proteus 界面单击 PCB Layout，将原理图中各个元器件进行排布，然后进行布线处理而得到的，如图 2-10 所示。在 PCB Layout 过程中需要考虑外部连接的布局、内部电子元器件的优化布局、金属连线和通孔的优化布局、电磁保护、热耗散等各种因素，这里就不做过多说明了。

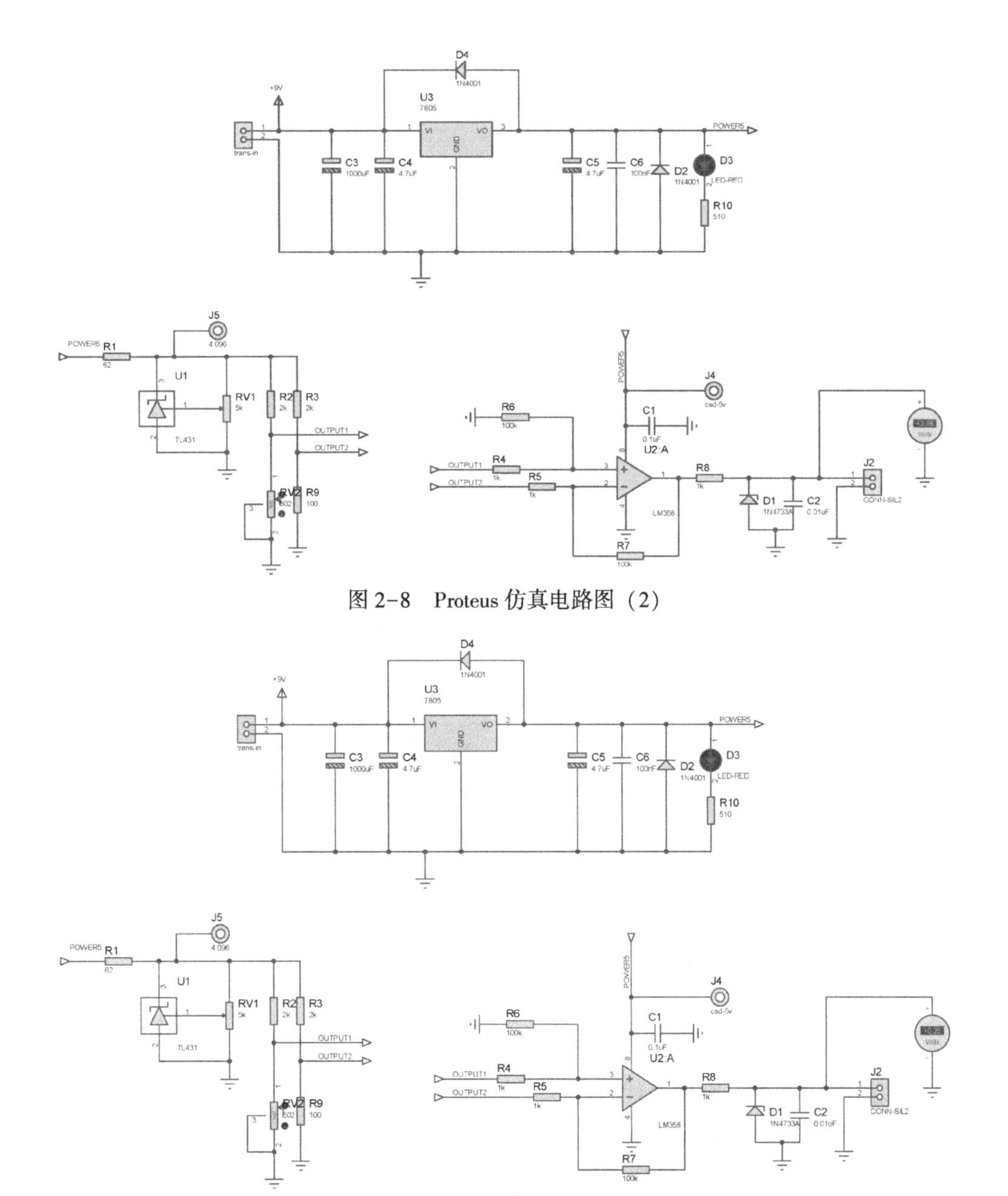

图 2-8 Proteus 仿真电路图（2）

图 2-9 Proteus 仿真电路图（3）

 实物测试

按照原理图的布局，在实际电路板上进行各元器件的焊接，焊接完成后的实物图如图 2-11所示。实物测试图如图 2-12 所示。

电路板接入电源，绿色发光二极管亮，此时工作正常，测量输出端的电压大小，为 1.706V。

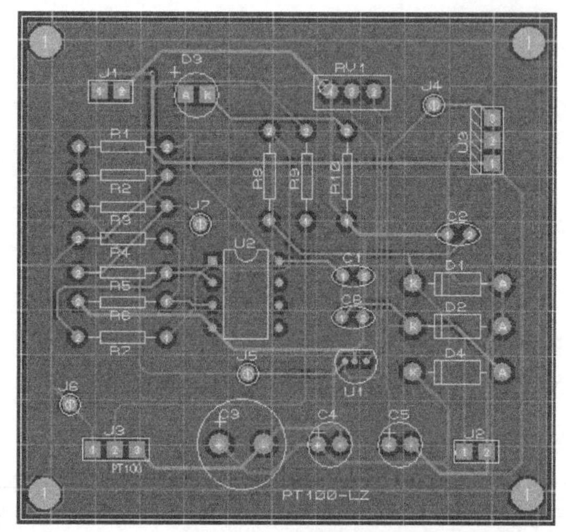

图 2-10　铂热电阻温度测量电路 PCB 版图

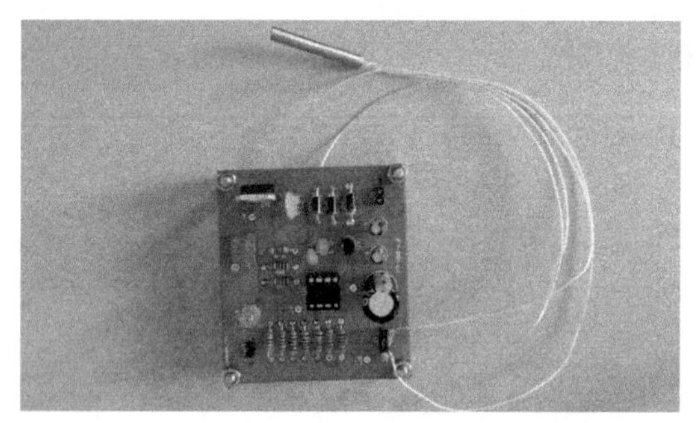

图 2-11　铂热电阻温度测量电路实物图

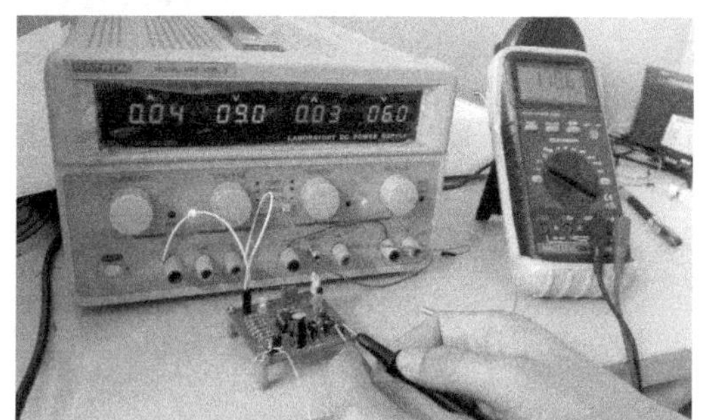

图 2-12　铂热电阻温度测量电路测试图

思考与练习

(1) 铂热电阻的测温原理是什么?

答: PT100 温度传感器是一种以白金 (Pt) 做成的电阻式温度检测器, 属于正电阻系数, 它的阻值会随着温度的上升而呈近似匀速增长。由此, 根据这一关系可以由桥式电路测量压差的变化来计算电阻的变化, 从而推断出温度的变化。

(2) 稳压器 7805 的使用注意事项是什么?

答: 稳压器 7805 的输入/输出压差不能太大, 太大则转换效率急速降低, 而且容易击穿损坏。最高输入电压不能超过 35V。输出电流不能太大, 1.5A 是其极限值。大电流的输出, 散热片的尺寸要足够大, 否则会导致高温保护或热击穿。输入/输出压差也不能太小, 低于 2V 稳压效率会急速下降。最低输入电压比输出电压高 3~4V, 此外要考虑输出与输入间压差带来的功率损耗, 所以一般输入在 9~15V 之间。

(3) 在这个电路中, 如何改变温度测量范围?

答: 改变差动放大电路中 R_6/R_4 的比值, 即可改变电压信号的放大倍数, 以便满足设计者对温度范围的要求。

项目 3　大气压力测量电路设计

设计任务

设计一个能测量大气压力的电路，实现对当地大气压力的检测。

基本要求

☺ 压力传感器的工作温度为 10～60℃。
☺ 压力传感器的输出电压为 1～4.9V。
☺ 采用直流 5V 的稳压电源进行供电。

总体思路

本次设计的目的是进行以 AT89C51 单片机为核心的压力测量，采用压力传感器 MPX4115 来采集大气压力值并将压力转换成电信号，再经 A/D 转换为数字量，最后由单片机进行有效处理，进而用 4 位一体共阳数码管进行显示。

系统组成

压力测量电路的整个系统分为 5 部分。

☺ 第一部分：直流稳压电源。该部分为整个电路提供+5V 的直流稳定电压。
☺ 第二部分：压力传感器电路。压力传感器电路由 MPX4115 传感器组成，用于采集大气压力信号。
☺ 第三部分：A/D 转换电路。此模块采用 ADC0832 芯片将传感器采集来的模拟信号转化为数字信号。
☺ 第四部分：单片机控制电路。采用 AT89C51 单片机，将编辑好的程序下载到单片机中，并对数字信号进行处理。
☺ 第五部分：数码管显示电路。此部分会对前几部分的信号进行输出，输出此时状态的压力值。

模块框图如图 3-1 所示。

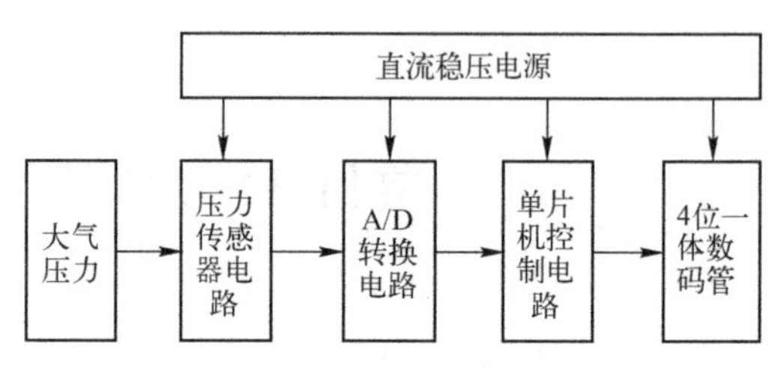

图 3-1 模块框图

模块详解

1. 压力传感器电路

压力传感器对于系统至关重要，需要综合实际需求和各类压力传感器的性能参数加以选择。一般要选用有温度补偿作用的压力传感器，因为温度补偿特性可以克服半导体压力传感器件存在的温度漂移问题。

本设计要实现的数字压力计显示的是绝对气压值，同时为了简化电路，提高稳定性和抗干扰能力，要求使用具有温度补偿能力的压力传感器。经过综合考虑，本设计选用集成压力传感器 MPX4115，其可以产生高精度模拟输出电压，并且内部含有放大电路，不需要另外加放大电路，如图 3-2 所示。

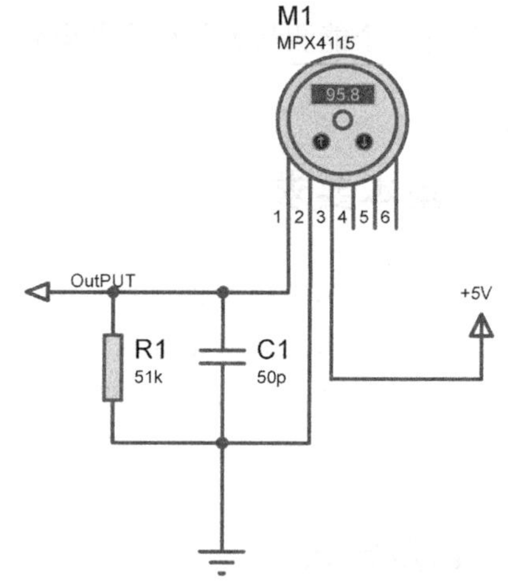

图 3-2 压力传感器原理图

MPX4115 系列压电电阻传感器是一个硅压力传感器。这个传感器结合高级的微电机技术，镀金属薄膜，能为高水准模拟输出信号提供一个均衡压力。在 0~85℃下误差不超过 1.5%，温度补偿为-40~125℃。

压力传感器的特性参数如表 3-1 所示。

表 3-1 压力传感器的特性参数

参　　数	符　　号	最 小 值	典　　型	最 大 值	单　　位
压力范围	P_{op}	15	—	115	kPa
供电电压	V_s	4. 85	5. 1	5. 35	V DC
供电电流	Io	—	7. 0	10	mA DC
最大压力偏置　(0~85℃) @ V_s =5. 0V	V_{off}	0. 135	0. 204	0. 273	V DC
满量程输出　(0~85℃) @ V_s =5. 0V	V_{FSO}	4. 725	4. 794	4. 863	V DC
满量程比例　(0~85℃) @ V_s =5. 0V	V_{FSS}	4. 521	4. 590	4. 695	V DC
精度　(0~85℃)	—	—	—	±1. 5	$\%V_{FSS}$
灵敏度	V/P	—	45. 9	—	mV/kPa
响应时间（10%~90%）	t_R	—	1. 0	—	ms
上升报警时间	—	—	20	—	ms
偏置稳定性	—	—	±0. 5	—	$\%V_{FSS}$

2. A/D 转换电路

ADC0832 是美国国家半导体公司生产的一款 8 位分辨率、双通道 A/D 转换器件。由于它体积小，兼容性强，性价比高而深受单片机爱好者及企业的欢迎，其目前已经有很高的普及率。学习并使用 ADC0832 可使我们了解 A/D 转换器的原理，有助于单片机技术水平的提高。

ADC0832 的特点如下。

- 8 位分辨率。
- 双通道 A/D 转换。
- 输入/输出电平与 TTL/CMOS 相兼容。
- 5V 电源供电时输入电压在 0~5V 之间。
- 工作频率为 250kHz，转换时间为 32μs。
- 一般功耗仅为 15mW。
- 8P、14P-DIP（双列直插）、PICC 多种封装。
- 商用级芯片温宽为 0~70℃，工业级芯片温宽为-40~85℃。

芯片接口说明：

- $\overline{CS}$：片选使能端，低电平芯片使能。
- CH0：模拟输入通道 0 或作为 IN+/-使用。
- CH1：模拟输入通道 1 或作为 IN+/-使用。
- GND：芯片参考 0 电位（地）。
- DI：数据信号输入端，选择通道控制。
- DO：数据信号输出端，转换数据输出。
- CLK：芯片时钟输入端。
- VCC/REF：电源输入端及参考电压输入（复用）。

ADC0832 的最高分辨率可达 256 级，可以适应一般的模拟量转换要求。其内部电源输入与参考电压的复用，使得芯片的模拟电压输入为 0~5V。芯片转换时间仅为 32μs，具有双数据输出，可作为数据校验，以减小数据误差，转换速度快且稳定性好。独立的芯片使能输入，使多器件挂接和处理器控制变得更加方便。通过 DI 数据信号输入端可以轻易实现通道功能的选择。正常情况下，ADC0832 与单片机的接口应为 4 条数据线，分别是 CS、CLK、DO、DI，但由于 DO 端与 DI 端在通信时并未同时有效并与单片机的接口是双向的，所以进行电路设计时可以将 DO 和 DI 并联在一根数据线上使用。当 ADC0832 未工作时，其$\overline{CS}$输入端应为高电平，此时芯片禁用，CLK 和 DO/DI 的电平可任意。当要进行 A/D 转换时，须先将$\overline{CS}$使能端置于低电平并保持低电平直到转换完全结束为止。其电路原理图如图 3-3所示。

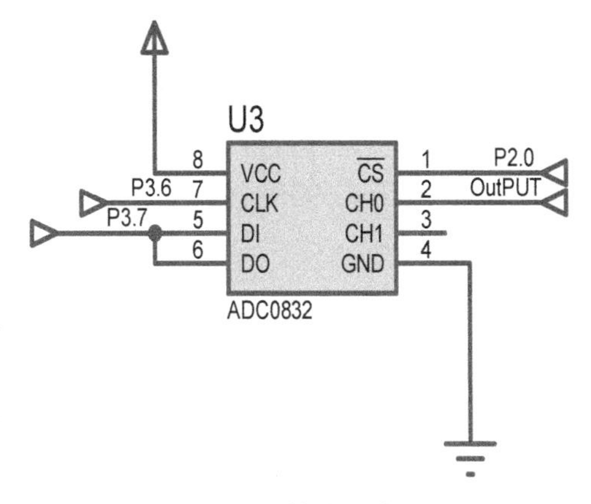

图 3-3　A/D 转换电路原理图

3. 单片机控制电路

采用 AT89C51 单片机，P3.6、P3.7、P2.0 与 ADC0832 连接，P1.0~P1.3 与数码管连接。单片机控制电路如图 3-4 所示。

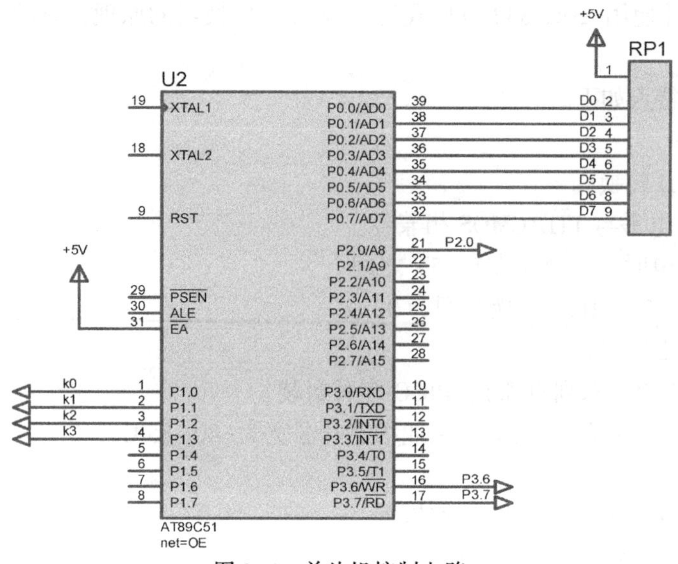

图 3-4　单片机控制电路

4. 数码管显示电路

数码管显示电路采用的是 4 位一体共阳数码管，与 4 个 74HC04 相连，如图 3-5 所示。一个数码管的驱动电流大概是 5mA，若直接用单片机驱动数码管，则会导致单片机输出电流或灌入电流过大，所以通常要使用 74HC04 六反相器。单片机的 I/O 口只用作电平输出端。如果进入反相器的输入为高电平，则输出就是低电平；若输入为低电平，则输出就是高电平。

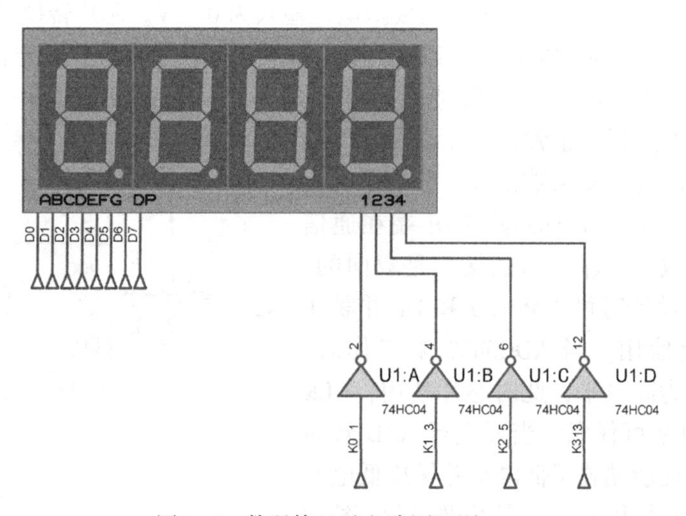

图 3-5　数码管显示电路原理图

整体电路原理图如图 3-6 所示。

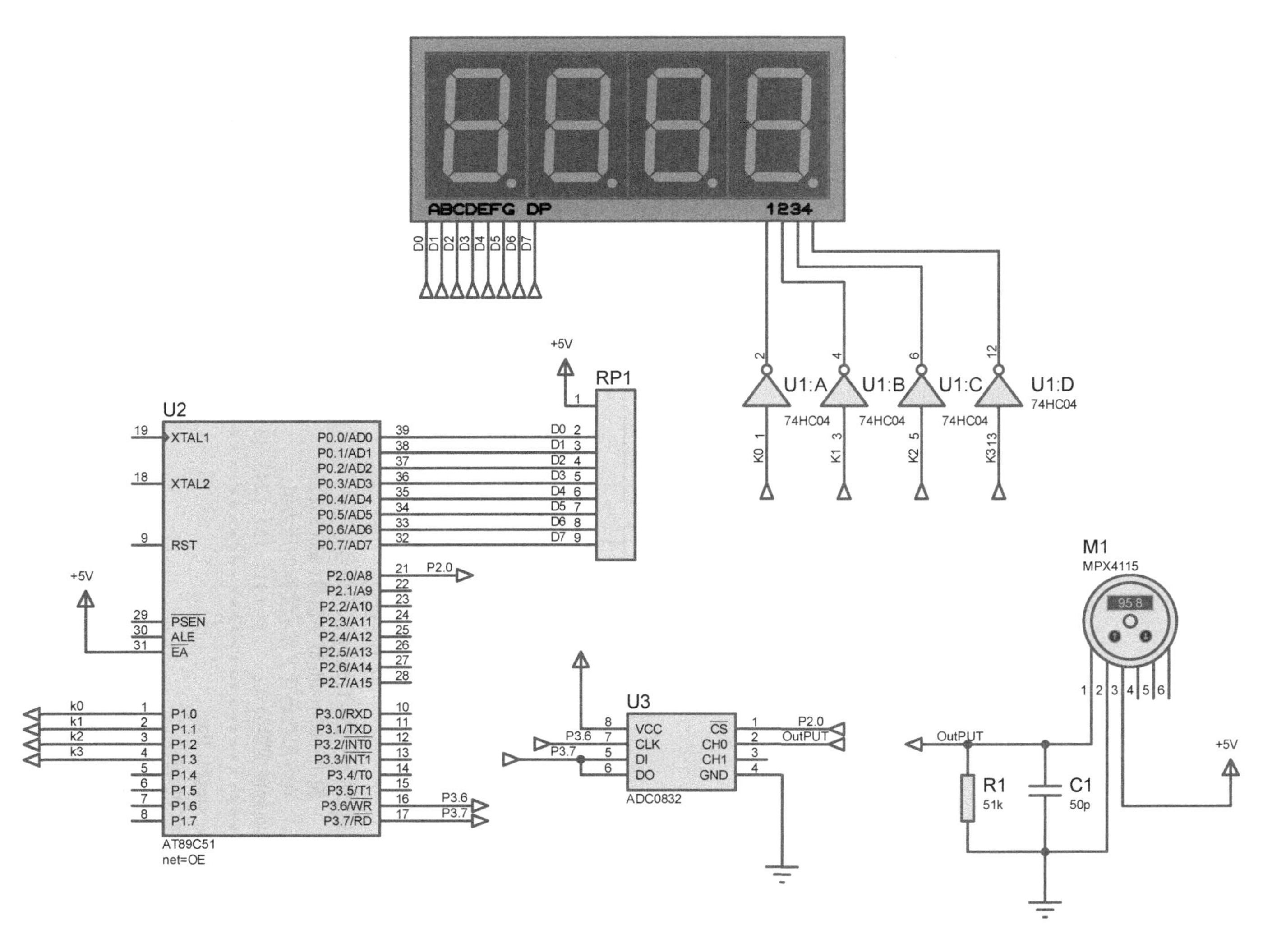

图3-6　大气压力测量电路原理图

软件设计

本项目设计的电路程序流程图如图 3-7 所示。

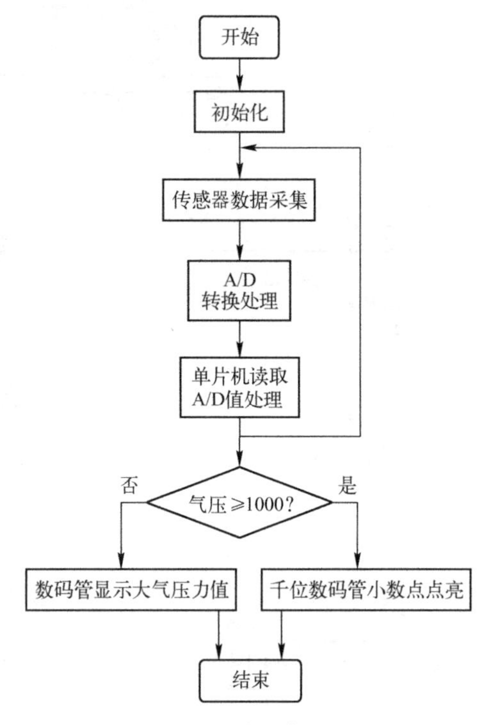

图 3-7　电路程序流程图

按照程序流程图，编写程序如下。

```
/*************************************************************
                  压力测试仪
系统描述;输入  15~115kPa 压力信号
         输出  00h~ffh 数字信号(adc0832)
         在共阳数码管上显示实际的压力值,
线性区间标度变换公式:    y=(115-15)/(243-13) * X+15kPa
*************************************************************/
#include <reg51.H>
#include"intrins.h"
#define uint unsigned int
#define uchar unsigned char
//ADC0832 的引脚
sbit ADCS=P2^0;          //ADC0832 chip seclect
sbit ADDI=P3^7;          //ADC0832 k in
sbit ADDO=P3^7;          //ADC0832 k out
sbit ADCLK=P3^6;         //ADC0832 clock signal
unsigned char dispbitcode[8]={0xf7,0xfb,0xfd,0xfe,0xef,0xdf,0xbf,0x7f};  //位扫描
unsigned char dispcode[11]={0xC0,0xF9,0xA4,0xB0,0x99,0x92,0x82,0xF8,0x80,0x90,0xff};
  //共阳数码管字段码
```

```
unsigned char dispbuf[4];
uint temp;
uchar getdata;                    //获取 A/D 转换回来的值
void delay_1ms(void)              //12MHz 延时 1.01ms
{
      unsigned char x,y;
      x=3;
      while(x--)
   {
           y=40;
           while(y--);
      }
}
void display(void)                //数码管显示函数
{
   char k;
   for(k=0;k<4;k++)
   {
   P1=dispbitcode[k];
   P0=dispcode[dispbuf[k]];
   if(k==1)                       //加上数码管的 dp 小数点
      P0&=0x7f;
   delay_1ms();
   }
}
/************
读 ADC0832 函数
************/
//采集并返回
unsigned int Adc0832(unsigned char channel)       //A/D 转换,返回结果
{
      uchar i=0;
      uchar j;
      uint dat=0;
      uchar ndat=0;
      if(channel==0)channel=2;
      if(channel==1)channel=3;
      ADDI=1;
      _nop_();
      _nop_();
      ADCS=0;                     //拉低CS端
      _nop_();
      _nop_();
      ADCLK=1;                    //拉高 CLK 端
      _nop_();
      _nop_();
      ADCLK=0;                    //拉低 CLK 端,形成下降沿 1
      _nop_();
      _nop_();
      ADCLK=1;                    //拉高 CLK 端
      ADDI=channel&0x1;
      _nop_();
```

```
        _nop_();
        ADCLK=0;                    //拉低 CLK 端,形成下降沿 2
        _nop_();
        _nop_();
        ADCLK=1;                    //拉高 CLK 端
        ADDI=(channel>>1)&0x1;
        _nop_();
        _nop_();
        ADCLK=0;                    //拉低 CLK 端,形成下降沿 3
        ADDI=1;                     //控制命令结束
        _nop_();
        _nop_();
        dat=0;
        for(i=0;i<8;i++)
        {
            dat|=ADDO;              //接收数据
            ADCLK=1;
            _nop_();
            _nop_();
            ADCLK=0;                //形成一次时钟脉冲
            _nop_();
            _nop_();
            dat<<=1;
            if(i==7)dat|=ADDO;
        }
        for(i=0;i<8;i++)
        {
            j=0;
            j=j|ADDO;               //接收数据
            ADCLK=1;
            _nop_();
            _nop_();
            ADCLK=0;                //形成一次时钟脉冲
            _nop_();
            _nop_();
            j=j<<7;
            ndat=ndat|j;
            if(i<7)ndat>>=1;
        }
        ADCS=1;                     //拉低CS端
        ADCLK=0;                    //拉低 CLK 端
        ADDO=1;                     //拉高数据端,回到初始状态
        dat<<=8;
        dat|=ndat;
        return(dat);                //dat 值返回
}
void main(void)
{
    while(1)
```

```
    {   unsigned int temp;
        float   press;
        getdata=Adc0832(0);
        if(14<getdata<243)                          //当压力值介于 15~115kPa 之间时,遵循线
                                                    //性变换
          {
              int vary=getdata;                     //y=(115-15)/(243-13) * X+15kPa

          press=((10.0/23.0) * vary)+9.3;           //测试时补偿值为 9.3
          temp=(int)(press * 10);                   //放大 10 倍,便于后面的计算
          dispbuf[3]=temp/1000;                     //取压力值千分位
          dispbuf[2]=(temp%1000)/100;               //取压力值百分位
          dispbuf[1]=((temp%1000)%100)/10;          //取压力值十分位
          dispbuf[0]=((temp%1000)%100)%10;          //取压力值个位
            display();
           }
    }
}
```

调试与仿真

将程序下载到单片机中进行仿真，通过 MPX4115 测得当前的大气压力值显示到数码管上，如图 3-8 所示。

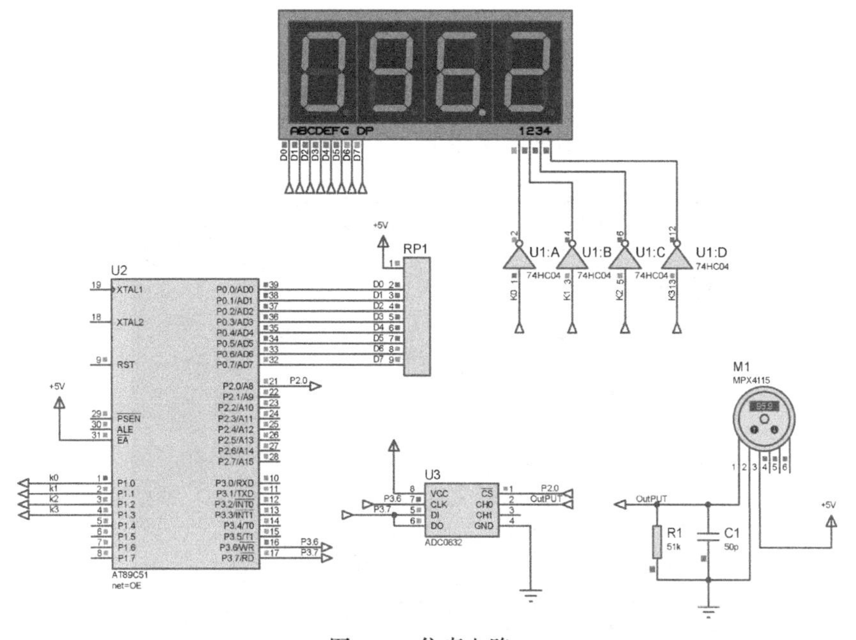

图 3-8　仿真电路 1

由于地区不同，所在地区的大气压力也不同，在 Proteus 仿真中，可以通过调节 MPX4115 来改变大气压力值并在数码管中显示，如图 3-9 所示。

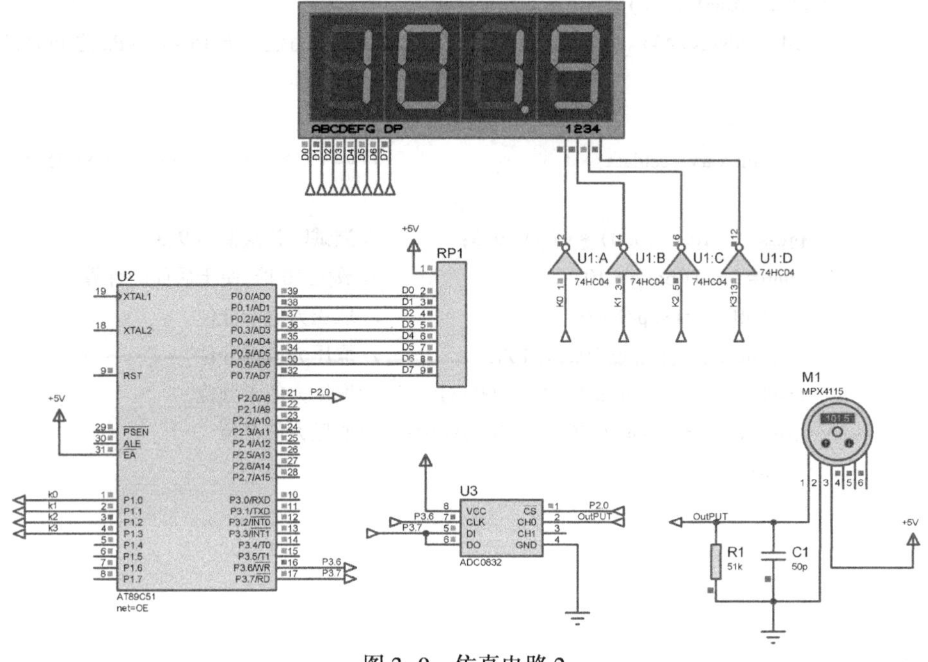

图 3-9 仿真电路 2

PCB 版图

PCB 版图是根据原理图的设计，在 Proteus 界面单击 PCB Layout，将原理图中各个元器件进行排布，然后进行布线处理而得到的，如图 3-10 所示。在 PCB Layout 过程中需要考虑外部连接的布局、内部电子元器件的优化布局、金属连线和通孔的优化布局、电磁保护、热耗散等各种因素，这里就不做过多说明了。

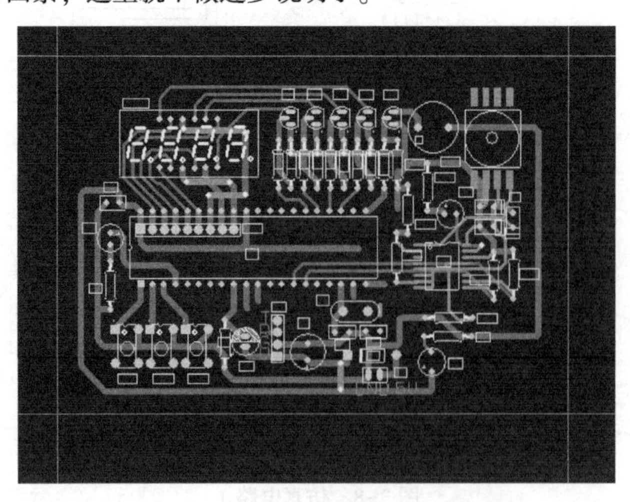

图 3-10 大气压力测量电路 PCB 版图

实物测试

按照原理图的布局，在实际电路板上进行各个元器件的焊接，焊接完成后的实物图如图 3-11 所示。其实物测试电路如图 3-12 所示。

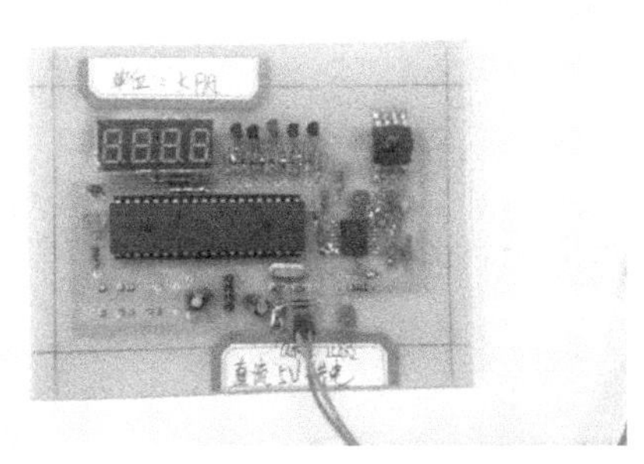

图 3-11　大气压力测量电路实物图

图 3-12　大气压力实物测试电路图

经过检测，此电路测量得呼和浩特市的一个标准大气压为 103kPa，查得呼和浩特市的一个标准大气压为 102kPa，误差值为 1kPa，基本满足测量要求。

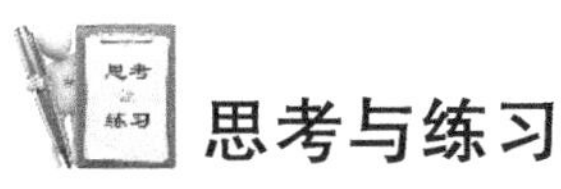

思考与练习

（1）为什么要加 A/D 转换电路？

答：因为 MPX4115 采集到的是模拟信号，而 AT89C51 单片机只能对数字信号进行处理，所以要加 A/D 转换电路将模拟量转换为数字量。

（2）单片机连接共阳数码管位选端接三极管有什么意义？

答：单片机开发板上常见单片机芯片的输出电流一般是 20mA 以内，一个数码管的驱动电流大概是 5mA，若直接用单片机驱动数码管，则会导致单片机输出电流或灌入电流过大，所以一般要使用三极管进行扩流。单片机的 I/O 口只作电平输出，驱动三极管的电流一般是 μA 级，可以避免单片机功耗过大导致的发热等问题。

（3）简述电路的工作原理。

答：压力传感器将信号转换为模拟量，并将模拟量送到 A/D 转换电路，这样经过 A/D 转换电路后的数字量就可以被单片机识别，从而可以将当前的大气压力值显示到 4 位一体的数码管显示电路。

特别提醒

（1）接通电源时应该注意电源正/负极不要接反，以防止烧坏电路；

（2）测量大气压力时不要碰压力传感器以防对测量的干扰；

（3）不要用手触摸电路板，以防止静电对电路板的干扰。

项目 4　电流输出型温度传感器测量电路设计

设计任务

设计一个电流输出型温度传感器 AD590 的测量电路，能将温度信号转换为对应的电压信号，并将信号输出。

基本要求

在 12V 的电源电压驱动下，调节电位器 RV1，使后端差动放大器反相输入端为 2. 73V。电路中有如下要求：

☺ 电源电压范围为 4~30V，当电源电压为 5~10V，电压稳定度为 1%时，所产生的误差只有±0. 01℃；

☺ 电源是带杂波的，因此使用齐纳二极管作为稳压元件；

☺ 测量输出电压 V_o 时，不可分出任何电流，否则测量值会不准。

总体思路

AD590 的输出电流以热力学温度零度（-273℃）为基准，每增加 1℃，会增加 1μA 输出电流。调节电位器使得差动放大器的反相输入端为 2. 73V，此时差动放大器的输出电压值就是对应温度值的 1/10。

系统组成

电流输出型温度传感器 AD590 的温度测量电路主要分为三部分。

☺ 第一部分为直流稳压电路：稳压二极管为整个电路提供 6V 的稳定电压。

☺ 第二部分为电流转换电压电路：可以将 AD590 的输出电流转化为相应的电压。

☺ 第三部分为差动放大电路：输出相对于摄氏温度的电压值。

整个系统方案的模块框图如图 4-1 所示。

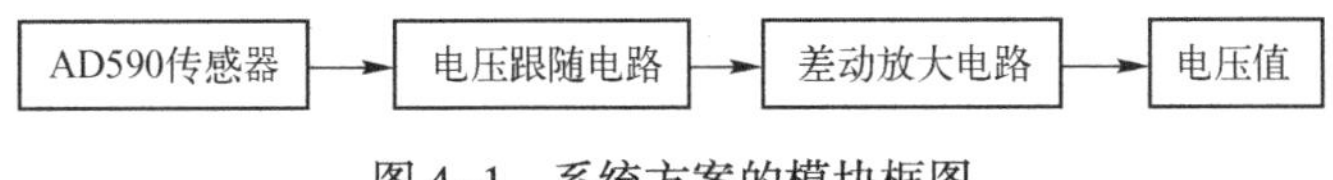

图 4-1 系统方案的模块框图

模块详解

1. 直流稳压电路

此部分电路的最终电压是 2.73V，由于一般电源供应多器件之后是带杂波的，因此使用齐纳二极管作为稳压元件，滑动变阻器 RV1 用于调节电阻分压，以达到输出电压的要求。并联的发光二极管用于检查电源电路是否正常供电。其电路原理图如图 4-2 所示。

为了使直流稳压电路输出的最终电压为 2.73V，通过不断调节滑动变阻器 RV1，使此部分电路终端电压为 2.73V，采用直流电压表测量，如图 4-3 所示。

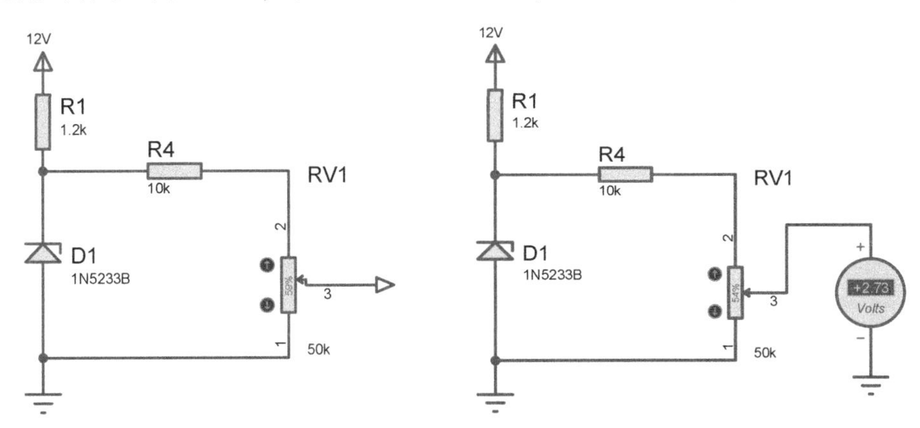

图 4-2 直流稳压电路原理图

图 4-3 直流稳压源仿真

2. 电流转换电压电路

AD590 是电流输出型集成温度传感器。在设计测量温度电路时，必须将电流转换为电压。根据 AD590 的特性，温度每升高 1K，电流增加 1μA，当负载电阻为 10kΩ 时，这个电阻上的压降为 10mV。其中，由 AD590、R2 和运算放大器 U1:B 组成电流转换电压电路，此运算放大器连接为电压跟随器形式，主要目的为增加信号的输入电阻。电流转换电压电路原理图如图 4-4 所示。

AD590 的输出电流 $I=(273+T)\,\mu\text{A}$（T 为摄氏温度），因此测量的电压 V 为

$$(273+T)\,\mu\text{A}\times 10\text{k}\Omega=(2.73+T/100)\,\text{V}$$

为了将电压测量出来而输出电流 I 不分流，使用电压跟随器，其输出电压 V_2 等于输入电压 V。为了方便电流转换电压电路在整个电路中的仿真，因 AD590 和滑动变阻器均具有将电流转换成电压的功能，所以可以用滑动变阻器来代替 AD590。AD590 产生的电流与热力学温度成正比，它可接受的工作电压为 4～30V，检测的温度范围为 -55～150℃，有非常好的线性输出性能，温度每增加 1℃，其电流增加 1μA，如图 4-5 所示。

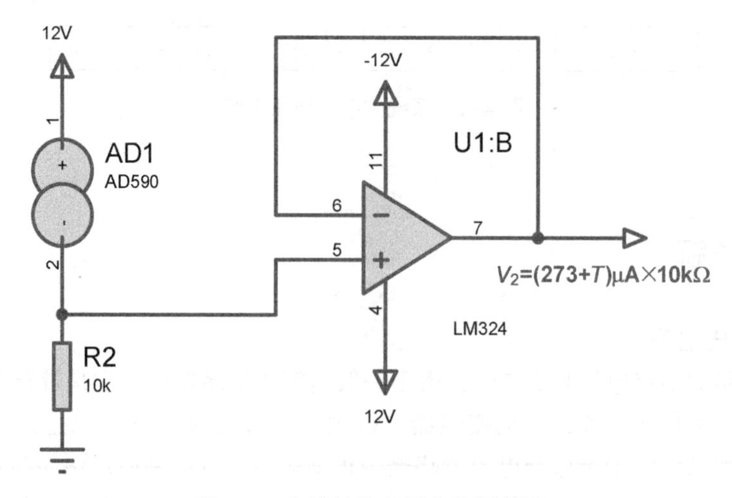

图 4-4　电流转换电压电路原理图

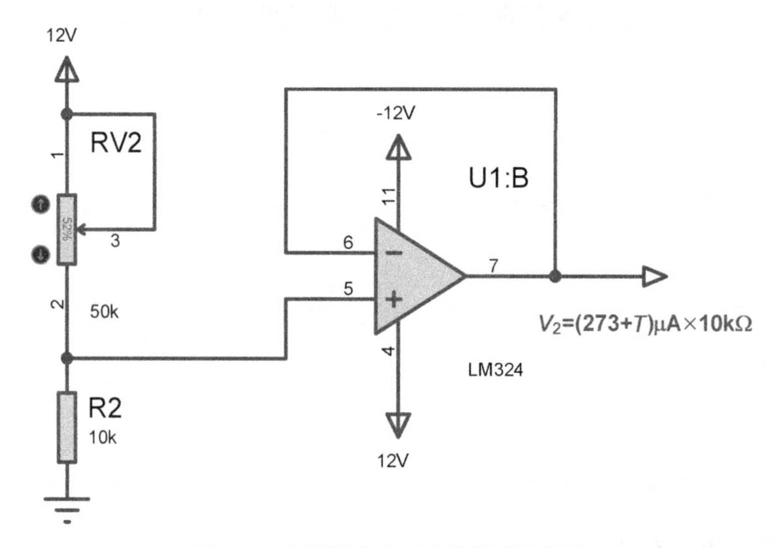

图 4-5　电流转换电压电路仿真原理图

3. 差动放大电路

运算放大器 U1:A 为热力学温度转换为摄氏温度的核心器件，其转换原理为摄氏零度对应热力学 273K，第一部分稳压电路设置的基准电压已将热力学温度转换为摄氏温度的零度。接下来使用差动放大器使其输出 V_o 为 $(100k\Omega/10k\Omega)\times(V_2-V_1)=T/10$，如果现在为 28℃，输出电压为 2.8V，输出电压接 A/D 转换器，那么 A/D 转换输出的数字量就和摄氏温度成线性比例关系。其原理图如图 4-6 所示。

AD590 的温度测量电路原理图如图 4-7 所示。

通过 AD590 检测当时的环境温度，检测出对应的输出电压，如图 4-8 所示，电压为 2.83V，此时的温度为 28.3℃，也可以通过改变外部环境温度来检测出相应的输出电压。在仿真电路中，通过改变电流转换电压电路中滑动变阻器的电压值，来检测出当前对应的电压值，从而得出相应的外部温度，如图 4-9 所示。此时的电压值为 3.90V，温度值为 39.0℃。

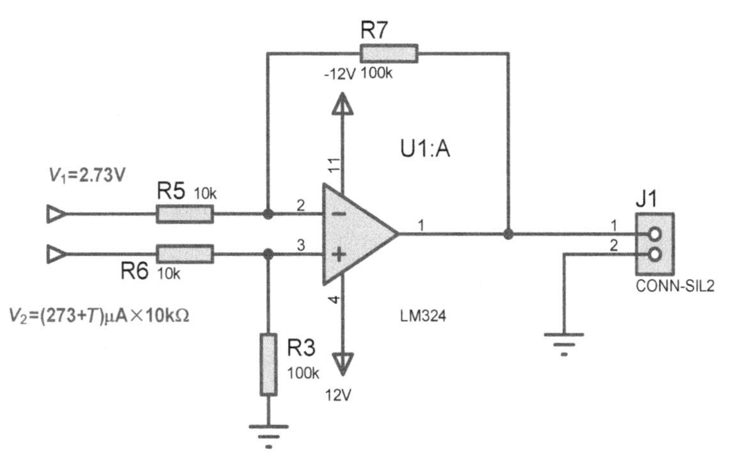

图 4-6 差动放大电路原理图

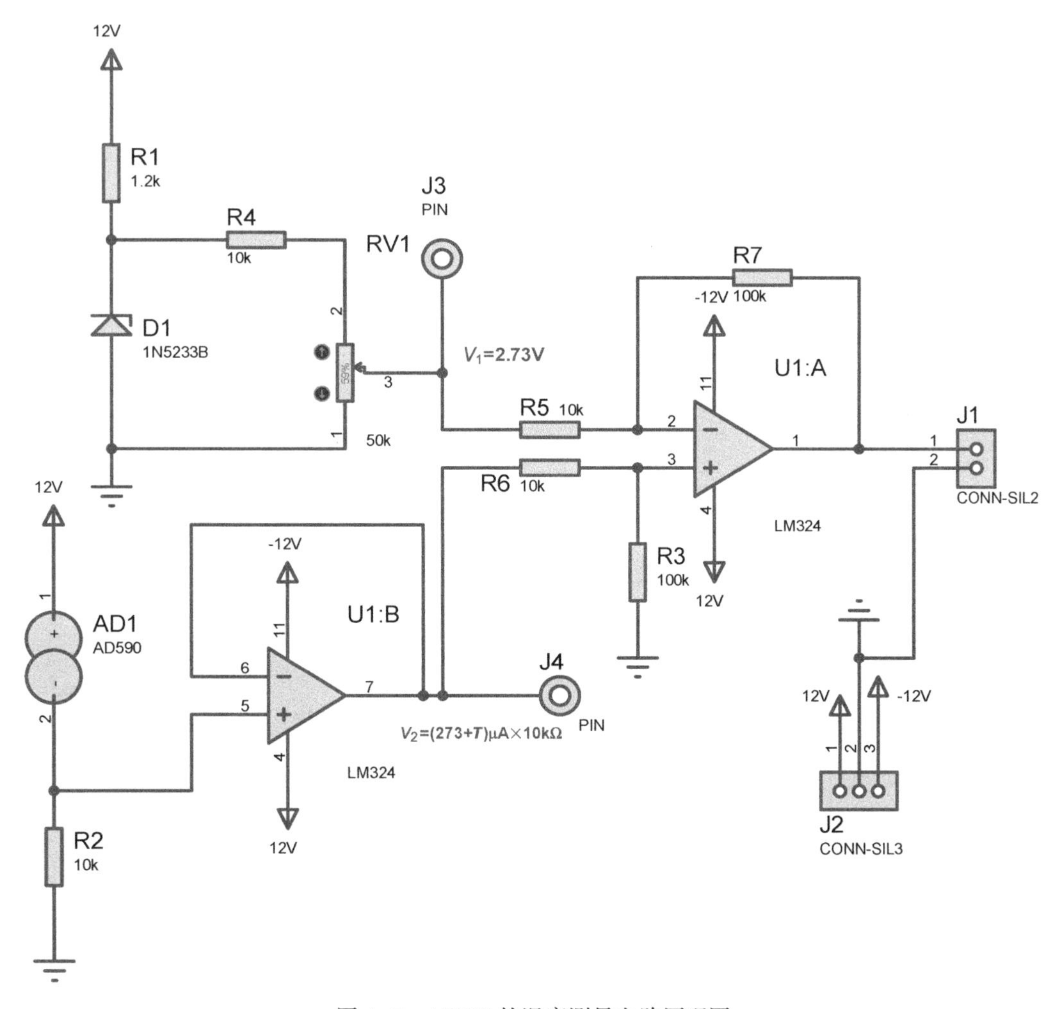

图 4-7 AD590 的温度测量电路原理图

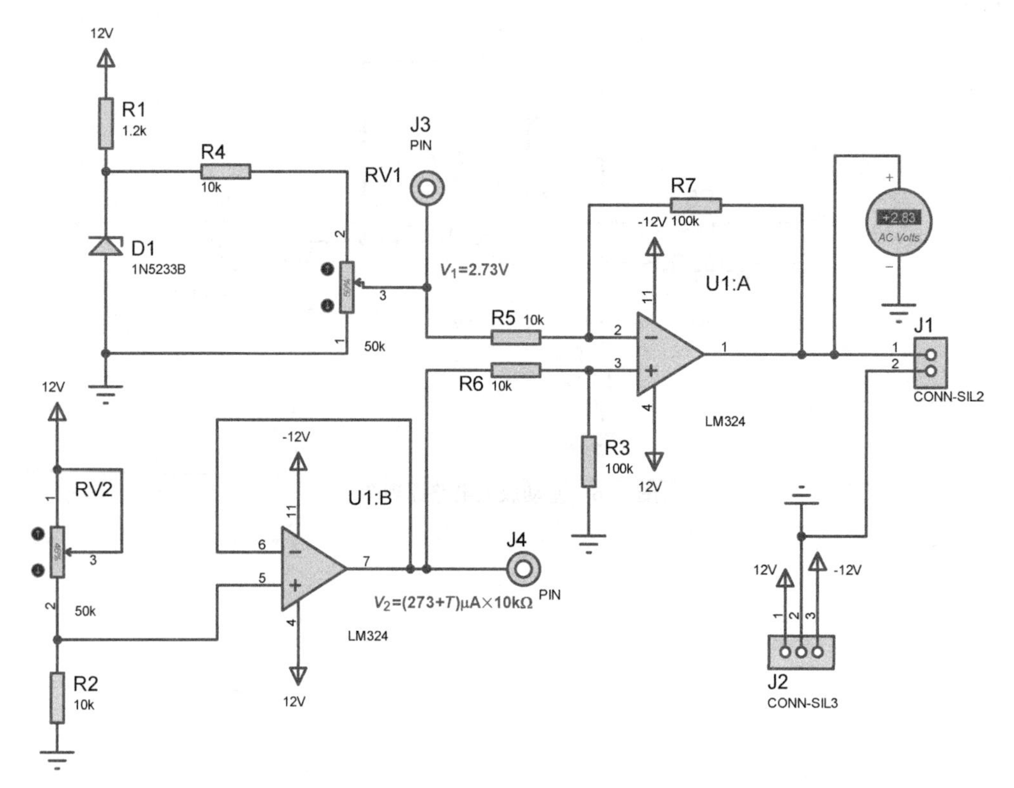

图 4-8　仿真电路 1

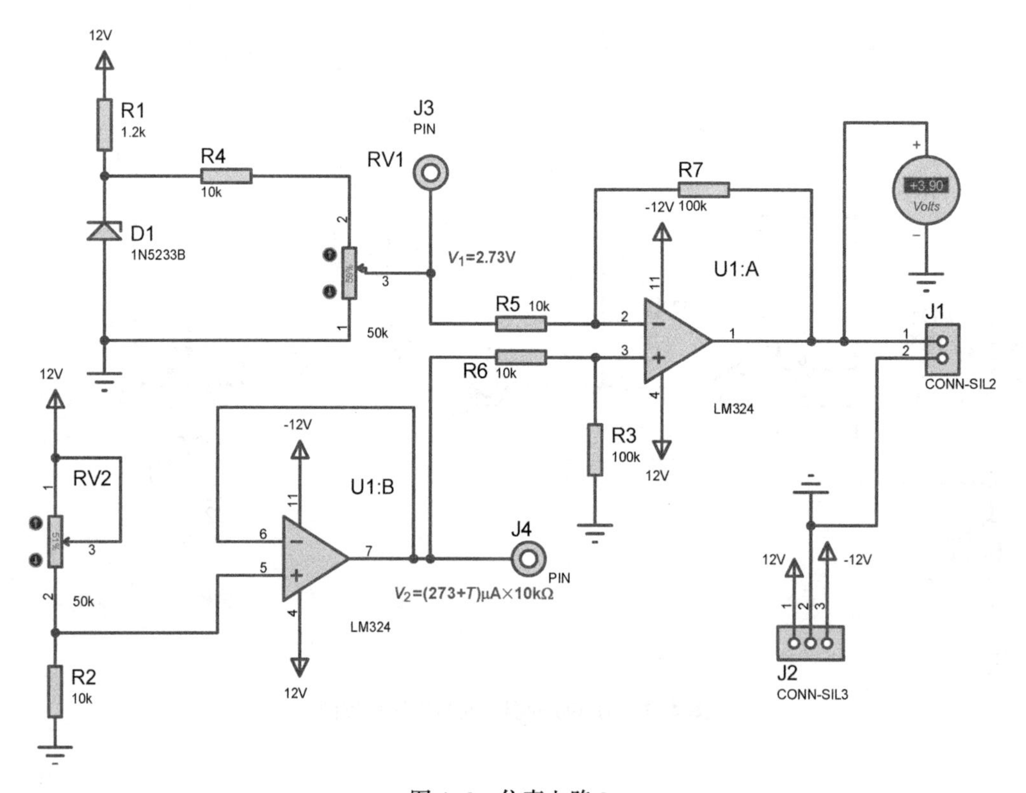

图 4-9　仿真电路 2

PCB 版图

PCB 版图是根据原理图的设计，在 Proteus 界面单击 PCB Layout，将原理图中各个元器件进行排布，然后进行布线处理而得到的，如图 4-10 所示。在 PCB Layout 过程中需要考虑外部连接的布局、内部电子元器件的优化布局、金属连线和通孔的优化布局、电磁保护、热耗散等各种因素，这里就不做过多说明了。

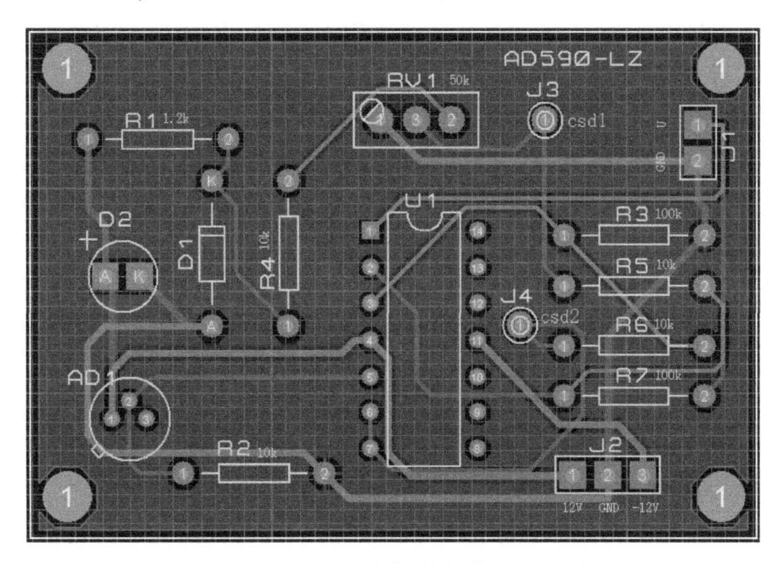

图 4-10　AD590 温度测量电路的 PCB 版图

实物测试

按照原理图的布局，在实际电路板上进行各个元器件的焊接，焊接完成后，其实物图如图 4-11 所示，其实物测试图如图 4-12 所示。

图 4-11　AD590 温度测量电路的实物图

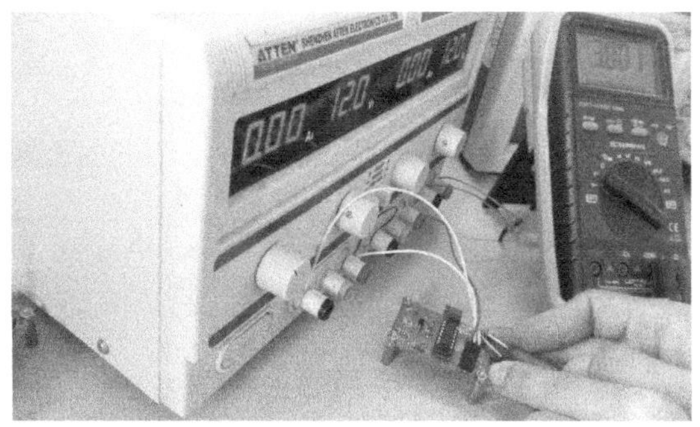

图 4-12　AD590 温度测量电路测试图

对电路板进行上电测试，得出此时环境温度为 30.01℃，与实际环境温度相差 0.4℃。基本满足设计要求。

思考与练习

（1）AD590 温度传感器输出的是什么信号？

答：AD590 是一种已经 IC 化的温度传感器，它会将温度值转换为电流值。其输出电流以热力学温度零度（−273℃）为基准，每增加 1℃，会增加 1μA 的输出电流，因此在室温为 25℃时，其输出电流 $I_{out}=(273+25)=298\mu A$。

（2）为什么采用齐纳二极管进行稳压？

答：一般电源供应多器件之后是带杂波的，因此使用齐纳二极管作为稳压元件。

（3）此测温电路中差动放大器的输出电压是多少？

答：差动放大器的输出电压 V_o 为 $(100k\Omega/10k\Omega)\times(V_2-V_1)=T/10$。

特别提醒

（1）V_o 的值为 I_o 乘以 10kΩ，以室温 25℃为例，输出值为 $10k\Omega\times298\mu A=2.98V$。

（2）测量 V_o 时，不可分出任何电流，否则测量值会不准。

在调试时，首先调整电位器 RVl 使 V_1 为 2.73V。此时得到的电压输出值为对应温度值的 1/10。

项目 5　电阻应变片压力电桥测量电路设计

设计任务

设计一个由电阻应变片构成的压力电桥测量电路，能将压力信号转换为电压信号，并将之放大输出。

基本要求

电路在使用过程中应满足如下要求：

☺ 为了使测量更加准确，应该包含不平衡电压调整电路；

☺ 对于调整补偿电路而言，调整与补偿是相互独立的，后级调整不影响前级调整。

总体思路

整体电路由电阻应变片构成的压力桥式电路、仪用放大电路及不平衡电压调整电路组成。压力桥式电路将压力信号转换为电压信号，经过差动放大后将其输出。

系统组成

电阻应变片压力电桥测量电路主要分为三个部分。

☺ 第一部分为电阻应变片构成的压力桥式电路：将压力值转换为电压值。

☺ 第二部分为仪用放大电路：将传感器的电压差信号进行放大。

☺ 第三部分为不平衡电压调整电路。

整个系统方案的模块框图如图 5-1 所示。

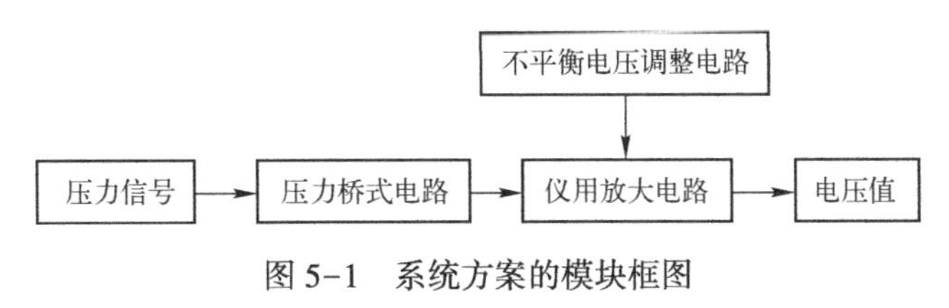

图 5-1　系统方案的模块框图

模块详解

1. 压力桥式电路

由电阻应变片构成的压力桥式电路如图5-2所示，桥臂的三个电阻固定阻值均为20kΩ，仿真中用可调电位器来代替电阻应变片。测量时，当电阻应变片受到压力变化时，其电阻值会发生相应的变化，从而导致桥上的电压发生变化，产生一个电压差信号。

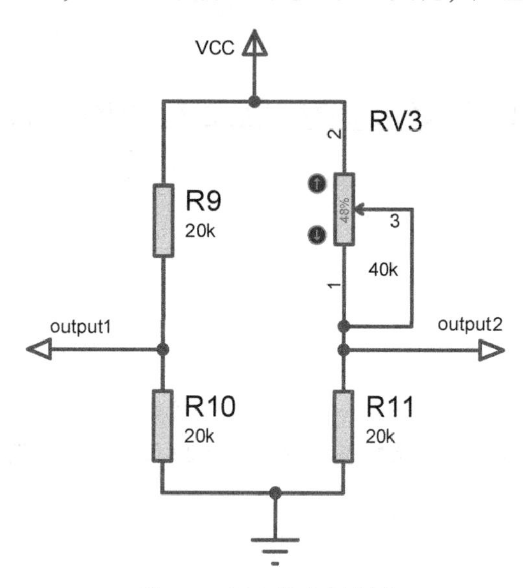

图5-2　压力桥式电路图

压阻式应变压力传感器主要由电阻应变片按照惠斯通电桥原理组成。电阻应变片是一种将被测件上的应变变化转换为电信号的敏感器件。它是压阻式应变压力传感器的主要组成部分之一。应用最多的电阻应变片是金属电阻应变片和半导体应变片两种。金属电阻应变片又有丝状应变片和金属箔状应变片两种。通常将应变片通过特殊的黏合剂紧密地黏合在产生力学应变基体上，当基体受力发生应力变化时，电阻应变片也一起产生形变，使应变片的阻值发生改变，从而使加在电阻上的电压发生变化。这种应变片在受力时产生的阻值变化通常较小，一般这种应变片组成应变电桥，并通过后续的仪表放大器进行放大，再传输给处理电路显示或传输给执行机构。

2. 仪用放大电路

仪用放大电路具有能够消除任何共模信号（两输入端的电位相同）而放大差模信号（两输入端的电位不同）的特性。

仪用放大器由两个独立的部分组成，即输入级和输出级，其是在差动放大器的基础上发展起来的一种比较完善的放大器。作为已成型的仪用放大器，其内部由三个运放和一些精密电阻构成，电路原理如图5-3所示。U1:A、U1:B是高输入阻抗同相放大器，U1:C是差动放大器。

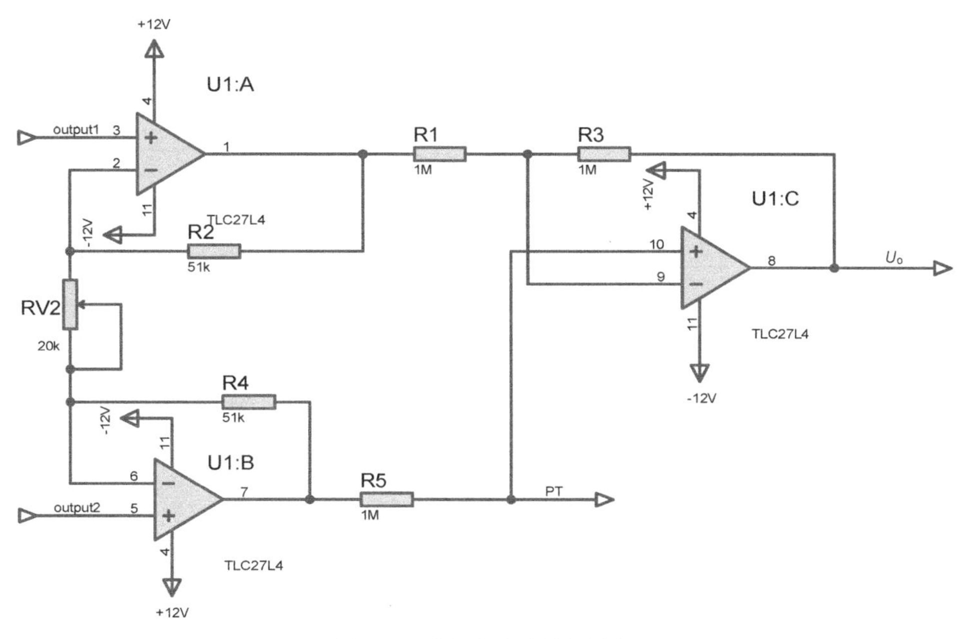

图 5-3　仪用放大电路原理图

其中，RV2 是增益调整电阻，通过改变它可以方便地调整放大器的增益，同时因为电路对称，调整时不会造成共模抑制比的降低。因为它有强抗共模干扰、低温漂、高稳定增益特性，所以在微弱信号检测中被广泛应用。经过计算，此电路的放大倍数为 $1+2R_2/R_{V2}$。计算可知最终输出电压为 U_o。

3. 不平衡电压调整电路

当前面的桥式电路输出的电压差为零时，此时电路的最终输出电压也应该为零，但在实际应用中，可能并不是这样的，所以需要增加一个不平衡电压调整电路。当电压差信号为零时，调节电位器 RV1，使得输出电压为零，这样的测量会更加准确，如图 5-4 所示。

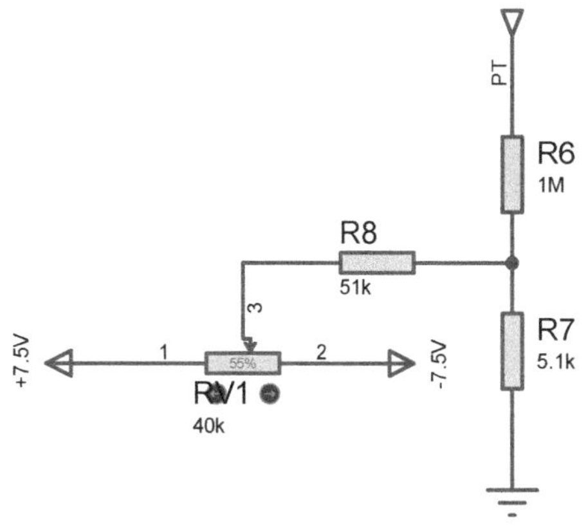

图 5-4　不平衡电压调整电路原理图

电阻应变片压力电桥测量电路原理图如图 5-5 所示，实际电路板中的 KP1 部分由排针引出，所对应的部分是图 5-2 所示的电路，它是由一个电阻应变片及三个电阻组成的压力测量电桥。

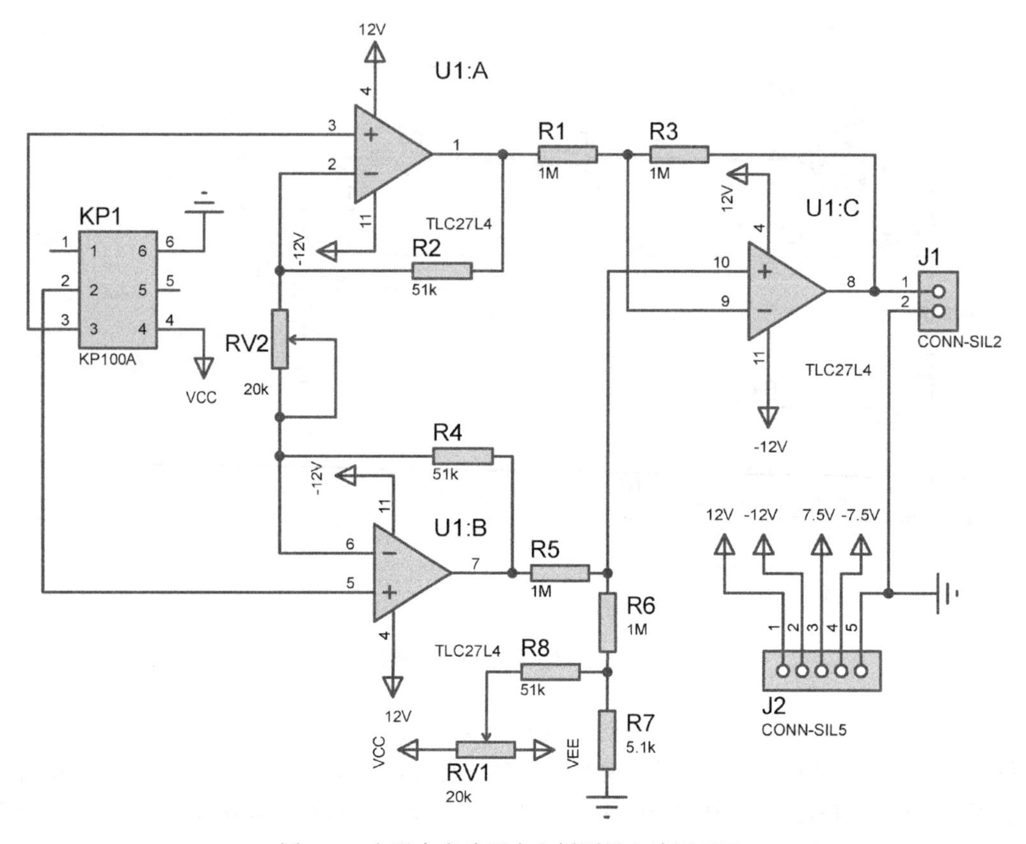

图 5-5　电阻应变片压力电桥测量电路原理图

在进行电路仿真前，压力桥式电路无须调节电位器，只需要调节不平稳电压调整电路，使最终输出的电压值为 0V 即可，如图 5-6 所示。

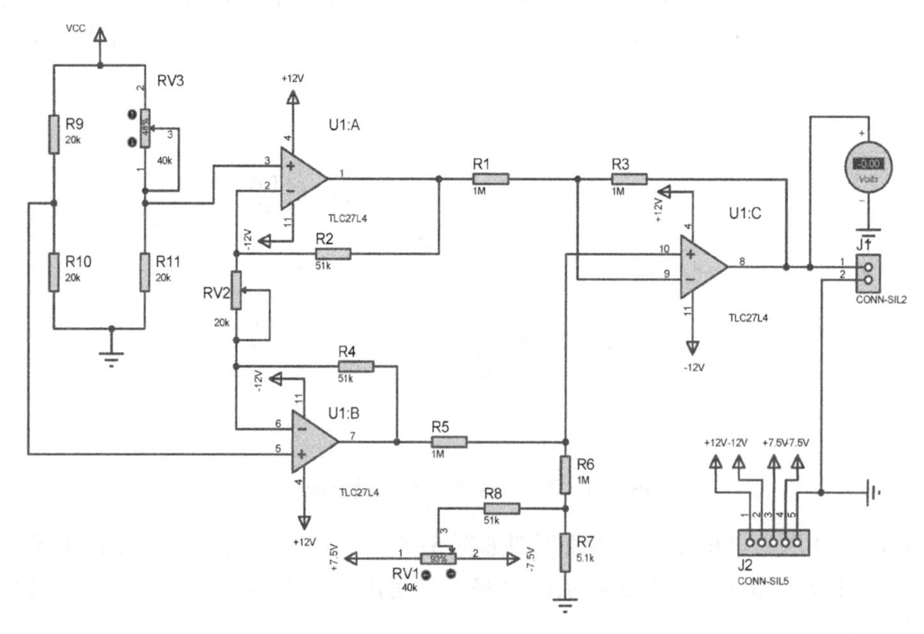

图 5-6　电阻应变片压力电桥测量仿真电路图 1

下面调节压力桥式电路部分，通过改变压力桥式电路中的电位器，来模拟压力传感器所受到的压力，对应电路输出电压值也在改变，如图 5-7 所示。此时的电压为 2. 45V。

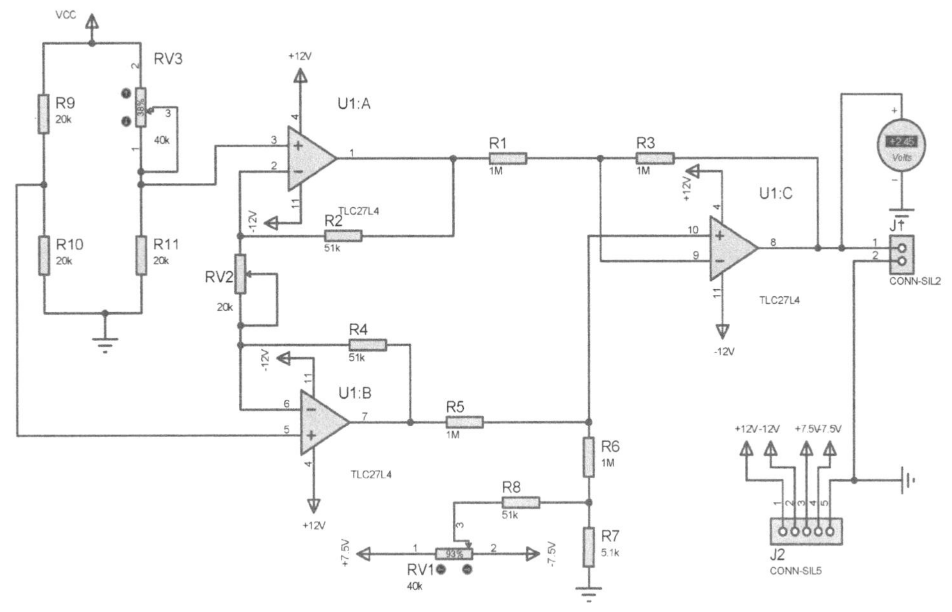

图 5-7　电阻应变片压力电桥测量仿真电路图 2

PCB 版图

PCB 版图是根据原理图的设计，在 Proteus 界面单击 PCB Layout，将原理图中各个元器件进行排布，然后进行布线处理，如图 5-8 所示。在 PCB Layout 过程中需要考虑外部连接的布局、内部电子元器件的优化布局、金属连线和通孔的优化布局、电磁保护、热耗散等各种因素，这里就不做过多说明了。

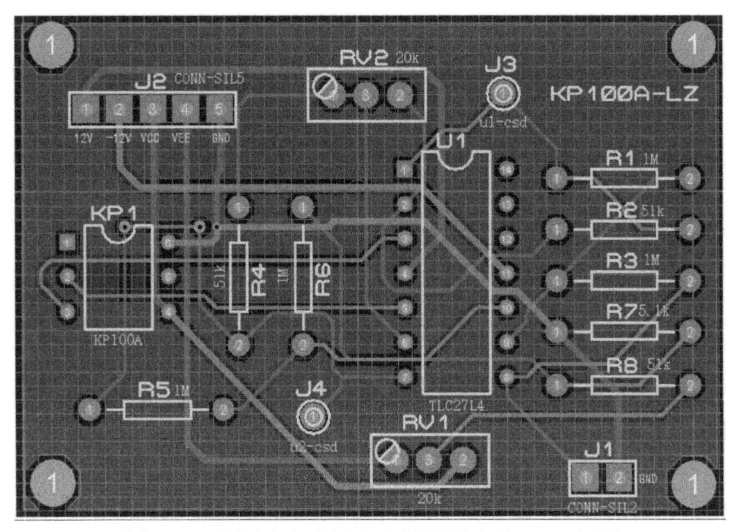

图 5-8　电阻应变片压力电桥测量电路 PCB 版图

实物测试

按照原理图的布局，在实际电路板上进行各个元器件的焊接，焊接完成后，实物图如图 5-9 所示。实物测试图如图 5-10 所示。

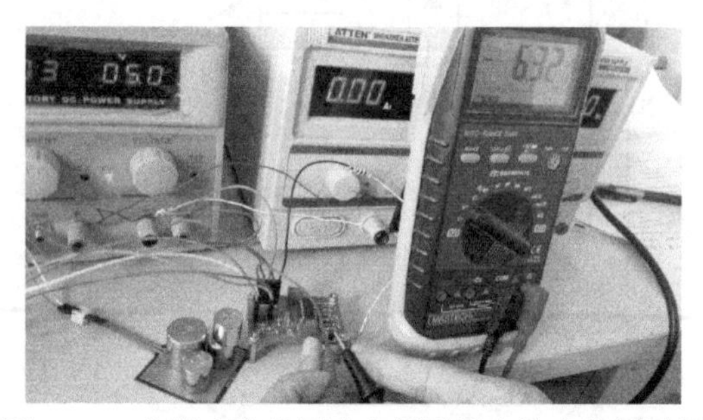

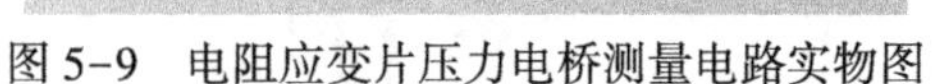

图 5-9　电阻应变片压力电桥测量电路实物图　　图 5-10　电阻应变片压力电桥测量电路实物测试图

在电路实测中，由砝码来代替压力值。测量几组数据，便可以获得砝码质量与输出电压值的关系，如表 5-1 所示。

表 5-1　砝码质量与输出电压值的关系

砝码质量	0g	50g	90g	130g
输出电压	10.7V	5.1V	-1.8V	-11.9V

由表中的数据拟合出砝码质量与电路输出电压间的关系，进而由输出电压可以求得未知压力值的大小。

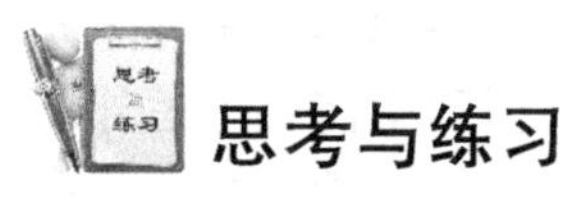

思考与练习

（1）电阻应变片电桥测量压力的原理是什么？

答：电桥相对臂电阻的乘积相等，这就是电桥的平衡条件。根据电桥的平衡条件，若已知其中三个桥臂的电阻，就可以计算出另一个桥臂电阻。根据应变片的阻值大小与压力的关系，即可以求出应变片所受压力的大小。

（2）仪用放大电路中 RV2 的作用是什么？

答：RV2 用来调整整个电路的增益。

（3）是否可以把不平衡电压调整电路去掉？

答：不可以。因为电路测量中存在误差，需要利用不平衡电压调整电路来调节电压的输出。

特别提醒

（1）差分放大电路的输入/输出电压要小于其供电电压。

（2）开始测量之前，先要调整不平衡电压。

项目 6　房间湿度测量电路设计

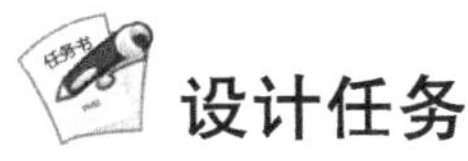

设计任务

设计一个简单的房间湿度测量电路，能检测到房间的相对湿度，并将检测数值显示出来。

基本要求

房间湿度测量电路应满足如下要求：

☺ 可测量 0~100%RH 的相对湿度。

☺ 数码管动态显示房间里相对湿度值的大小。

☺ 采用 AT89C51 对 555 电路返回的湿度值进行运算并处理成十进制数。

☺ 用十进制数码管显示实际湿度。

总体思路

该湿度测量电路采用单片机进行湿度实时采集与控制。湿度信号由 HS1101 电容式湿度传感器通过 555 电路将湿度转化为频率的变化，并将频率值输入到单片机中，单片机再对频率值进行运算处理，通过显示电路将当前空气的相对湿度输出显示在 4 位 LED 数码管上。相对湿度的范围为 0~100%。

系统组成

房间湿度测量电路的整个系统主要分为三部分。

☺ 第一部分：湿度测量。

☺ 第二部分：运算处理。

☺ 第三部分：显示电路。

整个系统方案的模块框图如图 6-1 所示。

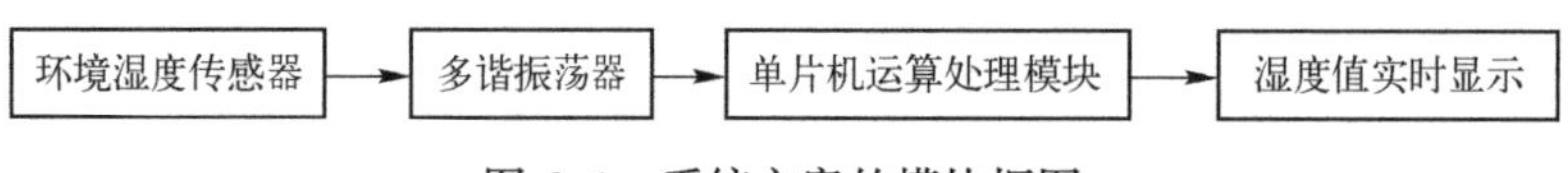

图 6-1　系统方案的模块框图

模块详解

1. 湿度测量

HS1101 湿度传感器在电路中等效于一个电容器 Cx，由电容接口接出，其电容值随所测空气湿度的增大而增大，在相对湿度为 0～100%RH 时，电容的容量由 160pF 变化到 200pF。电路中选用 180pF 的电容，其误差不大于±2%RH，响应时间小于 5s，温度系数为 0.04pF/℃。555 芯片外接电阻 R1、R2、R3 与 HS1101，构成对 HS1101 的充电回路。7 脚通过芯片内部的晶体管对地短路实现对 HS1101 的放电回路，并将引脚 2、6 相连引入片内比较器，构成一个多谐波振荡器。其中，R1 相对于 R2 必须非常小，但不能低于一个最小值，如图 6-2 所示。由于湿度信号由 HS1101 电容式湿度传感器通过 555 芯片将电容值的变化转化为电压频率的信号，所以湿度测量部分的仿真电路图及仿真结果如图 6-3 和图 6-4 所示。

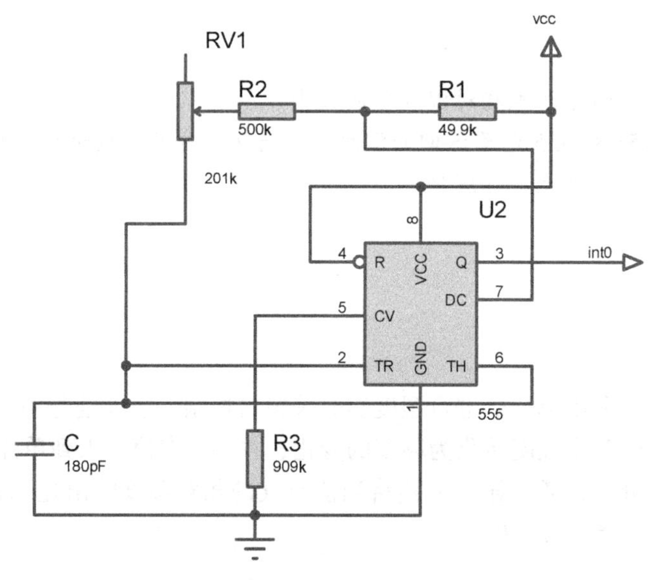

图 6-2　湿度测量

2. 运算处理

如图 6-5 所示，AT89C51 作为系统控制器，将 555 芯片输入的频率进行计数处理，得到相应湿度传感器的电容值，每个电容值对应一个湿度，从而计算出湿度的大小，并将数值传递给显示电路。

3. 晶振电路

晶振电路比较常见，其参数配置及原理图如图 6-6 所示。单片机 XTAL1、XTAL2 接 12MHz 晶振，提供系统时钟基值。

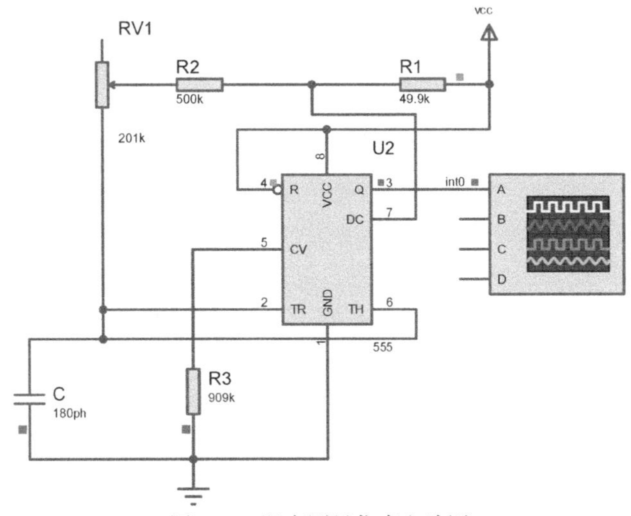

图 6-3　湿度测量仿真电路图

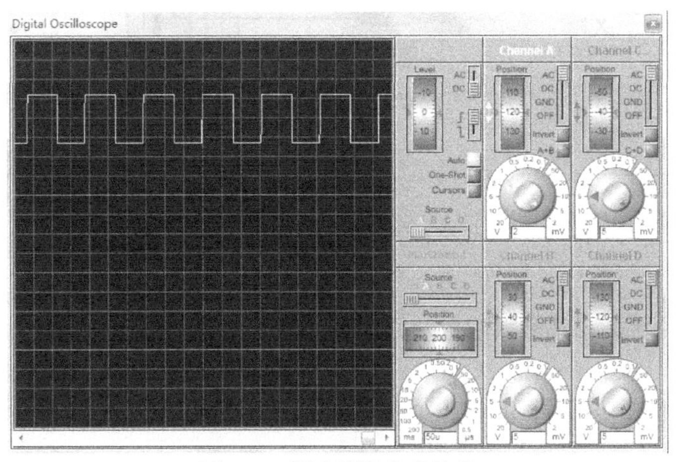

图 6-4　湿度测量仿真结果

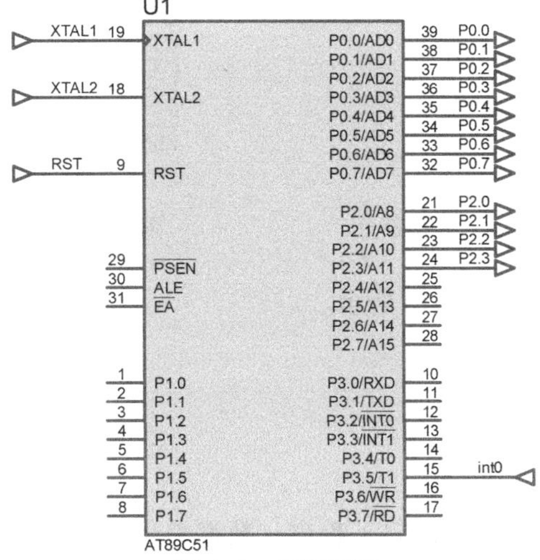

图 6-5　运算处理

4. 显示电路

显示电路由四位一体的共阳数码管及上拉电阻构成。段码接到单片机的 P0 口，位选信号接至 P2 口的低 4 位。其原理图如图 6-7 所示。

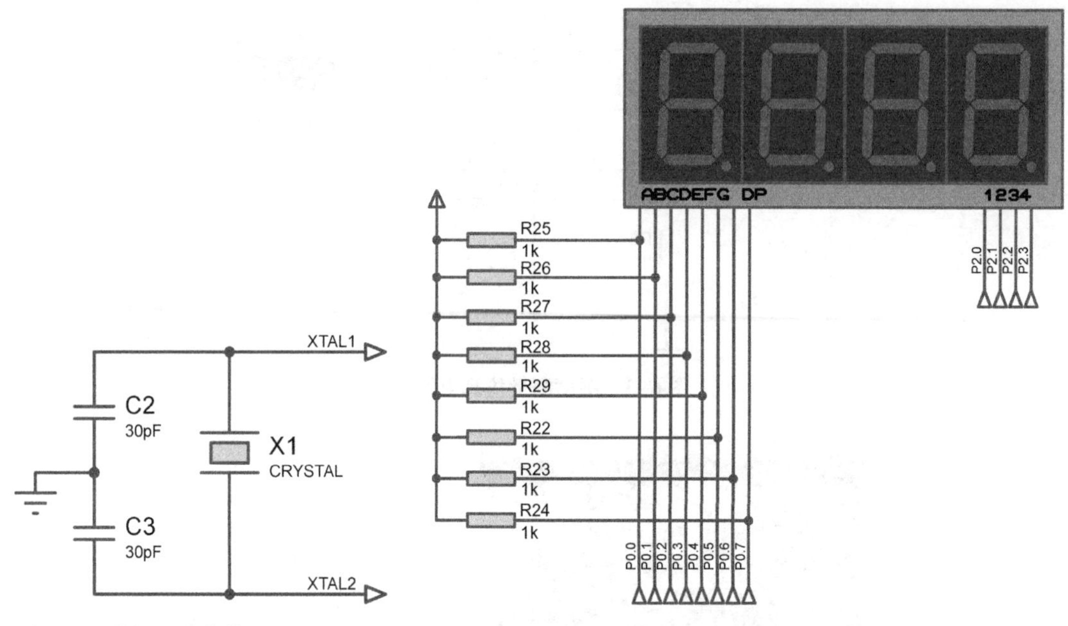

图 6-6　晶振电路参数配置及原理图　　　　图 6-7　显示电路原理图

5. 复位部分

复位电路比较常见，其参数配置及原理图如图 6-8 所示。

6. 供电部分

该部分采用 USB 接口 5V 供电，如图 6-9 所示。

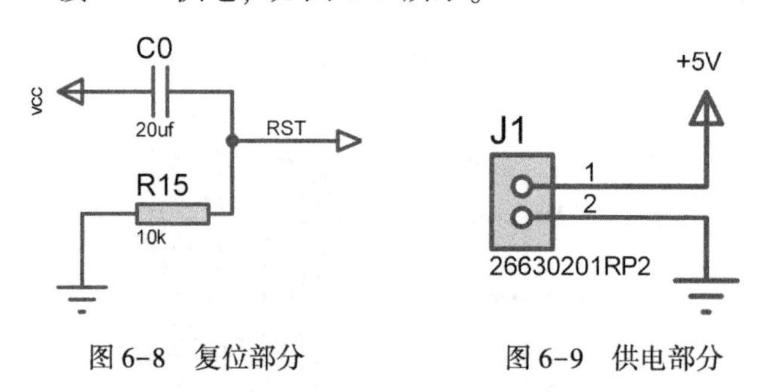

图 6-8　复位部分　　　　图 6-9　供电部分

房间湿度测量电路图如图 6-10 所示。

软件设计

软件程序主要包含主程序、译码子程序、数据显示子程序、延时子程序及中断子程序，其流程图如图 6-11 所示。

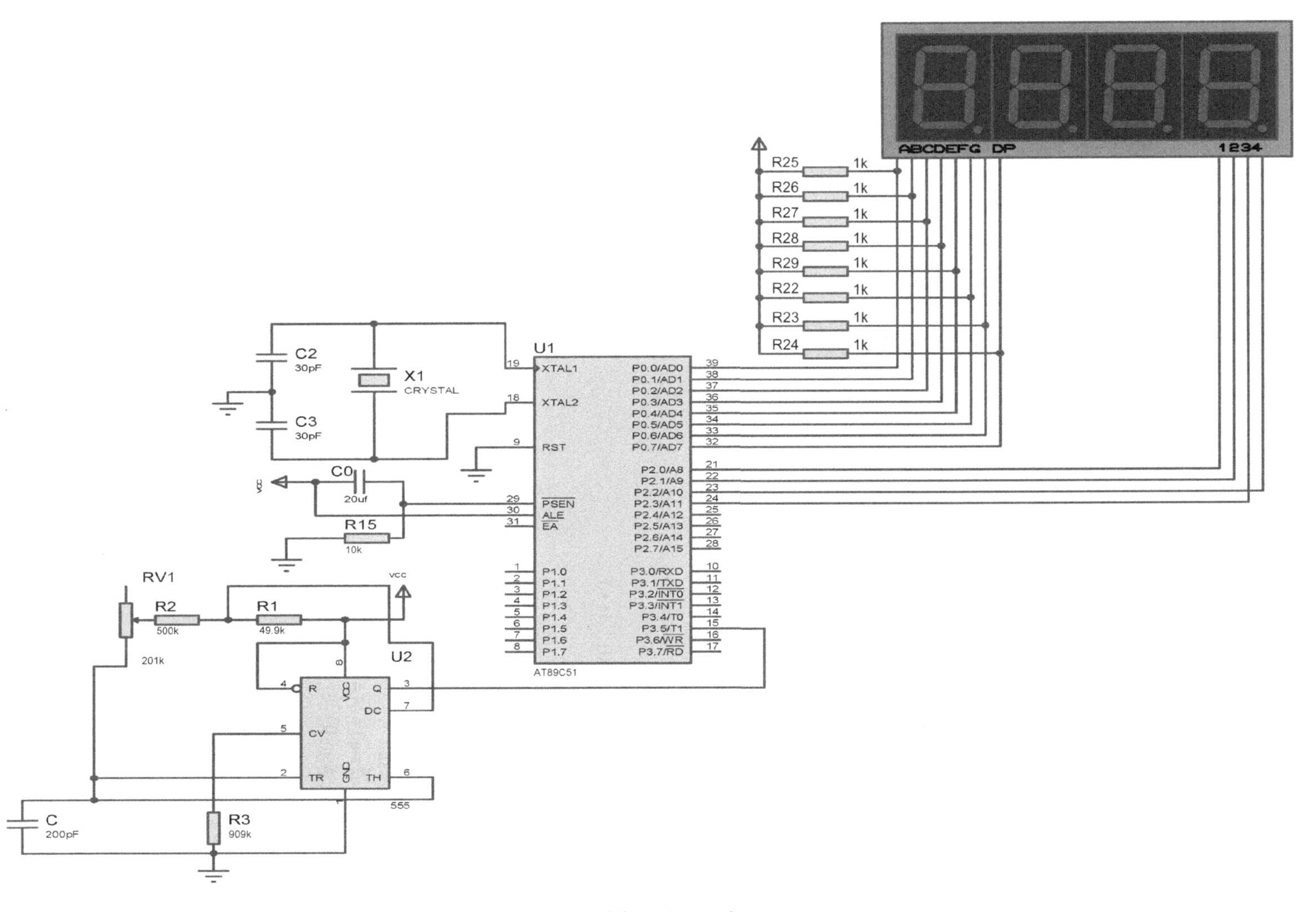

图6-10　房间湿度测量电路图

按照软件流程图，编写程序如下：

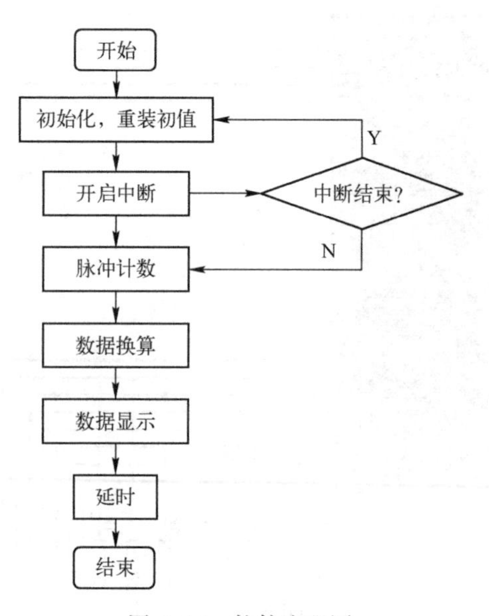

图 6-11　软件流程图

```
#include <reg51.h>
#include  "intrins.h"
#define  nop()  _nop_()
unsigned  int  count=0;
unsigned  int  count1=0;
unsigned  int  count2=0;
unsigned  long  count3=0;
sbit  q1=P2^0;
sbit  q2=P2^1;
sbit  q3=P2^2;
sbit  q4=P2^3;
sbit  q5=P2^4;
sbit  q6=P2^5;
sbit  clear=P2^7;
unsigned  int  disp[]={0,0,0,0,0,0};
unsigned
charseg[]={~0x3F,~0x06,~0x5B,~0x4F,~
0x66,~0x6D,~0x7D,~0x07,~0x7F,~0x6F};
void  delay(unsigned  int  ms)
{           //延时子程序
unsigned  int  i;
  while(ms--)
{
for(i  =  0;  i<  100;  i++)
  {     _nop_();
           _nop_();
           _nop_();
           _nop_();
   }
  }
}
void  xianshi()
  {q1=q2=q3=q4=q5=q6=0;
P0=seg[disp[0]];
q1=1;
delay(1);
q1=q2=q3=q4=q5=q6=0;
P0=seg[disp[1]];
q2=1;
delay(1);
q1=q2=q3=q4=q5=q6=0;
P0=seg[disp[2]];
q3=1;
delay(1);
q1=q2=q3=q4=q5=q6=0;
P0=seg[disp[3]];
q4=1;
delay(1);
q1=q2=q3=q4=q5=q6=0;
P0=seg[disp[4]];
```

```
q5=1;
delay(1);
q1=q2=q3=q4=q5=q6=0;
P0=seg[disp[5]];
q6=1;
delay(1);
q6=0;}
void chuli(unsigned long led)
{
disp[0]=led/100000;
disp[1]=led%100000/10000;
disp[2]=led%10000/1000;
disp[3]=led%1000/100;
disp[4]=led%100/10;
disp[5]=led%10;
}
void myint(void) interrupt 1
{TL0=0xb0;
TH0=0x3c;
count++;
if(count==2)
{TR0=0;
count=0;
count3=(P1+P3*256)*10;
clear=0;
TR0=1;
clear=1;
}
}
void main()
{TMOD=0x01;
  EA=1;
  ET0=1;
  ET1=1;
  TL0=0xb0;
  TH0=0x3c;
  TR0=1;
  while(1)
{
chuli(count3);
xianshi();}}
```

将程序下载到单片机中进行仿真，HS1101 湿度传感器在电路中等效于一个电容，当电容值为 180pF 时，输出一个电压频率信号，通过运算处理模块和显示模块，LED 显示的湿度为 35RH，如图 6-12 所示。

当电容值为 200pF 时，输出一个电压频率信号，通过运算处理模块和显示模块，LED 显示的湿度为 87RH，如图 6-13 所示。

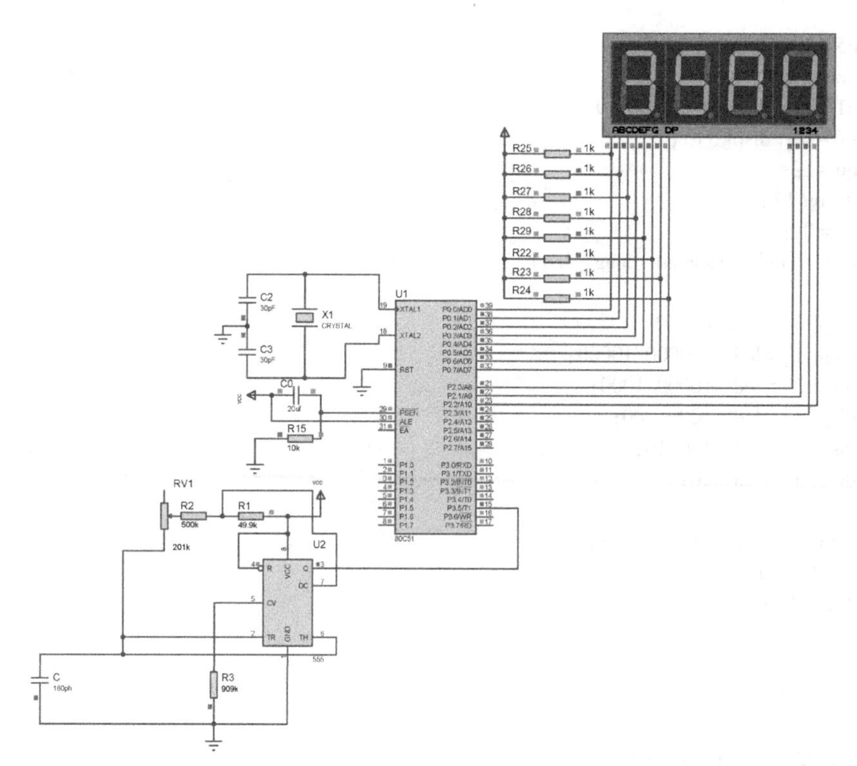

图 6-12　仿真电路 1

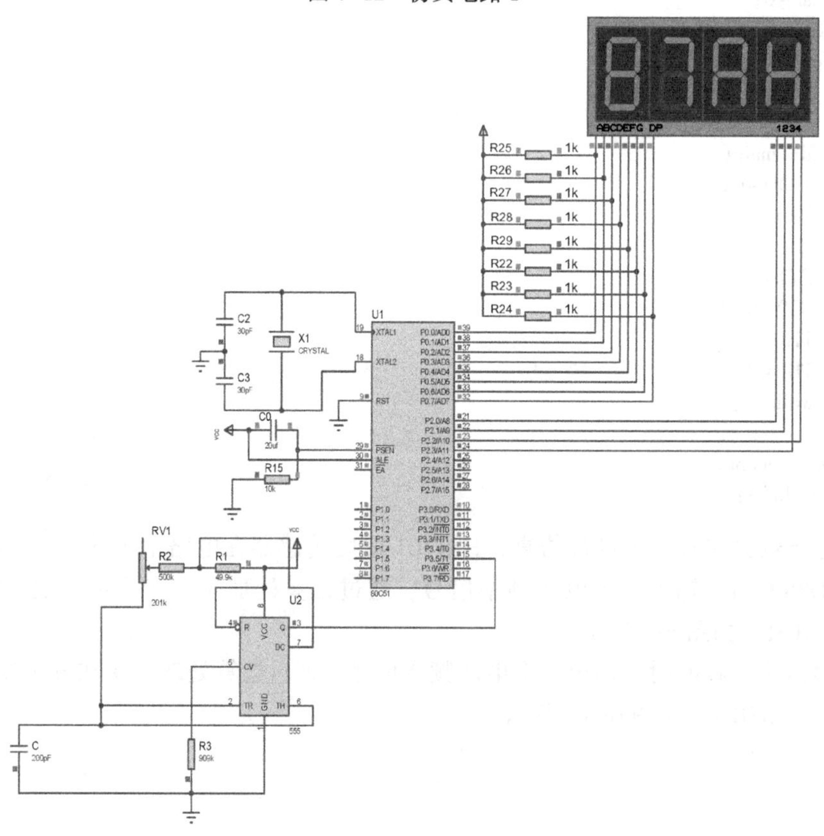

图 6-13　仿真电路 2

PCB 版图

PCB 版图是根据原理图的设计，在 Proteus 界面单击 PCB Layout，将原理图中各个元器件进行分布，然后进行布线处理而得到的，如图 6-14 所示。在 PCB Layout 过程中需要考虑外部连接的布局、内部电子元器件的优化布局、金属连线和通孔的优化布局、电磁保护、热耗散等各种因素，这里就不做过多说明了。

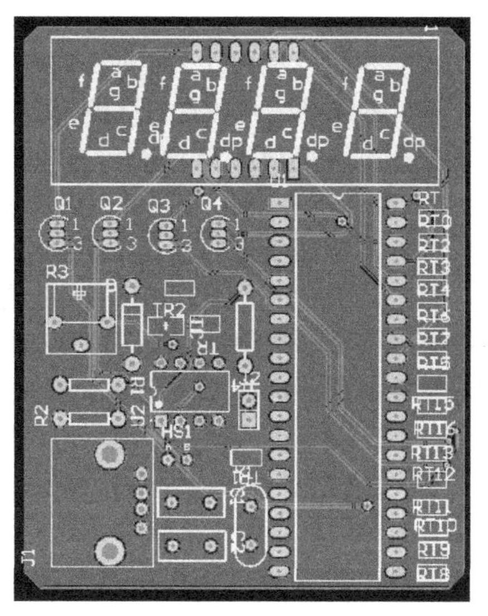

图 6-14　房间湿度测量电路 PCB 版图

实物测试

按照原理图的布局，在实际板子上进行各个元器件的焊接，焊接完成后，其实物图如图 6-15 所示。实物测试图如图 6-16 所示。

图 6-15　房间湿度测量电路实物图

图 6-16　房间湿度测量电路测试图

经过实测，电路数码管的显示读数为当前房间的湿度值 37RH，测量值能够随着房间湿度的改变而变化，基本实现了本电路的实际功能。

思考与练习

（1）本设计利用什么实现房间湿度的测量？

答：本设计使用的是 HS1101 湿度传感器，在电路中等效于一个电容 Cx，其电容值随所测空气的湿度增大而增大，在相对湿度为 0～100%RH 时，电容值由 160pF 变化到 200pF，其误差不大于±2%RH，响应时间小于 5s，温度系数为 0. 04pF/℃。

（2）本电路工作的基本原理是什么？

答：湿度信号由 HS1101 湿度传感器通过 555 芯片将湿度的变化转化为频率的变化，并将频率值输入到计算机中，单片机对频率值进行运算处理，通过显示电路将当前空气的相对湿度输出显示在 4 位 LED 数码管上。相对湿度的范围为 0～100%。

（3）通过 555 定时器如何得出相应的频率？

答：555 芯片外接电阻 R1、R2、R3 与 HS1101，构成对 HS1101 的充电回路。7 脚通过芯片内部的晶体管对地短路实现对 HS1101 的放电回路，并将引脚 2、6 相连引入到片内比较器，构成一个多谐波振荡器，HS1101 作为一个变化的电容，连接引脚 2 和 6。HS1101 的等效电容通过 R57 和 R58 充电达到上限电压值（近似于 0. 67 V_{CC}，时间记为 T_1），这时 555 的引脚 3 由高电平变为低电平，然后通过 R58 开始放电，由于 R57 被引脚 7 内部短路接地，所以只放电到触发界线（近似于 0. 33 V_{CC}，时间记为 T_2），这时 555 芯片的引脚 3 变为高电平。

充电、放电时间分别为

$$T_1 = C(R_1+R_2+R_3)\text{In}2$$

$$T_2 = CR_1\text{In}2$$

输出波形的频率和占空比的计算公式如下：

$$F = 1/T = 1/C[2(R_1+R_3)+R_2]\text{In}2$$

$$D = T_1/T = R_1+R_2+R_3/2(R_1+R_3)+R_2$$

项目 7　霍尔转速计电路设计

设计任务

设计一个利用霍尔传感器采集电动机转动次数，再由单片机处理成转速，最后通过液晶屏显示的测转速电路。

基本要求

☺ 霍尔传感器能够接收电动机信号盘发出的转动信号。
☺ 霍尔传感器产生的信号通过信号处理电路能够产生给单片机处理的 TTL 电平。
☺ 能够精确地在液晶屏上显示电动机的转速。

总体思路

霍尔采集处理、单片机处理和液晶屏显示是本电路的三大主要组成部分，由霍尔传感器将电动机的转动情况变换成脉冲信号，再由单片机编程将采集到的脉冲信号处理成转速，通过液晶屏来直观显示。

系统组成

霍尔测速电路的整个系统可以分为四部分。

☺ 第一部分：电源模块。该部分为单片机、霍尔传感器（HZL201）和液晶屏提供稳定的直流电压。
☺ 第二部分：霍尔传感器采集处理模块。该部分将霍尔传感器输出的脉冲信号转换成与单片机相匹配的脉冲信号。
☺ 第三部分：单片机处理模块。该部分将霍尔传感器所传回来的脉冲信号进一步处理成转速信号。
☺ 第四部分：LCD 液晶显示模块。该部分将转速情况直观地显示在液晶屏上。

整个系统方案的模块框图如图 7-1 所示。

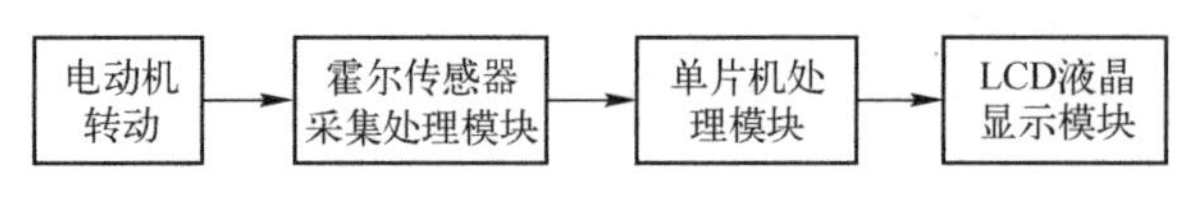

图 7-1　系统方案的模块框图

模块详解

1. 电源模块

本设计的电源模块分别由 7805 和 7815 两部分组成。由于霍尔传感器（HZL201）所需的电源电压为 15V，而单片机和液晶显示屏（LM016L）所需的电压为 5V，所以本设计采用给霍尔传感器和单片机分别供电的电源系统，其中电源电压为 22V，电源模块原理图如图 7-2 所示。

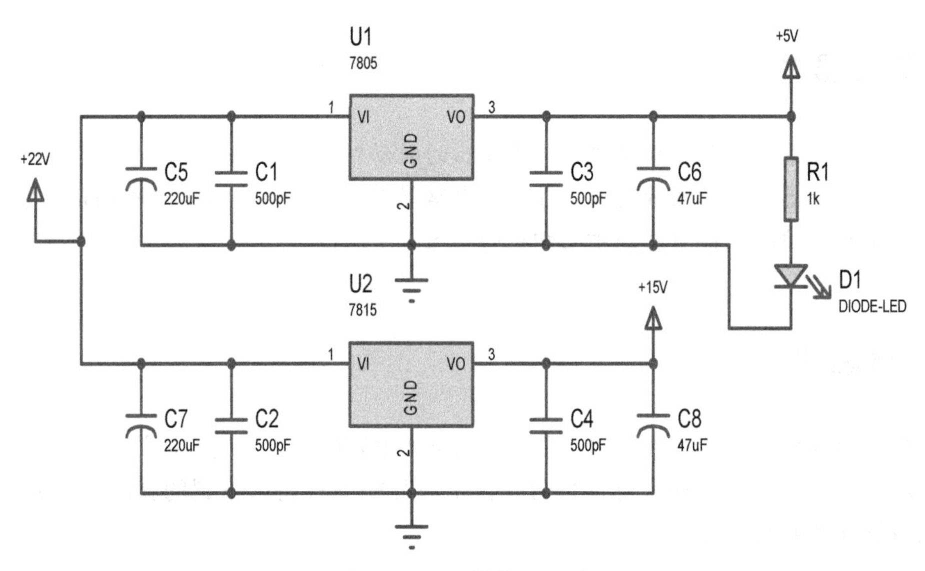

图 7-2　电源模块原理图

为了验证所测电路中霍尔传感器所需电源电压为 15V，单片机和液晶显示屏所需电压为 5V，采用电压表的方法验证，如图 7-3 所示。

2. 霍尔传感器采集处理模块

传感器输出的转速信号为方波脉冲信号，它的高电平低于 15V 且高于 14V，而低电平接近 0V，可见该脉冲信号的电压幅值与单片机接口不匹配，因此该电路又选用了一个由三极管组成的整形电路处理转速信号，使其满足单片机的接收要求。当输出为高电平信号时，三极管 Q1 的基-射极处于正向偏置状态，故集-射极处于正向通路状态，其输出电压约为 0V；当输出为低电平信号时，三极管 Q1 的基-射极处于反向偏置状态，故集-射极处于断路状态，其输出电压约为+5V。转速信号处理电路如图 7-4 所示，经处理后的方波脉冲信号满足单片机的接收要求。

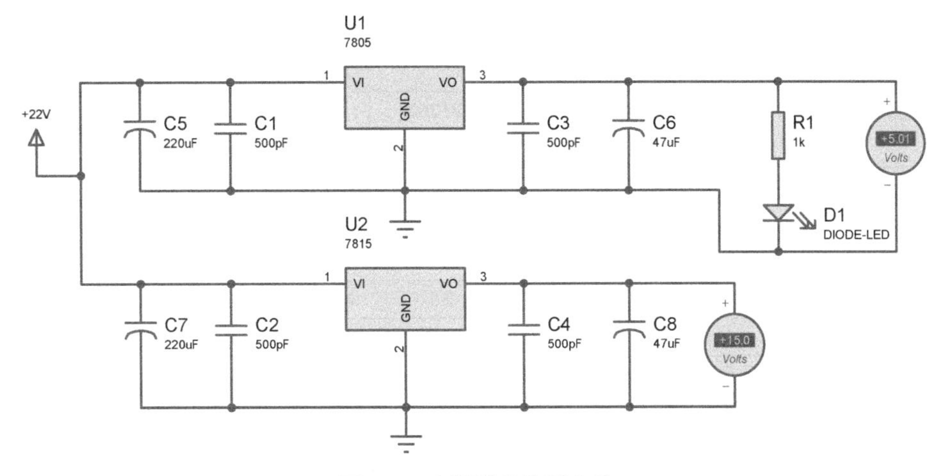

图 7-3　电源模块检测电路

本电路选用的是国产 HZL201 霍尔齿轮传感器，如图 7-5 所示。该霍尔齿轮传感器是一种用于测量速度、角度、转速、长度等的新型传感器，由传感黑色金属齿轮或齿条的齿数转换成电压脉冲信号来测量物体的速度、转速等参量。该传感器红色端接电源正极，黑色端接地，黄色端为输出端，三种颜色的接线被包含在绝缘介质中，而它有传感黑色金属目标，输出幅值与齿轮转速无关，低速性能优异，工作频率高达 20kHz，抗电磁干扰，经过三防抗震处理，有电源极性反向保护，安装维修方便等特点。霍尔齿轮传感器电参数如表 7-1 所示。

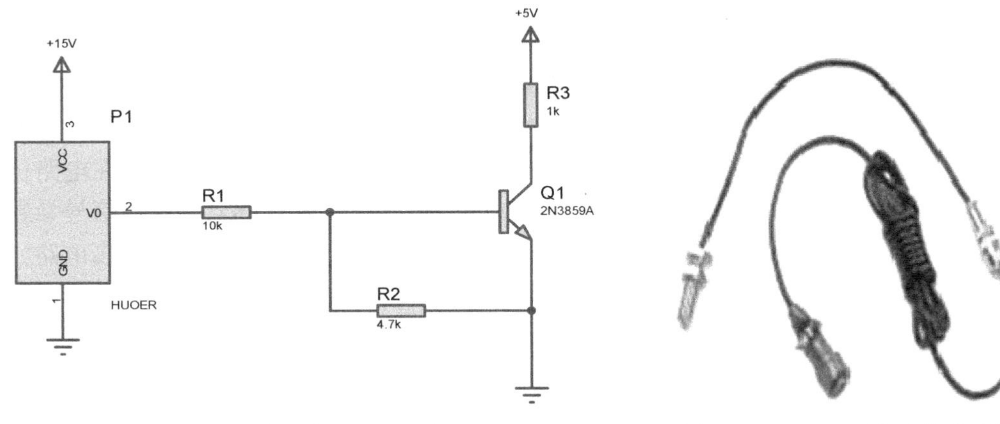

图 7-4　转速信号处理电路

图 7-5　HZL201 霍尔齿轮传感器

此霍尔齿轮传感器应用于汽车凸轮轴和曲轴速度/位置检测，汽车和工业用速度表，汽车的抗滑/牵引控制，链条传送带速度和距离检测，“运动停止”检测器、计数器中。

其连接和调节方式有：

① 安装传感器时，齿轮转动方向要与安装标记平行以便得到最佳灵敏度。适当调节工作距离，可使传感器可靠工作。

② 若无特殊说明，传感器均采用集电极开路输出方式。

红线：电源正极。黄线：输出。黑线：地。

③ 所测齿轮的齿间距应大于 3mm。

表 7-1　霍尔齿轮传感器电参数

参数	符号	HZL2 系列				
		HZL201	HZL260	HZL202	HZL204	HZL2××
		A 型	B 型	C 型	D 型	可定制
电源电压	V_C	5~20V				
电源电流	I_C	≤15mA				
输出低电平	V_{OL}	≤0.4V				
输出高电平	V_{OH}	≥(V_{CC}−1)V				
工作距离	d	1~1.5mm				
工作频率	f	0~20kHz				
工作温度	T	E：−40~+85℃　L：−40~+150℃				

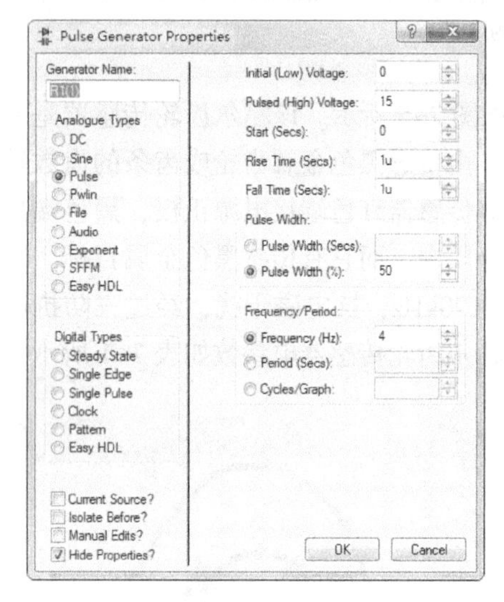

图 7-6　脉冲信号参数

霍尔传感器在测量机械设备的转速时，被测量机械的金属齿轮、齿条等运动部件会经过传感器的前端，引起磁场的相应变化，当运动部件穿过霍尔元件产生磁力线较为分散的区域时，磁场相对较弱，而穿过产生磁力线较为密集的区域时，磁场就相对较强。

霍尔传感器根据磁力线密度的变化，在磁力线穿过传感器上的感应元件时，产生霍尔电势。霍尔传感器的霍尔元件在产生霍尔电势后，会将其转换为交变电信号，最后传感器的内置电路会将此信号调整和放大，输出矩形脉冲信号。

由霍尔传感器的工作原理可知，霍尔传感器输出的转速信号为方波脉冲信号，所以在电路仿真中用脉冲信号代替霍尔传感器，脉冲信号参数如图 7-6 所示，经过霍尔传感器采集处理模块输出矩形脉冲信号，其检测和仿真电路如图 7-7 和图 7-8 所示。

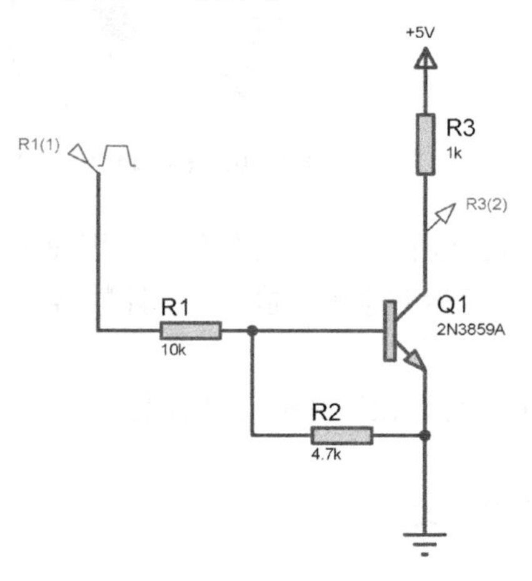

图 7-7　霍尔传感器采集处理模块检测电路

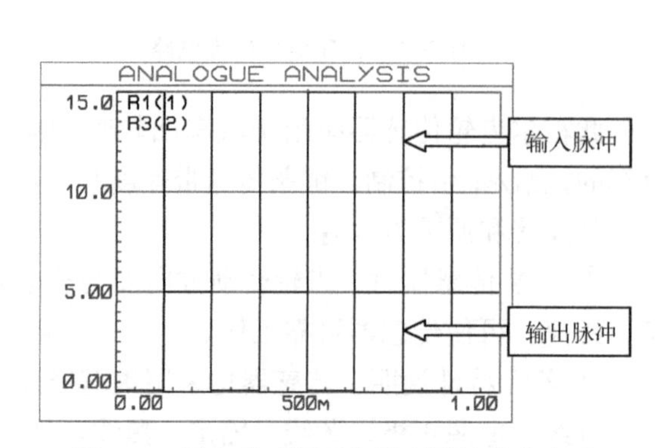

图 7-8　霍尔传感器采集处理模块仿真电路

3. 单片机处理模块

采用 AT89C51 单片机，选用 12MHz 的晶振频率。单片机的 P3.5 口接被处理后的被测信号，P2 口接液晶显示器的数据输入端，P1.0、P1.1、P1.2 通过外接控制电路接液晶显示器的控制端。单片机处理电路如图 7-9 所示。

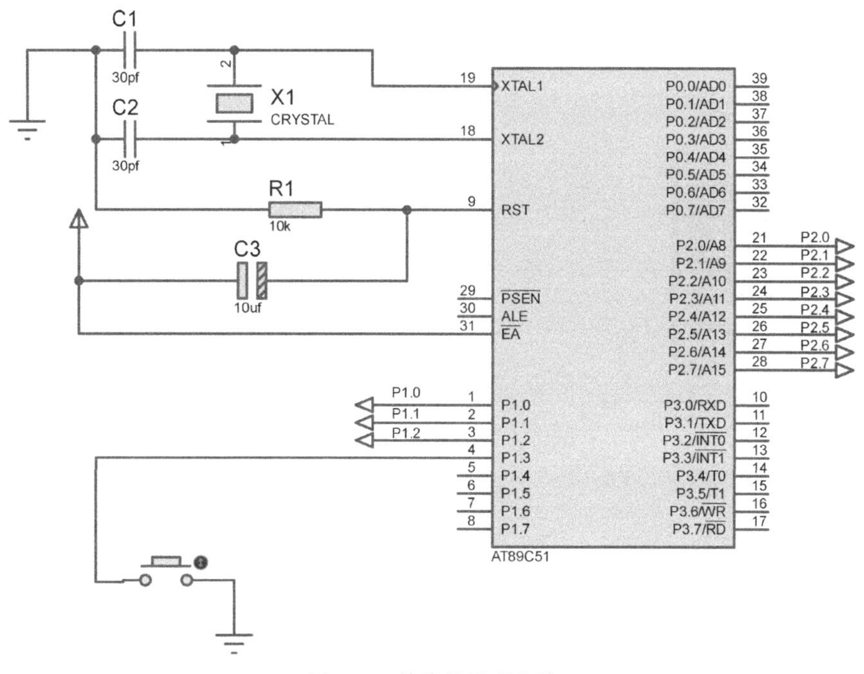

图 7-9 单片机处理电路

4. LCD 液晶屏显示模块

本电路的显示模块由 LM016L 液晶组成，RS 为数据或命令选择端，RW 为读写控制端，E 为使能端。其电路如图 7-10 所示。其中，D0～D7 分别对应单片机的引脚 P2.0～P2.7；RS 命令选择端接单片机的引脚 P1.0；RW 读写控制端接单片机的引脚 P1.1；E 使能端接单片机的引脚 P1.2。

霍尔转速计电路原理图如图 7-11 所示。

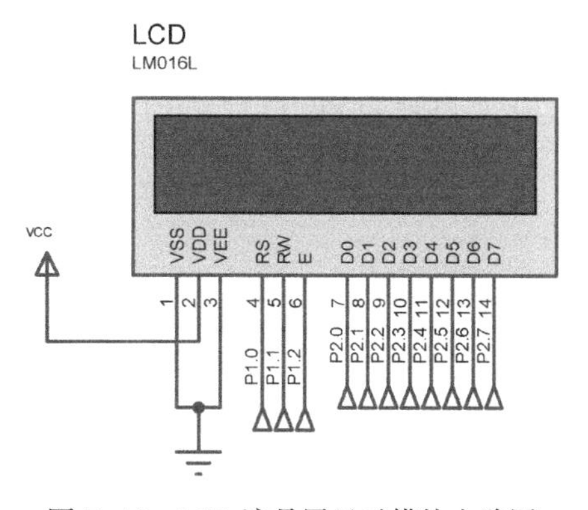

图 7-10 LCD 液晶屏显示模块电路图

软件设计

本电路的软件设计主要由主程序、液晶显示程序组成。主程序对系统环境进行初始化，设置 T0、T1 的工作方式，采用软件启动方式，当 TR0、TR1 同时为 1 时启动计时、计数方式为方式 1（16 位），TH0 = (65536−50000)/256，TL0 = (65536−50000)%256。T0 每次溢出中断 1 次，计时 50ms，所以总共溢出中断 20 次，定时 1s，T1 此时计算所有脉冲的个数，这样就可以准确找出 1s 内所计数脉冲的总数 n。由于经过两个脉冲后是一个工作循环，所以 $n/2$ 即为转速值。其计数工作示意图如图 7-12 所示。主程序流程图如图 7-13 所示。

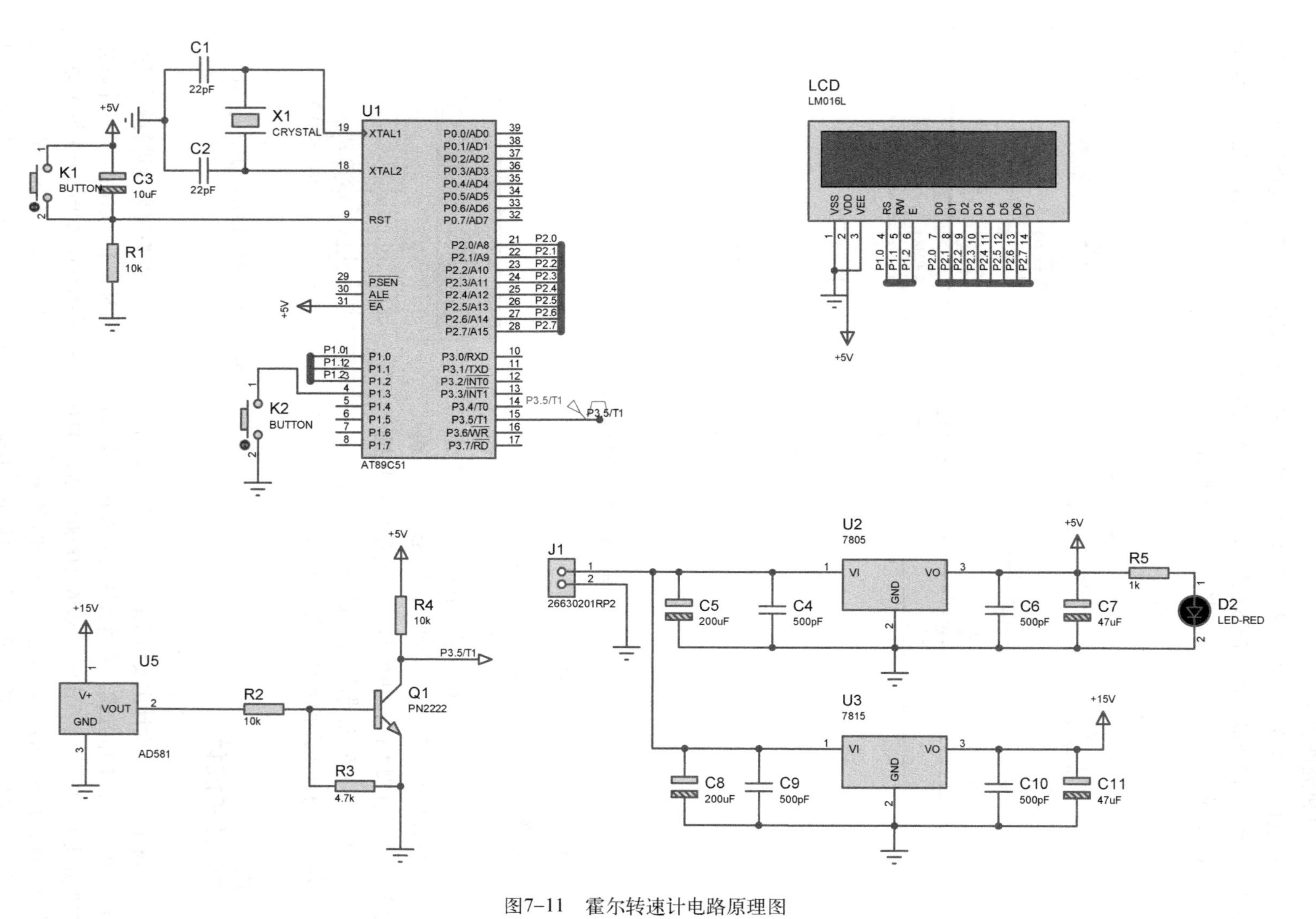

图7-11　霍尔转速计电路原理图

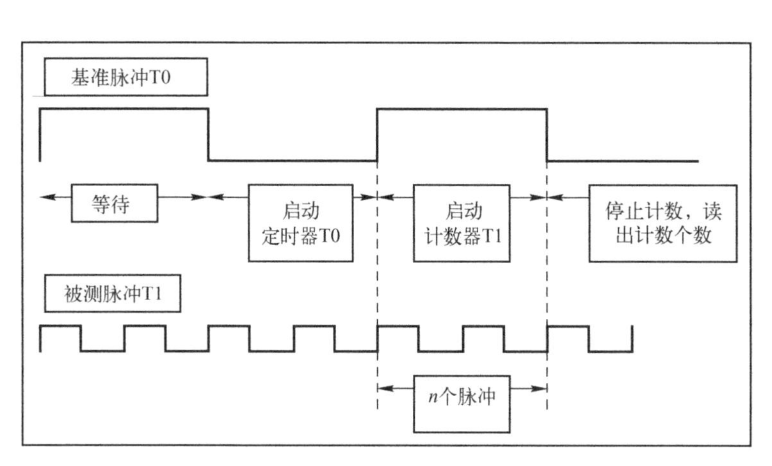

图 7-12　计数工作示意图

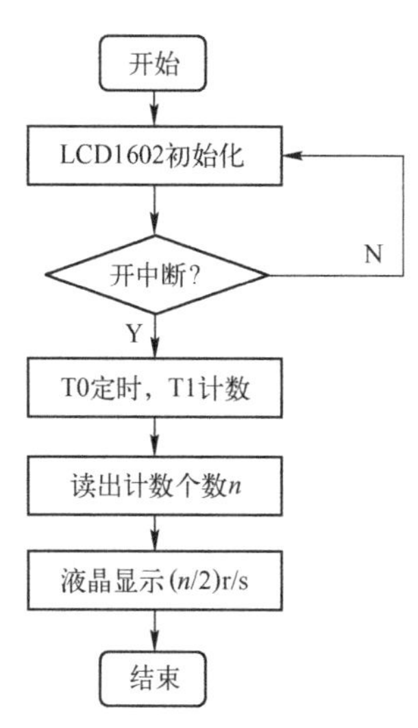

图 7-13　主程序流程图

按照程序流程图，编写程序如下：

```
#include <reg52. h>
#define uchar unsigned char
#define uint unsigned int
uchar code table[ ] = "zhuanshu" ;
uchar dis_buffer[ ] = "0000000r/s" ;
sbit K=P1^3;
uchar t1count=0;
uchar time;
unsigned long m;
void delay( uchar t)
{
    uchar  m,n;
    for( m=t;m>0;m--)
    for( n=110;n>0;n--) ;
}
sbit lcdrs=P1^0;
sbit lcdrw=P1^1;
sbit lcden=P1^2;
void write_com( uchar com)
{
    lcdrs=0;/ ** 写命令 * /
    P2=com;
    delay(2) ;
    lcden=1;
    delay(2) ;
    lcden=0;
}
void write_dat( uchar dat)
{
    lcdrs=1; / ** 写数据 * /
    P2=dat;
    delay(2) ;
```

```
    lcden=1;
    delay(2);
    lcden=0;
}
void init_1602()
{
    lcden=0;
    lcdrs=0;
    lcdrw=0;
    write_com(0x38);/****设置工作方式***/
    write_com(0x0c);/****设置显示状态***/
    write_com(0x06);/****设置输入方式***/
    write_com(0x01);/****清除屏幕显示***/
    delay(5);
}
void main()
{
    uchar x,i;
    init_1602();
    write_com(0x80);
    for(x=0;x<9;x++)
        {
            write_dat(table[x]);
        }
    delay(2);
  TMOD=0x51;
  TH1=0;
  TL1=0;
  TH0=(65536-50000)/256;
  TL0=(65536-50000)%256;
  ET0=1;
  ET1=1;
  EA=1;
    while(1)
        {
            if(K==0)
            {
            delay(10);
            if(K==0);
            TR1=TR0=1;
            }
            else
    dis_buffer[0]=m/1000000+'0';
    dis_buffer[1]=m%1000000/100000+'0';
    dis_buffer[2]=m%100000/10000+'0';
    dis_buffer[3]=m%10000/1000+'0';
    dis_buffer[4]=m%1000/100+'0';
    dis_buffer[5]=m%100/10+'0';
    dis_buffer[6]=m%10+'0';
    write_com(0x80+0x40);
    i=0;
    while(dis_buffer[i]!='\0')
```

```
        write_dat(dis_buffer[i++]);
            }
    }
    void t0() interrupt 3
    {
     t1count++;
    }
    void t1() interrupt 1
    {
    TH0=(65536-50000)/256;
    TL0=(65536-50000)%256;
    if(++time==20)
        {
        time=0;
        TR0=TR1=0;
         m=(t1count*65536+TH1*256+TL1)/24;
         TH1=0;
         TL1=0;
        }
    }
```

将程序下载到单片机中进行仿真，由霍尔传感器原理可知，用脉冲信号代替即可，脉冲信号参数如图 7-14 所示。为了使软件仿真更加方便，用如图 7-15 所示的电路进行仿真。图 7-16所示为仿真结果。

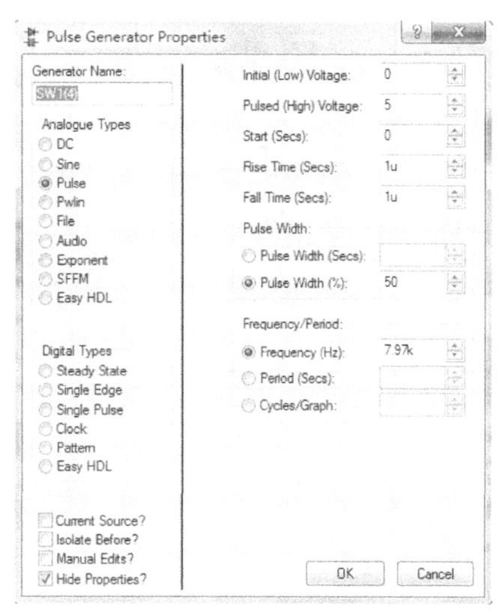

图 7-14　脉冲信号参数

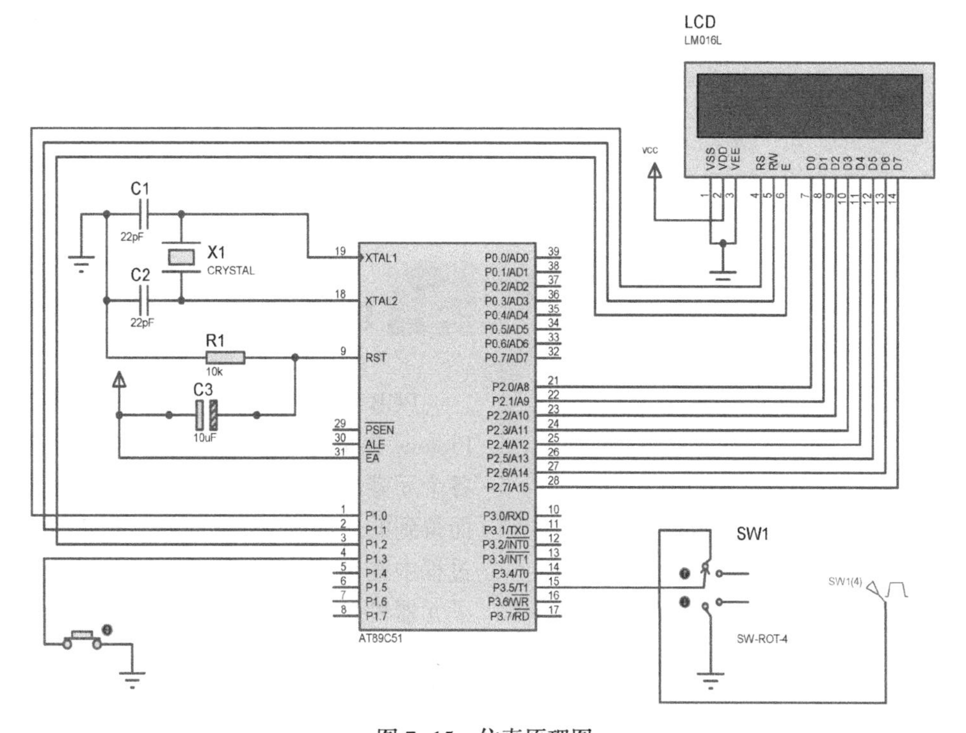

图 7-15　仿真原理图

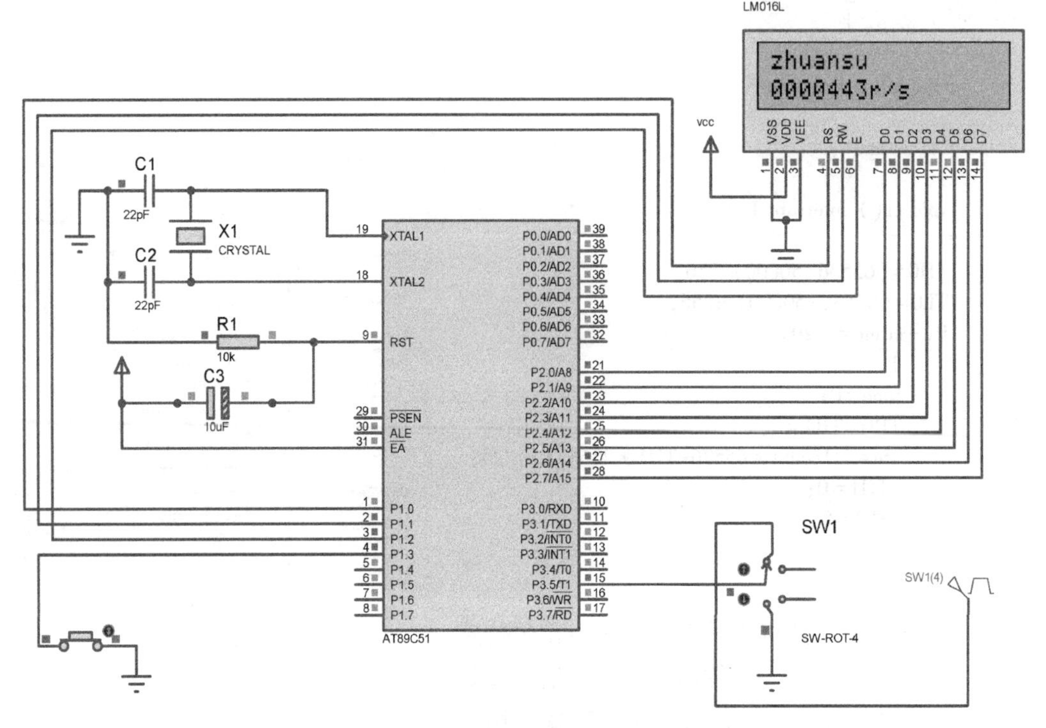

图 7-16　仿真结果

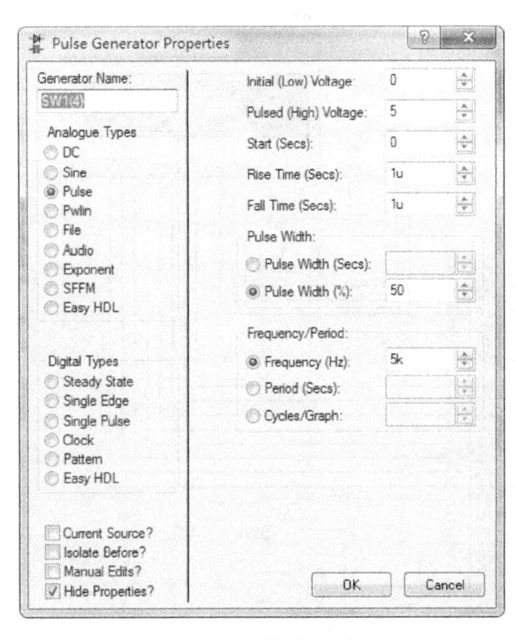

图 7-17　脉冲参数

改变脉冲参数，其输出的转速值也会不同，当脉冲频率改变后，其输出的转速也发生了改变，如图 7-17 和图 7-18 所示。

通过对实物的测试，可以看出此电路能够实现霍尔转速计的功能，并且能够显示当前测量的值，符合设计要求。

PCB 版图

PCB 版图是根据原理图的设计，在 Proteus 界面单击 PCB Layout，将原理图中各个元器件进行分布，然后进行布线处理而得到的，如图 7-19 所示。在 PCB Layout 过程中需要考虑外部连接的布局、内部电子元器件的优化布局、金属连线和通孔的优化布局、电磁保护、热耗散等各种因素，这里就不做过多说明了。

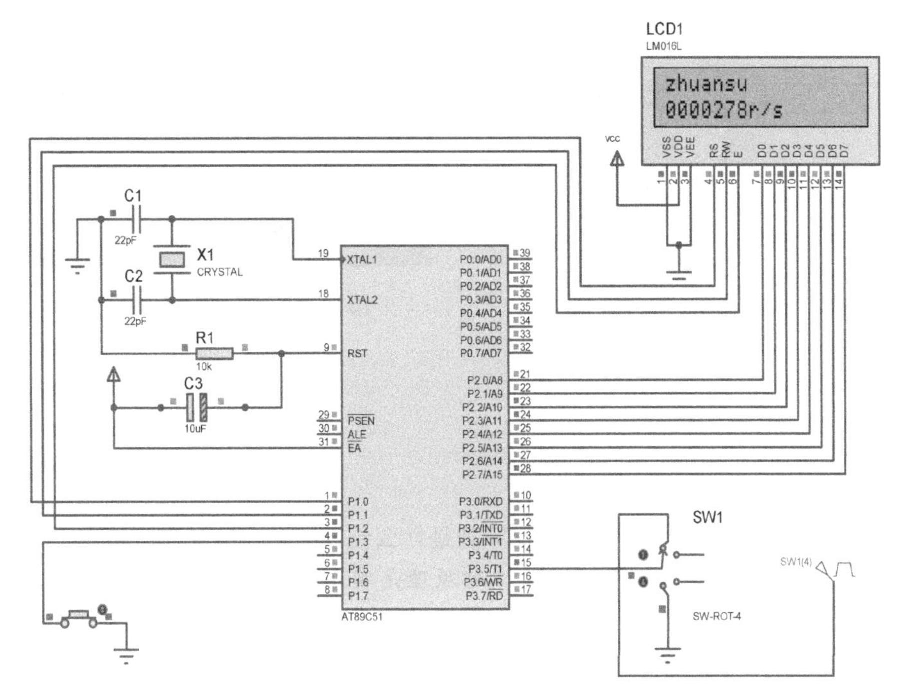

图 7-18 仿真电路

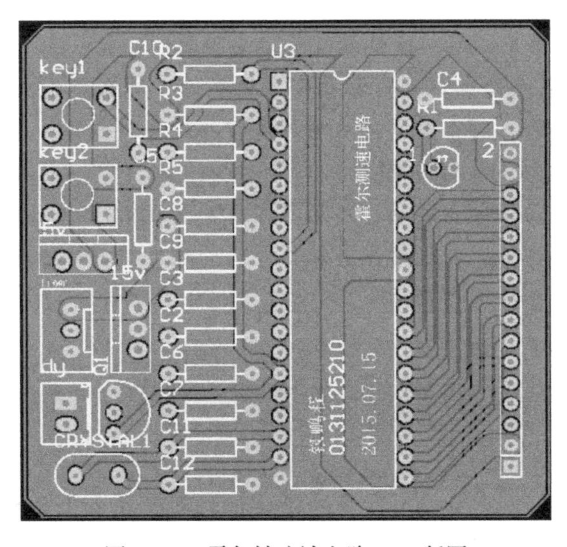

图 7-19 霍尔转速计电路 PCB 版图

实物测试

按照原理图的布局，在实际板子上进行各个元器件的焊接，焊接完成后的实物图如图 7-20 所示。实物测试图如图 7-21 所示。经过实测，电路数码管的显示读数能够随着电动机转速的改变而变化，基本实现了电路的实际功能。

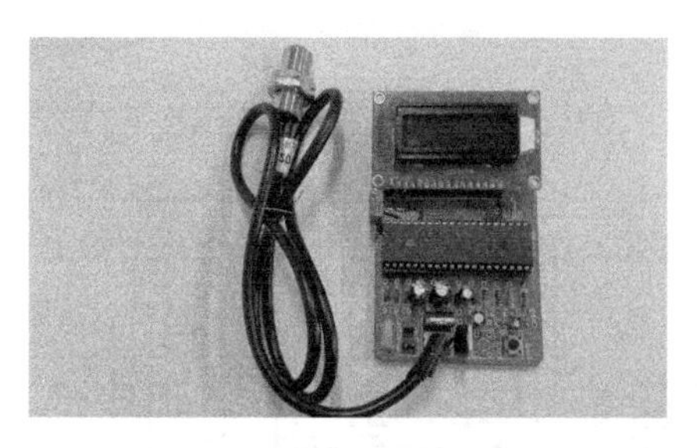

图 7-20　霍尔转速计实物图

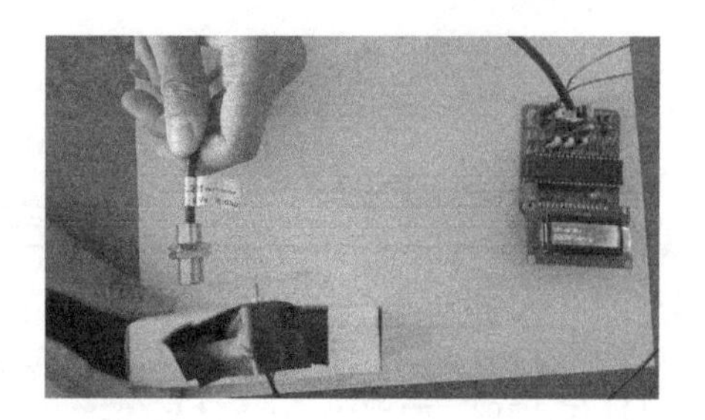

图 7-21　霍尔转速计测试图

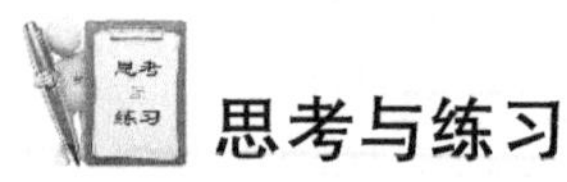

思考与练习

（1）HZL201 霍尔齿轮传感器的工作原理是什么？

答： HZL201 霍尔齿轮传感器的主要工作原理是霍尔效应，即当转动的金属部件通过霍尔传感器的磁场时会引起电势变化，可以通过对电势的测量得到被测量对象的转速值。

（2）LM016L 液晶屏不显示的原因有哪些？

答： 如果 LM016L 液晶屏带背光，且液晶屏没有任何字符显示，这可能是由于没有对液晶屏的第三引脚进行处理（有时不用处理也可，但大部分情况需要处理），这时可以加一个 10kΩ 的滑动变阻器并接地，通过调节滑动变阻器的阻值，可以明显看到在液晶屏上方有 16 小格黑框，如果无论如何调节都没有黑框显示，那么可能就是液晶屏坏了。如果有黑框显示但不显示字符，那么就需要从硬件和程序中查找错误。

（3）简述霍尔转速计的工作原理。

答： 首先电动机带动信号盘转动，然后霍尔传感器的信号头采集电动机的转动信息，并以脉冲的形式输入电路中，经过对该脉冲信号的处理，将其输入单片机，最后由单片机中的程序处理之后由液晶屏进行显示。

特别提醒

为保证传感器准确、稳定地工作，检测时要将电动机转盘上的检测点靠近传感器 1～1.5mm 且保持电动机稳固，否则，输出信号不稳定。

项目 8　酒精检测电路设计

设计任务

设计一个酒精检测电路，使用传感器检测酒精浓度，通过单片机显示在显示屏上，并且能够在酒精浓度大于一定值时用蜂鸣器报警。

基本要求

在检测到酒精时要显示出浓度，此时，蜂鸣器要做出相应的反应。

☺ 传感器要对酒精有较好的感应（MQ-3）。

☺ 单片机内部进行模数转换。

☺ 单片机要对数据处理并传送（AT89C52）。

☺ 数码管显示浓度（LM016L）。

☺ 蜂鸣器要在超过阈值时启动（5V，有源）。

☺ 可以自己设置阈值。

总体思路

传感器在接触酒精时电阻值会减小，这样就可以通过电压的改变，用模数转换电路将模拟信号变为数字信号输入单片机，经过单片机的处理控制数码管和蜂鸣器，使数码管显示酒精浓度，通过外部的按键设置阈值，超过酒精阈值时蜂鸣器报警，以达到本设计的目的。

系统组成

酒精检测电路总体由七大部分组成。

☺ 第一部分为传感器电路：将酒精浓度的数值变化变为电压值的变化。

☺ 第二部分为模数转换电路。

☺ 第三部分为蜂鸣器驱动电路：超过阈值时报警。

☺ 第四部分为功能键电路：对单片机进行设置。

☺ 第五部分为晶振电路：提供时钟振荡。

☺ 第六部分为最小系统电路。

☺ 第七部分为数码管显示电路：显示浓度。

整个系统方案的模块框图如图所示。

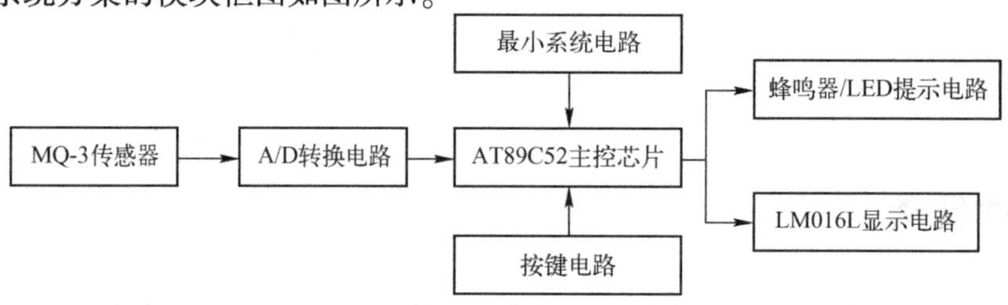

图 8-1　系统方案的模块框图

模块详解

1. 传感器电路

MQ-3 传感器所使用的气敏材料是在清洁空气中电导率较低的二氧化锡（SnO_2）。该传感器的电导率随空气中酒精气体浓度的增加而增大。使用简单的电路即可将电导率的变化转换为与该气体浓度相对应的输出信号。MQ-3 对酒精的灵敏度高，可以抵抗汽油、烟雾、水蒸气的干扰。

MQ-3 传感器的特性参数如表 8-1 所示。

表 8-1　MQ-3 传感器的特性参数

产品型号			MQ-3
产品类型			半导体气敏元件
标准封装			胶木（黑胶木）、塑封
检测气体			酒精蒸汽
检测浓度			25~500ppm 酒精
标准电路条件	回路电压	V_c	≤24V DC
	加热电压	V_h	5.0V±0.1V AC 或 DC
	负载电阻	R_L	可调
标准测试条件下气敏元件特性	加热电阻	R_h	29Ω±3Ω（室温）
	加热功耗	P_h	≤900mW
	输出电压	V_s	2.5~4.0V（in 125ppm 酒精）
	灵敏度	S	R_s（in air）/R_s（125ppm）≥5
	浓度斜率	α	≤0.6（R_{300ppm}/R_{125ppm}酒精）
标准测试条件	温度/湿度		20℃±2℃；55%RH±5%RH
	标准测试电路		V_c：5.0V±0.1V V_h：5.0V±0.1V
	预热时间		不少于 48h

传感器的输出电压与被测环境的酒精浓度存在一个近似线性的关系，在正常不含酒精时传感器的输出电压大约为 1V，当传感器检测到酒精气体时，电压每升高 0.1V，被测气体浓度近似增加 20ppm，也即是 2mg/100ml，如图 8-2 所示。由于 MQ-3 在 Proteus 中没有相应

的元器件，由原理可知，可以用滑动变阻器代替，故在后面的仿真电路中，用滑动变阻器代替。

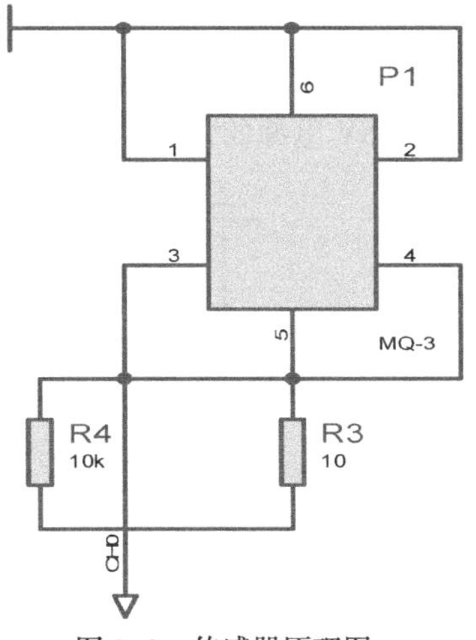

图 8-2　传感器原理图

2. 模数转换电路

ADC0832 是美国国家半导体公司生产的一种 8 位分辨率 A/D 转换芯片，其最高分辨率可达 256 级，可以适用一般的模拟量转换要求。

ADC0832 的$\overline{CS}$、CLK、DO、DI 引脚与单片机连接。由于 DO 脚与 DI 脚在通信时并未同时有效并与单片机的接口是双向的，所以电路设计时可以将 DO 和 DI 并联在一根数据线上使用，以节省单片机 I/O 口的使用。ADC0832 有 8 只引脚，CH0 和 CH1 为模拟输入引脚，$\overline{CS}$为片选引脚，只有$\overline{CS}$置低时才能对 ADC0832 进行配置和启动转换。CLK 为 ADC0832 的时钟输入引脚，如图 8-3 所示。

3. 蜂鸣器驱动电路

压电式蜂鸣器主要由多谐振荡器、压电蜂鸣片、阻抗匹配器及共鸣箱、外壳等组成。多谐振荡器由晶体管或集成电路构成，当接通电源后（1.5~15V 直流工作电压），多谐振荡器起振，输出1.5~2.5kHz 的音频信号，由阻抗匹配器推动压电蜂鸣片发声。

本电路设计中，采用 PNP 三极管驱动蜂鸣器，当 P2.3 为低电平时，Q1 导通，蜂鸣器两端供电，蜂鸣器报警，如图 8-4 所示。

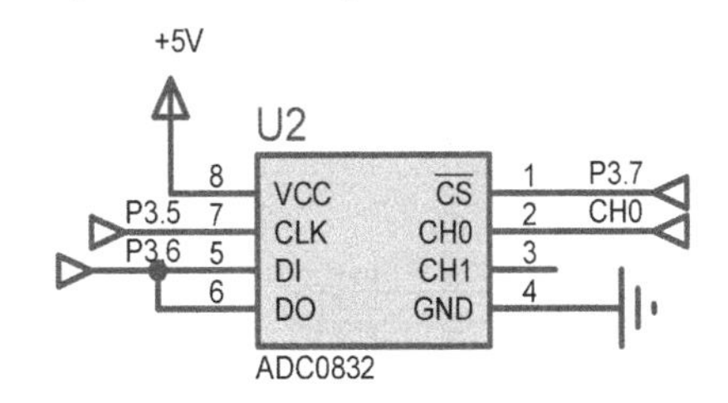

图 8-3　模数转换电路图

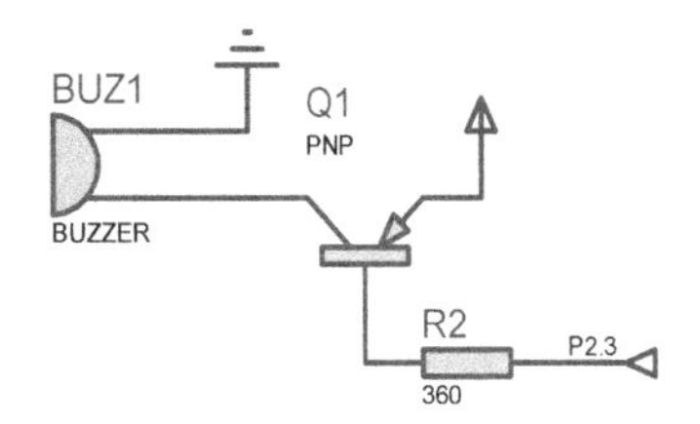

图 8-4　蜂鸣器驱动电路图

4. 功能键电路

按下“设置键”S1，系统进入报警值设置菜单，数码管显示当前的报警阈值，此时按“加值键”S2，报警阈值加“1”；按“减值键”S3，报警阈值减“1”。设置好报警阈值后按下“设置键”S1，系统退出设置菜单，如图 8-5 所示。

5. 晶振电路

晶振是石英振荡器的简称，英文名为 Crystal，它是时钟电路中最重要的部件，它的主要作用是向显卡、网卡、主板等配件的各部分提供基准频率，其就像个标尺，工作频率不稳定会造成相关设备工作频率不稳定，自然容易出现问题。晶振还有个作用是在电路中产生振荡电流，发出时钟信号。如图 8-6 所示。

6. 最小系统电路

单片机最小系统，简单讲就是以最少的元器件组成能让单片机正常工作的系统，主要包括单片机、时钟电路、复位电路、5V 电源。

① 时钟电路的时钟信号给单片机提供一个时间基准；
② 复位电路的作用是使单片机回到原始状态重新执行程序；
③ 5V 电源的作用是给单片机供电以确保正常的工作，如图 8-7 所示。

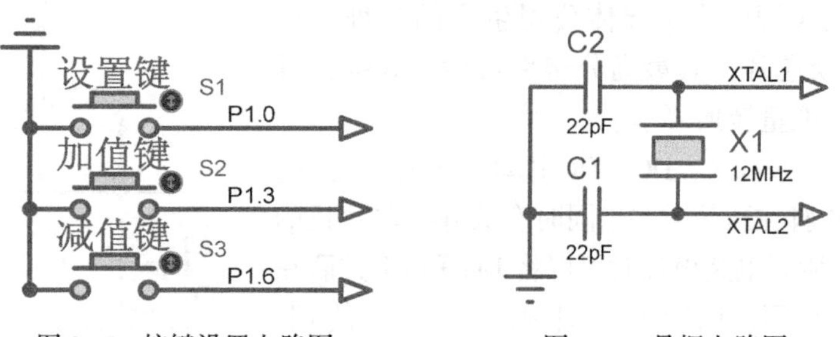

图 8-5　按键设置电路图　　　　图 8-6　晶振电路图

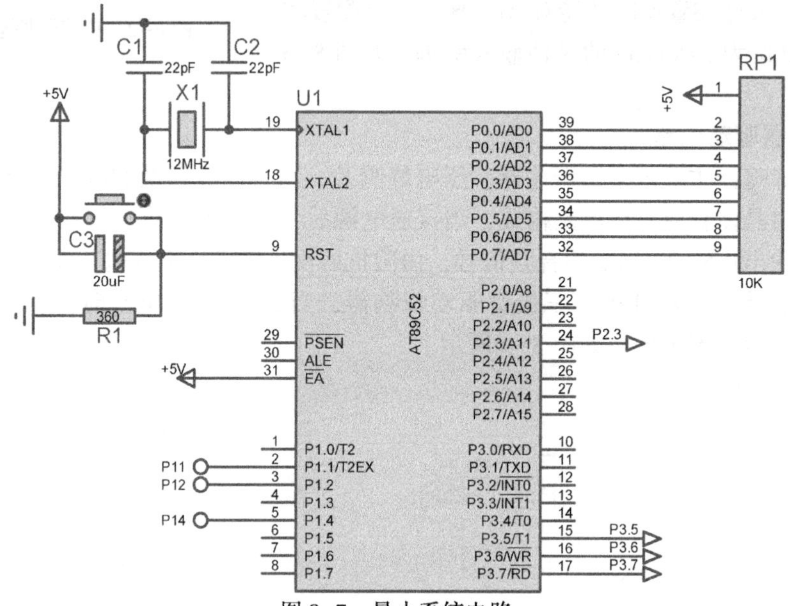

图 8-7　最小系统电路

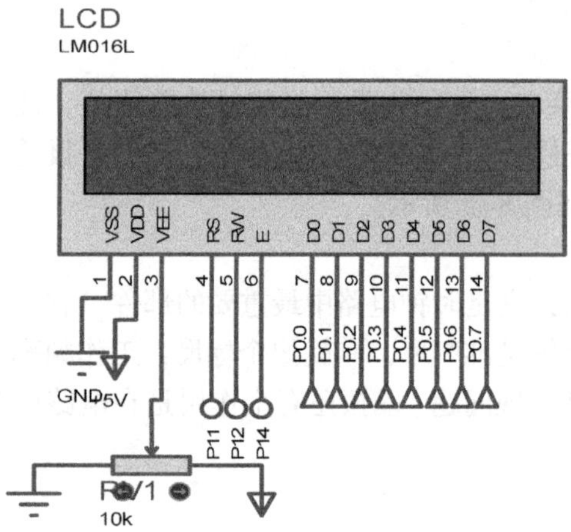

图 8-8　数码管显示电路图

7. 数码管显示电路

数码管显示电路由 LM016L 构成。LM016L 液晶是一种专门用来显示字母、数字、符号等的点阵型液晶模块。3 号引脚 VEE 为液晶显示器对比度调整端；4 号引脚 RS 为寄存器选择端；5 号引脚 RW 为读写信号线；6 号引脚 E 为使能端；7～14 号引脚（D0～D7）为 8 位双向数据端。数码管显示电路如图 8-8 所示。

酒精检测电路设计原理图如图 8-9 所示。

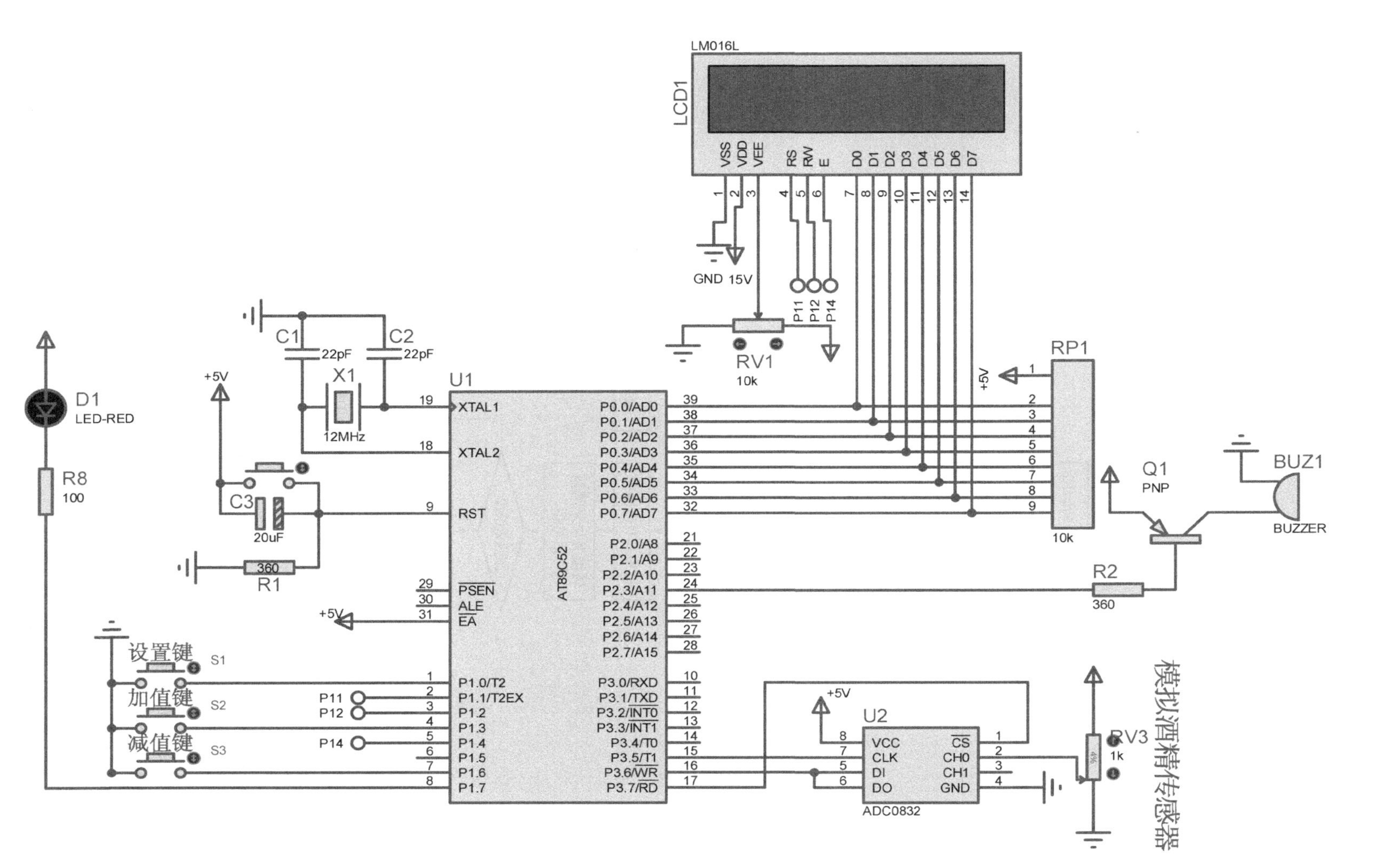

图8-9 酒精检测电路设计原理图

软件设计

软件流程图如图 8-10 所示。

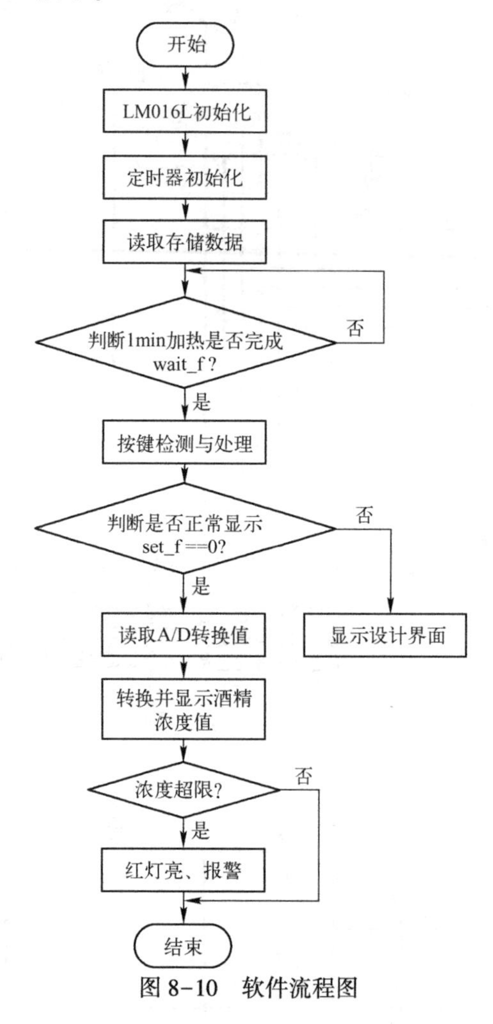

图 8-10　软件流程图

编写程序如下：

```
****************************************************************/
#include<reg52. h>                                      //头文件
#include<LCD1602. h>
#include<ADC0832. h>
#include<EEPROM. h>
#include<INTERRUPT. h>
#define uchar unsigned char                             //宏定义
#define uint unsigned int
/*****************灯、蜂鸣器、按键引脚的定义*******************/
sbit led        = P1^7;                                 //LED 灯(红)
sbit buzz       = P2^3;                                 //蜂鸣器
```

```
sbit key_set=P1^0;                                    //设置键
sbit key_jia=P1^3;                                    //加值键
sbit key_jian=P1^6;                                   //减值键
/********************** 全局变量的定义 ****************************/
#define K_MG_MV 2                                     //每升高 0.01V,酒精浓度上升 2ppm
#define IN_V 500                                      //该值等于 MQ-3 输入电压的 100 倍
long ALValue;                                         //存储实际浓度值
uchar K_ZERO;                                         //MQ-3 数值
uint jiujia_up,zuijia_up;                             //存储酒驾、醉驾阈值
uint  set_f;                                          //设置模式标志位
uchar num;                                            //设置计数变量
/******************************************************************
函数名称:void fixed_display()
函数作用:固定显示部分
参数说明:
******************************************************************/
void fixed_display()
{
    lcd1602_write_character(0,1,"Alcohol content:");
    lcd1602_write_character(8,2,"PPM");
}
/******************************************************************
函数名称:void display1()
函数作用:显示实际浓度值
参数说明:
******************************************************************/
void display1()
{
    fixed_display();                                  //显示固定部分
    if(K_ZERO+2>ADC_date)
        K_ZERO=ADC_date;
    ALValue=(long)IN_V*(ADC_date-K_ZERO)/255;     //计算浓度
    if(ALValue<0)
        ALValue=0;
    ALValue=ALValue*K_MG_MV;
    LCD_disp_char(5,2,ASCII[ALValue/100]);        //显示时间浓度值
    LCD_disp_char(6,2,ASCII[ALValue%100/10]);
    LCD_disp_char(7,2,ASCII[ALValue%10]);
    if(zuijia_up<=ALValue)                          //判断实际浓度值是否大于等于酒驾上限值
    {
        led=0;
        buzz=0;
    }
    else
        if(jiujia_up<=ALValue)                      //判断实际浓度值是否大于等于醉驾上限值
        {
            led=0;
            buzz=1;
        }
        else                                        //否则不警报,提示
        {
            led=1;
```

```
            buzz = 1;
        }
}
/**************************************************************
函数名称:void display2( void)
函数作用:显示设置时酒驾、醉驾上限值
参数说明:
**************************************************************/
void display2( void)
{
    num++;
    if( num = = 254)
        num = 0;
    lcd1602_write_character( 0,1," Jiujia Limit:" );
    lcd1602_writc_character( 0,2," Zuijia Limit:" );
    if( num%2 = = 0)                                   //偶数次显示
    {
        LCD_disp_char( 13,1,ASCII[ jiujia_up/100] );  //显示酒驾上限值
        LCD_disp_char( 14,1,ASCII[ jiujia_up%100/10] );
        LCD_disp_char( 15,1,ASCII[ jiujia_up%10] );
        LCD_disp_char( 13,2,ASCII[ zuijia_up/100] );  //显示醉驾上限值
        LCD_disp_char( 14,2,ASCII[ zuijia_up%100/10] );
        LCD_disp_char( 15,2,ASCII[ zuijia_up%10] );
    }
    else                    //奇数次时,设置哪个量的时候哪个量不显示,以达到闪烁的效果
    {
        if( set_f = = 1)
        {
            LCD_disp_char( 13,1,ASCII[ 13] );            //显示一个空格,下同
            LCD_disp_char( 14,1,ASCII[ 13] );
            LCD_disp_char( 15,1,ASCII[ 13] );
        }
        else
        {
            LCD_disp_char( 13,1,ASCII[ jiujia_up/100] ); //显示酒驾上限值
            LCD_disp_char( 14,1,ASCII[ jiujia_up%100/10] );
            LCD_disp_char( 15,1,ASCII[ jiujia_up%10] );
        }
        if( set_f = = 2)
        {
            LCD_disp_char( 13,2,ASCII[ 13] );
            LCD_disp_char( 14,2,ASCII[ 13] );
            LCD_disp_char( 15,2,ASCII[ 13] );
        }
        else
        {
            LCD_disp_char( 13,2,ASCII[ zuijia_up/100] ); //显示醉驾上限值
            LCD_disp_char( 14,2,ASCII[ zuijia_up%100/10] );
            LCD_disp_char( 15,2,ASCII[ zuijia_up%10] );
        }
    }
}
```

```
/************************************************************
函数名称:void delayms(uint ms))
函数作用:毫秒延时函数
参数说明:
************************************************************/
void delayms(uint ms)
{
    unsigned char i=100,j;
    for(;ms;ms--)
    {
        while(--i)
        {
            j=10;
            while(--j);
        }
    }
}
/************************************************************
函数名称:void scan(void)
函数作用:按键检测及处理
参数说明:
************************************************************/
void scan(void)
{
    //设置键,不支持连按
    if(key_set==0)
    {
        delayms(7);
        if(key_set==0)
        {
            led=1;                  //关闭报警灯
            buzz=1;                 //关闭蜂鸣器
            if(set_f==0)            //进入设置,先清除屏幕,显示设置部分
            {
                LCD_write_command(0x01);//清除屏幕显示
                delay_n40us(100);//实践证明,本例 LCD1602 上用 for 循环 200 次就能可靠
                                 //完成清屏指令
                display2();
            }
            set_f++;
            if(set_f==3)                                //退出设置
            {
                set_f=0;
                EEPROM_delete(0x2002);                  //擦除扇区
                EEPROM_write(0x2002,jiujia_up/100);     //写入酒驾上限值
                EEPROM_write(0x200a,jiujia_up%100);     //写入酒驾上限值
                EEPROM_delete(0x2202);                  //擦除扇区
                EEPROM_write(0x2202,zuijia_up/100);     //写入醉驾上限值
                EEPROM_write(0x220a,zuijia_up%100);     //写入醉驾上限值
                LCD_write_command(0x01);                //清除屏幕显示
                delay_n40us(100);//实践证明,本例 LCD1602 上用 for 循环 200 次就能可靠
                                 //完成清屏指令
```

```
                fixed_display();
            }
        }
        while(!key_set);                                    //松开检测按键
    }
    //加值键,支持连按
    if(key_jia==0&&set_f!=0)
    {
        delayms(7);
        if(key_jia==0&&set_f==1)                           //设置酒驾上限值
        {
            if(jiujia_up<999&&jiujia_up<zuijia_up-1)
                jiujia_up++;                                //酒驾上限值自加
            display2();                                     //显示
        }
        if(key_jia==0&&set_f==2)                           //设置醉驾上限值
        {
            if(zuijia_up<999)
                zuijia_up++;                                //醉驾上限值自加
            display2();                                     //显示
        }
    }
    //减值键,支持连按
    if(key_jian==0&&set_f!=0)
    {
        delayms(7);
        if(key_jian==0&&set_f==1)                          //设置酒驾上限值
        {
            if(jiujia_up!=0)
                jiujia_up--;                                //酒驾上限值自减
            display2();                                     //显示
        }
        if(key_jian==0&&set_f==2)                          //设置醉驾上限值
        {
            if(zuijia_up!=0&&zuijia_up>jiujia_up+1)
                zuijia_up--;                                //醉驾上限值自减
            display2();                                     //显示
        }
    }
}
/**************************************************************
函数名称:void main()
函数作用:主函数
参数说明:
**************************************************************/
void main()
```

```
{
    uchar i=0;
    T0_init();                                          //定时器 0 初始化
    LCD_init();                                         //LCD1602 初始化
    /* EEPROM_delete(0x2002);                           //擦除扇区
    EEPROM_write(0x2002,80/100);                        //写入酒驾上限值
    EEPROM_write(0x200a,80%100);                        //写入酒驾上限值
    jiujia_up=EEPROM_read(0x2002);                      //上电,先读取酒驾上限值
    jiujia_up=jiujia_up * 100+EEPROM_read(0x200a);      //上电,先读取酒驾上限值
    /* EEPROM_delete(0x2202);                           //擦除扇区
    EEPROM_write(0x2202,150/100);                       //写入醉驾上限值
    EEPROM_write(0x220a,150%100);                       //写入醉驾上限值
    zuijia_up=EEPROM_read(0x2202);                      //上电,先读取醉驾上限值
    zuijia_up=zuijia_up * 100+EEPROM_read(0x220a);      //上电,先读取醉驾上限值
    while(!wait_f)                                      //判断上电等待时间是否完成
    {
        lcd1602_write_character(0,1,"Please wait for!");
        LCD_disp_char(6,2,ASCII[(60-time)/10]);         //显示等待时间倒计时
        LCD_disp_char(7,2,ASCII[(60-time)%10]);
        LCD_disp_char(9,2,'S');
    } //*/
    ADC0832_read(0);                                    //开机,先读取一次零值
    K_ZERO=ADC_date;
    while(1)
    {
        /* ADC0832_read(0);                             //获取 A/D 转换值
        LCD_disp_char(0,2,ASCII[K_ZERO/100]);
        LCD_disp_char(1,2,ASCII[K_ZERO%100/10]);
        LCD_disp_char(2,2,ASCII[K_ZERO%10]);//*/
        scan();                                         //进行按键检测
        if(set_f==0)                                    //正常显示酒精浓度
        {
            i++;
            if(i>50)                                    //每循环 50 次采集一次 A/D 转换值
            {
                ADC0832_read(0);                        //采集 A/D 转换值
                i=0;
            }
            display1();                                 //计算浓度并显示
        }
        else
            display2();                                 //显示调整酒驾、醉驾上限值界面
    }
}
```

调试与仿真

将程序下载到单片机中，并进行仿真。MQ-3 传感器在使用前需要待机 1min，目的是让自身变热。由于 MQ-3 的电导率随空气中酒精气体浓度的增加而增大，所以电导率的变化转换为与该气体浓度相对应的输出信号。在 Proteus 中用滑动变阻器代替，调节滑动变阻器改变MQ-3 所测得的酒精浓度信号，在液晶显示器上显示出酒精当前的浓度。其仿真如图 8-11 所示。

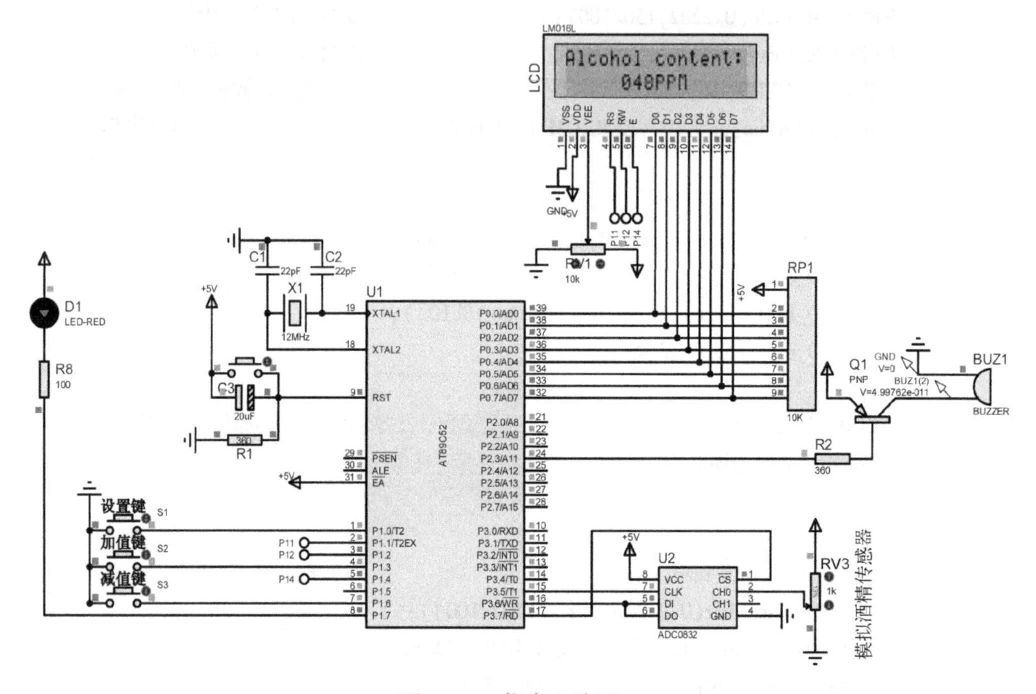

图 8-11　仿真电路图 1

调节滑动变阻器，当所调节的浓度信号超过所设定醉驾的阈值（60ppm）时，蜂鸣器两端的电压会有电压差，从而使蜂鸣器响起。如图 8-12 和图 8-13 所示。

达到阈值后，可以通过单击调节设置键 S1 或单击加值键 S2 增加醉驾限值的方法，使蜂鸣器不响。此时的酒精浓度为 62ppm，而醉驾的限值为 66ppm，如图 8-14 所示。

PCB 版图

PCB 版图是根据原理图的设计，在 Proteus 界面单击 PCB Layout，将原理图中各个元器件进行分布，然后进行布线处理而得到的，如图 8-15 所示。在 PCB Layout 过程中需要考虑外部连接的布局、内部电子元器件的优化布局、金属连线和通孔的优化布局、电磁保护、热耗散等各种因素，这里就不做过多说明了。

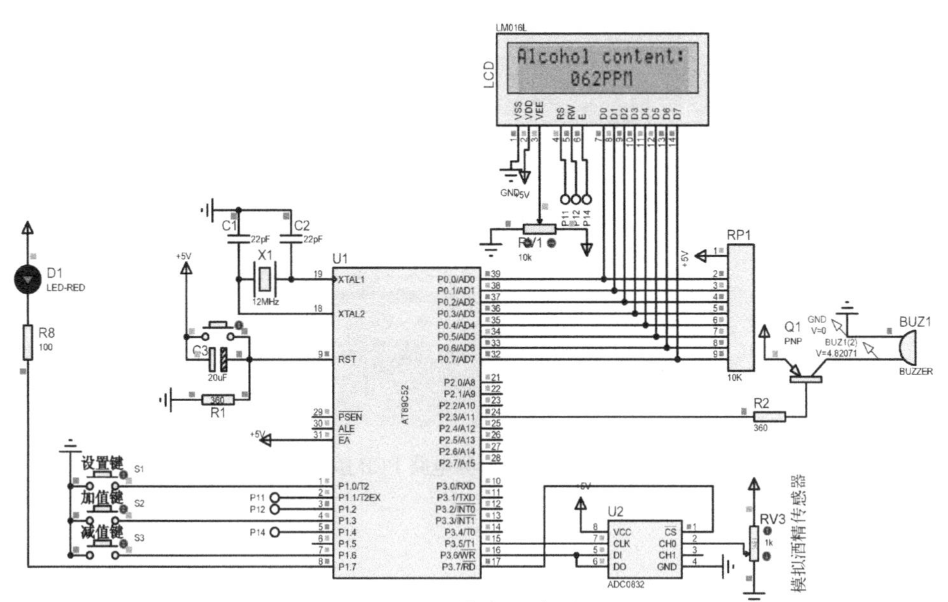

图 8-12　仿真电路图 2

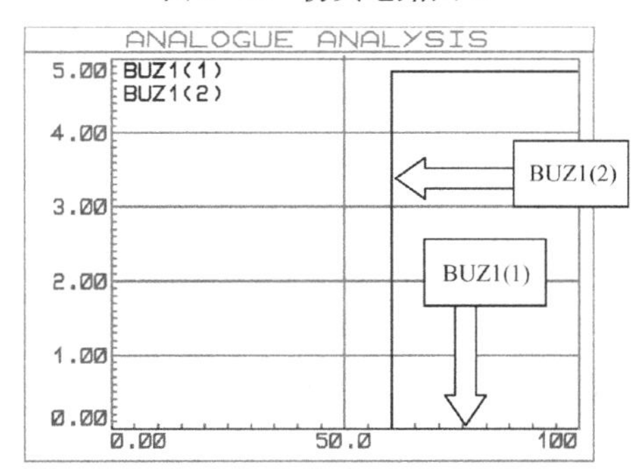

图 8-13　蜂鸣器两端电压示意图

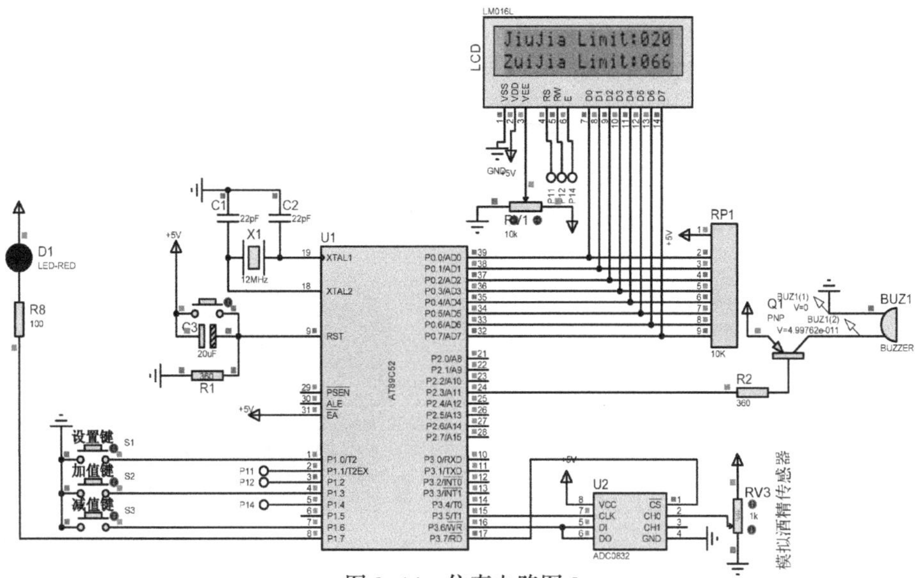

图 8-14　仿真电路图 3

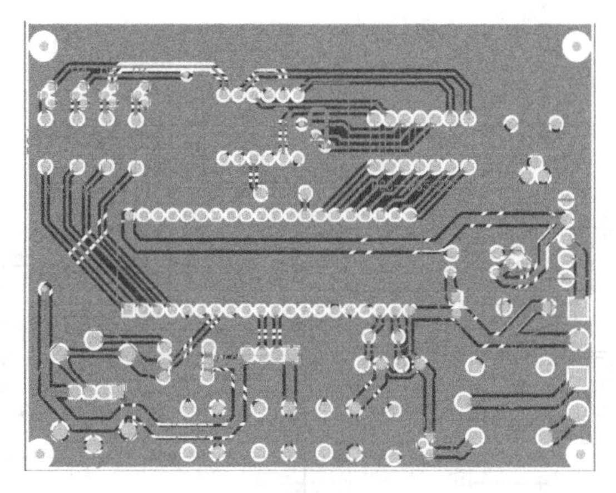

图 8-15　酒精检测电路 PCB 版图

 实物测试

按照原理图的布局，在实际板子上进行各个元器件的焊接，焊接完成后，如图 8-16 所示。实际测试图如图 8-17～图 8-19 所示。

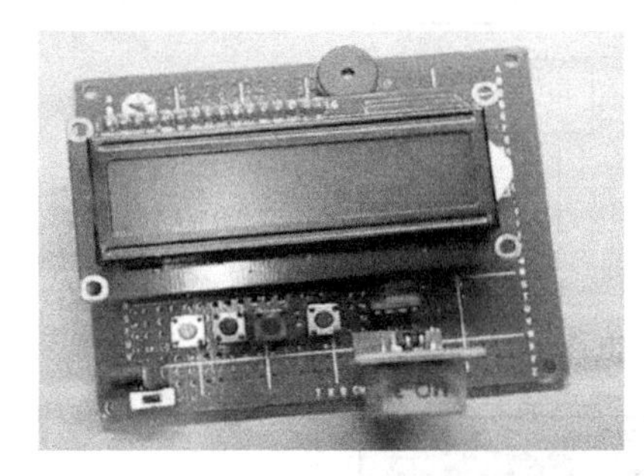

图 8-16　酒精检测实物图

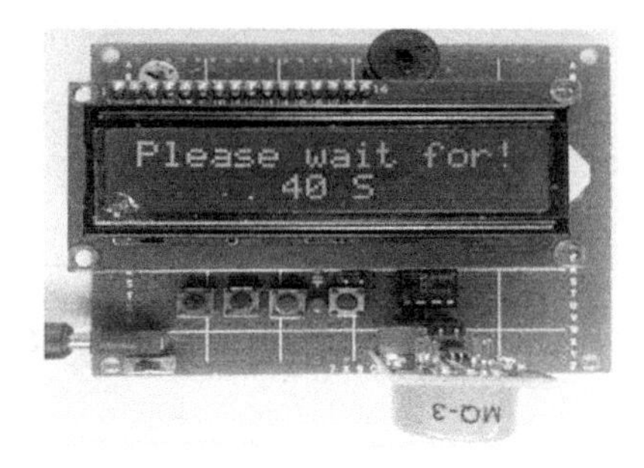

图 8-17　酒精检测测试图 1

经过实际测试，打开电源，先设置阈值，设置完毕后等待 1min（这是为了预热一下），在这段时间内，数码管会跳动是正常现象，直到显示为零就可以开始测试了。用纸巾蘸取一些酒精靠近传感器，会发现数码管示数发生变化，这说明设计是成功的。

图 8-18　酒精检测测试图 2

图 8-19　酒精检测测试图 3

思考与练习

（1）MQ-3传感器所使用的气敏材料是什么？

答：MQ-3传感器所使用的气敏材料为在清洁空气中电导率较低的二氧化锡（SnO_2）。

（2）MQ-3传感器所使用的气敏材料在遇到酒精时，其电阻值是怎样变化的？

答：酒精浓度越大，电阻越小。

（3）压电式蜂鸣器主要由哪几部分组成？

答：压电式蜂鸣器由多谐振荡器、压电蜂鸣片、阻抗匹配器及共鸣箱、外壳等组成。

特别提醒

（1）焊接电路时，注意不要短路，发现短路需重新焊接；

（2）购买器材时，要选性价比较高的，这样实物才能有价值；

（3）设计完成后，要对电路进行噪声分析、频率分析等测试。

项目9　空气质量检测电路设计

设计任务

设计一个空气质量检测电路，使其能将大气的污染程度以电压值的形式显示在4位数码管上，精确到0.01V，尤其对硫化物、苯系蒸汽、烟雾等有害气体具有很高的灵敏度。

基本要求

可以将传感器检测出来的模拟电压量转化成数字量，并用4位数码管显示出来，具体要求如下。

☺ 利用AT89C51单片机和ADC0808，将模拟量转化为数字量，转化结果为0~255。

☺ 将转化出来的数字量在单片机中进行数据处理，使显示结果为0~5之间的数，并保留两位小数。

☺ 使用软件从AT89C51的P2.4端口输出CLK信号，供ADC0808使用。

☺ 直接使用单片机驱动数码管。

总体思路

空气质量检测电路是采用数字化测量技术，把连续的模拟量（烟雾传感器检测出来的有害气体的浓度）转换成不连续、离散的数字形式并加以显示的仪表，其显示清楚、直观，读数准确，准确率和分辨率都高。

系统组成

空气质量检测电路的系统主要分为4个部分。

☺ 第一部分为模拟电压测量电路：为整个电路提供被测的模拟电压。

☺ 第二部分为模数转换电路：将被测模拟电压转换成数字量，让单片机进行数据处理。

☺ 第三部分为单片机数据处理电路：将转化成的数字量进行译码处理成相应的个位、

十位和小数点位。

☺ 第四部分为数码管显示电路：将单片机译码后的数字通过对多位数码管动态扫描显示到数码管上。

整个系统方案的模块框图如图 9-1 所示。

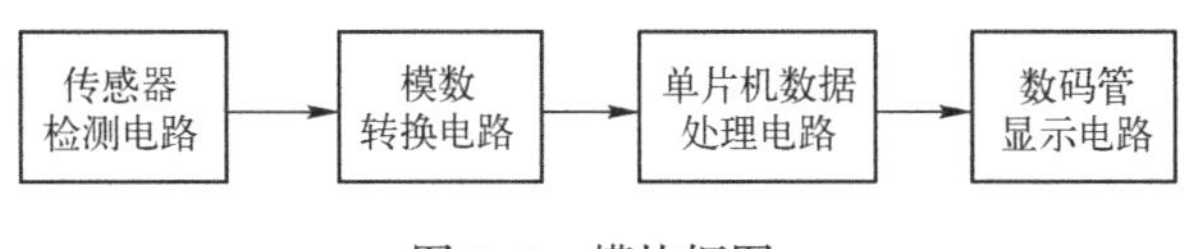

图 9-1　模块框图

模块详解

1. 传感器检测电路

该电路使用的是 MQ-135 传感器，此传感器对氨气、硫化物、苯系蒸汽等灵敏度高，对烟雾和其他有害气体的检测效果也很理想。MQ-135 传感器可检测多种有害气体，是一款适合多种应用的低成本传感器。其特点为：工作电压为+5V，具有信号输出指示灯；双路信号输出（模拟量输出及 TTL 电平输出）；TTL 输出有效信号为低电平（输出低电平时信号灯亮，可接单片机 I/O 口）；模拟量输出随浓度的增加而增加，浓度越高电压越高，所以在之后的电路中用电位器来代替；对硫化物、苯系蒸汽、烟雾等有害气体具有很高的灵敏度；具有长期的使用寿命和可靠的稳定性；快速的响应恢复特性。传感器检测电路原理图如图 9-2 所示。

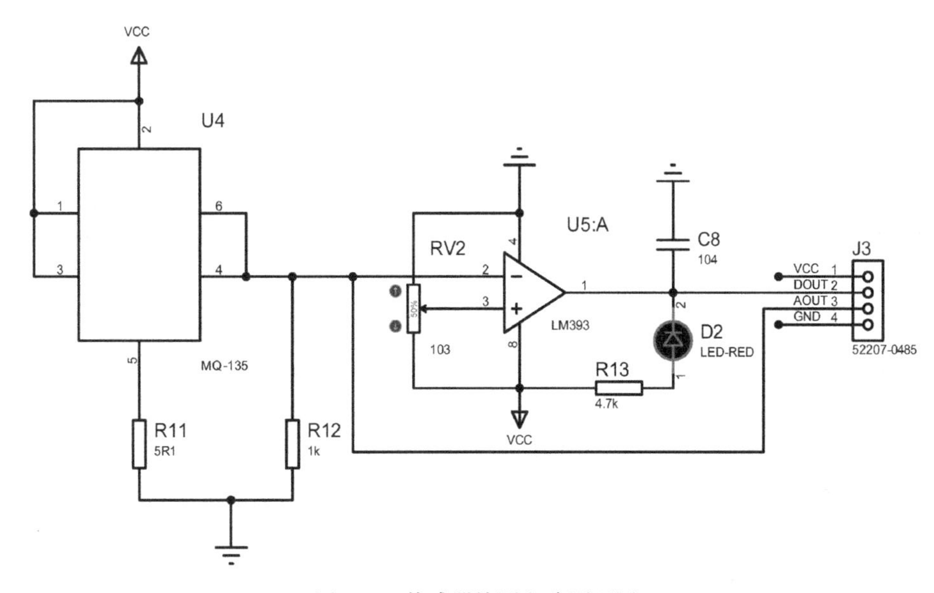

图 9-2　传感器检测电路原理图

MQ-135 传感器的特性参数如表 9-1 所示。

表 9-1　MQ-135 传感器的特性参数

产品型号			MQ-135
产品类型			半导体气敏元件
标准封装			胶木（黑胶木）
检测气体			氨气、硫化物、笨系蒸汽
检测浓度			10~1000ppm（氨气、甲苯、氢气）
标准电路条件	回路电压	V_c	≤24V DC
	加热电压	V_h	5.0V±0.2V AC 或 DC
	负载电阻	R_L	可调
标准测试条件下气敏元件特性	加热电阻	R_h	31Ω±3Ω（室温）
	加热功耗	P_h	≤900mW
	敏感体表面电阻	R_s	2~20kΩ（in 100ppm NH_3）
	灵敏度	S	R_s(in air)/R_s(100ppm NH_3)≥5
	浓度斜率	α	≤0.6(R_{100}ppm/R_{50}ppm NH_3)
标准测试条件	温度、湿度		20℃±2℃；（65%±5%）RH
	标准测试电路		V_c：5.0V±0.1V V_h：5.0V±0.1V
	预热时间		不少于 48h

2. 模数转换电路

本次设计采用的是模拟通道 IN0 采集模拟量，模拟通道地址选择信号 ADD_A、ADD_B、ADD_C 都接地，这样地址信号为 000，则选中的转换通道为 IN0。地址锁存允许信号 ALE，高电平有效。当此信号有效时，A、B、C 三位地址信号被锁存，译码选通对应模拟通道。A/D 转换启动信号 START，正脉冲有效。ALE 和 START 信号连在一起，以便同时锁存通道地址和启动 A/D 转换。本电路设计的是单极电压输入，所以 VREF(+)参考电压输入端接+5V，用于提供片内 DC 电阻网络的基准电压。转换结束信号 EOC 在 A/D 转换过程中为低电平，转换结束时为高电平，与单片机的 P2.6 口相连，当其转换结束时，单片机读取数字转换结果。输出允许信号 OE 接单片机的 P2.7 口，高电平有效。当单片机将 P2.7 口置 1 时，ADC0808/0809 的输出三态门被打开，使转换结果通过数据总线被读走。在中断工作方式下，该信号往往是 CPU 发出的中断请求响应。OUT1~OUT7 为 A/D 转换后的数据输出端，是三态可控输出，故可直接和单片机的 P1 口数据线连接。如图 9-3 所示。

由 MQ-135 传感器的工作原理可知，随着检测到的浓度增加，电压随之增加，用 1kΩ 的滑动变阻器代替 MQ-135 传感器，其替换电路如图 9-4 所示。

3. 单片机数据处理电路

单片机电路主要进行内部程序处理，将采集到的数字量进行译码处理。其外围硬件电路包括晶振电路和复位电路。复位电路采用上拉电解电容上电复位电路。本设计采用的是 HMOS 型 MCS-51 振荡电路。当外接晶振时，C1 和 C2 值通常选择 30pF。在设计印制电路板时，晶体和电容应尽可能安装在单片机附近，以减小寄生电容，保证振荡器稳定和可靠地工作。单片机晶振采用 12MHz。图 9-5 为单片机电路。

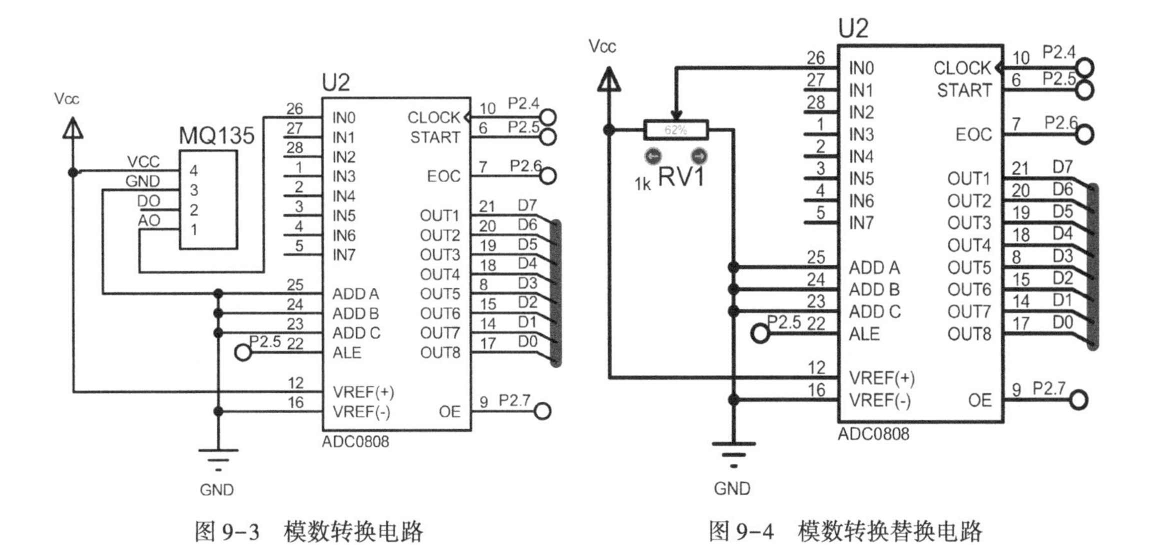

图 9-3　模数转换电路　　　　图 9-4　模数转换替换电路

4. 数码管显示电路

本设计采用的是 4 位一体的共阴数码管 3461AS。用单片机的 P0 口驱动数码管的 8 位段选信号，P2.0~P2.3 驱动数码管的 4 位位选信号，由于数码管是共阴的，所以每个信号都是由程序控制产生高电平来驱动显示电路的。段选口线接 10kΩ 的上拉电阻，保证电路能输出稳定的高电平。整个数码管显示采用多位数码管动态扫描的方法。图 9-6 为数码管显示电路。

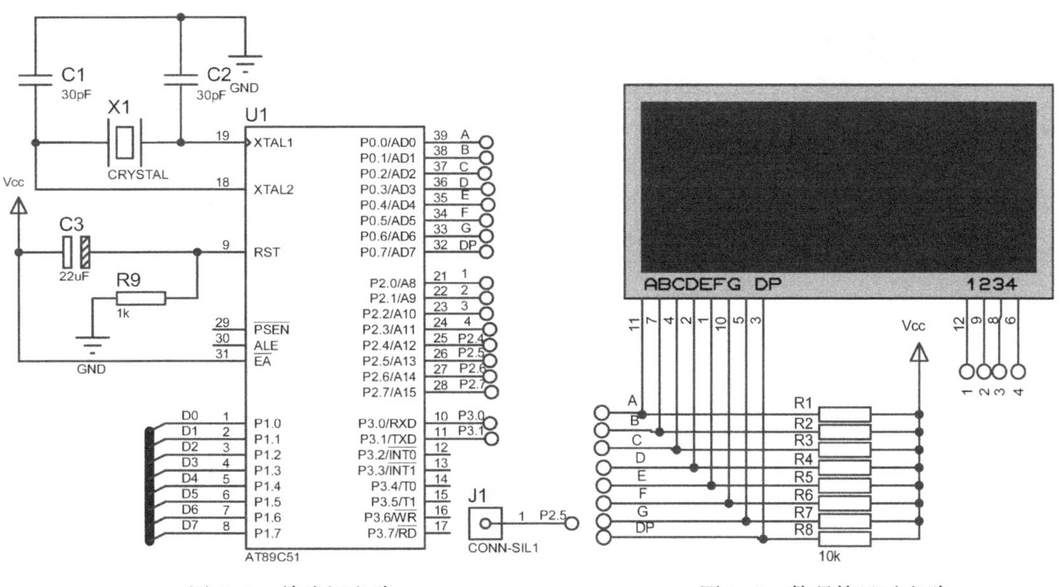

图 9-5　单片机电路　　　　图 9-6　数码管显示电路

空气质量检测电路原理图如图 9-7 所示。

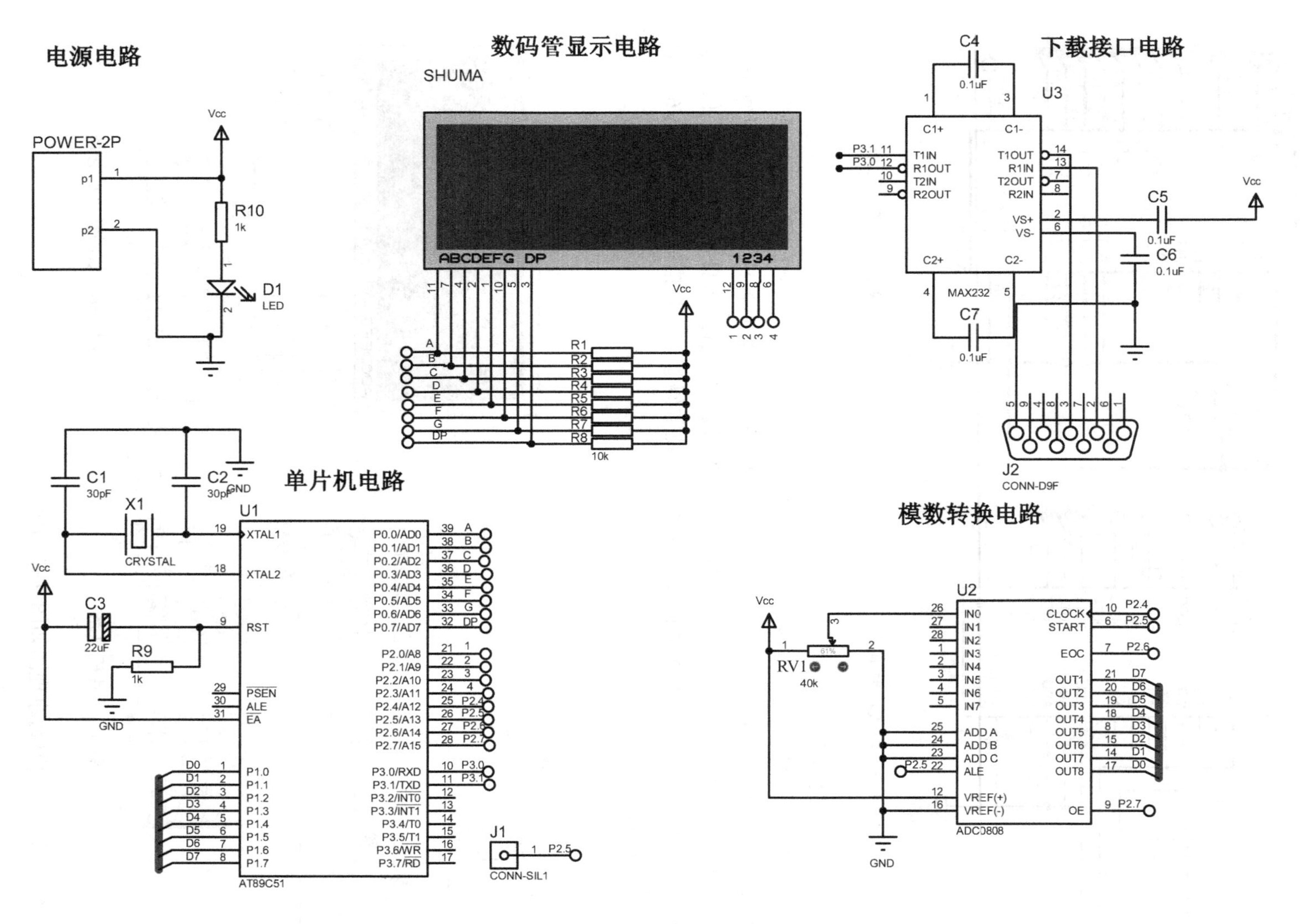

图9–7　空气质量检测电路原理图

软件设计

单片机程序流程如图 9-8 所示。

根据程序流程图，编写程序如下：

```
#include <reg52.h>
#include <intrins.h>
sbit EOC=P2^6;
sbit START=P2^5;
sbit OE=P2^7;
sbit CLK=P2^4;
long int     a;
int b,c,d,e,f,g;                                    //定义长度为 7 的字符串
unsigned char code table[ ]={0x3f,0x06,0x5b,0x4f,0x66,0x6d,0x7d,0x07,0x7f,0x6f,0x80};
void delay_display(unsigned int z)                  //延时子程序
{
    unsigned int x,y;
    for(x=z;x>0;x--)
        for(y=110;y>0;y--);
}
void ADC0808()
{
    if(!EOC)  //如果 EOC 为低电平,则产生一个脉冲,这个脉冲的下降沿用于启动 A/D 转换
    {
        START=0;
        START=1;
        START=0;
    }
    while(!EOC);                                    //等待 A/D 转换结束
START=1; //转换结束后,再产生一个脉冲,这个脉冲的下降沿用于将 EOC 置为低电平,为下
         //一次转换做准备
        START=0;
    while(EOC);
}
void bianma()
{
    START=0;
    ADC0808();
    a=P1 * 100;
    a=a/51;
}
void yima()
{
                                                    //定义整型局域变量
    b=a/1000;                                       //取出千位
    c=a-b * 1000;                                   //取出百位、十位、个位
    d=c/100;                                        //取出百位
    e=c-d * 100;                                    //取出十位、个位
    f=e/10;                                         //取出十位
```

```
    g=e-f*10;                                   //取出个位
}
void display()                                  //显示子程序
{
    P2 = 0xfe;
    P0 = table[b];
    delay_display(5);
    P2 = 0xfd;
    P0 = table[d];
    delay_display(5);
    P2 = 0xfd;
    P0 = table[10];
    delay_display(5);
    P2 = 0xfb;
    P0 = table[f];
    delay_display(5);
    P2 = 0xf7;
    P0 = table[g];
    delay_display(3);
}
void main()
{
    EA=1;
    TMOD=0X02;
    TH0=216;
    TL0=216;
    TR0=1;
    ET0=1;
    while(1)
    {
        bianma();
        yima();
        display();
    }
}
void t0() interrupt 1 using 0
{
    CLK=~CLK;
}
```

开始

选择ACD0808的转换通道

设置定时器，为ADC0808提供时钟信号

启动A/D转换

转换结束?

否

是

输出转换结果

数值转换

显示

图 9-8　单片机程序流程图

调试与仿真

将程序下载到单片机中，进行仿真，为了方便对 MQ-135 的控制，用滑动变阻器来代替它。从图 9-9 所示的仿真电路图中可以看出，仿真中随着测得的浓度越高，其输出的电压值也越高。可以通过调节滑动变阻器来改变所测得的空气质量。

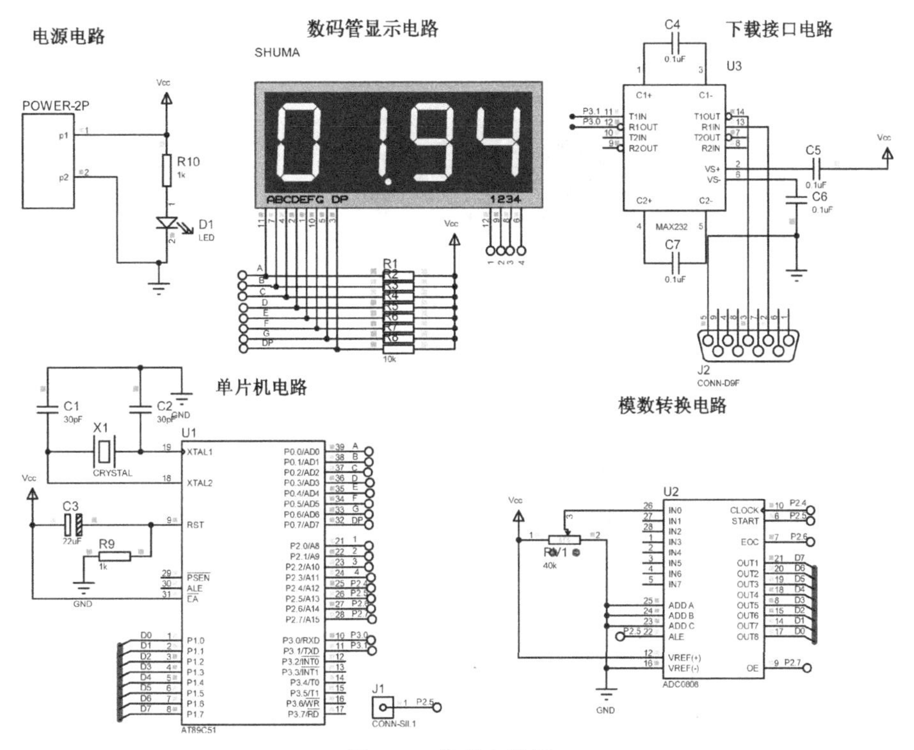

图 9-9 仿真电路图 1

调高滑动变阻器电压值，使检测到的浓度变大，或者调低滑动变阻器电压值，使检测到的浓度变小，如图 9-10 和图 9-11 所示。

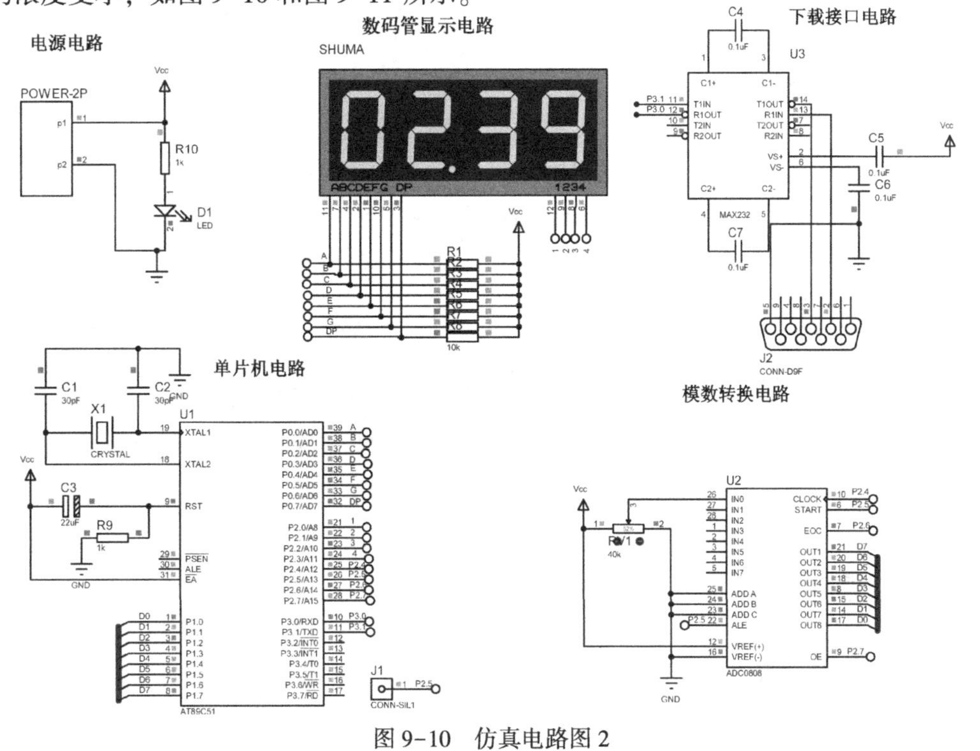

图 9-10 仿真电路图 2

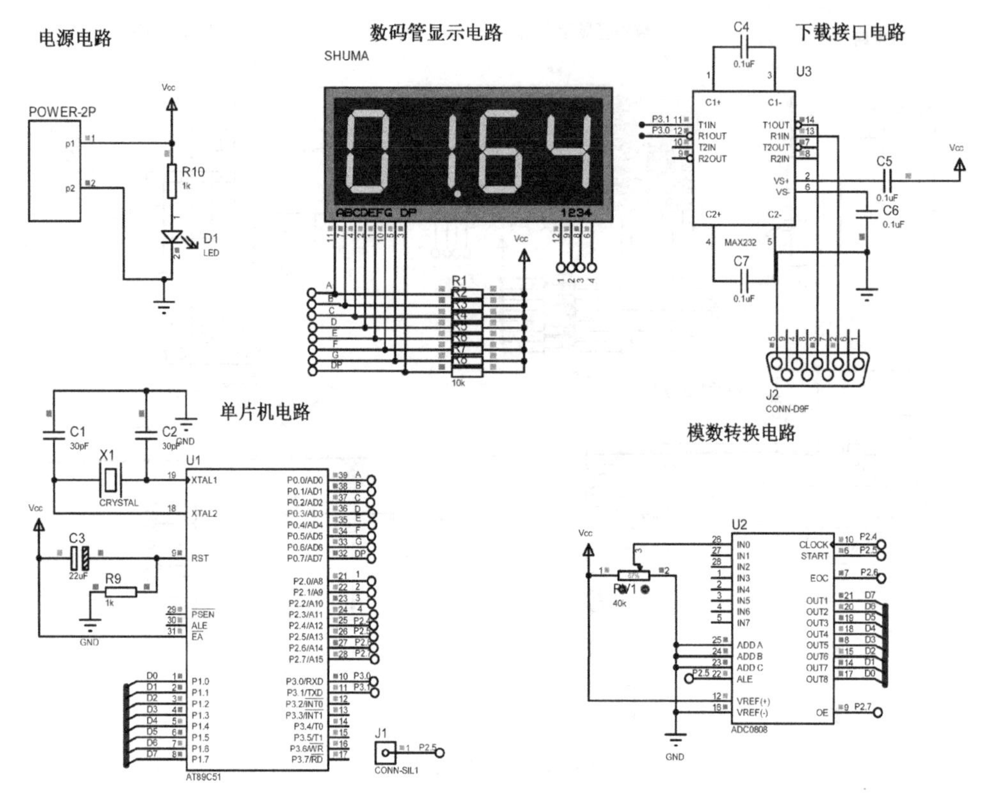

图 9-11　仿真电路图 3

PCB 版图

PCB 版图是根据原理图的设计，在 Proteus 界面单击 PCB Layout，将原理图中各个元器件进行分布，然后进行布线处理而得到的，如图 9-12 所示。在 PCB Layout 过程中需要考虑外部连接的布局、内部电子元器件的优化布局、金属连线和通孔的优化布局、电磁保护、热耗散等各种因素，这里就不做过多说明了。

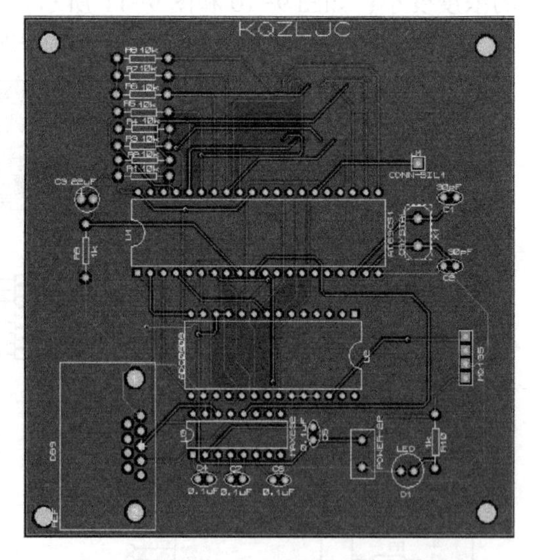

图 9-12　空气质量检测电路 PCB 版图

实物测试

按照原理图的布局，在实际电路板上进行各个元器件的焊接，焊接完成后的实物图如图 9-13 所示。实际测试图如图 9-14 所示。

图 9-13　空气质量检测电路实物图　　　　图 9-14　空气质量检测电路测试图

先给电路板供电，然后对 MQ-135 传感器进行预热，等待数码管显示的数值稳定时为此时室内空气的质量程度，接下来点燃一根香烟，用香烟靠近 MQ-135 传感器，此时数码管的示数发生改变，因为香烟里含有一些硫化物，随着硫化物浓度的增高，数码管显示的示数会增大。

思考与练习

（1）为什么 P0 口要加上拉电阻？

答：因为 P0 口要驱动共阴数码管，加上拉电阻可以保证电路输出稳定、可靠的高电平。

（2）多位数码管动态显示的原理是什么？

答：多位数码管的段码都由 P0 口输出，即各个数码管在每一时刻输入的段码是一样的，为了使其显示不同的数字，可采用动态显示的方法，即先让最低位选通显示，经过一段延时，再让次低位选通显示，再延时，以此类推。由于视觉暂留，只要延时的时间足够短，就能使数码管的显示看起来稳定清楚。

特别提醒

（1）在设计印制电路板时，晶体和电容应尽可能安装在单片机附近，以减小寄生电容，保证振荡器稳定和可靠工作。为了提高稳定性，应采用 NPO 电容。

（2）在调试过程中，如果发现数码管的某些位显示不亮或闪烁，则可以修改程序中数码管显示的延时时间。

项目 10　热电偶温度测量电路设计

设计任务

设计一个简单的热电偶温度测量电路，能将温度值转换为电压值输出。

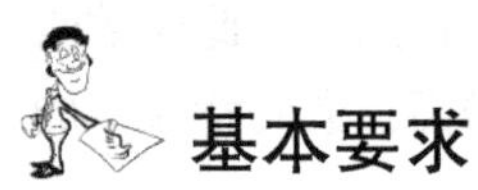

基本要求

将被测介质的温度值转换为热电动势，即转换成电压信号，然后按一定的放大倍数输出。

总体思路

热电偶能将被测介质的温度值转换为热电动势，然后经过运算放大器，按一定的放大倍数输出对应的电压数值。

系统组成

热电偶温度测量电路主要分为两个部分。

☺ 第一部分为直流稳压源：为整个电路提供 5V 稳定电压。

☺ 第二部分为热电偶测温电路。

整个系统方案的模块框图如图 10-1 所示。

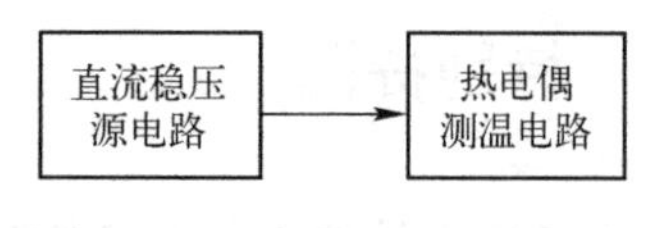

图 10-1　系统方案的模块框图

模块详解

1. 直流稳压源电路

直流稳压源电路主要由滤波电路和稳压电路组成。该电路在三端稳压器的输入端接入电解电容 $C_3=1000\mu F$，用于电源滤波，其后并入电解电容 $C_4=4.7\mu F$，用于进一步滤波；

在三端稳压器输出端接入电解电容 $C_5=4.7\mu F$，用于减小电压纹波，而并入陶瓷电容 $C_6=100nF$，用于改善负载的瞬态响应并抑制高频干扰。稳压源电路选择三端稳压器 7805，输出稳定的 5V 直流电压。其原理图如图 10-2 所示。

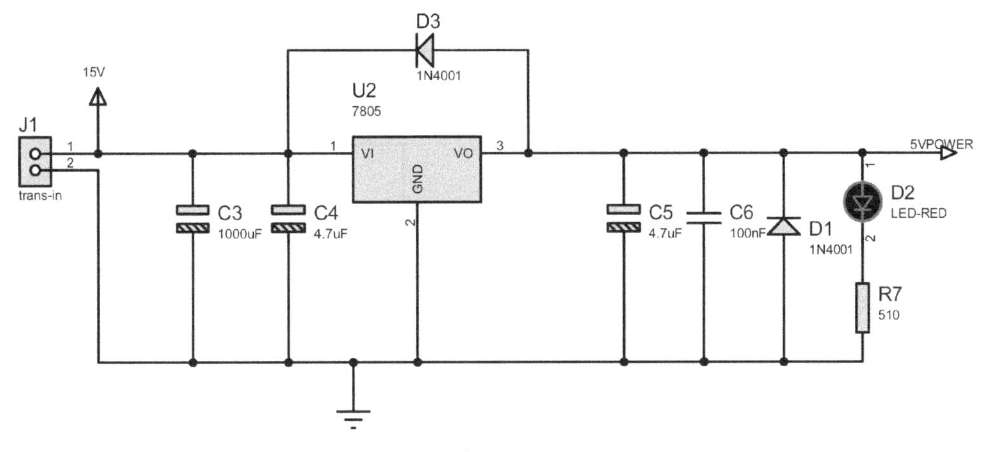

图 10-2　直流电压源原理图

为了确保直流稳压源能够提供 5V 电压，可以用电压表测试，确保电压的准确性，如图 10-3 所示。此时，输出的电压为 5V。

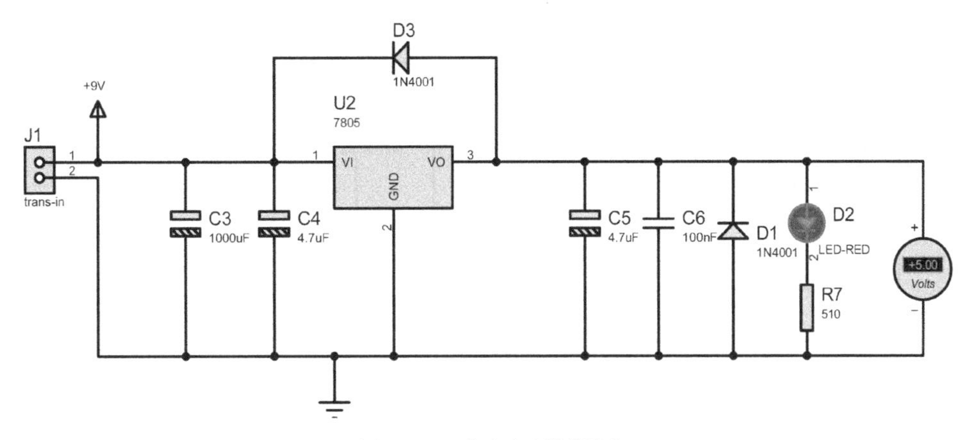

图 10-3　直流电压源测试

2. 热电偶测温电路

热电偶是一种感温元件，由两种不同成分的均质金属导体组成，形成两个热电极端。温度较高的一端为工作端或热端，温度较低的一端为自由端或冷端，自由端通常处于某个恒定的温度下。当两端存在温度梯度时，回路中就会有电流通过，此时两端之间就存在塞贝克电动势——热电动势，这就是所谓的塞贝克效应。测得热电动势后，即可知道被测介质的温度。K 型热电偶是由镍铬-镍硅（铝）双金属组成的，其测温范围为-270～1300℃，稳定性属于中等程度。

热电偶测温电路原理如图 10-4 所示。热电偶产生的 mV 信号经放大电路后由 J2 口输出。根据运算放大器增益公式知第一级反相放大电路的增益为 10。同理，可知第二级反相放大电路的增益为 20。因此，总增益为 200。

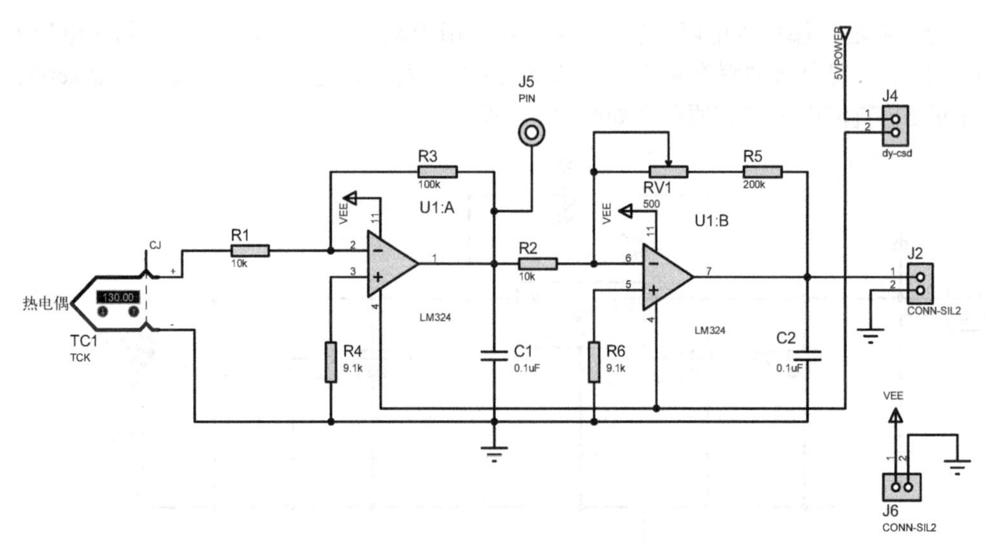

图 10-4　热电偶测温电路原理图

热电偶温度测量电路原理如图 10-5 所示。

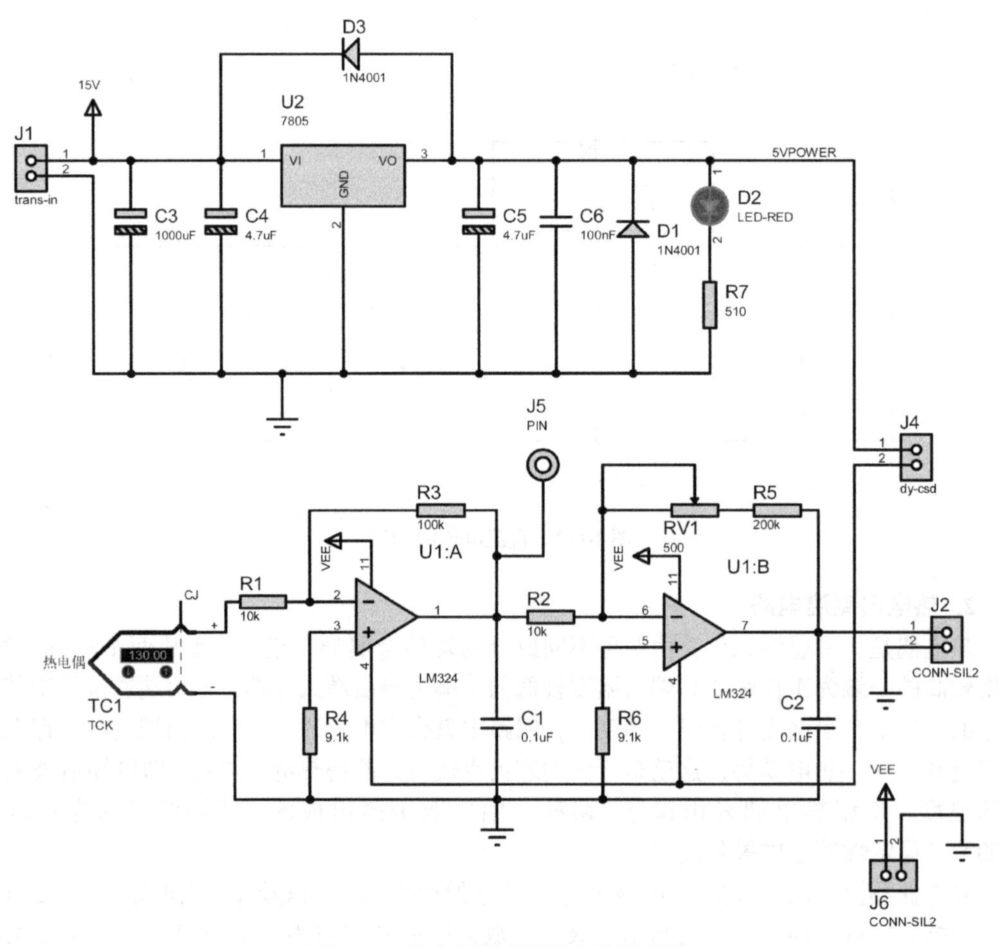

图 10-5　热电偶温度测量电路原理图

调试与仿真

将直流稳压源提供的+5V 电压，直接用+5V 电源代替，以简化电路，方便进行仿真。通过改变热电偶的值，来改变 J2 处输出的电压值。当热电偶的值为 130 时，电压表测得此时的电压值约为 0. 64V，如图 10-6 所示；当热电偶的值为 90 时，电压表测得的此时电压值为 0. 31V，如图 10-7 所示。

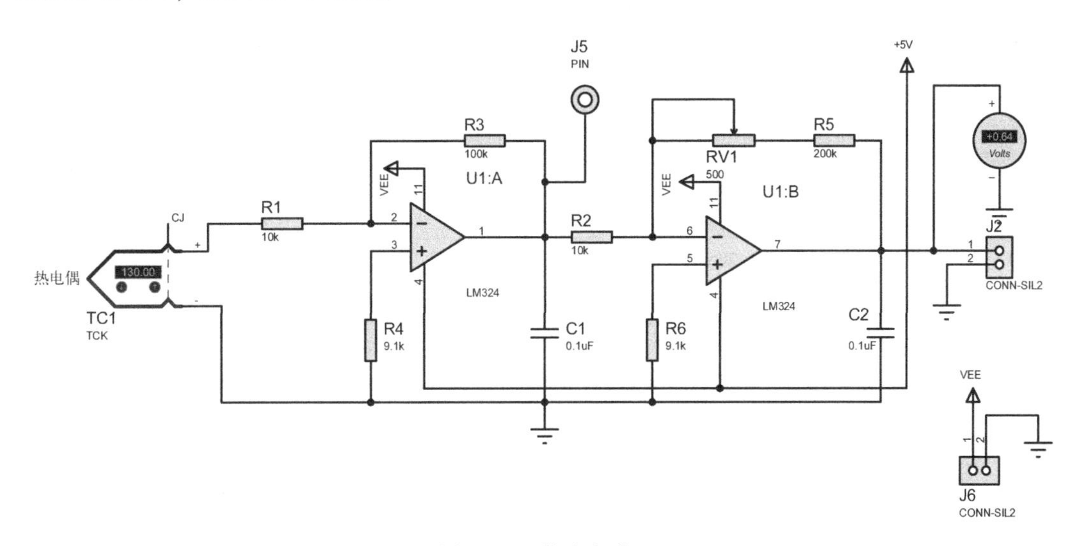

图 10-6　仿真电路 1

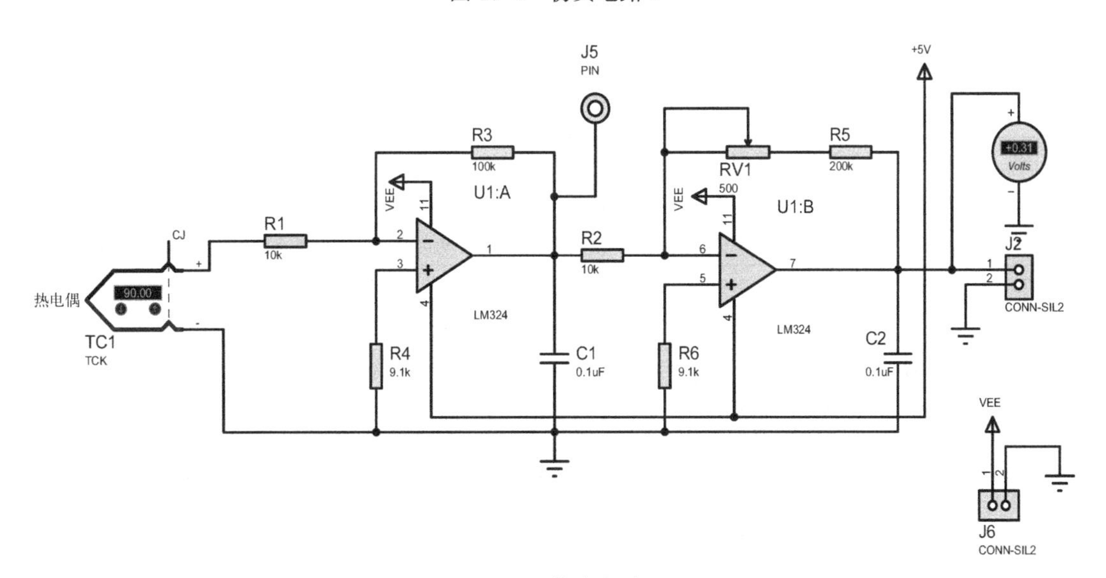

图 10-7　仿真电路 2

测试中，由最终输出电压除以放大倍数 200，即可得出热电偶热端的热电动势，再测得实际环境中的温度，查找 K 型热电偶的分度表即可知道所测的温度值。K 型热电偶分度表如表 10-1 所示。

表 10-1　热电偶分度表

温度/℃	热电动势/mV（JJG 351-84）参考端温度为 0									
	0	1	2	3	4	5	6	7	8	9
-50	-1. 889	-1. 925	-1. 961	-1. 996	-2. 032	-2. 067	-2. 102	-2. 137	-2. 173	-2. 208
-40	-1. 527	-1. 563	-1. 6	-1. 636	-1. 673	-1. 709	-1. 745	-1. 781	-1. 817	-1. 853
-30	-1. 156	-1. 193	-1. 231	-1. 268	-1. 305	-1. 342	-1. 379	-1. 416	-1. 453	-1. 49
-20	-0. 777	-0. 816	-0. 854	-0. 892	-0. 93	-0. 968	-1. 005	-1. 043	-1. 081	-1. 118
-10	-0. 392	-0. 431	-0. 469	-0. 508	-0. 547	-0. 585	-0. 624	-0. 662	-0. 701	-0. 739
0	0	-0. 039	-0. 079	0. 118	-0. 157	-0. 197	0. 236	-0. 275	-0. 314	-0. 353
0	0	0. 039	0. 079	0. 119	0. 158	0. 198	0. 238	0. 277	0. 317	0. 357
10	0. 397	0. 437	0. 477	0. 517	0. 557	0. 597	0. 637	0. 677	0. 718	0. 758
20	0. 798	0. 838	0. 879	0. 919	0. 96	1	1. 041	1. 081	1. 122	1. 162
30	1. 203	1. 244	1. 285	1. 325	1. 366	1. 407	1. 448	1. 489	1. 529	1. 57
40	1. 611	1. 652	1. 693	1. 734	1. 776	1. 817	1. 858	1. 899	1. 94	1. 981
50	2. 022	2. 064	2. 105	2. 146	2. 188	2. 229	2. 27	2. 312	2. 353	2. 394
60	2. 436	2. 477	2. 519	2. 56	2. 601	2. 643	2. 684	2. 726	2. 767	2. 809
70	2. 85	2. 892	2. 933	2. 875	3. 016	3. 058	3. 1	3. 141	3. 183	3. 224
80	3. 266	3. 307	3. 349	3. 39	3. 432	3. 473	3. 515	3. 556	3. 598	3. 639
90	3. 681	3. 722	3. 764	3. 805	3. 847	3. 888	3. 93	3. 971	4. 012	4. 054
100	4. 095	4. 137	4. 178	4. 219	4. 261	4. 302	4. 343	4. 384	4. 426	4. 467
110	4. 508	4. 549	4. 59	4. 632	4. 673	4. 714	4. 755	4. 796	4. 837	4. 878
120	4. 919	4. 96	5. 001	5. 042	5. 083	5. 124	5. 164	5. 205	5. 246	5. 287
130	5. 327	5. 368	5. 409	5. 45	5. 49	5. 531	5. 571	5. 612	5. 652	5. 693
140	5. 733	5. 774	5. 814	5. 855	5. 895	5. 936	5. 976	6. 016	6. 057	6. 097
150	6. 137	6. 177	6. 218	6. 258	6. 298	6. 338	6. 378	6. 419	6. 459	6. 499
160	6. 539	6. 579	6. 619	6. 659	6. 699	6. 739	6. 779	6. 819	6. 859	6. 899
170	6. 939	6. 979	7. 019	7. 059	7. 099	7. 139	7. 179	7. 219	7. 259	7. 299
180	7. 338	7. 378	7. 418	7. 458	7. 498	7. 538	7. 578	7. 618	7. 658	7. 697
190	7. 737	7. 777	7. 817	7. 857	7. 897	7. 937	7. 977	8. 017	8. 057	8. 097
200	8. 137	8. 177	8. 216	8. 256	8. 296	8. 336	8. 376	8. 416	8. 456	8. 497
210	8. 537	8. 577	8. 617	8. 657	8. 697	8. 737	8. 777	8. 817	8. 857	8. 898
220	8. 938	8. 978	9. 018	9. 058	9. 099	9. 139	9. 179	9. 22	9. 26	9. 3
230	9. 341	9. 381	9. 421	9. 462	9. 502	9. 543	9. 583	9. 624	9. 664	9. 705
240	9. 745	9. 786	9. 826	9. 867	9. 907	9. 948	9. 989	10. 029	10. 07	10. 111
250	10. 151	10. 192	10. 233	10. 274	10. 315	10. 355	10. 396	10. 437	10. 478	10. 519
260	10. 56	10. 6	10. 641	10. 882	10. 723	10. 764	10. 805	10. 848	10. 887	10. 928
270	10. 969	11. 01	11. 051	11. 093	11. 134	11. 175	11. 216	11. 257	11. 298	11. 339

续表

温度/℃	热电动势/mV（JJG 351-84）参考端温度为0									
	0	1	2	3	4	5	6	7	8	9
280	11.381	11.422	11.463	11.504	11.545	11.587	11.628	11.669	11.711	11.752
290	11.793	11.835	11.876	11.918	11.959	12	12.042	12.083	12.125	12.166
300	12.207	12.249	12.29	12.332	12.373	12.415	12.456	12.498	12.539	12.581
310	12.623	12.664	12.706	12.747	12.789	12.831	12.872	12.914	12.955	12.997
320	13.039	13.08	13.122	13.164	13.205	13.247	13.289	13.331	13.372	13.414
330	13.456	13.497	13.539	13.581	13.623	13.665	13.706	13.748	13.79	13.832
340	13.874	13.915	13.957	13.999	14.041	14.083	14.125	14.167	14.208	14.25
350	14.292	14.334	14.376	14.418	14.46	14.502	14.544	14.586	14.628	14.67
360	14.712	14.754	14.796	14.838	14.88	14.922	14.964	15.006	15.048	15.09
370	15.132	15.174	15.216	15.258	15.3	15.342	15.394	15.426	15.468	15.51
380	15.552	15.594	15.636	15.679	15.721	15.763	15.805	15.847	15.889	15.931
390	15.974	16.016	16.058	16.1	16.142	16.184	16.227	16.269	16.311	16.353
400	16.395	16.438	16.48	16.522	16.564	16.607	16.649	16.691	16.733	16.776
410	16.818	16.86	16.902	16.945	16.987	17.029	17.072	17.114	17.156	17.199
420	17.241	17.283	17.326	17.368	17.41	17.453	17.495	17.537	17.58	17.622
430	17.664	17.707	17.749	17.792	17.834	17.876	17.919	17.961	18.004	18.046
440	18.088	18.131	18.173	18.216	18.258	18.301	18.343	18.385	18.428	18.47
450	18.513	18.555	18.598	18.64	18.683	18.725	18.768	18.81	18.853	18.896
460	18.938	18.98	19.023	19.065	19.108	19.15	19.193	19.235	19.278	19.32
470	19.363	19.405	19.448	19.49	19.533	19.576	19.618	19.661	19.703	19.746
480	19.788	19.831	19.873	19.916	19.959	20.001	20.044	20.086	20.129	20.172
490	20.214	20.257	20.299	20.342	20.385	20.427	20.47	20.512	20.555	20.598
500	20.64	20.683	20.725	20.768	20.811	20.853	20.896	20.938	20.981	21.024
510	21.066	21.109	21.152	21.194	21.237	21.28	21.322	21.365	21.407	21.45
520	21.493	21.535	21.578	21.621	21.663	21.706	21.749	21.791	21.834	21.876
530	21.919	21.962	22.004	22.047	22.09	22.132	22.175	22.218	22.26	22.303
540	22.346	22.388	22.431	22.473	22.516	22.559	22.601	22.644	22.687	22.729
550	22.772	22.815	22.857	22.9	22.942	22.985	23.028	23.07	23.113	23.156
560	23.198	23.241	23.284	23.326	23.369	23.411	23.454	23.497	23.539	23.582
570	23.624	23.667	23.71	23.752	23.795	23.837	23.88	23.923	23.965	24.008
580	24.05	24.093	24.136	24.178	24.221	24.263	24.306	24.348	24.391	24.434
590	24.476	24.519	24.561	24.604	24.646	24.689	24.731	24.774	24.817	24.859
600	24.902	24.944	24.987	25.029	25.072	25.114	25.157	25.199	25.242	25.284
610	25.327	25.369	25.412	25.454	25.497	25.539	25.582	25.624	25.666	25.709
620	25.751	25.794	25.836	25.879	25.921	25.964	26.006	26.048	26.091	26.133

续表

温度/℃	热电动势/mV（JJG 351-84）参考端温度为 0									
	0	1	2	3	4	5	6	7	8	9
630	26.176	26.218	26.26	26.303	26.345	26.387	26.43	26.472	26.515	26.557
640	26.599	26.642	26.684	26.726	26.769	26.811	26.853	26.896	26.938	26.98
650	27.022	27.065	27.107	27.149	27.192	27.234	27.276	27.318	27.361	27.403
660	27.445	27.487	27.529	27.572	27.614	27.656	27.698	27.74	27.783	27.825
670	27.867	27.909	27.951	27.993	28.035	28.078	28.12	28.162	28.204	28.246
680	28.288	28.33	28.372	28.414	28.456	28.498	28.54	28.583	28.625	28.667
690	28.709	28.751	28.793	28.835	28.877	28.919	28.961	29.002	29.044	29.086
700	29.128	29.17	29.212	29.264	29.296	29.338	29.38	29.422	29.464	29.505
710	29.547	29.589	29.631	29.673	29.715	29.756	29.798	29.84	29.882	29.924
720	29.965	30.007	30.049	30.091	30.132	30.174	30.216	20.257	30.299	30.341
730	30.383	30.424	30.466	30.508	30.549	30.591	30.632	30.674	30.716	30.757
740	30.799	30.84	30.882	30.924	30.965	31.007	31.048	31.09	31.131	31.173
750	31.214	31.256	31.297	31.339	31.38	31.422	31.463	31.504	31.546	31.587
760	31.629	31.67	31.712	31.753	31.794	31.836	31.877	31.918	31.96	32.001
770	32.042	32.084	32.125	32.166	32.207	32.249	32.29	32.331	32.372	32.414
780	32.455	32.496	32.537	32.578	32.619	32.661	32.702	32.743	32.784	32.825
790	32.866	32.907	32.948	32.99	33.031	33.072	33.113	33.154	33.195	33.236
800	33.277	33.318	33.359	33.4	33.441	33.482	33.523	33.564	33.606	33.645
810	33.686	33.727	33.768	33.809	33.85	33.891	33.931	33.972	34.013	34.054
820	34.095	34.136	34.176	34.217	34.258	34.299	34.339	34.38	34.421	34.461
830	34.502	34.543	34.583	34.624	34.665	34.705	34.746	34.787	34.827	34.868
840	34.909	34.949	34.99	35.03	35.071	35.111	35.152	35.192	35.233	35.273
850	35.314	35.354	35.395	35.435	35.476	35.516	35.557	35.597	35.637	35.678
860	35.718	35.758	35.799	35.839	35.88	35.92	35.96	36	36.041	36.081
870	36.121	36.162	36.202	36.242	36.282	36.323	36.363	36.403	36.443	36.483
880	36.524	36.564	36.604	36.644	36.684	36.724	36.764	36.804	36.844	36.885
890	36.925	36.965	37.005	37.045	37.085	37.125	37.165	37.205	37.245	37.285
900	37.325	37.365	37.405	37.443	37.484	37.524	37.564	37.604	37.644	37.684
910	37.724	37.764	37.833	37.843	37.883	37.923	37.963	38.002	38.042	

PCB 版图

PCB 版图是根据原理图的设计，在 Proteus 界面单击“PCB Layout”按钮，将原理图中各个元器件进行分布，然后进行布线处理而得到的，如图 10-8 所示。在 PCB Layout 过程中需要考虑外部连接的布局、内部电子元器件的优化布局、金属连线和通孔的优化布局、电磁保护、热耗散等各种因素，这里就不做过多说明了。

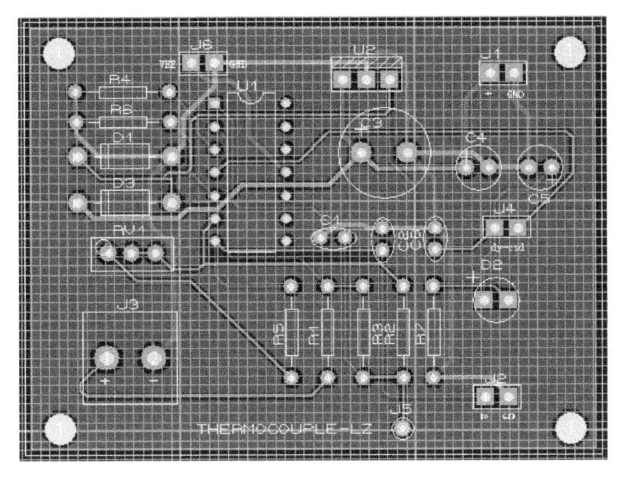

图 10-8　热电偶温度测量电路 PCB 版图

 实物测试

按照原理图的布局，在实际电路板上进行各个元器件的焊接，焊接完成后的实物图如图 10-9 所示。实物测试图如图 10-10 所示。

图 10-9　热电偶温度测量电路实物图

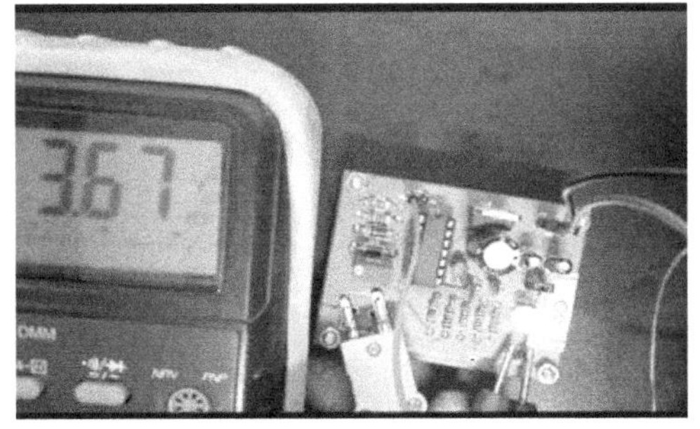

图 10-10　热电偶温度测量电路测试图

首先，给电路板接+5V 的直流稳压电源，电路板的红色二极管亮，说明电路板正常工作，然后，将表笔放在测试端口处，给 K 型热电偶的热端进行加热，测得的当前示数为 3.67V。

 思考与练习

（1）热电偶的测温原理是什么？

答：热电偶测温的基本原理是将两种不同材料的导体或半导体焊接起来，构成一个闭

合回路。由于两种不同材料所携带的电子数不同，当两个导体的两个执着点之间存在温差时，就会发生高电位向低电位放电的现象，因而在回路中形成电流，温度差越大，电流越大，这种现象称为热电效应，也叫塞贝克效应。热电偶就是利用这一效应来工作的。

（2）热电偶的种类及结构形成是什么？

答：常用热电偶可分为标准热电偶和非标准热电偶两大类。所谓标准热电偶是指国家标准规定了其热电势与温度的关系、允许误差，并有统一标准分度表，有与其配套的显示仪表可供选用。非标准热电偶在使用范围或数量级上均不及标准热电偶，一般也没有统一的分度表，主要用于某些特殊场合的测量。

（3）热电偶的结构要求是什么？

答：组成热电偶的两个热电极的焊接必须牢固；两个热电极之间应很好地绝缘，以防短路；补偿导线与热电偶自由端的连接要方便、可靠；保护套管应能保证热电极与有害介质充分隔离。

特别提醒

（1）热电偶温度测量电路板上的J2插孔可以与万用表直接相连，结果为模拟量调试，也可和5G14433的模拟量输入端VX相连。用ADC0809进行A/D转换时，ADC0809的IN0连到温度测量电路的J2插孔，结果为数字量调试。

（2）热电偶要进行冷端补偿，并采用补偿导线进行信号传输。

项目 11　位移测量电路设计

设计任务

设计一个简单的位移测量电路，通过霍尔传感器来实现位置移动报警。

基本要求

☺ 电源电压在 5V 左右；

☺ 测量位移范围为 0~3cm。

总体思路

霍尔传感器在磁场中运动，输出一个电压值接到电压比较器 LM393 的同相输入端，与接到反相输入端的滑动变阻器所设定的电压值做比较，如果高于滑动变阻器的电压值，则 LM393 输出一个高电平，否则输出一个低电平。

系统组成

本系统由霍尔传感器 A3144E、电压比较器 LM393 及 10kΩ 的滑动变阻器等组成。整个系统方案的模块框图如图 11-1 所示。

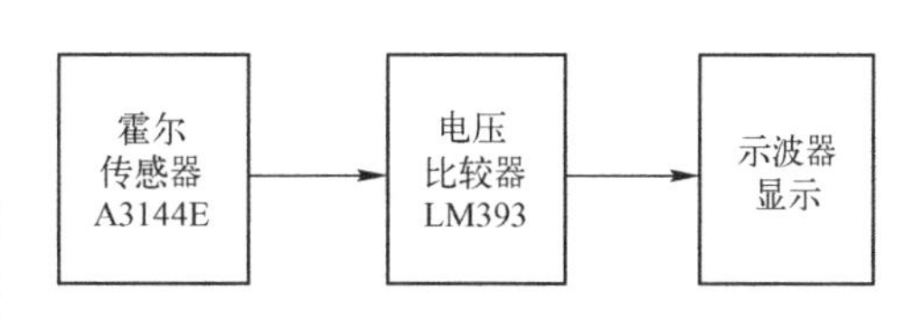

图 11-1　系统方案的模块框图

模块详解

1. 霍尔传感器 A3144E

霍尔传感器是一种磁传感器，可以用来检测磁场及其变化，也可在各种与磁场有关的场合使用。霍尔传感器以霍尔效应为工作基础，是由霍尔元件和其附属电路组成的集成传感器。霍尔传感器在工业生产、交通运输和日常生活中有着非常广泛的应用。

本系统采用了 A3144E 霍尔元件，霍尔开关集成电路应用了霍尔效应原理，采用半导体集成技术制造的磁敏感电路是由电压调整器、霍尔电压发生器、差分放大器、施密特触发器、温度补偿电路和集电极开路的输出级组成的磁敏传感电路，其输入为磁感应强度，输出是一个数字电压信号。A3144E 已经内置放大器，所以外面不需要放大器，只需要有一个上拉电阻就可以。所谓霍尔效应，是指磁场作用于载流金属导体、半导体中的载流子时，产生横向电位差的物理现象。当电流通过霍尔元件时，若在垂直于电流的方向施加磁场，则霍尔元件两侧会出现横向电位差（称为霍尔电压），由于磁场的变化，霍尔元件发出脉冲信号传输给控制器来处理，从而实现测速、测位置等传感器或开关作用，所以说需要有磁场的变化才能有相应的霍尔脉冲信号输出。如果四周是一样的磁场，那么就不会有输出变化，所以应该选用一个高磁性的、较小体积的磁铁（如长方体或扁平体）用 N 极或 S 极垂直于霍尔元件，磁铁的一极就会朝向霍尔的正面感应区运动，由于受到磁场变化，并切割磁力线，霍尔元件就会输出脉冲信号。

A3144E 技术参数如下。

电源电压 V_{CC}：24V。

输出反向击穿电压 V_{ce}：50V。

输出低电平电流 I_{OL}：50mA。

工作环境温度 T_A：E 挡，−20～85℃；L 挡，−40～150℃。

存储温度范围 T_S：−65～150℃。

2. 电压比较器 LM393

当同相输入端大于反相输入端时，输出高电平；当同相输入端小于反相输入端时，输出低电平。经过电路实测，该电路的粗略测量范围为 0～4cm。

3. 滑动变阻器 RV1

滑动变阻器 RV1 用于设定比较电压值，与 A3144E 进行电压比较。

位移测量电路原理图如图 11－2 所示。

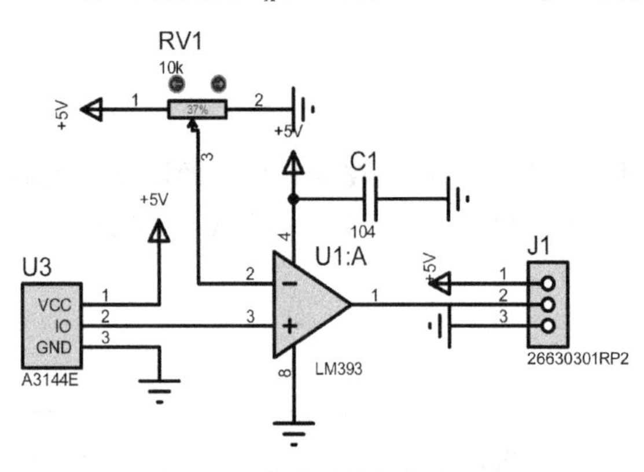

图 11-2　位移测量电路原理图

调试与仿真

因为 A3144E 通过测距输出的是电压信号，所以用电位器代替 A3144E 输出电压信号，如图 11-3 所示。当 A3144E 输出的电压高于电位器输出的电压时，示波器输出高电平，相当于磁铁靠近 A3144E 时，信号输出高电平，示波器显示高电平，如图 11-4 所示；当 A3144E 输出的电压低于电位器输出的电压时，示波器输出低电平，相当于磁铁远离 A3144E 时，信号输出低电平，示波器显示低电平，如图 11-5 所示。

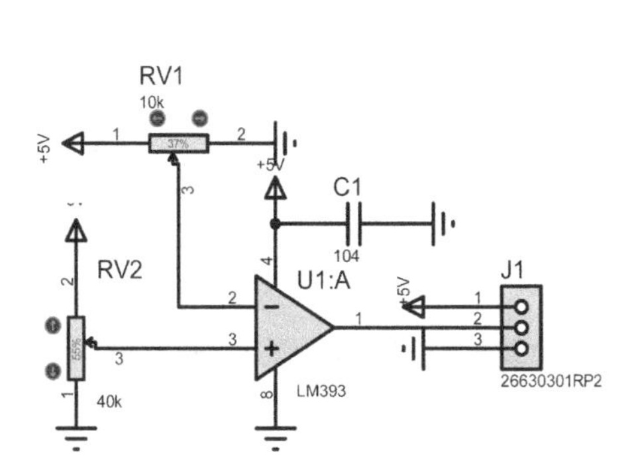

图 11-3　用电位器代替 A3144E 的电路原理图

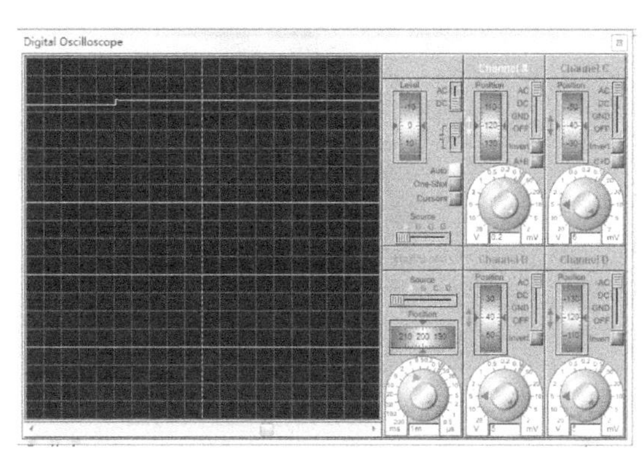

图 11-4　高电平输出图像

PCB 版图

PCB 版图是根据原理图的设计，在 Proteus 界面单击“PCB Layout”按钮，将原理图中各个元器件进行分布，然后进行布线处理而得到的，如图 11-6 所示。在 PCB Layout 过程中需要考虑外部连接的布局、内部电子元器件的优化布局、金属连线和通孔的优化布局、电磁保护、热耗散等各种因素，这里就不做过多说明了。

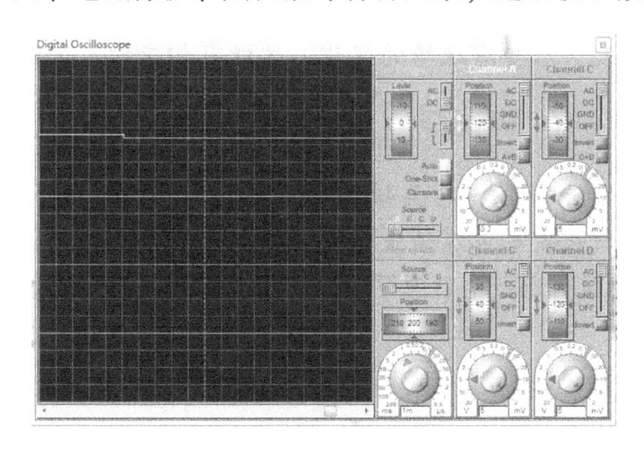

图 11-5　低电平输出图像

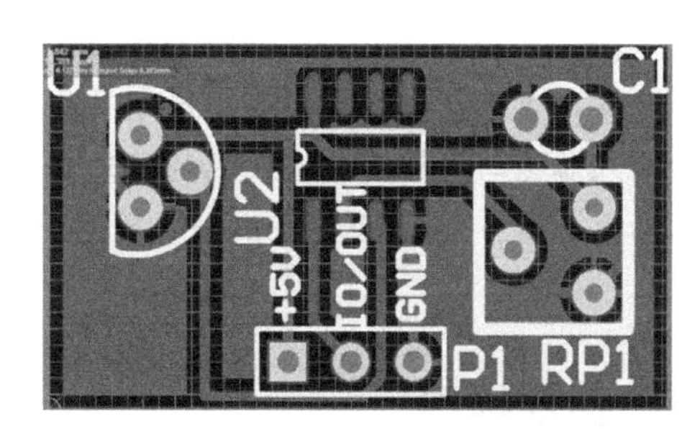

图 11-6　位移测量电路 PCB 版图

实物测试

按照原理图的布局，在实际板子上进行各个元器件的焊接，焊接完成后的实物图如图 11-7 所示。实物测试图如图 11-8 所示。

首先，给电路板供电，然后，用磁铁靠近霍尔传感器，输出一个脉冲信号，可以通过脉冲宽度知道磁铁距离霍尔元件 A3144E 的位移，如图 11-8 所示。

图 11-7　位移测量电路实物图

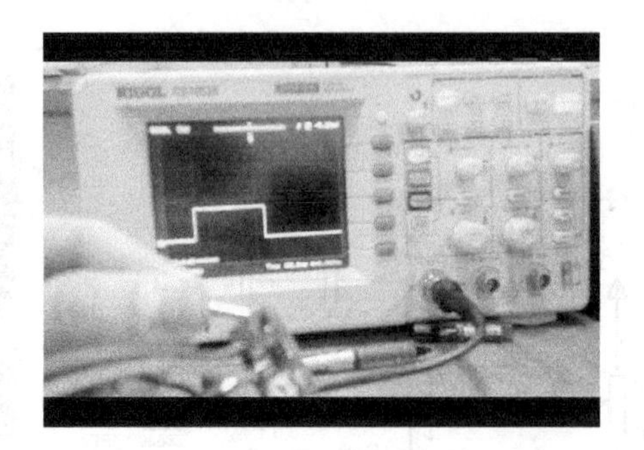

图 11-8　位移测量电路实物测试图

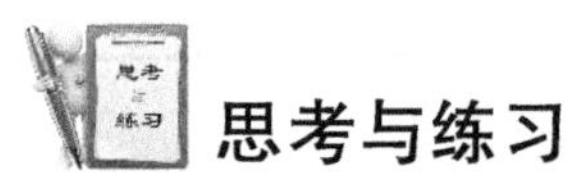

思考与练习

(1) 电路原理图中的 LM393 可否用 LM358 代替？

答： 可以。因为电路中只用到 LM393 的输出和 VCC、GND 引脚，与 LM358 的引脚相同，故可以代替。

(2) 如果周围没有磁场变化，LM393 还会正常工作吗？

答： 不能。当电流通过霍尔元件时，若在垂直于电流的方向施加磁场，则霍尔元件两侧会出现横向电位差，即霍尔电压，由于磁场的变化，霍尔元件发出脉冲信号传输给控制器处理，从而实现测速、测位置等功能。因此，需要有磁场的变化，才能有相应的霍尔脉冲信号输出。

(3) 电路的工作原理是什么？

答： 霍尔传感器在磁场中运动，输出一个电压值，将其接到电压比较器 LM393 的同相输入端，与接到反相输入端的滑动变阻器所设定的电压值进行比较，如果高于滑动变阻器的电压值，则 LM393 输出一个高电平，否则输出一个低电平。

特别提醒

(1) 各元器件的工作电流、电压、频率和功耗应在允许范围内，并留有适当的裕量，以保证电路在规定条件下能正常工作，达到所要求的性能指标，并留有一定的裕量；

(2) 对于环境温度、电压等工作条件，计算时应按照最不利的情况考虑；

(3) 在保证电路性能的前提下，应尽可能设法降低成本，减少元器件的品种数，减小元器件的功耗和体积，并为安装调试创造有利条件；

(4) 在满足性能指标和上述各项要求的前提下，应优先选用现有的或容易买到的元器件，以节省时间和精力；

(5) 应把根据计算所确定的各参数值标在电路图中的恰当位置；

(6) 安装焊接时应注意板面布局，要做到可靠紧凑、干净美观。

项目 12　温差测量电路设计

设计任务

设计一个简单的温差测量电路，使传感器采集到的温度值与计算差值显示到 LCD 屏幕上。

基本要求

测量温度范围为-55～125℃，精度为±0.5℃，使用两个 DS18B20 传感器分别测量两处的温度值，再计算两个 DS18B20 的温度差值即可。

总体思路

DS18B20 传感器采集温度数据，通过单线接口向单片机送入数据，再经单片机处理后将两个温度值和温差值显示在 LCD 屏幕上。

系统组成

温差测量电路主要分为 6 部分。

☺ 第一部分为 MINI USB 接口电源：为整个电路提供+5V 的稳定电压。

☺ 第二部分为主控电路：处理传入数据并输出温差值。

☺ 第三部分为测温电路：分别测量出两点的温度值并传输数据到单片机。

☺ 第四部分为显示电路：读取 AT89C51 数据显示到 LCD 屏幕上。

☺ 第五部分为复位电路：使电路恢复到起始状态。

☺ 第六部分为晶振电路：为系统提供基本的时钟信号。

整个系统方案的模块框图如图 12-1 所示。

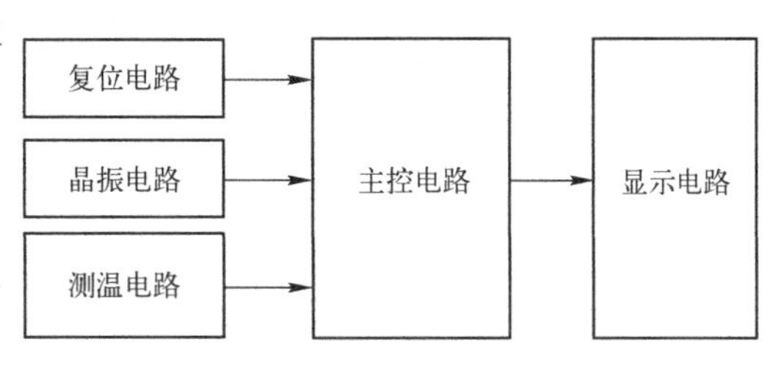

图 12-1　系统方案的模块框图

模块详解

1. MINI USB 接口电路

MINI USB 接口有 5 个脚，分别介绍如下：

1 脚：V Bus（电源正 5V），为红色。

2 脚：Data-（数据-），为白色。

3 脚：Data+（数据+），为绿色。

4 脚：ID（A 型 Mini USB），与地相连。

5 脚：GND（地），为黑色。这里只用到第 1 脚和第 5 脚，第 1 脚用来提供+5V 的电压源，第 5 脚充当公共接地端。电路原理图如图 12-2 所示。

2. 主控电路

主控电路是由 AT89C51 单片机构成的，其作用是将由 DS18B20 采集到的数据显示到 LM016L，并将两个温度值计算差值，再显示到 LCD。主控电路还连接着复位电路和晶振电路。主控电路原理图如图 12-3 所示。

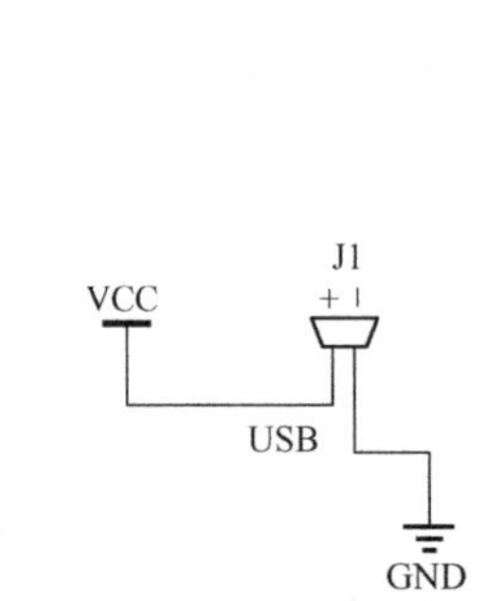

图 12-2　MINI USB 电路原理图

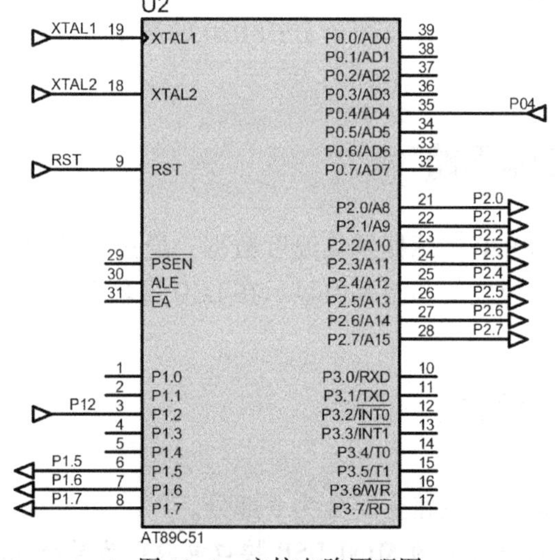

图 12-3　主控电路原理图

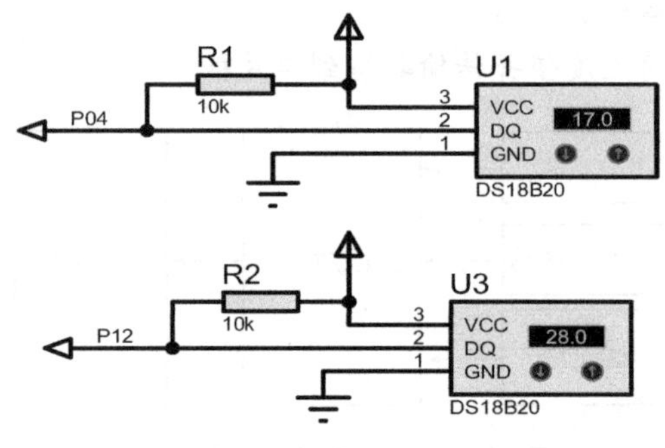

图 12-4　测温电路原理图

3. 测温电路

测温电路由两个传感器 DS18B20 和两个 10kΩ 的上拉电阻构成。DS18B20 有 3 个引脚，与单片机连接时仅需要一条口线即可实现单片机与 DS18B20 的双向通信，上拉电阻的作用是为传感器提供有效的高电平，从而使传感器能有效地测量温度并向单片机传输所采集到的数据。如图 12-4 所示。

DS18B20 的技术性能描述如下：

① 独特的单线接口方式。DS18B20 在与单片机连接时仅需要一条口线即可实现单片机与 DS18B20 的双向通信。

② 测温范围为-55~+125℃，固有测温分辨率为 0.5℃。

③ 支持多点组网功能，多个 DS18B20 可以并联在唯一的三线上，从而实现多点测温。

④ 工作电源：3~5V DC。

⑤ 在使用中不需要任何外围元件。

⑥ 测量结果以 9~12 位数字量方式串行传送。

⑦ 不锈钢保护管直径为 Φ6。

⑧ 适用于 DN15~25，DN40~DN250 各种介质工业管道和狭小空间设备的测温。

⑨ 标准安装螺纹 M10X1、M12X1.5、G1/2″任选。

⑩ PVC 电缆直接出线或德式球型接线盒出线，便于与其他电气设备连接。

4. 显示电路

显示电路由一个 LM016L 和一个可调电阻构成，用来显示温度值和温度差值。可调电阻接在 LM016L 的第 3 脚上，用来调节对比度。接正电源时对比度最弱，接地时对比度最强。液晶 LM016L 的数据和指令选择控制端 RS 接到单片机的 P1.5，读写控制位 E 接到单片机的 P1.7，8 位数据线 D0~D7 接到单片机的 P2.0~P2.7。显示电路原理图如图 12-5 所示。

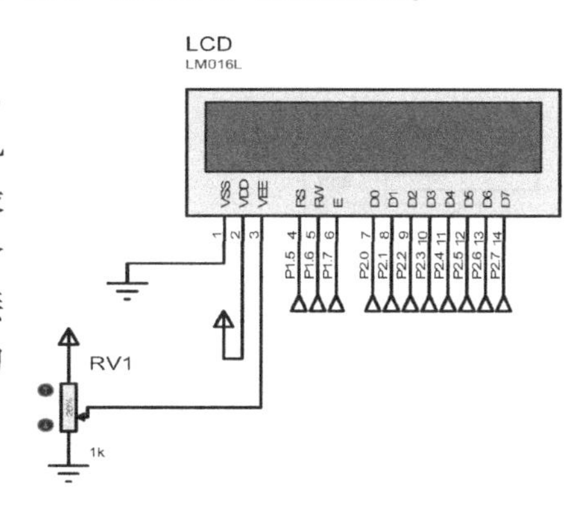

图 12-5　显示电路原理图

5. 复位电路

复位电路由一个开关、一个电容和一个电阻构成。复位电路的原理是单片机 RST 引脚接收到 2μs 以上的电平信号，只要保证电容的充/放电时间大于 2μs，即可实现复位，所以电路中的电容值是可以改变的。复位电路原理图如图 12-6 所示。

6. 晶振电路

晶振电路由一个晶振和两个电容构成。晶振电路的作用是为系统提供基本的时钟信号，就像单片机的心脏一样。单片机为 12 分频，用 12MHz 的晶振分频后就是 12MHz/12=1MHz，一个指令周期就是 1/1MHz=1μs，两个电容是用来配合晶振工作的。晶振电路原理图如图 12-7 所示。

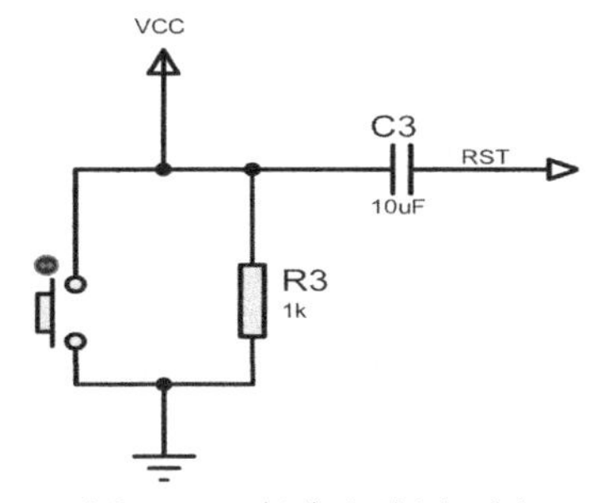

图 12-6　复位电路原理图

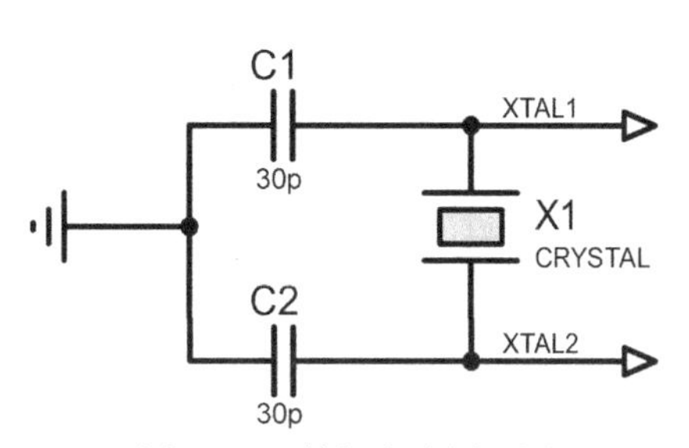

图 12-7　晶振电路原理图

温差测量电路原理图如图 12-8 所示。

软件设计

程序流程图如图 12-9 所示。

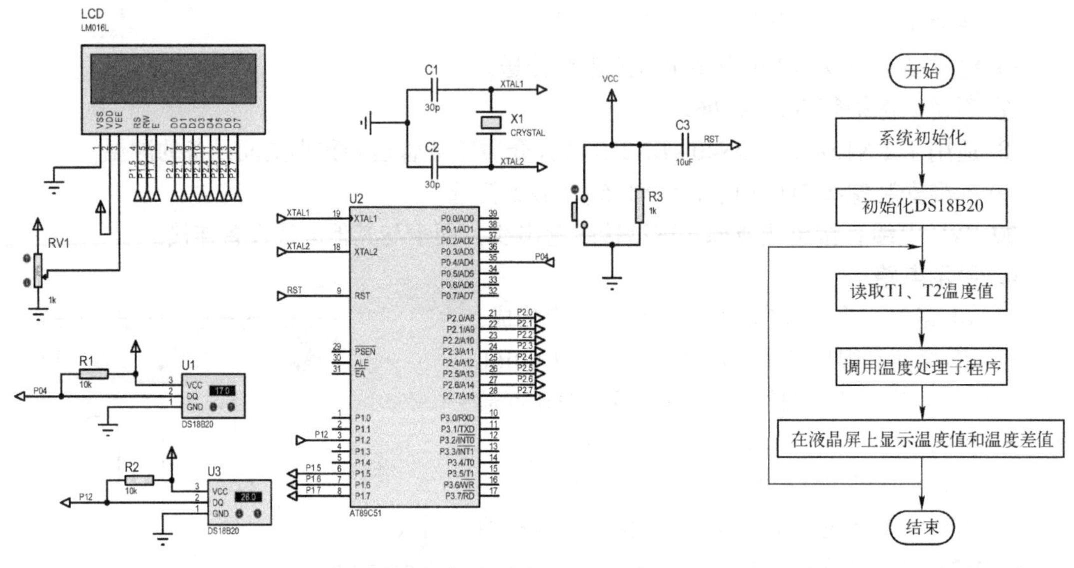

图 12-8　温差测量电路原理图

图 12-9　程序流程图

按照程序流程图，编写程序如下：

```
/******** 共阴数码管 *** 低电平选中 1 位 ****/
/******* 位选数据先颠倒顺序,0 被选中 ****/
#include "reg52.h"
#include "intrins.h"
/*
//DS18B20 的最小分辨率为 1/16,0.0625 度,温度值用 2 字节表示,高 5 位为温度正、负显示位
//中间 7 位为温度整数位,低 4 位为小数位
 */
#define uchar unsigned char
#define uint unsigned int
uchar tab[10] = {'0','1','2','3','4','5','6','7','8','9',};  //显示段码数据
unsigned char dat[6] = {0,0,0,0,};
//unsigned char tmp[4] = {0xef,0xdf,0xbf,0x7f,};      //位选编码
unsigned char tmp[5] = {0xfe,0xfd,0xfb,0xf7,0xef};
uint  tvalue;                                         //温度值
uint  tvalue2;                                        //温度值
uchar tflag,tflag2,j;                                 //温度正、负标志

sbit DQ=P0^4;                                         //DS18B20 与单片机连接口
sbit DQ2=P1^2;                                        //DS18B20 与单片机连接口
uint T;
#defineport  P2
sbit lcdrs=P1^5;
sbit lcden=P1^7;
```

```
sbit lcdwr=P1^6;
void delay1(uint t)
{
 uint x,y;
 for(x=0;x<t;x++)
  for(y=0;y<110;y++);
}
void write_com(uchar com)//向 LCD1602 写指令
{
 lcdrs=0;                                     //写指令 EN 引脚输出高脉冲,即 010
 port=com;
// delay(5);
 lcden=1;
 delay1(5);
 lcden=0;
}
void write_date(uchar dat)                    //向 LCD1602 写数据
{
 lcdrs=1;                                     //写数据 EN 引脚输出高脉冲,即 010
 port=dat;
 //delay(5);
 lcden=1;
 delay1(5);
 lcden=0;
}
void delay(unsigned int i)
{
    while(i--);
}
void delay_18B20(unsigned int i)              //延时 1μs
{
   while(i--);
}
void ds1820rst()/*DS1820 复位*/
{
   unsigned char x=0;
   DQ=1;                                      //DQ 复位
   delay_18B20(6);                            //稍作延时
   DQ=0;                                      //DQ 拉低
   delay_18B20(80);                           //精确延时大于 480μs
   DQ=1;                                      //拉高
   delay_18B20(34);
}
uchar ds1820rd()/*读数据*/
{
   unsigned char i=0;
   unsigned char dat=0;
   for (i=8;i>0;i--)
   {
       DQ=0;                                  //读脉冲信号
       dat>>=1;
       DQ=1;
```

```
        if(DQ)
        dat |=0x80;
        delay_18B20(4);
    }
    return(dat);
}
void ds1820wr(uchar wdata)/*写数据*/
{
    unsigned char i=0;
    for (i=8;i>0;i--)
    {
      DQ=0;                                //写脉冲信号
      DQ=wdata&0x01;
      delay_18B20(5);
      DQ=1;
      wdata>>=1;
    }
}
unsigned int read_temp()/*读取温度值并转换*/
{
   uchar a,b;
   ds1820rst();
   ds1820wr(0xcc);                         //*跳过读序列号*/
   ds1820wr(0x44);                         //*启动温度转换*/
   ds1820rst();
   ds1820wr(0xcc);                         //*跳过读序列号*/
   ds1820wr(0xbe);                         //*读取温度值*/
   a=ds1820rd();
   b=ds1820rd();
   tvalue=b;
   tvalue<<=8;
   tvalue=tvalue|a;
   if(tvalue<0x0fff)                       //正数
   {
      tflag=0;
   }
   else                                    //负数
   {
      tvalue=~tvalue+1;
      tflag=1;
   }
   tvalue=tvalue*(0.625);                  //温度值扩大10倍,精确到1位小数
   return tvalue;
}

void ds1820rst2()/*ds1820复位*/
{
    unsigned char x=0;
    DQ2=1;                                 //DQ复位
    delay_18B20(6);                        //稍作延时
    DQ2=0;                                 //DQ拉低
    delay_18B20(80);                       //精确延时大于480μs
```

```
    DQ2=1;                                          //拉高
    delay_18B20(34);
}

uchar ds1820rd2()/*读数据*/
{
    unsigned char i=0;
    unsigned char dat=0;
    for (i=8;i>0;i--)
    {
        DQ2=0;                                      //读脉冲信号
        dat>>=1;
        DQ2=1;
        if(DQ2)
        dat|=0x80;
        delay_18B20(4);
    }
    return(dat);
}
void ds1820wr2(uchar wdata)/*写数据*/
{
    unsigned char i=0;
    for (i=8;i>0;i--)
    {
      DQ2=0;                                        //写脉冲信号
      DQ2=wdata&0x01;
      delay_18B20(5);
      DQ2=1;
      wdata>>=1;
    }
}
unsigned int read_temp2()/*读取温度值并转换*/
{
   uchar a,b;
   ds1820rst2();
   ds1820wr2(0xcc);                                 //跳过读序列号
   ds1820wr2(0x44);                                 //启动温度转换
   ds1820rst2();
   ds1820wr2(0xcc);                                 //跳过读序列号
   ds1820wr2(0xbe);                                 //读取温度值
   a=ds1820rd2();
   b=ds1820rd2();
   tvalue2=b;
   tvalue2<<=8;
   tvalue2=tvalue2|a;
   if(tvalue2<0x0fff)                               //正数
   {
      tflag2=0;
   }
   else                                             //负数
   {
      tvalue2=~tvalue2+1;
```

```
        tflag2=1;
    }
    tvalue2=tvalue2*(0.625);                    //温度值扩大10倍,精确到1位小数
    return tvalue2;
}
void init()                                     //程序初始化
{
lcdwr=0;
lcden=0;                                        //初始化中已经定义en=0
write_com(0x38);                                //显示模式
write_com(0x0c);                                //开显示,不显示光标,不闪
write_com(0x06);                                //写入地址指针加1,整屏不移动
write_com(0x02);                                //清屏
}
void shower()
{
uint wencha;
            dat[2]=tvalue%10;                   //个位,对10求余
    dat[1]=tvalue%100/10;                       //十位,对100求余,再对10求模
    dat[0]=tvalue/100;                          //百位,对dat[3]=0;
        write_com(0x82);
if(tflag)
write_date('-');
else
write_date('+');
 write_date(tab[dat[0]]);
 write_date(tab[dat[1]]);
 write_date('.');
 write_date(tab[dat[2]]);
dat[2]=tvalue2%10;                              //个位,对10求余
dat[1]=tvalue2%100/10;                          //十位,对100求余,再对10求模
dat[0]=tvalue2/100;                             //百位,对dat[3]=0;
write_com(0x8b);
 if(tflag2)
write_date('-');
else
write_date('+');
 write_date(tab[dat[0]]);
 write_date(tab[dat[1]]);
 write_date('.');
 write_date(tab[dat[2]]);

/***
温度值有正、负

两个传感器的4种情况
++  差值的绝对值
+-  负数取反和正数相加
--  差值的绝对值
-+  负数取反和正数相加

 *****/
```

```
    if(((tflag==0)&(tflag2==0))|((tflag==1)&(tflag2==1)))
     {
     if(tvalue>tvalue2)
     wencha=(tvalue-tvalue2);
     else
     wencha=(tvalue2-tvalue);
     }
     else
 wencha=(tvalue2+tvalue);
     dat[2]=wencha%10;                       //个位,对 10 求余
     dat[1]=wencha%100/10;                   //十位,对 100 求余,再对 10 求模
     dat[0]=wencha/100;
         write_com(0xCA);
write_date(tab[dat[0]]);
write_date(tab[dat[1]]);
write_date('.');
write_date(tab[dat[2]]);

}
void main()
{
init();
       write_com(0x80);
    write_date('T');
 write_date('1');
        write_com(0x89);
    write_date('T');
 write_date('2');
          write_com(0xc3);
 write_date('W');
    write_date('E');
 write_date('N');
    write_date('C');
 write_date('H');
 write_date('A');
 ds1820rst();
    while(1)
    {
    read_temp();
    read_temp2();
      shower();
    }
```

调试与仿真

将程序下载到单片机中，进行仿真，如图 12-10 所示为本电路的仿真图。此时两个传感器 DS18B20 把采集到的数据传给单片机，经过单片机处理后，在 LCD 显示屏上显示出测得的温度为 28℃，温差为 0。

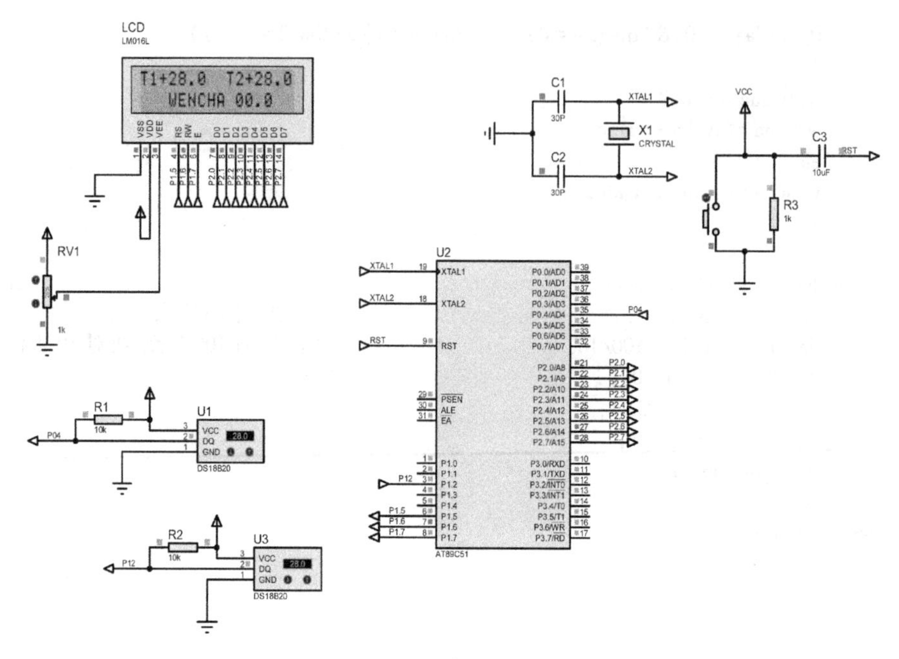

图 12-10 仿真电路 1

改变其中一个传感器所测得的温度值，其温度差值也会发生变化。显示当前两个DS18B20 所测得的温度值及其差值，如图 12-11 所示。

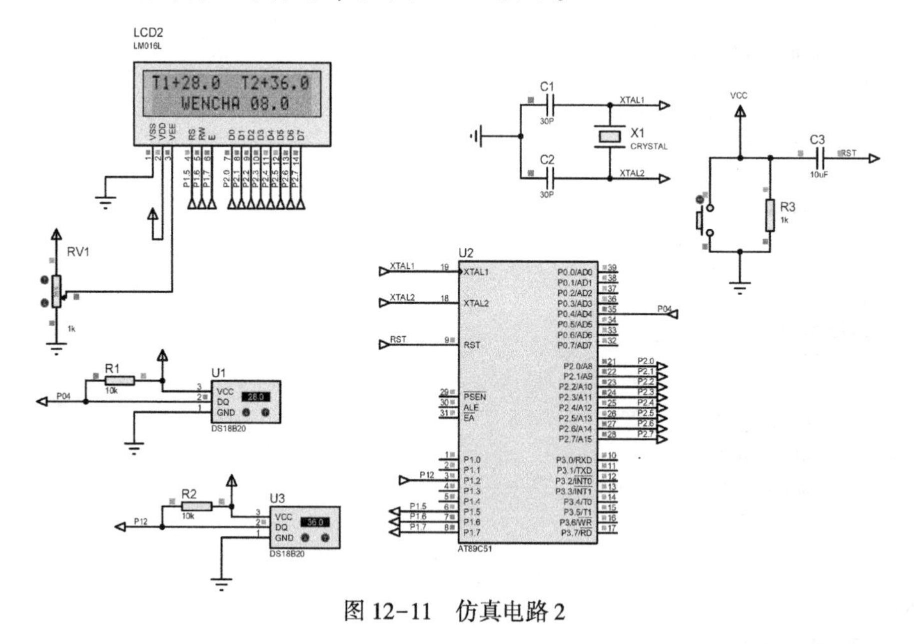

图 12-11 仿真电路 2

PCB 版图

PCB 版图是根据原理图的设计，在 Proteus 界面单击“PCB Layout”按钮，将原理图中各个元器件进行分布，然后进行布线处理而得到的，如图 12-12 所示。在 PCB Layout 过程中需要考虑外部连接的布局、内部电子元器件的优化布局、金属连线和通孔的优化布局、电磁保护、热耗散等各种因素，这里就不做过多说明了。

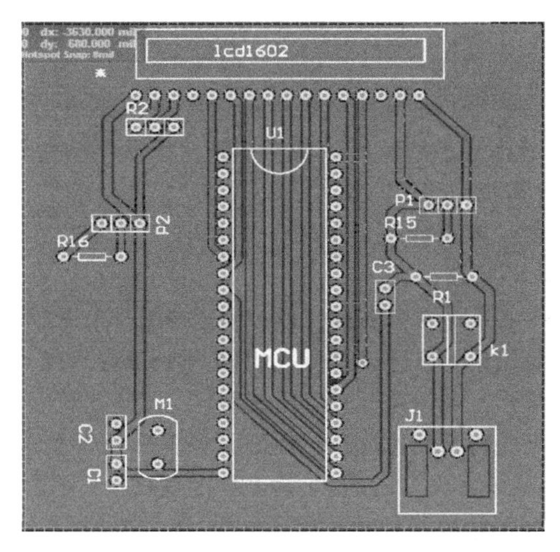

图 12-12　温度测量电路 PCB 版图

实物测试

按照原理图的布局，在实际板子上进行各个元器件的焊接，焊接完成后的实物图如图 12-13 所示。其实物测试图如图 12-14 所示。

图 12-13　温差测量电路实物图

图 12-14　温差测量电路实物测试图

通过实物测试，电路基本实现了两点温度测量和温差计算功能。测试时，当两个 DS18B20 都处于相同环境时，T1 与 T2 都显示室内温度为 28.0℃，此时温差为零。当一个 DS18B20 受到热水高温影响时，T1 温度不变，而 T2 温度逐渐升高，温差也随之逐渐变大。移走热水高温源后，T1 温度不变，T2 温度逐渐下降，温差也随之减小。电路基本功能可以实现。

思考与练习

（1）简述该电路的工作原理。

答：本电路中通过传感器DS18B20的数据线DQ1与DQ2和AT89C51单片机的P1.2、P0.4相连接，DS18B20将采集到的数据传给单片机，经单片机处理后，显示在8位数据线与单片机P0口连接的液晶LM016L上。

（2）如果电路不加复位电路会怎么样？

答：单片机最小系统必须包含51单片机+晶振电路+复位电路，缺一不可。常用的复位电路有两种：一种是上电自动复位电路；另一种是按键手动复位电路。一般用上电自动复位电路，有时考虑方便复位才两种一起用。AT单片机通过上电复位时会先运行引导码，检测串口是否有下载电信号，有就进行ISP下载程序，这种下载方式也称为冷启动。若单片机正在运行，这时接收不到下载电信号，必须上电复位之后才能运行引导码下载程序。因此无论是51单片机的最小系统，还是AT的ISP下载程序，都需要复位电路。

（3）如何提高温度测量精度？

答：可以换用更高精度的传感器，如LM75A。

特别提醒

（1）设计完成后要注意元件布局，元件之间尽量不要相互重叠，可以使用杜邦线进行连接。

（2）焊接AT89C51之前最好在PCB上焊接基座，这样单片机就可以重复使用，省去不必要的麻烦。

（3）可调电阻用来调节LCD屏幕的对比度，接近电源，对比度降低，接近地，对比度增高。

项目 13　温度测量电路设计

设计任务

设计一个简单的温度测量电路，能将一定范围内的温度值显示出来。

基本要求

电路应满足如下要求：

☺ 可测量 0~100℃的温度；

☺ 数码管动态显示所测温度值的大小；

☺ 电路后期可以自主改变测温范围。

总体思路

利用温度传感器 LM35 将所测温度值转换成模拟电压信号，经过模数转换，将数字信号送入单片机进行数据处理，最后由数码管显示温度值。

系统组成

温度测量电路主要包括 4 部分。

☺ 第一部分为温度传感器电路：将所测温度值转换为电压信号。

☺ 第二部分为模数转换电路。

☺ 第三部分为单片机最小系统电路。

☺ 第四部分为显示电路。

整个系统方案的模块框图如图 13-1 所示。

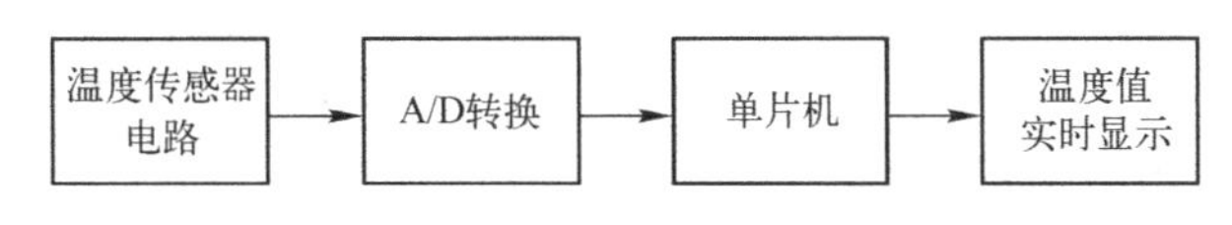

图 13-1　系统方案的模块框图

模块详解

1. 温度传感器电路

温度传感器电路主要由 LM35 温度传感器及运算放大电路构成。其中，LM35 是一种集成电路温度传感器，具有很高的工作精度和较宽的线性工作范围，该器件的输出电压与摄氏温度线性成比例。传感器参数如表 13-1 所示。LM35 无须外部校准或微调，可以提供±1/4℃的常用室温精度。它的测温范围为-55~+150℃，其输出电压与温度的关系式为

$$V_{out}=0\text{mV}+10\text{mV/℃}\times T\text{℃}$$

表 13-1 传感器参数

工作电压	直流 4~20V
工作电流	小于 133μA
输出电压	+6~-1.0V
输出阻抗	1mA 负载时为 0.1Ω
精度	0.5℃精度（在+25℃时）
泄漏电流	小于 60μA
比例因数	线性+10mV/℃
非线性值	±1/4℃
校准方式	直接用摄氏温度校准
封装	密封 TO-46 晶体管封装或塑料 TO-92 晶体管封装
使用温度范围	-55~+150℃额定范围

引脚介绍：①正电源 VCC；②输出；③输出地/电源地。

在图 13-2 中，运算放大器采用精密的 OP07，失调电压只有 20μV 左右，温漂、噪声也不到 1μV。适合输入级小信号放大。这里的放大倍数是 5 倍。由于 ADC0809 的输入电压为 0~5V，软件程序中模数转换关系为 2 倍，则设计的电路测温范围为 0~100℃，当改变电路的放大倍数或程序中的模数转换关系时，便可以方便地调节测温范围。

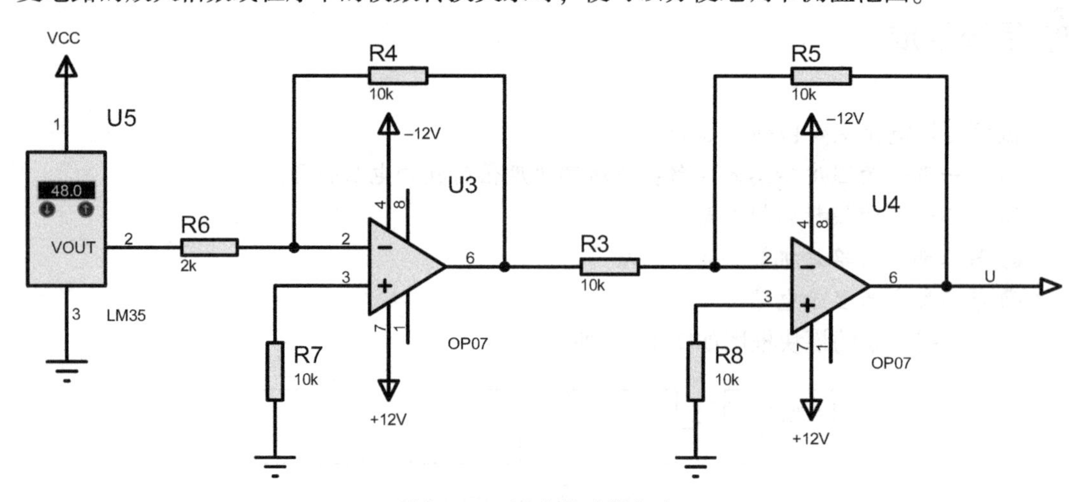

图 13-2 温度传感器电路

温度传感器将测量到的温度信号转换成电压信号输出到信号放大电路，同时随着温度信号的变化，电压信号也会变化，产生不同的电压值。如图 13-3 所示。

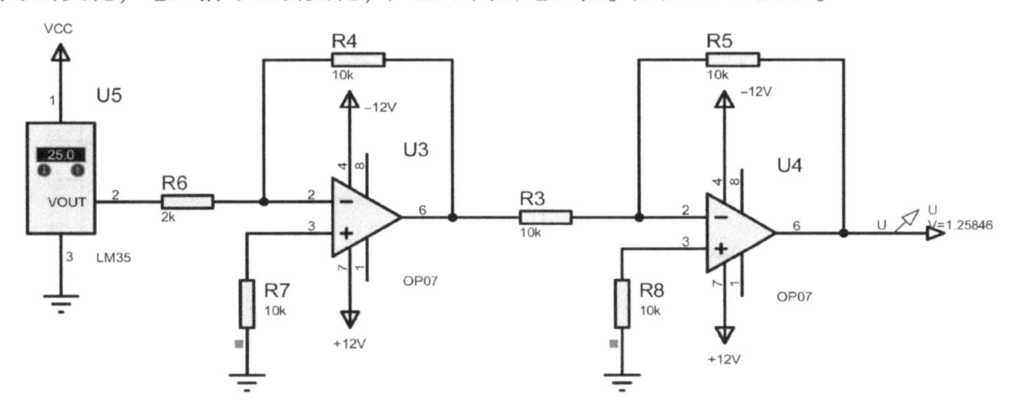

图 13-3　温度传感器演示

2. 模数转换电路

仿真中采用 ADC0808 芯片来进行 A/D 转换。ADC0808 是采样分辨率为 8 位的、以逐次逼近原理进行转换的器件。其内部有一个 8 通道多路开关，可以根据地址码锁存译码后的信号，只选通 8 路模拟输入信号中的一路进行 A/D 转换。模数转换电路原理图如图 13-4所示。温度传感器电路输出的电压信号通过 ADC0808 芯片，将模拟量转换成数字量，再与 AT89C51 相连。

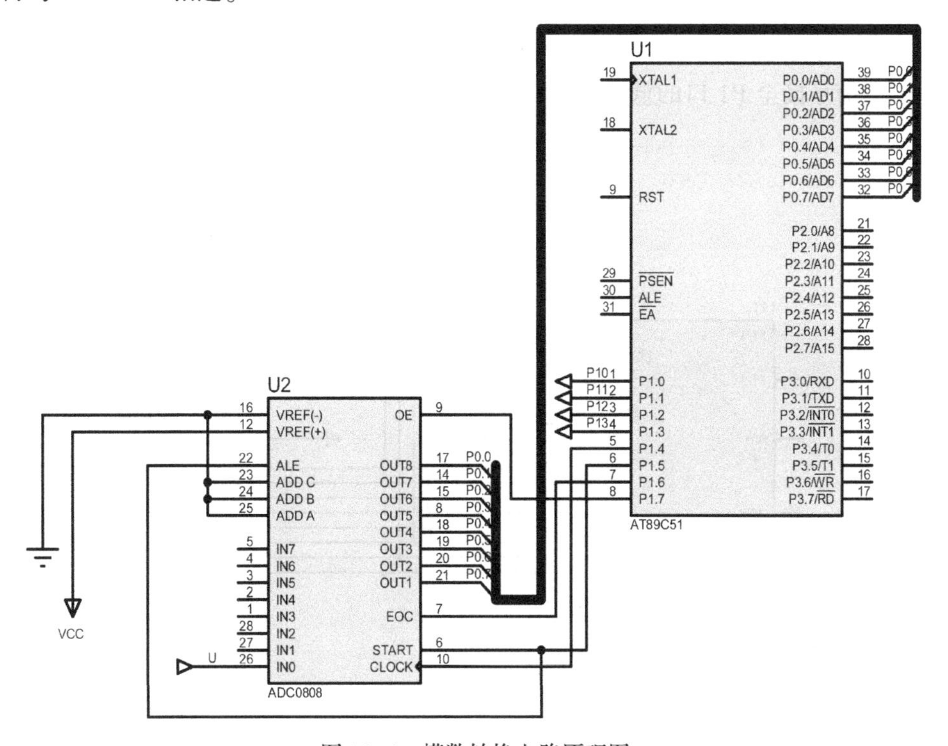

图 13-4　模数转换电路原理图

3. 单片机最小系统电路

单片机最小系统电路主要由单片机、晶振与复位电路组成，此电路比较常见，其参数配置及原理图如图 13-5 所示。

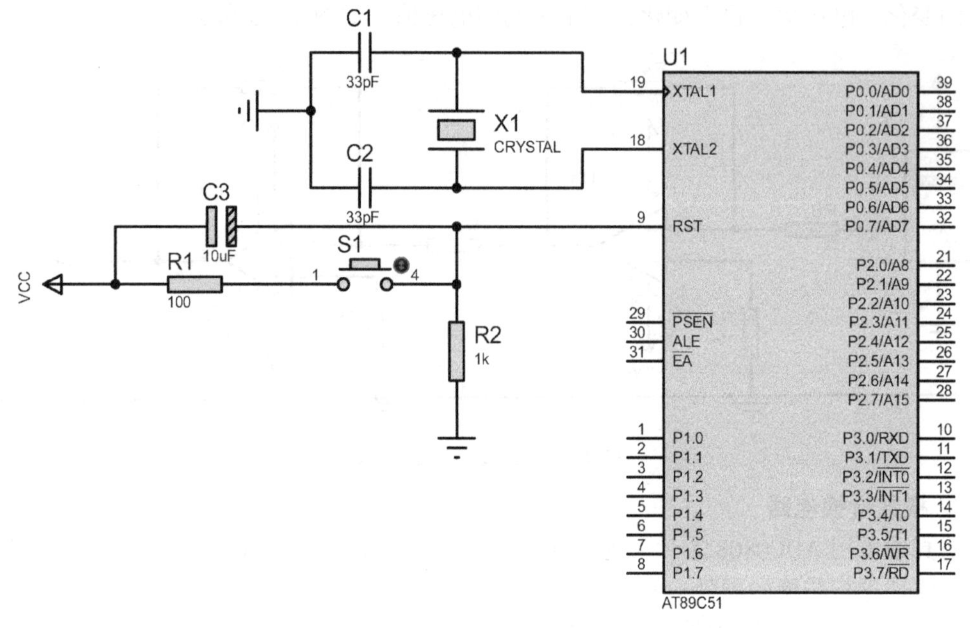

图 13-5　单片机最小系统电路参数配置及原理图

4. 显示电路

显示电路由四位一体的共阴数码管及上拉电阻构成。RP1 的作用是限流，通过 RP1 的介入来限制流入共阴数码管的电流，从而使其达到足够的亮度段，段码接到单片机的 P2 口，位选信号接至 P1 口的低 4 位。其原理图如图 13-6 所示。

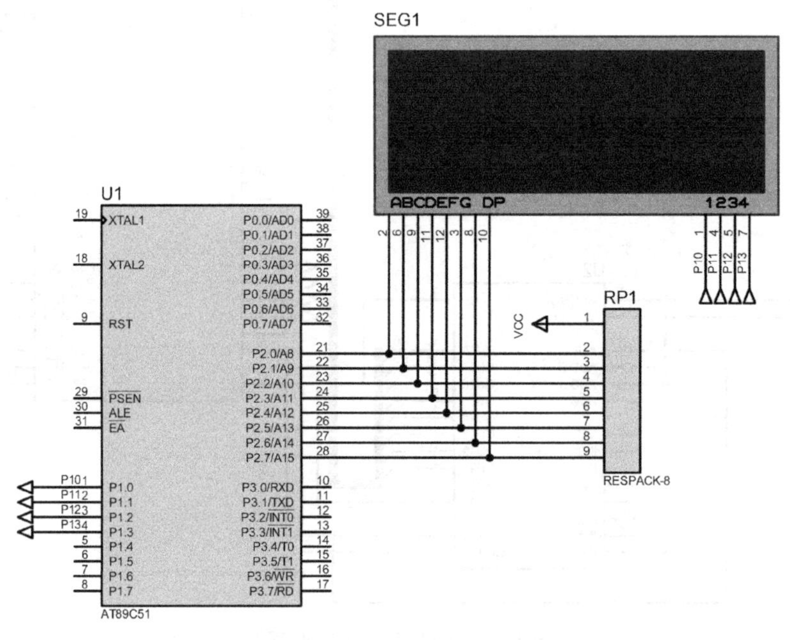

图 13-6　显示电路原理图

整体电路原理图如图 13-7 所示。

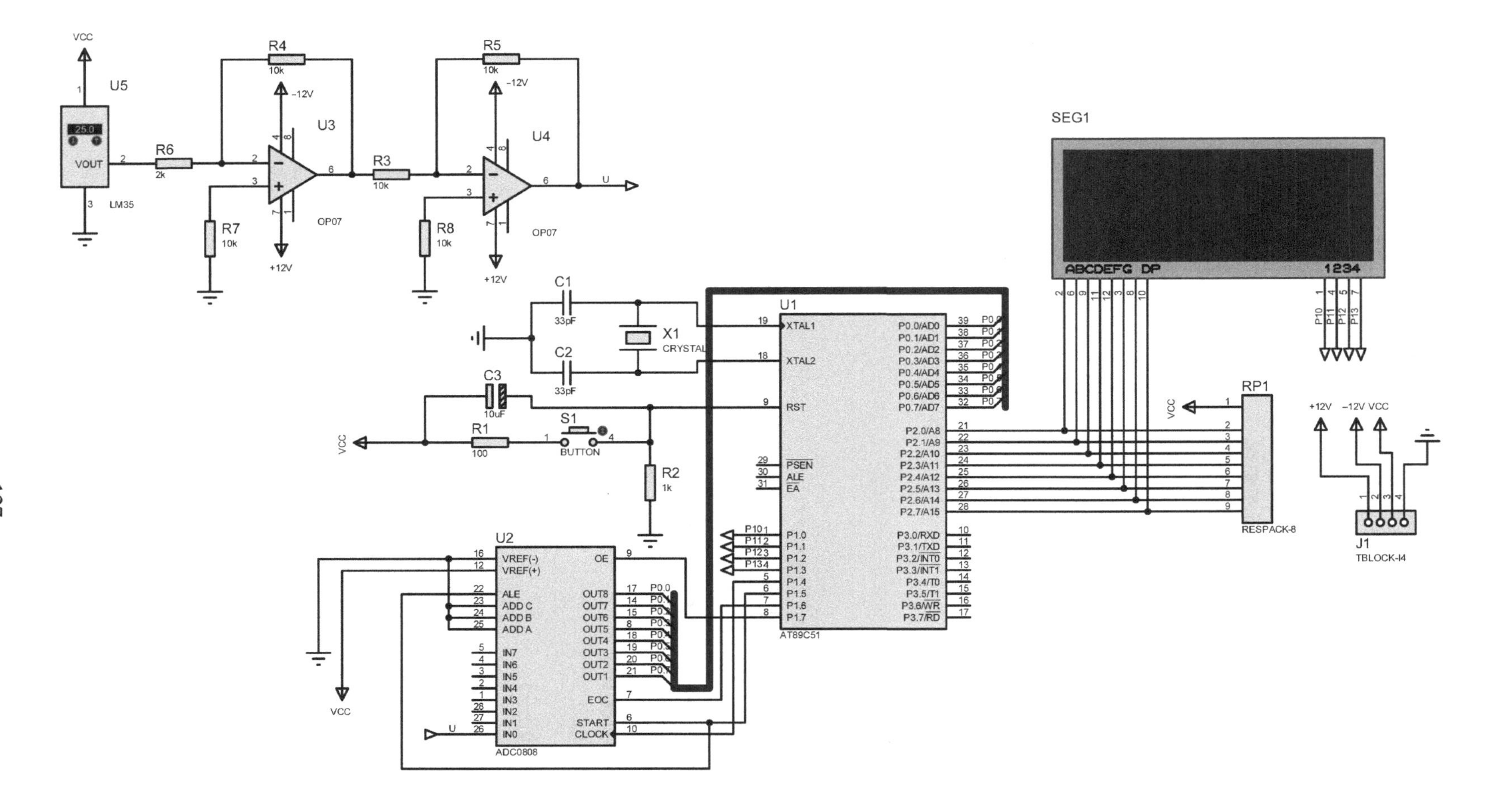

图13-7　温度测量电路整体原理图

软件设计

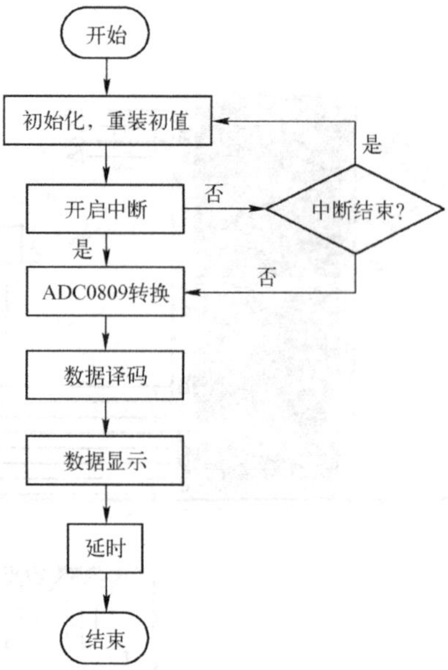

软件程序主要包含主程序、ADC0809 转换子程序、译码子程序、数据显示子程序、延时子程序及中断子程序，其流程图如图 13-8 所示。

图 13-8　程序流程图

按照程序流程图，编写程序如下：

```
#include "reg51.h"
#include "intrins.h"
#define uchar unsigned char
#define uint unsigned int
long int a;
int b,c,d,e,f,g;
//int P0_T=0;
sbit START=P1^5;
sbit OE=P1^7;
sbit EOC=P1^6;
sbit CLK=P1^4;

/***************************/
uchar code table[]={0x3f,0x06,0x5b,0x4f,0x66,0x6d,0x7d,0x07,0x7f,0x6f,0x80};
            //在 LED 显示  "0"  "1"  "2"  "3"  "4"  "5"  "6"  "7"  "8"  "9" "DP"

/*************************************************/
int P0_Translate(int code_tab)
{
   int P0_temp=code_tab;
   int P0_data=0;
   int i=8;
   for(i=8;i!=0;i--)
   {
      if(P0_temp&(1<<(i-1)))
      {
         P0_data |=1<<(8-i);
      }
   }
   return P0_data;
}
void delay(uint z)
  {
   uint x,y;
   for (x=z;x>0;x--)
       for(y=110;y>0;y--);
  }

void ADC0809()
{
   if(EOC==0)
```

```
  {
    START=0;
    START=1;
    START=0;
  }
  while(!EOC);
  START=1;
  START=0;
  while(EOC);
}
void bianma()
{
  START=0;
  ADC0809();
//  P0_T=P0_Translate(P0);
  a=P0*200;
  a=a/51;
}
void yima()
{
  b=a/1000;
  c=a-b*1000;
  d=c/100;
  e=c-d*100;
  f=e/10;
  g=e-f*10;
}
void display()
{
  P1=0xff;
  P2=0;
  P2=table[b];
  P1=0xfe;
  delay(2);
  P1=0xff;
  P2=0;

  P2=table[d];
  P1=0xfd;
  delay(2);
  P1=0xff;
  P2=0;

  P2=table[f];
  P1=0xfb;
  delay(2);
  P1=0xff;
  P2=0;

  P2=table[10];
  P1=0xfb;
  delay(2);
```

```
    P1=0xff;
    P2=0;

    P2=table[g];
    P1=0xf7;
    delay(2);
    P1=0xff;
    P2=0;
}

/**********************************************/
/**********************************************/
void main()
{
    EA=1;
    TMOD=0X02;
    TH0=216;
    TL0=216;
    TR0=1;
    ET0=1;
    while(1)
    {
     bianma();
     yima();
     display();
    }
}
void t0() interrupt 1 using 0
{
    CLK=~CLK;
}
```

调试与仿真

将程序下载到单片机中进行仿真，如图 13-9 所示，通过调节温度传感器 LM35，将输出的电压值通过 ADC0808 进行 A/D 转换，传输给单片机，LED 显示屏将显示测得的温度为 27℃。

此时增大或减小周围环境的温度，可以测得此时的环境温度，如图 13-10 和图 13-11 所示，LED 显示屏分别显示当前温度为 30.1℃、25℃。

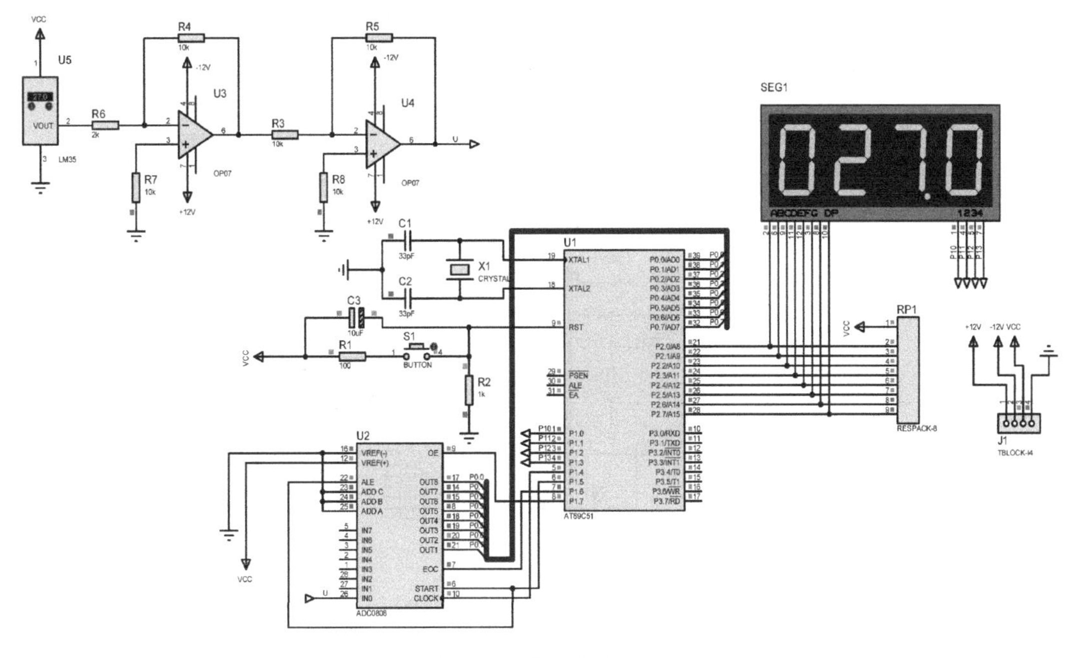

图 13-9　仿真电路（1）

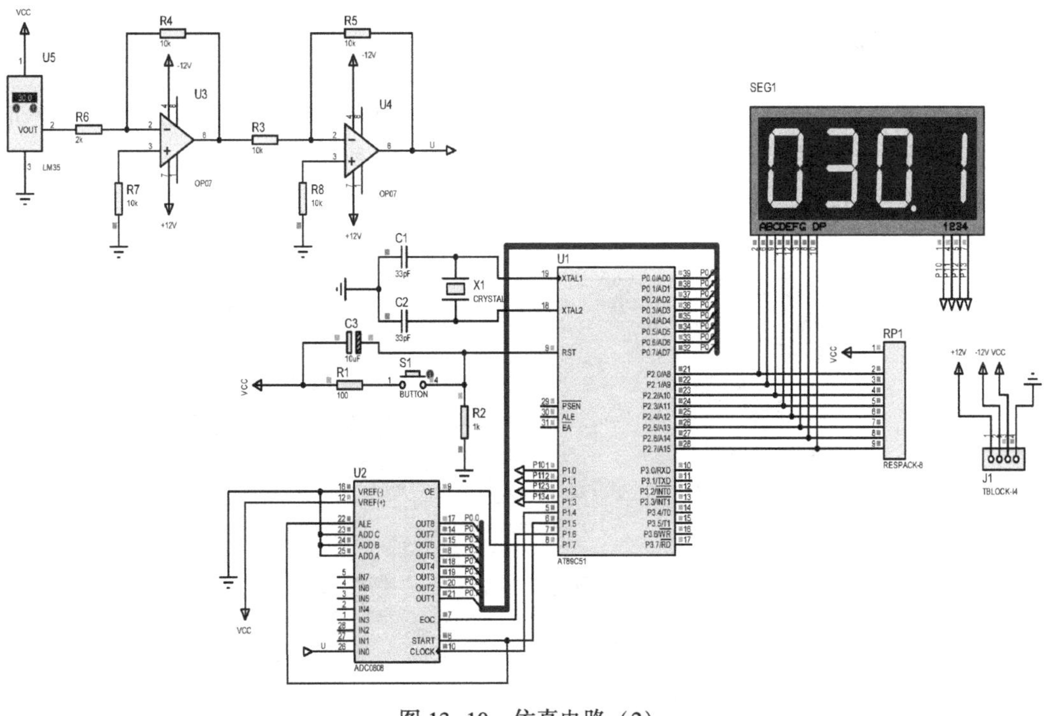

图 13-10　仿真电路（2）

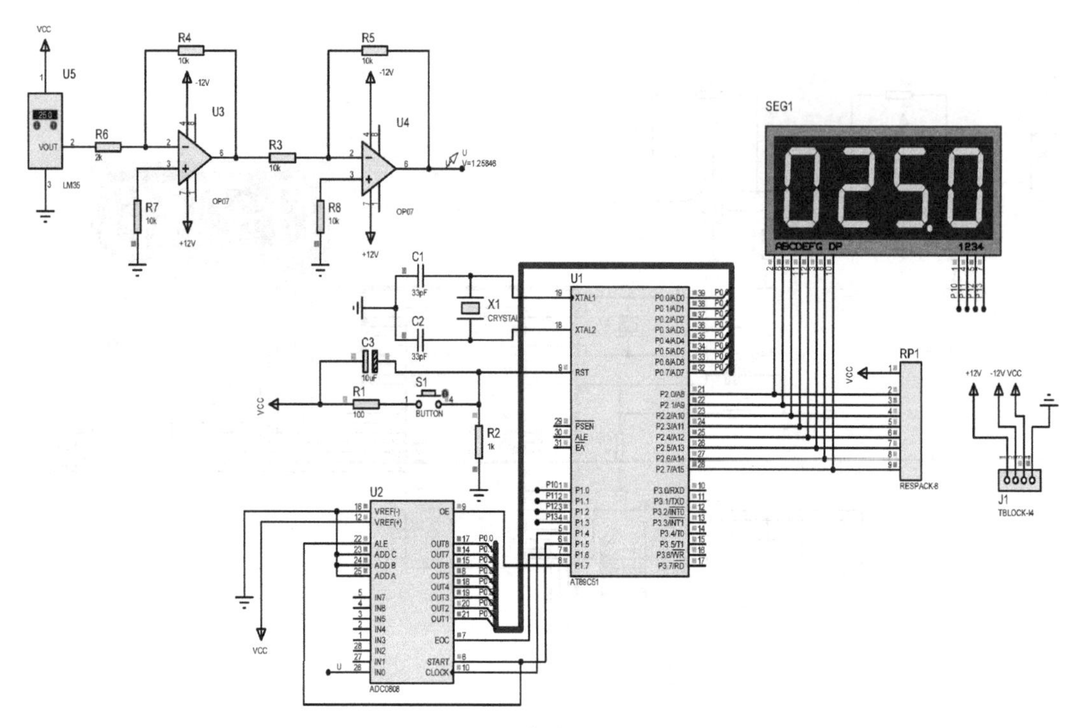

图 13-11　仿真电路（3）

PCB 版图

PCB 版图是根据原理图的设计，在 Proteus 界面单击 PCB Layout，将原理图中各个元器件进行分布，然后进行布线处理而得到的。如图 13-12 所示。在 PCB Layout 过程中需要考虑外部连接的布局、内部电子元器件的优化布局、金属连线和通孔的优化布局、电磁保护、热耗散等各种因素，这里就不做过多说明了。

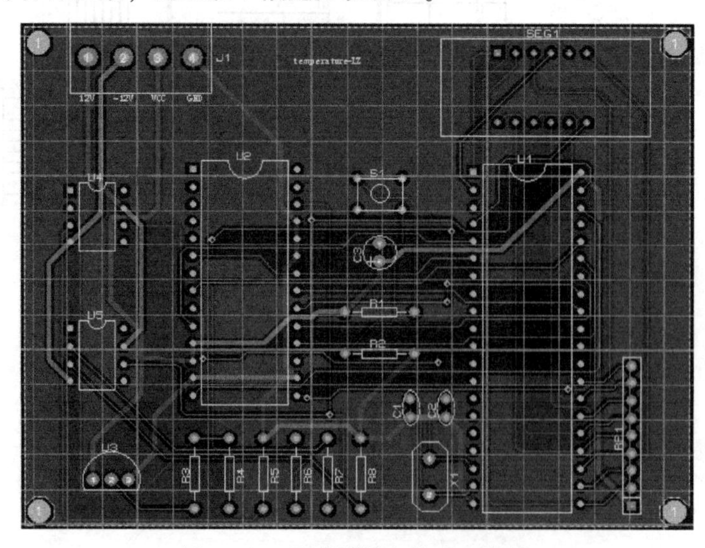

图 13-12　温度测量电路 PCB 版图

实物测试

按照原理图的布局，在实际板子上进行各个元器件的焊接，焊接完成后的实物图如图 13-13 所示。实物测试图如图 13-14 所示。

图 13-13　温度测量电路实物图

图 13-14　温度测量电路实物测试图

给电路板供±12V 和+5V 的直流电压，此时数码管显示的温度为当前环境温度值，为 26.6℃。当对温度传感器进行加热时，数码管的示数会增大，当移走加热设备时，示数又会下降到室内温度。

思考与练习

（1）本设计利用什么实现温度值的测量？

答：本设计使用温度传感器 LM35 实现对温度的测量。LM35 是一种集成电路温度传感器，具有很高的工作精度和较宽的线性工作范围，该器件的输出电压与摄氏温度线性成比例。LM35 无须外部校准或微调，可以提供±1/4℃的常用室温精度。其测温范围为 −55～+150℃，输出电压与湿度关系式为

$$V_{out}=0\text{mV}+10\text{mV/℃}\times T\text{℃}$$

（2）本电路的工作原理是什么？

答：利用温度传感器 LM35 将所测得的温度值转换成模拟电压信号，经过模数转换，将数字信号送入单片机进行数据处理，最后由数码管进行显示。

（3）对于此温度测量电路，如何调节测温范围？

答：可以通过改变运算放大器的放大倍数或改变软件程序中的模数转换比例关系两种方法来调节所需的测温范围。

项目 14　烟雾测量电路设计

设计任务

设计一个简单的烟雾测量电路，能实时显示烟雾值的大小，并且可以设定一个烟雾阈值，当超过阈值时能够进行声光报警提示。

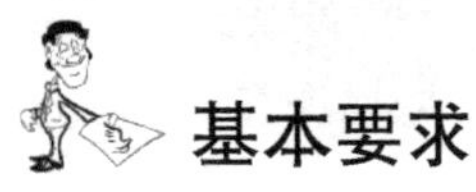

基本要求

电路应满足如下要求：
☺ 可以测量一定范围内的烟雾浓度。
☺ 能够手动设置烟雾超限的报警阈值。
☺ LCD 屏幕能实时显示烟雾值的大小。

总体思路

使用传感器 MQ-2 采集烟雾浓度值，将其转换成模拟电压输出，经过 ADC0832 模数转换芯片转换为数字量，再在单片机内部进行数据处理，最终由液晶显示屏显示所测烟雾浓度值。辅助按键实现烟雾阈值设定，发光二极管及蜂鸣器用于指示报警。

系统组成

烟雾测量电路主要分为 5 部分。
☺ 第 1 部分为烟雾传感器电路：将烟雾浓度转换为电压信号。
☺ 第 2 部分为模数转换电路。
☺ 第 3 部分为单片机最小系统电路。
☺ 第 4 部分为显示电路。
☺ 第 5 部分为按键、指示灯及蜂鸣器报警电路。

整个系统方案的模块框图如图 14-1所示。

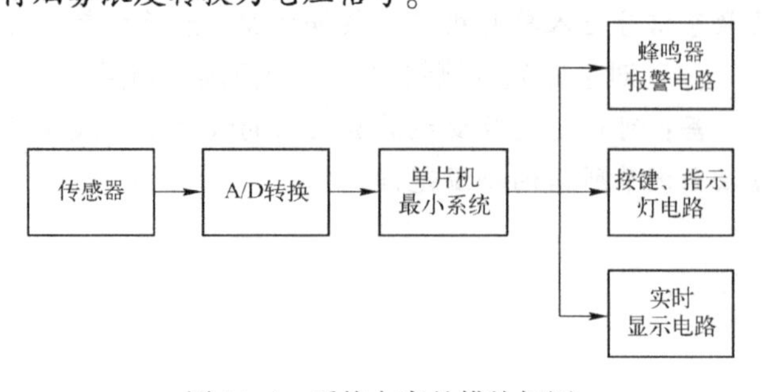

图 14-1　系统方案的模块框图

模块详解

1. 烟雾传感器电路

烟雾传感器电路如图 14-2 所示，主要由 MQ-2 气敏传感器构成，它适用于液化气、丁烷、丙烷、甲烷、烟雾等的探测，且抗干扰能力强。当传感器所处环境中存在可燃气体时，传感器的电导率随空气中可燃气体浓度的增加而增大，即模拟量输出电压随浓度的增加而提高，其输出的模拟电压送入到下一级的模数转换芯片 ADC0832 中进行处理。MQ-2 传感器的具体介绍参见项目。MQ-2 的技术参数如表 14-1 所示。

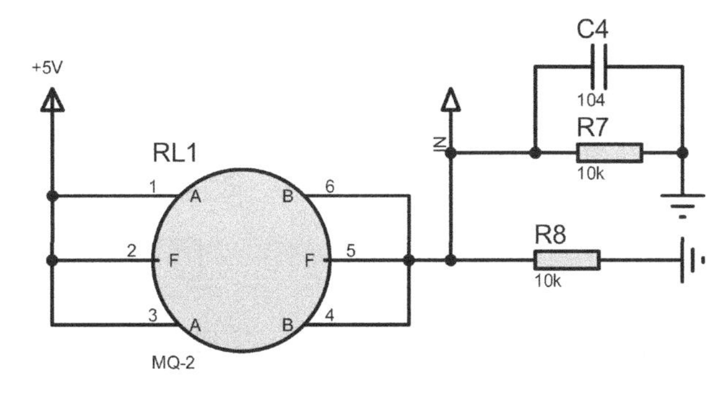

图 14-2　烟雾传感器电路

表 14-1　MQ-2 的技术参数

产品型号		MQ-2
产品类型		半导体气敏元件
标准封装		胶木（黑胶木）
检测气体		可燃气体、烟雾
检测浓度		（300~10000）ppm（可燃气体）
标准电路条件	回路电压 V_c	≤24V DC
	加热电压 V_h	5.0V±0.2V AC 或 DC
	负载电阻 R_L	可调
标准测试条件下气敏元件特性	加热电阻 R_h	31Ω±3Ω（室温）
	加热功耗 P_h	≤900mW
	敏感体表面电阻 R_s	2~20kΩ（in 2000ppm C_3H_8）
	灵敏度 S	R_s(in air)/R_s(in 1000ppm 异丁烷)≥5
	浓度斜率 α	≤0.6（R_{3000}ppm/R_{1000}ppmC_3H_8）
标准测试条件	温度、湿度	(20±2)℃；(65%±5%) RH
	标准测试电路	V_c：(5.0±0.1) V V_h：(5.0±0.1) V
	预热时间	不少于 48h

由于在 Proteus 软件中没有 MQ-2 传感器，通过传感器原理，其电导率随空气中可燃气体浓度的增加而增大，即模拟量输出电压随浓度增加电压增高，所以采用滑动变阻器模拟 MQ-2 在电路中的作用，如图 14-3 所示。

2. 模数转换电路

如图 14-4 所示是由 ADC0832 构成的模数转换电路。ADC0832 是 8 位逐次逼近模数转换器，可支持两个单端输入通道和一个差分输入通道。由于它是串行器件，可以节省 I/O 资源。ADC0832 有 8 只引脚，CH0 和 CH1 为模拟输入端，$\overline{CS}$为片选引脚，只有$\overline{CS}$置低才能对 ADC0832 进行配置和启动转换。CLK 为 ADC0832 的时钟输入端。$\overline{CS}$在整个转换过程中都必须为低电平。当$\overline{CS}$从低变为高时，ADC0832 内部所有寄存器清零。如想要进行下一次转换，$\overline{CS}$必须做一个从高到低的跳变。

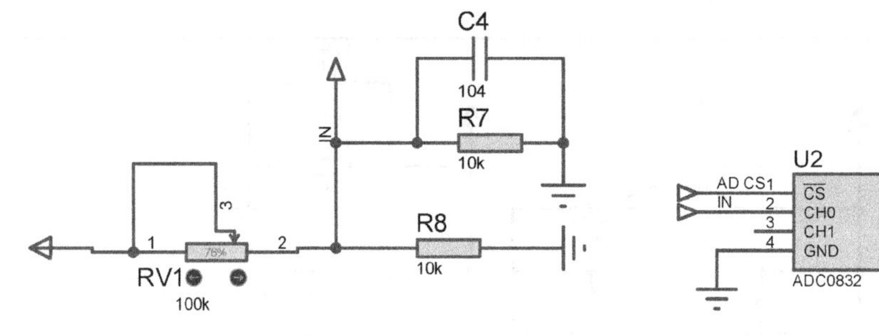

图 14-3　烟雾传感器替换电路　　　　图 14-4　模数转换电路原理图

3. 单片机最小系统电路

单片机最小系统电路原理图如图 14-5 所示，主要由晶振电路、复位电路、下载串口

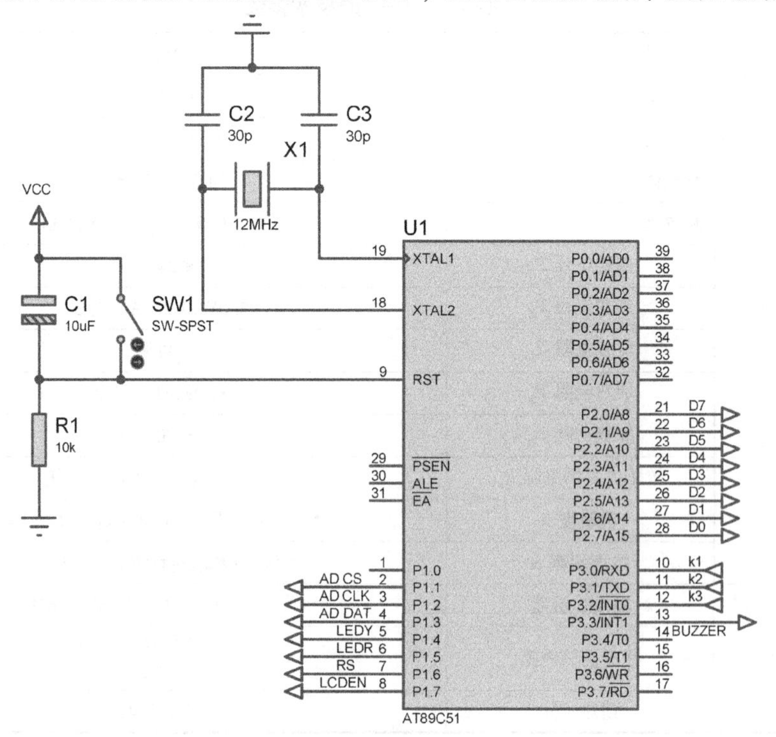

图 14-5　单片机最小系统电路原理图

及其他外围电路组成。晶振电路选取 12MHz 晶振，为电路提供一个基准时钟。复位电路采用按键复位。

由 k1、k2 及电源和地构成一个程序下载电路，方便后续电路的程序调试。如图 14-6 所示。

4. 显示电路

显示电路由 LM016L 构成。LM016L 是一种专门用来显示字母、数字、符号等的点阵型液晶模块。电路原理图如图 14-7 所示，3 脚 VEE 为液晶显示屏对比度调整端；4 脚 RS 为寄存器选择端；5 脚 RW 为读写信号线；6 脚 E 为使能端；7~14 脚（D0~D7）为 8 位双向数据端。

5. 按键、指示灯及蜂鸣器报警电路

如图 14-8 所示，SW2、SW3、SW4 三个功能按键分别是阈值设定按键、阈值增加按键及阈值减小按键。指示灯 D2 在烟雾浓度超限时常亮，D1 则是在烟雾浓度正常时常亮。

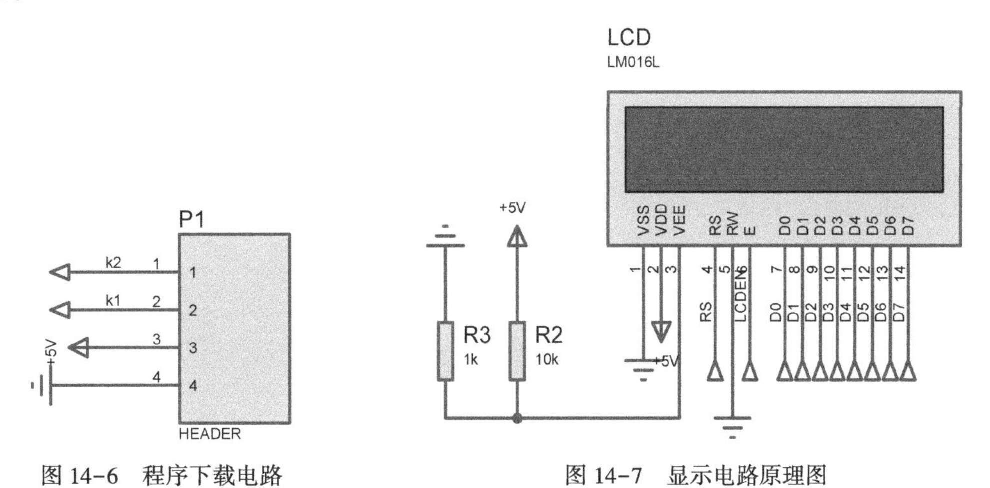

图 14-6　程序下载电路　　　图 14-7　显示电路原理图

蜂鸣器报警电路如图 14-9 所示，当烟雾浓度超过设定阈值时，三极管 Q1 基极为低电平，蜂鸣器开始报警。

烟雾测量电路原理图如图 14-10 所示。

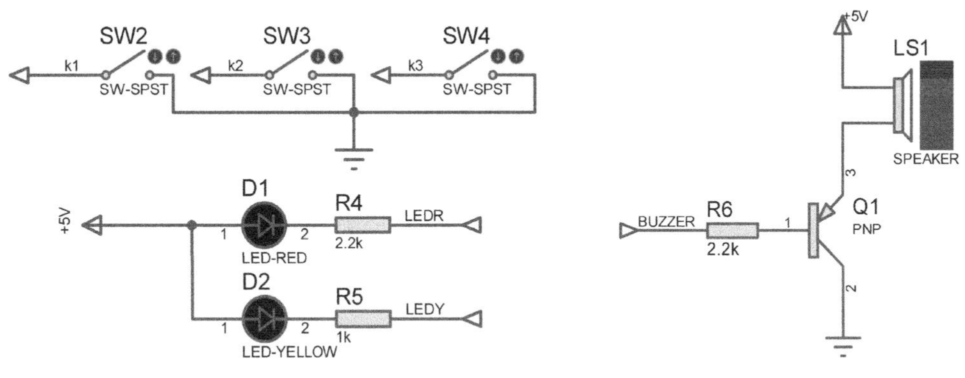

图 14-8　按键、指示灯电路　　　图 14-9　蜂鸣器报警电路

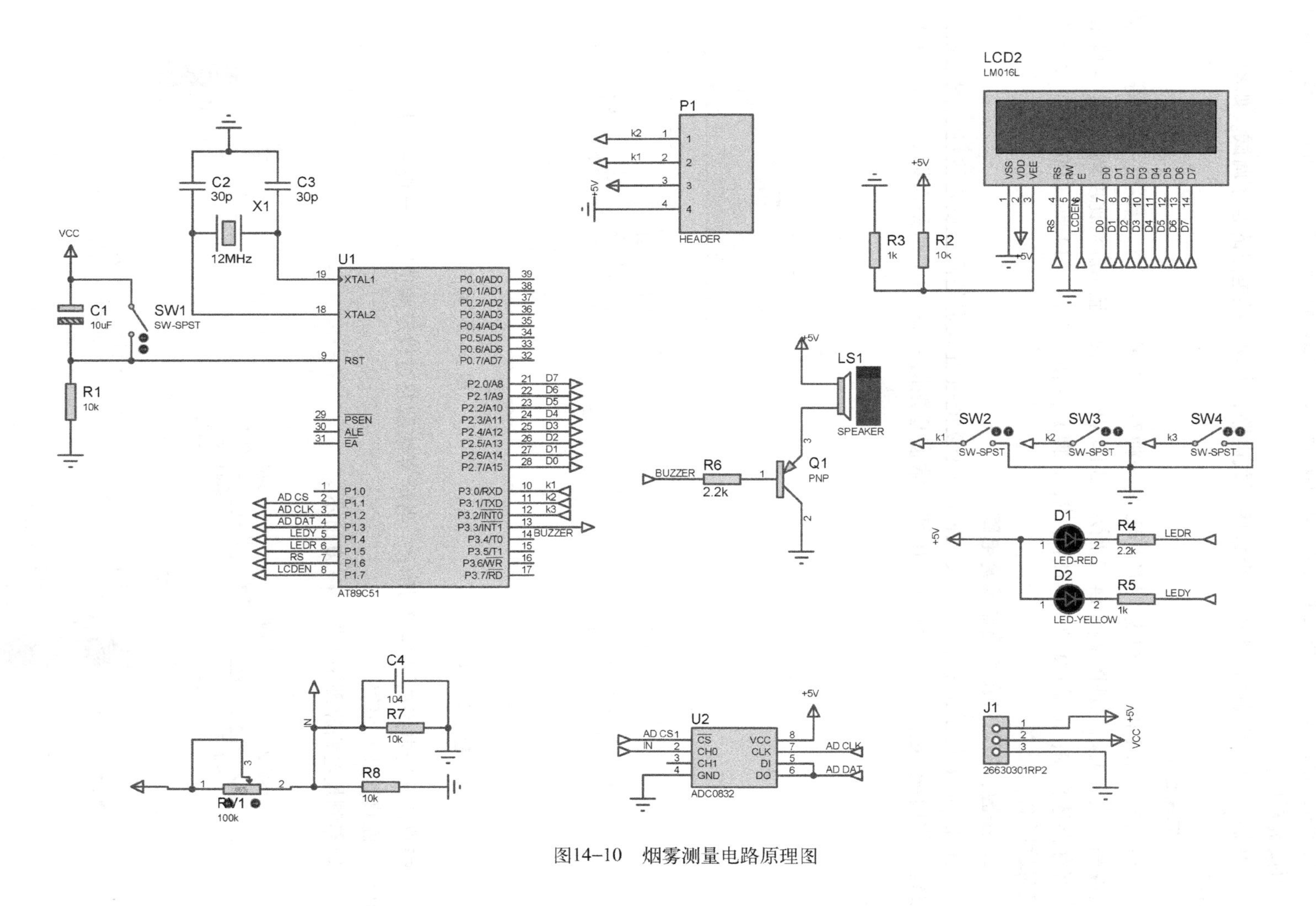

图14-10 烟雾测量电路原理图

软件设计

程序流程图如图 14-11 所示。

图 14-11　程序流程图

按照程序流程图，编写程序如下：

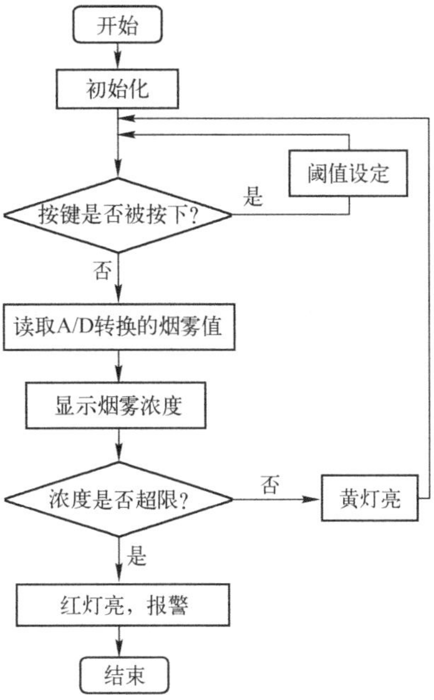

```
#include <reg52.h>
#include "intrins.h"
#define u8 unsigned char
#define u16 unsigned int
#define uchar unsigned char
#define uint unsigned int
uchar yushe_yanwu=45;  //烟雾预设值
uchar yanwu;         //用于读取 ADC 的烟雾值
//运行模式
uchar Mode=0;
sbit LED_Y=P1^4; //烟雾值正常,黄灯亮
sbit LED_R=P1^5; //烟雾值超限,报警,红灯亮
sbit baojing=P3^3; //蜂鸣器接在单片机的 P3.3 引脚

/************延时 1ms****************
************************/
void delay_ms(uint q)
{
    uint i,j;
    for(i=0;i<q;i++)
        for(j=0;j<110;j++);
}
/*************************************************************
LCD1602 相关函数
*************************************************************/
//LCD 引脚声明
sbit LCDRS=P1^6;
sbit LCDEN =P1^7;
sbit D0     =P2^7;
sbit D1     =P2^6;
sbit D2     =P2^5;
sbit D3     =P2^4;
sbit D4     =P2^3;
sbit D5     =P2^2;
sbit D6     =P2^1;
sbit D7     =P2^0;
//LCD 延时
void LCDdelay(uint z)
{
   uint x,y;
   for(x=z;x>0;x--)
     for(y=10;y>0;y--);
}
void LCD_WriteData(u8 dat)
{
     if(dat&0x01)D0=1;else D0=0;
```

```
    if(dat&0x02)D1=1;else D1=0;
    if(dat&0x04)D2=1;else D2=0;
    if(dat&0x08)D3=1;else D3=0;
    if(dat&0x10)D4=1;else D4=0;
    if(dat&0x20)D5=1;else D5=0;
    if(dat&0x40)D6=1;else D6=0;
    if(dat&0x80)D7=1;else D7=0;
}
//写命令
void write_com(uchar com)
{
  LCDRS=0;
    LCD_WriteData(com);
//DAT=com;
  LCDdelay(5);
  LCDEN=1;
  LCDdelay(5);
  LCDEN=0;
}
//写数据
void write_data(uchar date)
{
  LCDRS=1;
    LCD_WriteData(date);
//DAT=date;
  LCDdelay(5);
  LCDEN=1;
  LCDdelay(5);
  LCDEN=0;
}
/*-----------------------------------------------
            选择写入位置
-----------------------------------------------*/
void SelectPosition(unsigned char x,unsigned char y)
{
    if (x==0)
    {
        write_com(0x80+y);                //表示第一行
    }
    else
    {
        write_com(0xC0+y);                //表示第二行
    }
}
/*-----------------------------------------------
            写入字符串数据
-----------------------------------------------*/
void LCD_Write_String(unsigned char x,unsigned char y,unsigned char *s)
{
    SelectPosition(x,y) ;
    while (*s)
    {
        write_data(*s);
        s++;
    }
```

```
}
//==============================================================
void LCD_Write_Char(u8 x,u8 y,u16 s,u8 l)
{
    SelectPosition(x,y) ;

    if(l>=5)
        write_data(0x30+s/10000%10);
    if(l>=4)
        write_data(0x30+s/1000%10);
    if(l>=3)
        write_data(0x30+s/100%10);
    if(l>=2)
        write_data(0x30+s/10%10);
    if(l>=1)
        write_data(0x30+s%10);

}

//1602初始化
void Init1602()
{
  uchar i=0;
  write_com(0x38);
  write_com(0x0c);
  write_com(0x06);
  write_com(0x01);
}
void Display_1602(yushe_yanwu,temp)
{
    //显示预设烟雾值
    LCD_Write_Char(0,10,yushe_yanwu,3);
    //实时显示烟雾值
    LCD_Write_Char(1,10,temp,3);
}
/**************************************************************
ADC0832相关函数
**************************************************************/
sbit ADCS    =P1^1;
sbit ADCLK   =P1^2;
sbit ADDI    =P1^3;
sbit ADDO    =P1^3;
//==============================================================
unsigned int Adc0832(unsigned char channel)
{
    uchar i=0;
    uchar j;
    uint dat=0;
    uchar ndat=0;
    uchar  Vot=0;
    if(channel==0)channel=2;
    if(channel==1)channel=3;
    ADDI=1;
    _nop_();
    _nop_();
```

```
ADCS=0;
_nop_();
_nop_();
ADCLK=1;
_nop_();
_nop_();
ADCLK=0;
_nop_();
_nop_();
ADCLK=1;
ADDI=channel&0x1;
_nop_();
_nop_();
ADCLK=0;
_nop_();
_nop_();
ADCLK=1;
ADDI=(channel>>1)&0x1;
_nop_();
_nop_();
ADCLK=0;
ADDI=1;
_nop_();
_nop_();
dat=0;
for(i=0;i<8;i++)
{
    dat|=ADDO;
    ADCLK=1;
    _nop_();
    _nop_();
    ADCLK=0;
    _nop_();
    _nop_();
    dat<<=1;
    if(i==7)dat|=ADDO;
}
for(i=0;i<8;i++)
{
    j=0;
    j=j|ADDO;
    ADCLK=1;
    _nop_();
    _nop_();
    ADCLK=0;
    _nop_();
    _nop_();
    j=j<<7;
    ndat=ndat|j;
    if(i<7)ndat>>=1;
}
ADCS=1;
ADCLK=0;
ADDO=1;
dat<<=8;
```

```
    dat | =ndat;
    return(dat);                        //dat 值返回
}
/**********************************************************
         按键检测相关函数
**********************************************************/
sbit Key1=P3^0;                         //设置键
sbit Key2=P3^1;                         //加按键
sbit Key3=P3^2;                         //减按键
#define KEY_SET          1              //设置
#define KEY_ADD          2              //加
#define KEY_MINUS        3              //减
//=================================================
u8 Key_Scan()
{
    static u8 key_up=1;
    if(key_up&&(Key1==0||Key2==0||Key3==0))
    {
        delay_ms(10);
        key_up=0;
        if(Key1==0)          return 1;                      //设置按键已按下
        else if(Key2==0)return 2;
        else if(Key3==0)return 3;
    }
    else if(Key1==1&&Key2==1&&Key3==1)
        key_up=1;
    return 0;                                               //无按键按下
}
void main (void)
{
    u8 key;
    Init1602();
    LCD_Write_String(0,0,"SET value:000");
    LCD_Write_String(1,0,"NOW value:000");
    delay_ms(1000);
    while (1)
    {
        key=Key_Scan();                                     //按键扫描
        yanwu=Adc0832(0);                                   //读取烟雾值

        if(key==KEY_SET)
        {
            Mode++;
        }

        switch(Mode)                                        //判断模式的值
        {
            case 0:                                         //监控模式
            {
                Display_1602(yushe_yanwu,yanwu);
                if(yanwu>=yushe_yanwu)
                {
                    LED_R=0;
                    LED_Y=1;
                    baojing=0;
```

```
        }
        else
        {
            LED_R=1;
            LED_Y=0;
            baojing=1;
        }
        break;
    }

    case 1:                                             //预设烟雾模式
    {
        SelectPosition(0,9) ;                           //指定位置
         write_com(0x0d);
        if(key==KEY_ADD)
        {
            if(yushe_yanwu>=255)
            yushe_yanwu=254;
            yushe_yanwu++;
            LCD_Write_Char(0,10,yushe_yanwu,3) ;
        }
        if(key==KEY_MINUS)
        {
            if(yushe_yanwu<=1)
            yushe_yanwu=1;
            yushe_yanwu--;
            LCD_Write_Char(0,10,yushe_yanwu,3) ;
        }
        break;
    }
    default     :
    {
        write_com(0x38);
        write_com(0x0c);
        Mode=0;
        break;
    }
   }
  }
}
```

调试与仿真

将程序下载到单片机中，进行仿真，如图 14-12 所示，在图中液晶显示模块部分上面的值是设定烟雾浓度的阈值，为 45，下面的值是当前测得的烟雾浓度值，为 28，此时当前浓度小于设定的浓度阈值，所以电路中的黄色 LED 灯 D2 会被点亮，并且蜂鸣器不会报警。

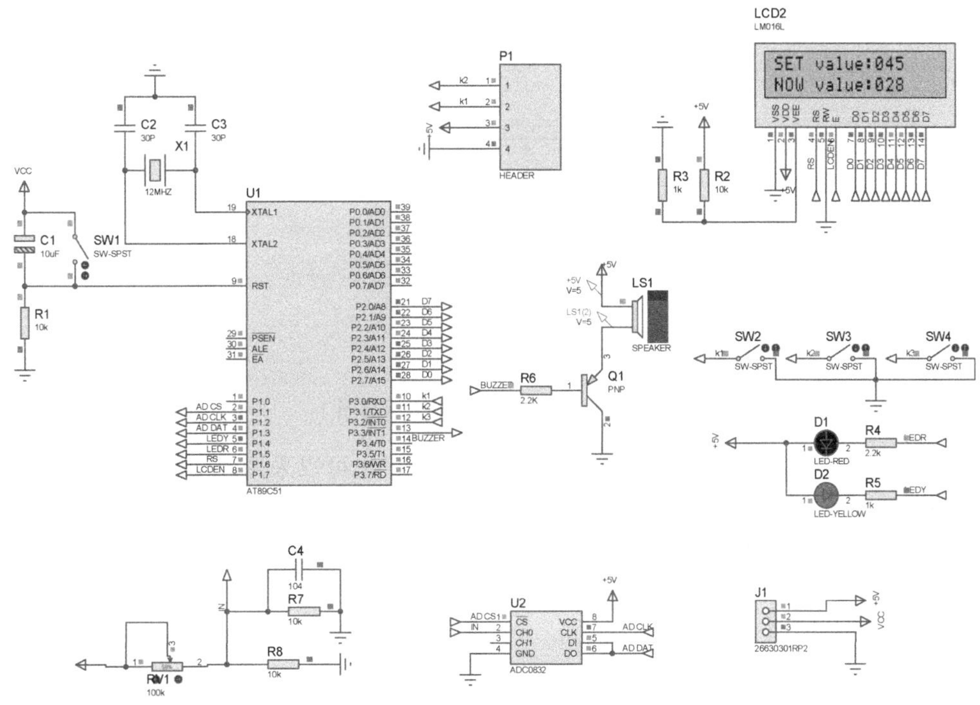

图 14-12　仿真电路图 1

调节烟雾传感器电路的滑动变阻器，使当前测得的烟雾浓度值增大，即等同于滑动变阻器输出的电压值增大，当所达到的值超过所设定的烟雾阈值 45 时，电路中红色 LED 灯 D1 变亮，此时蜂鸣器的报警灯被点亮并报警，如图 14-13 所示。

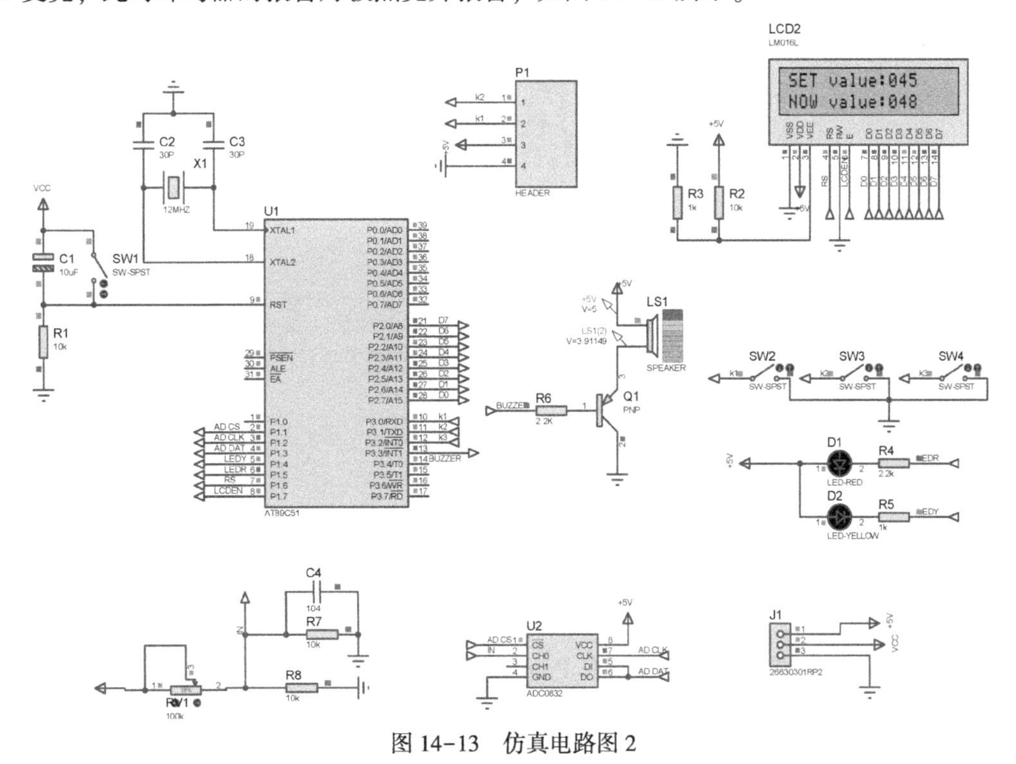

图 14-13　仿真电路图 2

此时蜂鸣器的两端会产生电压差，如图 14-14 所示。

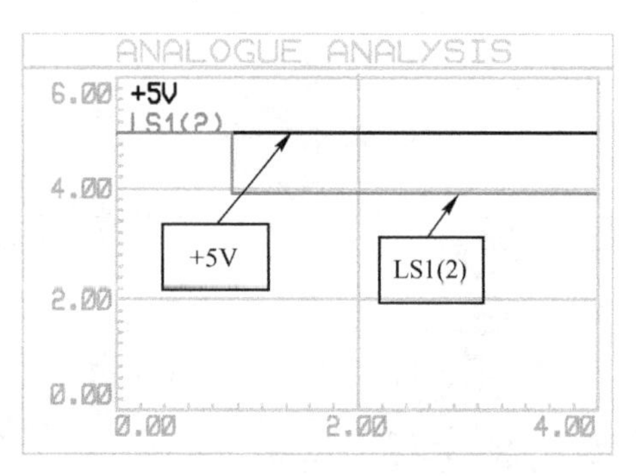

图 14-14　蜂鸣器两端电压示意图 1

为了不使当前的浓度值超过设定的烟雾浓度阈值，也可以采用改变阈值的方法，先按设置按钮 SW2，然后关闭，再按 SW3 开关增加阈值，可以使电路中的 LED 由红灯亮转变成黄灯亮，蜂鸣器的灯也会熄灭，报警声消失，此时蜂鸣器两端的电压值相同，如图 14-15 和图 14-16 所示。

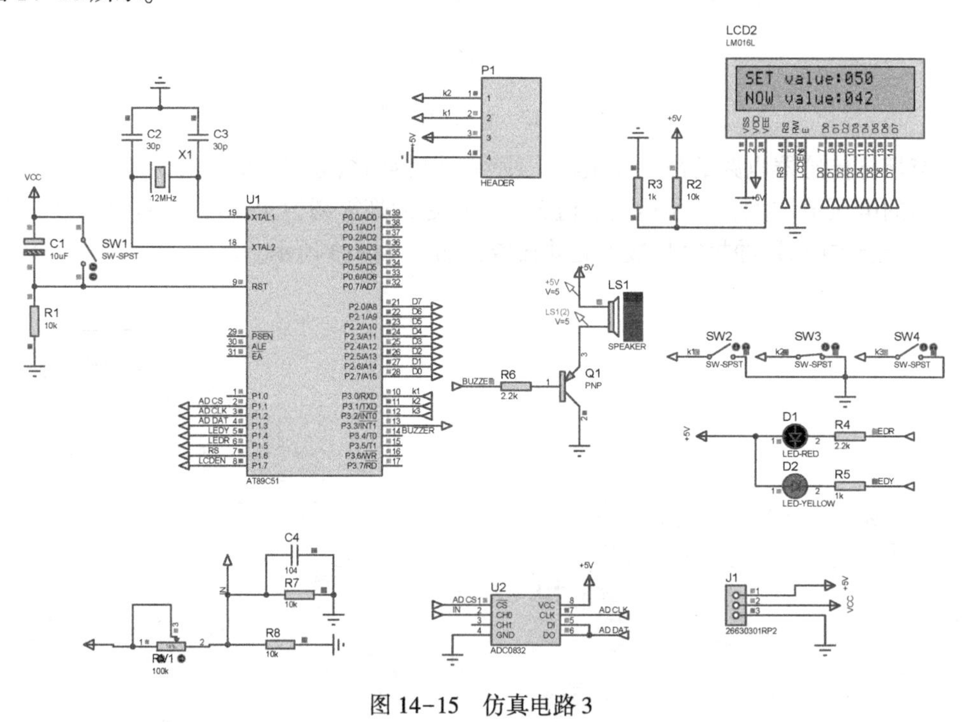

图 14-15　仿真电路 3

PCB 版图

PCB 版图是根据原理图的设计，在 Proteus 界面单击“PCB Layout”按钮，将原理图中各个元器件进行分布，然后进行布线处理而得到的，如图 14-17 所示。在 PCB Layout 过程中需要考虑外部连接的布局、内部电子元器件的优化布局、金属连线和通孔的优化布局、电磁保护、热耗散等各种因素，这里就不做过多说明了。

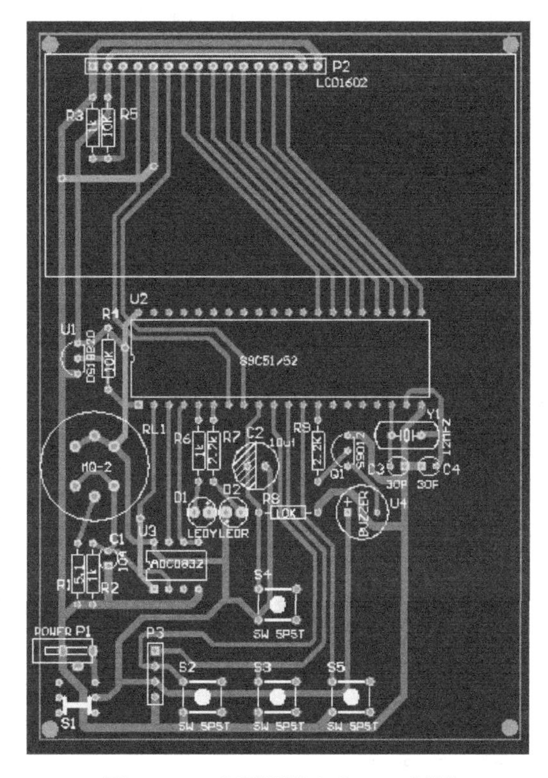

图 14-16　蜂鸣器两端电压示意图 2

图 14-17　烟雾测量电路 PCB 版图

实物测试

按照原理图的布局，在实际板子上进行各个元器件的焊接，焊接完成后的实物图如图 14-18 所示。实物测试图如图 14-19 所示。

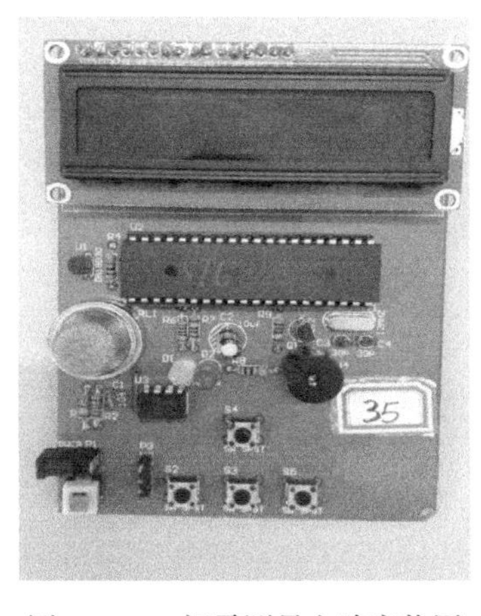

图 14-18　烟雾测量电路实物图

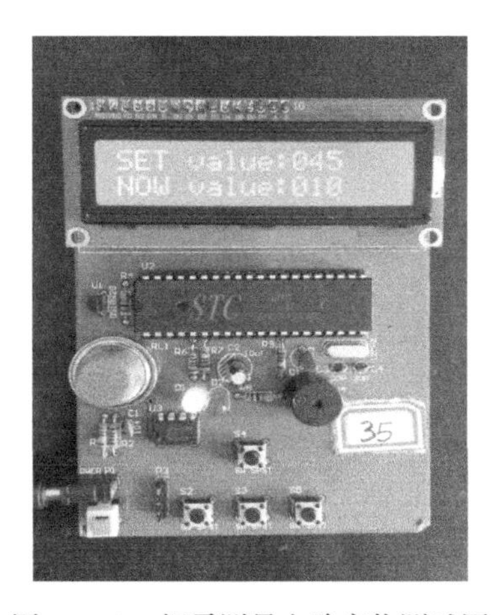

图 14-19　烟雾测量电路实物测试图

经过实测，烟雾测量电路能够实时测量并显示所测烟雾值，能够手动设置烟雾阈值。烟雾浓度值未超限时，黄色LED灯亮；超限时，红色LED灯亮，蜂鸣器开始报警。

思考与练习

（1）本电路的工作原理是什么？

答： 使用传感器MQ-2采集烟雾浓度值，将其转换成模拟电压输出，经过ADC0832模数转换器转换为数字量，再在单片机内部进行数据处理，最终由液晶屏显示所测烟雾浓度值。

（2）传感器MQ-2的特点是什么？

答： 传感器MQ-2适宜于液化气、丁烷、丙烷、甲烷、烟雾等的探测，且抗干扰能力强。当传感器所处环境中存在可燃气体时，其电导率随空气中可燃气体浓度的增加而增大，即模拟量输出电压随浓度增高电压增加。

（3）蜂鸣器报警电路的原理是什么？

答： 蜂鸣器报警电路主要由PNP三极管及蜂鸣器组成，当三极管Q1的基极为低电平时，蜂鸣器开始通电导通，从而报警。

特别提醒

MQ-2传感器通电后，需要预热20s左右后所测量的数据才稳定。

项目 15　阳光强度测量显示电路设计

设计任务

设计一个简单的阳光强度测量电路，将感应到的光强转换为数字量，可以将阳光的强弱在一定电压范围内显示。

基本要求

将阳光强度用光敏电阻转换成电压信号，经过模数转换，再由单片机进行显示。电路应满足如下要求：

☺ 显示的电压范围是 0~5V，故光敏电阻采集信号的输出电压为 0~5V。

☺ 光照强时有报警提示。

☺ 数码管动态显示阳光光照的强弱。

总体思路

使用光敏电阻之类的器件，利用其感光效应，将被测光强变化的电压采集过来，经过 A/D 转换后就可以用单片机进行数据处理，在显示电路上可以将被测光强显示出来。

系统组成

阳光强度测量电路主要分为 5 部分。

☺ 第 1 部分为光电转换电路，将阳光强度转换为电压信号。

☺ 第 2 部分为模数转换电路。

☺ 第 3 部分为晶振、复位电路。

☺ 第 4 部分为显示电路。

☺ 第 5 部分为蜂鸣器报警电路。

整个系统方案的模块框图如图 15-1 所示。

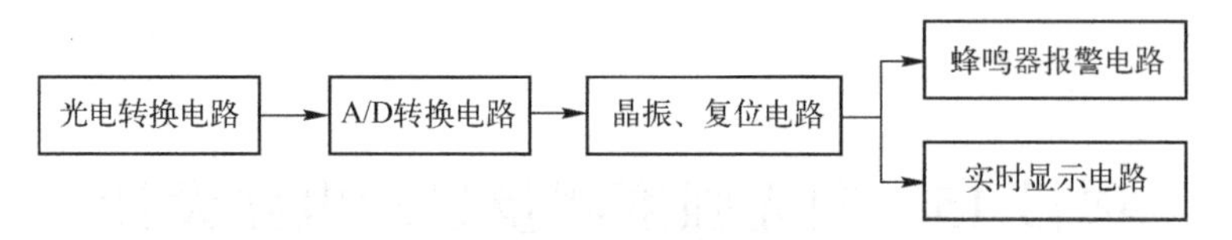

图 15-1　系统方案的模块框图

模块详解

1. 光电转换电路

光敏电阻又称光导管，常用的制作材料除了硫化镉，还有硒、硫化铝、硫化铅和硫化铋等。这些制作材料具有在特定波长的光照射下，其阻值迅速减小的特性。这是由于光照产生的载流子都参与导电，在外加电场的作用下做漂移运动，电子奔向电源正极，空穴奔向电源负极，从而使光敏电阻的阻值迅速下降。

光敏电阻是利用光导体的光电效应制成的一种电阻阻值随入射光的强弱而改变的电阻器；入射光强，电阻阻值减小，入射光弱，电阻阻值增大。当光敏电阻两端加上电压后，流过光敏电阻的电流随光照的增强而增大。入射光消失，电子-空穴对逐渐复合，电阻也逐渐恢复原值，电流也逐渐减小。光敏电阻一般用于光的测量、光的控制和光电转换（将光的变化转换为电的变化）。常用的光敏电阻是硫化镉光敏电阻，它是由半导体材料制成的。光敏电阻阻值随入射光线（可见光）的强弱变化而变化，在黑暗条件下，它的阻值（暗阻）可达 1~10MΩ，在强光条件下，它的阻值仅有几百至数千欧姆。光敏电阻对光的敏感性与人眼对可见光（0.4~0.76μm）的响应很接近，只要人眼可感受到的光，都会引起其阻值变化。设计光控电路时，通常用白炽灯泡光线或自然光线做控制光源，使设计大为简化。

表 15-1 为常用光敏电阻的规格参数。

表 15-1　常用光敏电阻的规格参数

规格	型号	最大电压/V DC	最大功耗/mW	环境温度/℃	光谱峰值/nm	亮电阻(10Lux)/kΩ	暗电阻/MΩ	温度系数	响应时间/ms		照度电阻特性
									上升	下降	
Φ3系列	GL3516	100	50	-30~+70	540	5~10	0.6	0.5	30	30	2
	GL3526	100	50	-30~+70	540	10~20	1	0.6	30	30	3
	GL3537-1	100	50	-30~+70	540	20~30	2	0.6	30	30	4
	GL3537-2	100	50	-30~+70	540	30~50	3	0.7	30	30	4
	GL3547-1	100	50	-30~+70	540	50~100	5	0.8	30	30	6
	GL3547-2	100	50	-30~+70	540	100~200	10	0.9	30	30	6
Φ4系列	GL4516	150	50	-30~+70	540	5~10	0.6	0.5	30	30	2
	GL4526	150	50	-30~+70	540	10~20	1	0.6	30	30	3
	GL4537-1	150	50	-30~+70	540	20~30	2	0.7	30	30	4
	GL4527-2	150	50	-30~+70	540	30~50	3	0.8	30	30	4
	GL4548-1	150	50	-30~+70	540	50~100	5	0.8	30	30	6
	GL4548-2	150	50	-30~+70	540	100~200	10	0.9	30	30	6

续表

规格	型号	最大电压/V DC	最大功耗/mW	环境温度/℃	光谱峰值/nm	亮电阻(10Lux)/kΩ	暗电阻/MΩ	温度系数	响应时间/ms		照度电阻特性
									上升	下降	
Φ5系列	GL5516	150	90	-30~+70	540	5~10	0.5	0.5	30	30	2
	GL5528	150	100	-30~+70	540	10~20	1	0.6	20	30	3
	GL5537-1	150	100	-30~+70	540	20~30	2	0.6	20	30	4
	GL5537-2	150	100	-30~+70	540	30~50	3	0.7	20	30	4
	GL5539	150	100	-30~+70	540	50~100	5	0.8	20	30	5
	GL5549	150	100	-30~+70	540	100~200	10	0.9	20	30	6
	GL5606	150	100	-30~+70	560	4~7	0.5	0.5	30	30	2
	GL5616	150	100	-30~+70	560	5~10	0.8	0.6	30	30	2
	GL5626	150	100	-30~+70	560	10~20	2	0.6	20	30	3
	GL5637-1	150	100	-30~+70	560	20~30	3	0.7	20	30	4
	GL5637-2	150	100	-30~+70	560	30~50	4	0.8	20	30	4

下面对光电转换电路进行讲解。

光电转换模块采用5228光敏电阻，当有光照射到光敏电阻上时，光敏电阻的阻值发生变化，从而产生电信号，经过放大器将电信号放大，其电路原理如图15-2所示。为防止产生自激振荡，在输入与输出之间接1个0.1μF的补偿电容C4，对于增益电阻，可采用高精度的可调电阻，输出信号幅值与RV1成正比。RV1的取值大一些可以增加信噪比，但RV1的取值要受输出电压幅值的限制。

图15-2中，光敏电阻用Proteus中固定模块LDR代替。

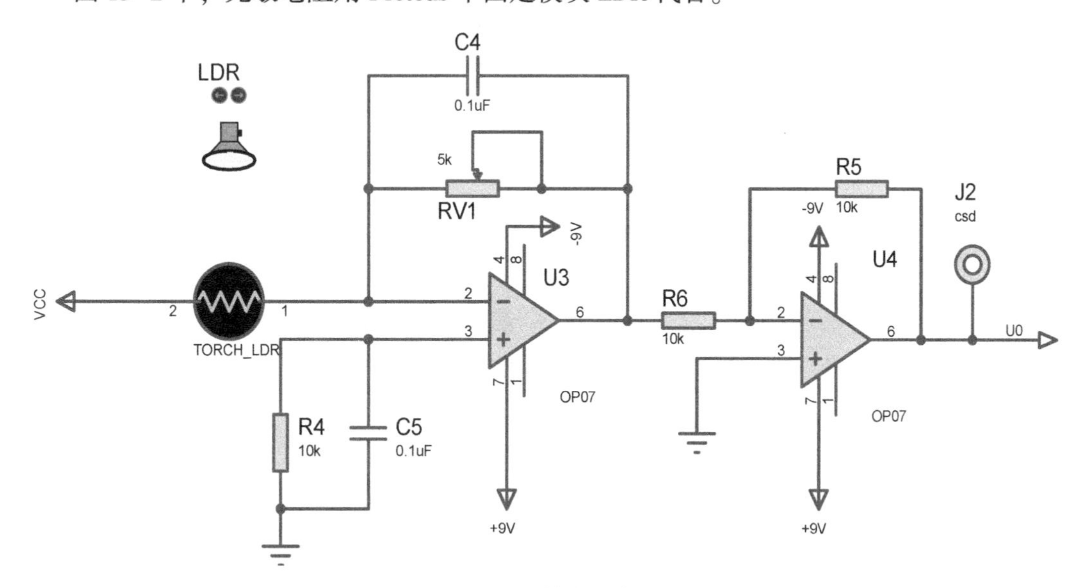

图15-2　光电转换电路原理图

调节LDR光源的强弱，光强也会由近及远发生变化，光电转换电路的输出电压同时发生变化，如表15-2所示。

表 15-2　调节 LDR 光源，光电转换电路输出电压的变化

调节 LDR 光源	电 压 状 态
弱	0.015～1.5V
中	1.5V
强	1.5～7V

2. 模数转换电路

仿真中采用的是 ADC0808 芯片来进行模数转换。ADC0808 是采样分辨率为 8 位的、以逐次逼近原理进行转换的器件。其内部有一个 8 通道多路开关，可以根据地址码锁存译码后的信号，只选通 8 路模拟输入信号中的 1 路进行模数转换。模数转换电路的原理图如图 15-3 所示。

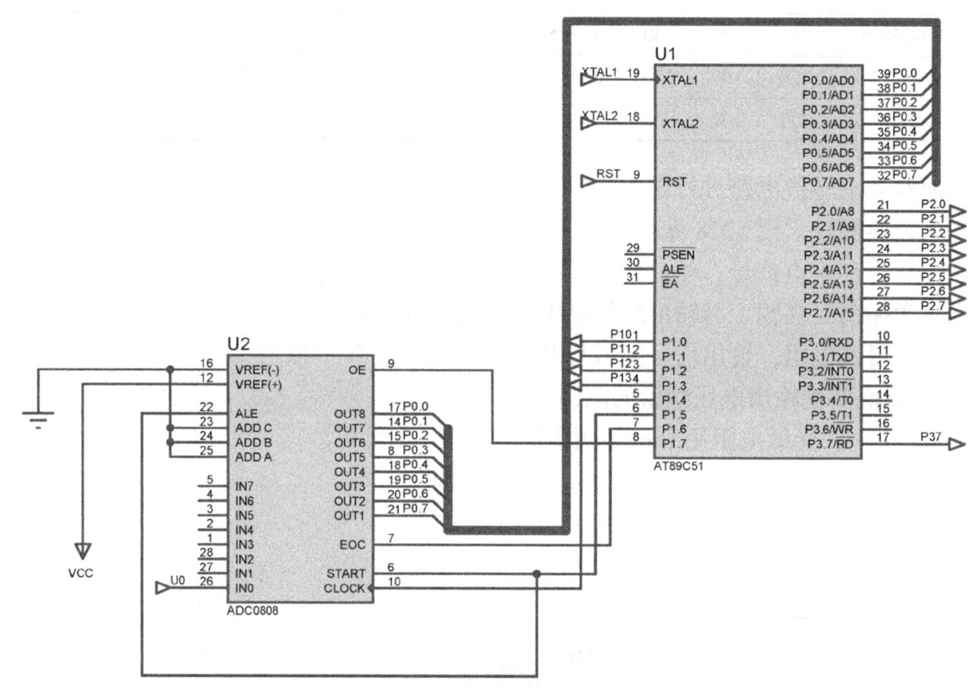

图 15-3　模数转换电路原理图

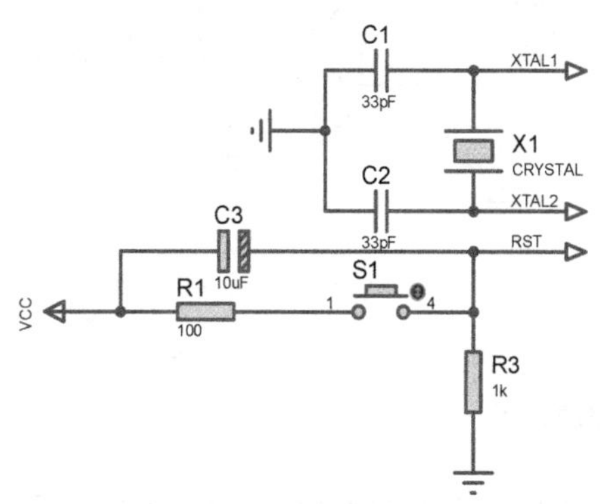

图 15-4　晶振、复位电路的参数配置及原理图

3. 晶振、复位电路

晶振与复位电路比较常见，其参数配置及原理图如图 15-4 所示。

5V 电源：给系统供电。

复位电路：程序跑飞时，可以使程序重新执行，相当于计算机的重启。

晶振：给单片机运行提供时钟。

4. 实时显示电路

实时显示电路由四位一体的共阴数码管及上拉电阻构成。段码接到单片机的 P2 口上，位选信号接至 P1 口的低 4 位，其原理图如图 15-5 所示。

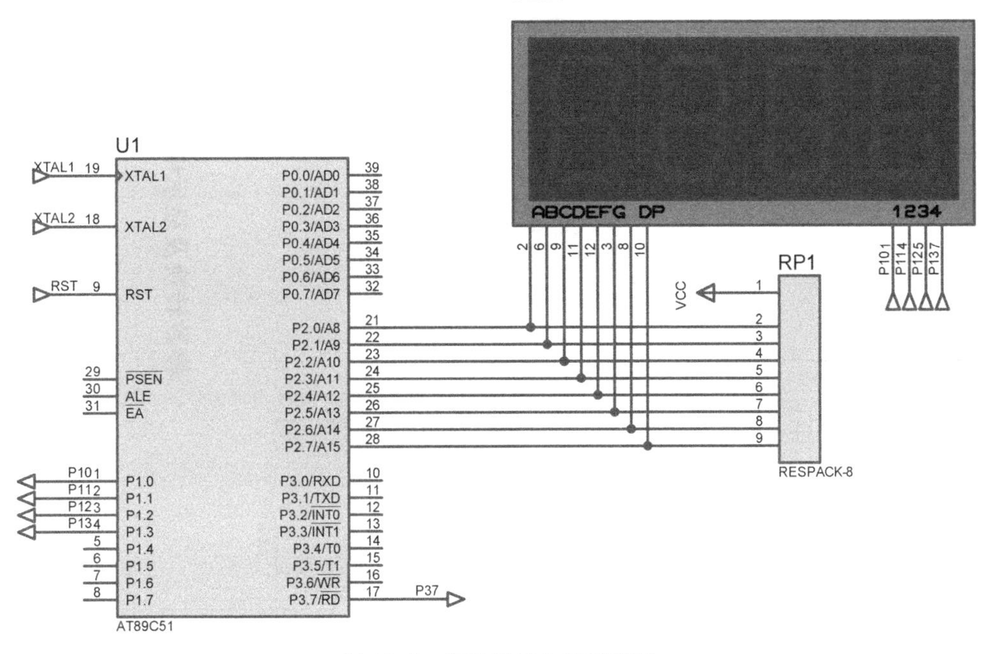

图 15-5　实时显示电路原理图

5. 蜂鸣器报警电路

蜂鸣器报警电路的原理图如图 15-6 所示，主要由 PNP 三极管及无源蜂鸣器组成。当阳光强度高至某一数值时，触发单片机的 P3.7 口输出方波信号，蜂鸣器开始报警。

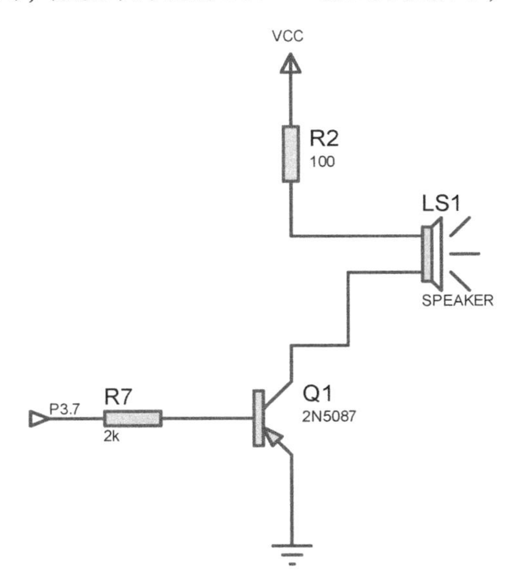

图 15-6　蜂鸣器报警电路的原理图

阳光强度测量显示电路原理如图 15-7 所示。

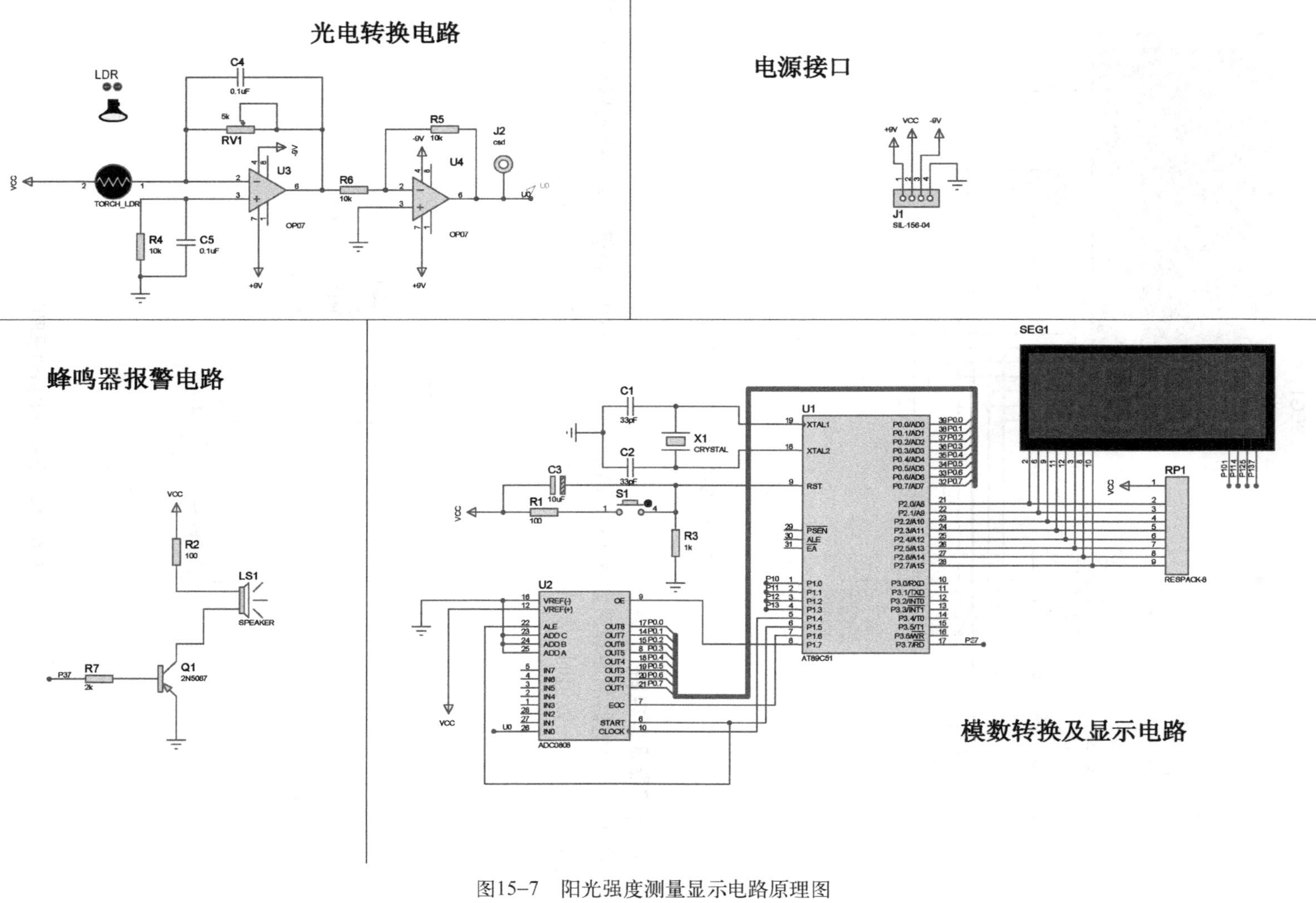

图15-7　阳光强度测量显示电路原理图

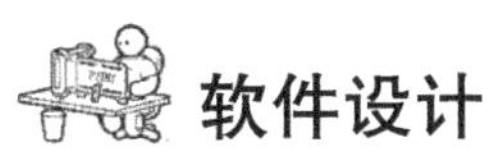

软件设计

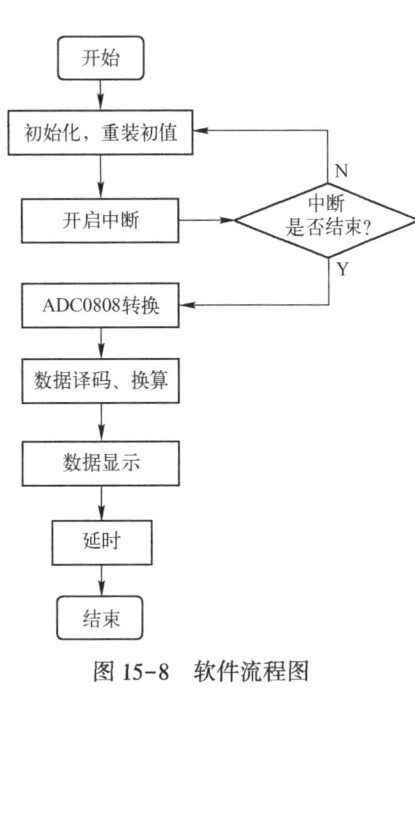

图 15-8　软件流程图

本设计中，软件解决的问题是：检测传感器的感光强度；对信号进行 A/D 转换；单片机对信号进行译码和换算，并在显示屏上显示出来；到达阈值时，蜂鸣器报警。软件流程图如图 15-8 所示。

按照软件流程图，编写程序如下：

```
#include "reg51.h"      //包含头文件,一般情况下不
                        //需要改动,头文件包含特殊
                        //功能寄存器的定义
#include "intrins.h"
#define  uchar unsigned char
#define  uint  unsigned int
sbit fm=P3^7;           //蜂鸣器
long int a;
int b,c,d,e,f,g;
int P0_T=0;

sbit START=P1^5;
sbit OE=P1^7;
sbit EOC=P1^6;
sbit CLK=P1^4;

//**************查表法***********//
uchar code table[]={0x3f,0x06,0x5b,0x4f,0x66,0x6d,0x7d,0x07,0x7f,0x6f,0x80};
//共阴数码管段码表  "0"  "1"  "2"  "3"  "4"  "5"  "6"  "7"  "8"  "9"  "DP"

/*********************************************/
int P0_Translate(int code_tab)       //P0 口高电位颠倒
{
    int P0_temp=code_tab;
    int P0_data=0;
    int i=8;
    for(i=8;i!=0;i--)
    {
        if(P0_temp&(1<<(i-1)))
        {
            P0_data|=1<<(8-i);
        }
    }
    return P0_data;
}

void delay(uint z)
{
  uint x,y;
  for (x=z;x>0;x--)
```

```
    for(y=110;y>0;y--);
}

void ADC0809()
{
  if(EOC==0)
  {
    START=0;
    START=1;
    START=0;
  }
  while(! EOC);
  START=1;
  START=0;
  while(EOC);
}
void bianma()
{
  START=0;
  ADC0809();
  P0_T=P0_Translate(P0);
  a=P0 * 100;
  a=a/51;
}
void yima()
{
  b=a/1000;
  c=a-b * 1000;
  d=c/100;
  e=c-d * 100;
  f=e/10;
  g=e-f * 10;
}
void display()
{

  P2=table[b];
  P1=0xfe;
  delay(1);
  P1=0Xff;
  P2=0xff;

  P2=table[d];
  P1=0xfd;
  delay(1);
  P1=0Xff;
  P2=0xff;

  P2=table[10];
  P1=0xfd;
  delay(1);
  P1=0Xff;
```

```
    P2=0xff;

    P2=table[f];
    P1=0xfb;
    delay(1);
    P1=0Xff;
    P2=0xff;

    P2=table[g];
    P1=0xf7;
    delay(1);
    P1=0xff;
    P2=0xff;
}
void fengming(int w)
{
    if(w>=240)
     {
        fm=0;
        delay(2);
        fm=~fm;
     }
    else
       fm=1;
}
/**********************************************/

/*************** 主函数 ***********************/
void main()
{
    EA=1;
    TMOD=0X02;
    TH0=216;
    TL0=216;
    TR0=1;
    ET0=1;
    while(1)
     {
      bianma();
      yima();
      fengming(P0);
      display();
     }
}
void t0() interrupt 1 using 0
{
    CLK=~CLK;
}
```

调试与仿真

将程序下载到单片机中，并进行仿真，如图 15-9 所示，调节 LDR 光源的强弱，测得此时的光照强度，在液晶屏上显示光敏电阻的电压值。

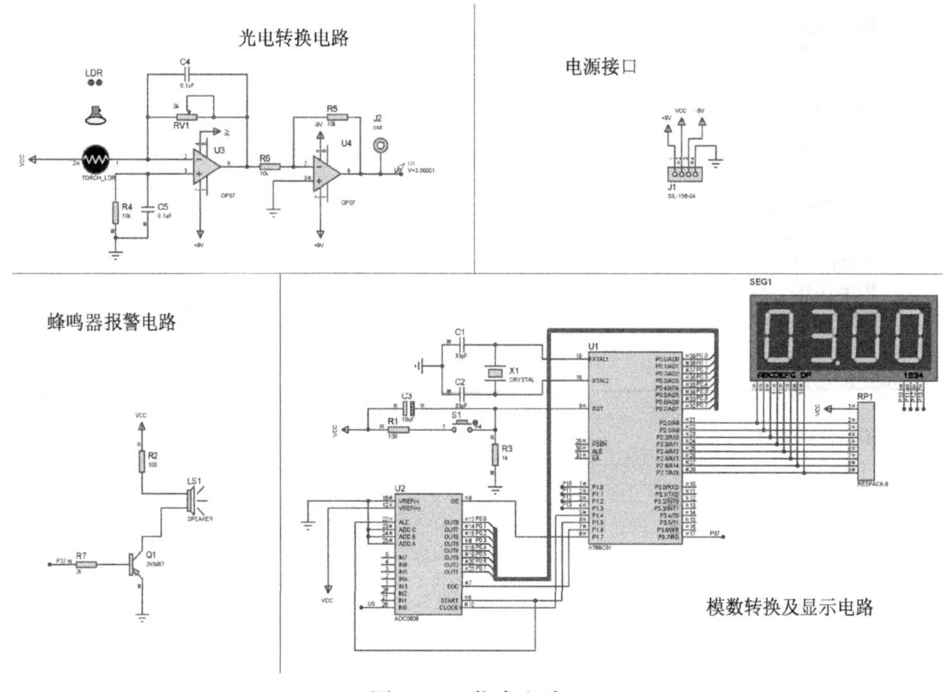

图 15-9　仿真电路 1

增加光源亮度，当数码管显示光敏电阻的电压为 5.00V 时，蜂鸣器开始报警，此时达到所设定的感光阈值，如图 15-10 所示。此时可以调节光源，降低光源的亮度，使光敏电阻的电压降低，如图 15-11 所示。

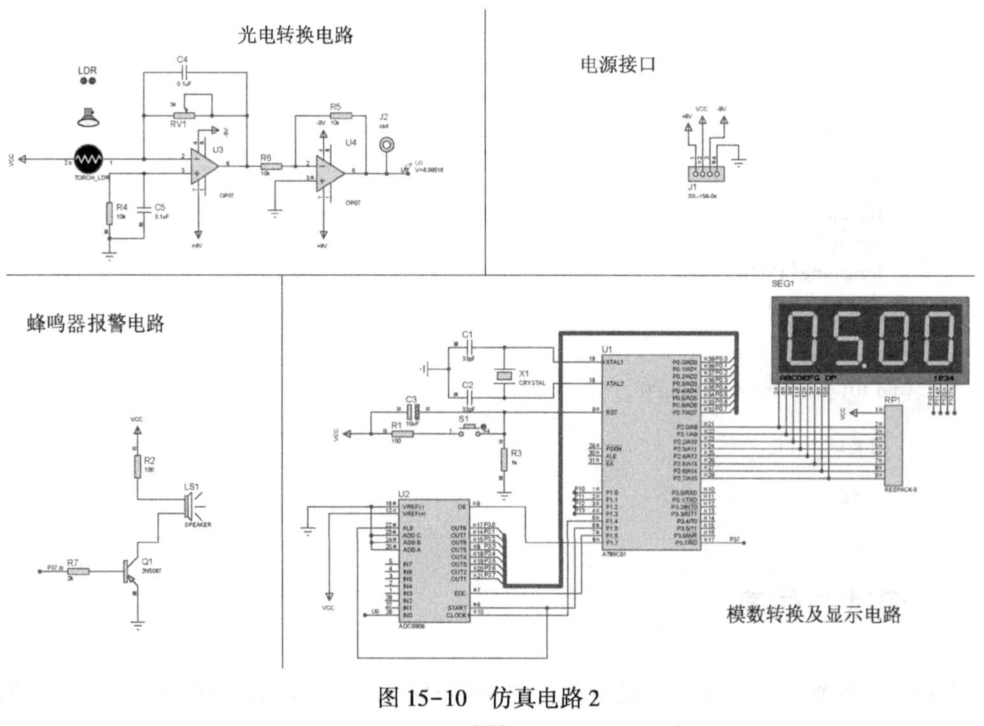

图 15-10　仿真电路 2

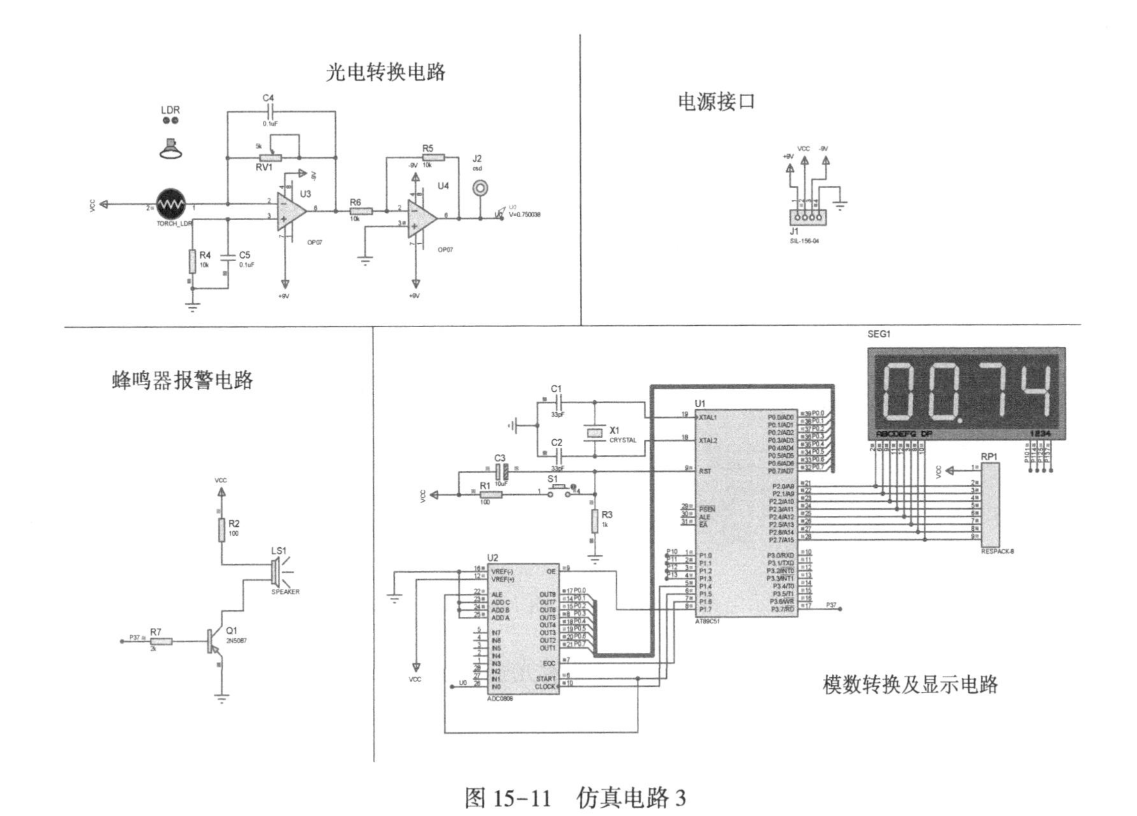

图 15-11　仿真电路 3

PCB 版图

PCB 版图是根据原理图的设计，在 Proteus 界面单击“PCB Layout”按钮，将原理图中各个元器件进行分布，然后进行布线处理而得到的，如图 15-12 所示。在 PCB Layout 过程中需要考虑外部连接的布局、内部电子元器件的优化布局、金属连线和通孔的优化布局、电磁保护、热耗散等各种因素，这里就不做过多说明了。

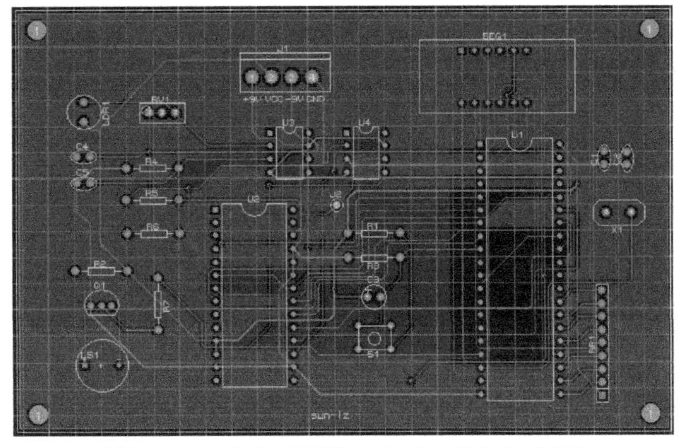

图 15-12　阳光强度测量显示电路 PCB 版图

实物测试

按照原理图的布局，在实际电路板上进行各个元器件的焊接，焊接完成后的实物图如图 15-13 所示。实物测试图如图 15-14 所示。

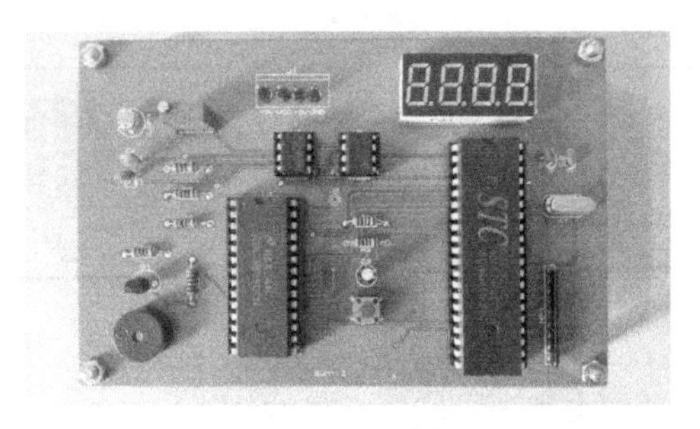

图 15-13　阳光强度测量显示电路实物图

图 15-14　阳光强度测量显示电路实物测试图

经过实测，电路数码管的显示读数能够随着光强的改变而变化，并且当光强高到某一数值时，蜂鸣器能够报警提示，基本实现了电路的实际功能。

思考与练习

（1）本设计利用什么实现阳光强度的测量？

答：本设计使用光敏电阻 5228 搭建光电转换电路，经过 A/D 转换将光电模拟信号数字化，再通过单片机进行数据处理，最终在 4 位数码管上显示光强。

（2）如何使得输出电压在 0~5V 之间显示？

答：首先，调节光电转换电路中的可变电位器 RV1，使得输出电压介于 0~5V 之间；然后，利用 A/D 转换电路，使得模拟电压转换为数字信号；最后，用数码管显示出来。

（3）如何驱动无源蜂鸣器？

答：无源蜂鸣器的内部不带振荡源，所以用直流信号无法令其鸣叫，而必须用 20.5kHz 的方波去驱动它。

项目 16　液位测量显示电路设计

设计任务

本设计由 AT89C51 单片机控制，由 HC-SR04 超声波模块感应距离，由液晶显示器显示测量值，通过计算两次测量值的差值即可得出液位高度的变化。

基本要求

在能比较准确地测量到液位距离的前提下，实现液位测量范围的设定及越限报警功能。具体要求如下：

☺ 给电路供 5V 直流电压。

☺ 液位测量范围，即液面距超声波传感器模块的距离为 0.1~0.35m。

总体思路

以单片机 AT89C51 为主控单元，通过 LCD 显示超声波传感器的测量数据。

系统组成

超声波液位测量显示电路主要由 3 部分组成。

☺ 第 1 部分为超声波传感器模块：用于测量到液位的距离。

☺ 第 2 部分为单片机控制电路模块：用于数据采样、前驱动 LCD 显示模块。

☺ 第 3 部分为 LCD 显示模块：用于显示测量的距离值。

整个系统方案的模块框图如图 16-1 所示。

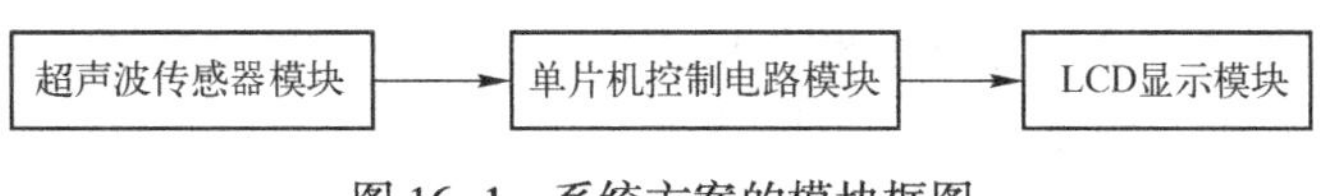

图 16-1　系统方案的模块框图

模块详解

1. 超声波传感器模块

本设计采用HC-SR04超声波传感器模块实现到液位距离的测量，通过计算两次测量值的差值，即可得出液位高度的变化，从而达到液位测量的目的。

HC-SR04超声波传感器模块可提供2～400cm的非接触式距离感测功能，测距精度高达3mm。该模块包括超声波发射器、接收器与控制电路。其实物如图16-2所示。其电气参数如表16-1所示。

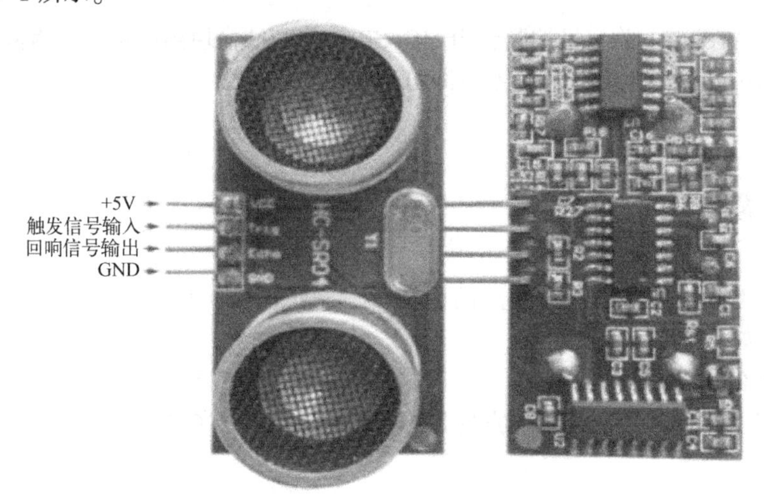

图16-2　超声波传感器模块实物图

表16-1　超声波传感器模块电气参数

工作电压	5V DC
工作电流	15mA
工作频率	40kHz
最远射程	4m
最近射程	2cm
测量角度	15°
输入触发信号	10μs的TTL脉冲
输出回响信号	输出TTL电平信号，与射程成正比
规格尺寸	45mm×20mm×15mm

HC-SR04超声波传感器模块的基本工作原理如下：

（1）采用I/O口Trig触发测距，给最少10μs的高电平信号。

（2）模块自动发送8个频率为40kHz的方波，自动检测是否有信号返回。

（3）有信号返回时，通过I/O口Echo输出一个高电平，高电平持续时间T即为超声波从发射到返回的时间，其与测试距离D的关系如式（16-1）所示。图16-3为超声波时序图。

$$D=(TV)/2 \tag{16-1}$$

式中，V 为超声波在空气中的传播速度，此处为 340m/s。

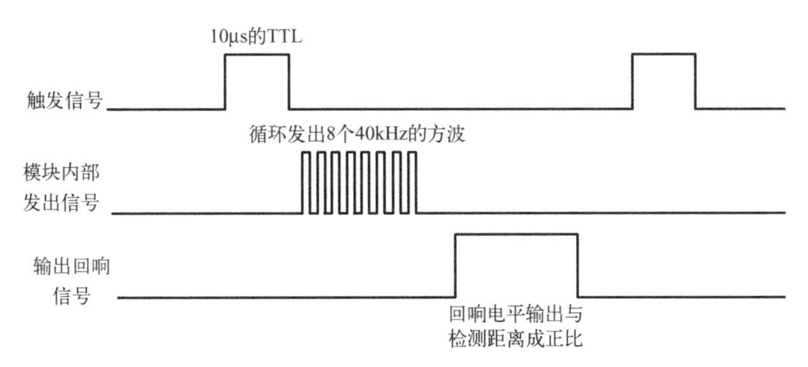

图 16-3 超声波时序图

超声波传感器模块电路图如图 16-4 所示，其触发信号输入引脚和回响信号输出引脚与单片机相连，通过单片机控制并实现数据采样。

因为在 Proteus 中无 HC-SR04 超声波传感器模块，为了解决这一问题，采用 555 芯片代替，如图 16-5 所示。

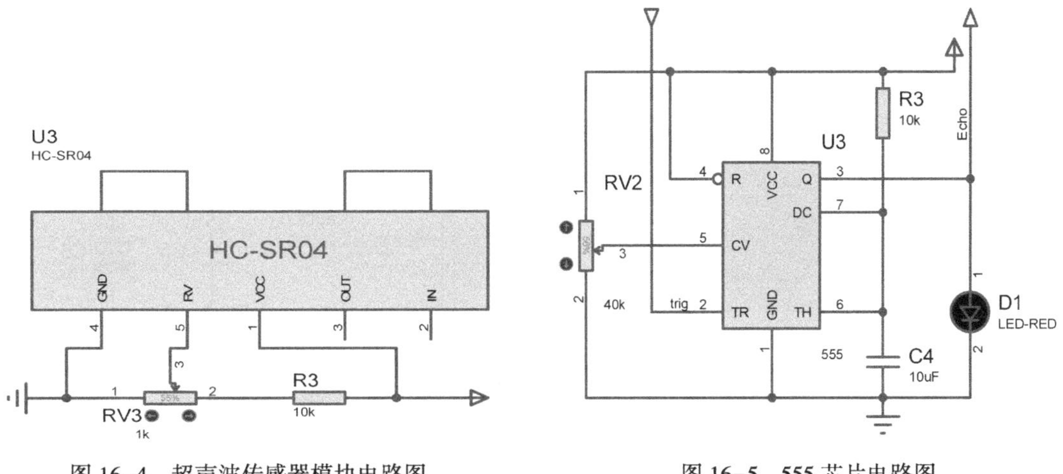

图 16-4 超声波传感器模块电路图　　图 16-5 555 芯片电路图

图 16-5 中，Trig 为触发信号输入，Echo 为回响信号输出，通过调剂电路图中的电位器来模拟液位的高度变化。

2. 单片机控制电路模块

单片机控制电路如图 16-6 所示，其外围电路包括晶振电路和复位电路。其中，晶振电路的作用是产生单片机所必需的时钟频率，单片机的一切指令执行都是建立在这个基础上的，晶振提供的时钟频率越高，单片机运行的速度越快；复位电路的作用是使电路恢复到初始状态。

图 16-6 所示排阻 RP1 的作用是限流，由于单片机的 P0.0~P0.7 与 LM016L 相连，所以通过 RP1 的介入来限制流入 LM016L 的电流，从而使其达到足够的亮度。

在本设计中，单片机的外围电路还包括程序下载电路接口和 USB 供电电路接口，分别如图 16-7 和图 16-8 所示。

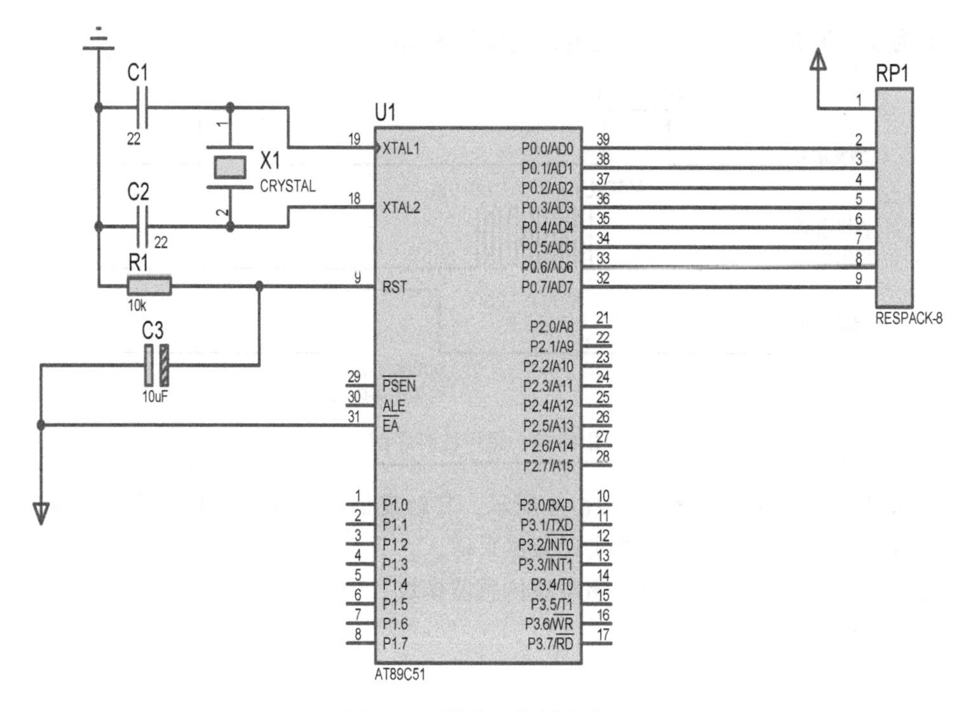

图 16-6　单片机控制电路图

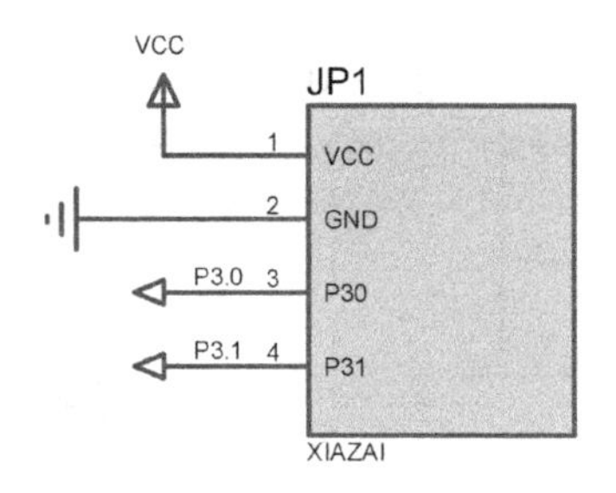

图 16-7　程序下载电路接口

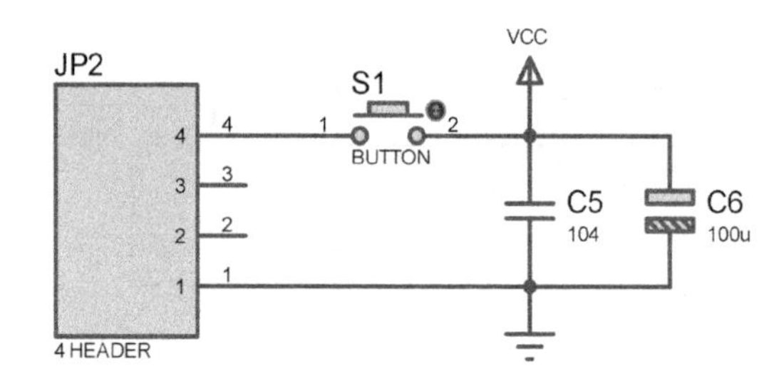

图 16-8　USB 供电电路接口

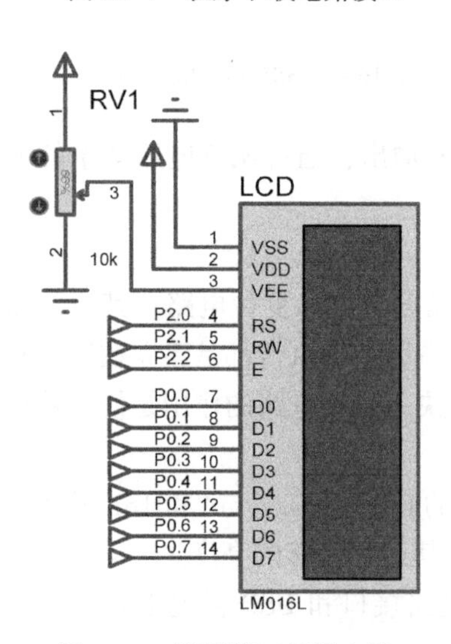

图 16-9　液晶接口显示电路

3. LCD 显示模块

本设计的 LCD 显示模块选用了 LM016L 液晶，如图 16-9 所示。其中，1 脚为电源地，接地；2 脚为电源正极，接 VCC；3 脚为液晶显示偏压信号，通过接入滑动变阻器调节背光亮度；4 脚为数据/命令选择端，接单片机 P2.0 引脚；5 脚为读/写选择端，接单片机 P2.1 引脚；6 脚为使能端，接单片机 P2.2 引脚；7~14 脚为 I/O 端，接单片机的 P0.0~P0.7 引脚。

液位测量显示电路图如图 16-10 所示。

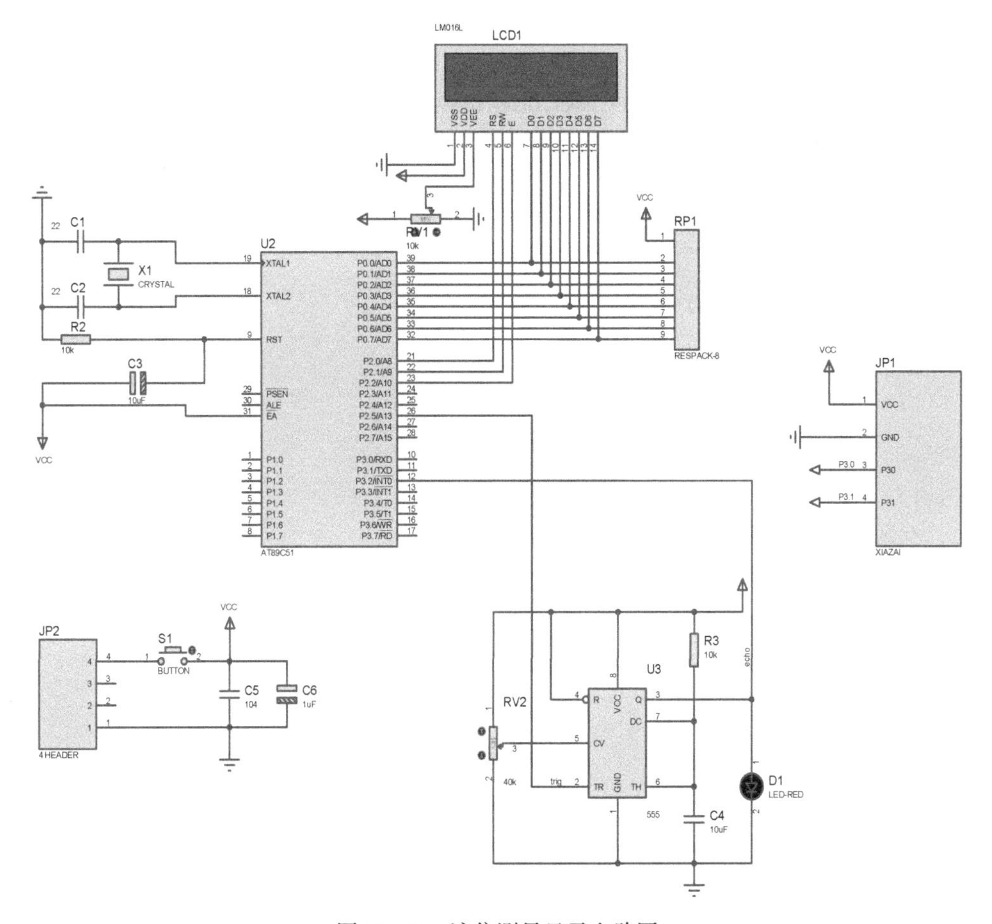

图 16-10　液位测量显示电路图

软件设计

本设计中，软件解决的主要问题是首先通过传感器进行液位测距，测得到液面的距离，然后通过单片机将信号进行处理，最后在液晶屏上显示出到液面的距离。

编写程序如下：

```
#include <reg52. h>
sbit wei_ge=P1^0;
sbit wei_shi=P1^1;
sbit wei_bai=P1^2;
sbit a=P2^3;
#define uchar unsigned char
#define uint   unsigned int
int time;
int succeed_flag;
uchar timeL;
uchar timeH;
```

```
sbit Trig=P2^0;
sbit Echo=P3^2;
uchar code table[ ] = {0xc0,0xf9,0xa4,0xb0,0x99,0x92,0x82,0xf8,0x80,0x90,0x88,0x83,0xc6,
0xa1,0x86,0x8e};
void delay(uint z)
{
uint x,y;
  for(x=z;x>0;x--)
  for(y=110;y>0;y--);
}
void delay_20us()
 {
    uchar a ;
    for(a=0;a<100;a++);
}
//显示数据转换程序
void display(uint temp)
{
    uchar ge,shi,bai;
    bai=temp/100;
    shi=(temp%100)/10;
    ge=temp%10;
P0=table[ge];                  //送数字 8 到段码端口
wei_ge=0;
delay(5);
// P0=table[shi];
//   wei_shi=0;
// delay(5);
// P0=table[bai];                //送数字 8 到段码端口
// wei_bai=0;
// delay(5);
      if(temp>150)
        a=0;
      else
        a=1;
 }
void main()
{
    uint distance;
    Trig=0;                    //首先拉低脉冲输入引脚
    EA=1;                      //打开总中断 0
    TMOD=0x10;                 //定时器 1,16 位工作方式
   while(Echo==0)
    {
        EA=0;                  //关总中断
        Trig=1;                //超声波输入端
        delay_20us();          //延时 20μs
        Trig=0;                //产生一个 20μs 的脉冲
        while(Echo==0);        //等待 Echo 回波引脚变高电平
```

```
            succeed_flag=0;          //清测量成功标志
            EA=1;
            EX0=1;                   //打开外部中断 0
            TH1=0;                   //定时器 1 清零
            TL1=0;                   //定时器 1 清零
            TF1=0;                   //计数溢出标志
            TR1=1;                   //启动定时器 1
            delay(10);               //等待测量结果
            TR1=0;                   //关闭定时器 1
            EX0=0;                   //关闭外部中断 0
          if(succeed_flag==1)
          {
              time=timeH * 256+timeL;
              distance=time * 0.0172;     //厘米
          }
         if(succeed_flag==0)
          {
              distance=0;            //没有回波,则清零
            }
          display(distance);
        }
}
//外部中断 0,用作判断回波电平
void exter()   interrupt 0
{
        EX0=0;                       //关闭外部中断
        timeH =TH1;                  //取出定时器的值
        timeL =TL1;                  //取出定时器的值
        succeed_flag=1;              //至成功测量的标志
}
//定时器 1 中断, 用作超声波测距计时
void timer1() interrupt 3   //
        {
            TH1=0;
            TL1=0;
         }
```

调试与仿真

将程序下载到单片机中进行仿真，如图 16-11 所示，可以通过改变 555 电路中的滑动变阻器阻值，来调节测量到的距离，所测得的液位距离为 145.4cm，此时 555 电路中的 LED 灯亮。

当调节 555 电路中的电位器时，会改变所测得的液位距离，此时所测得的距离为 106.6cm，如图 16-12 所示。

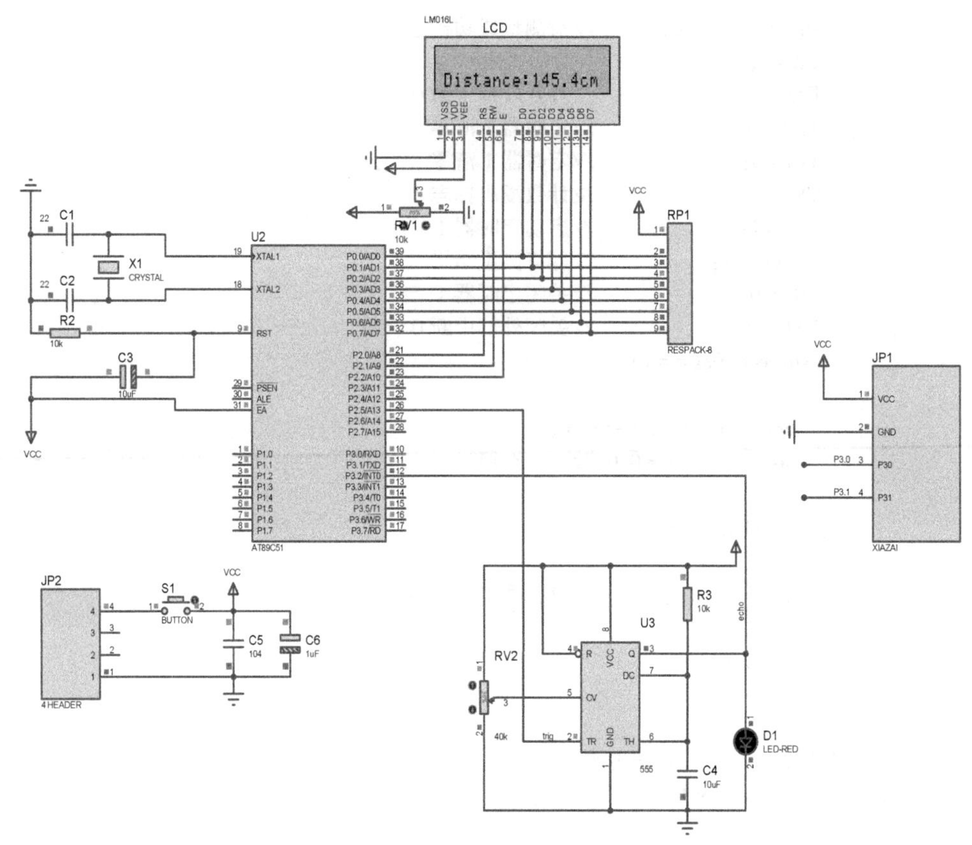

图 16-11　仿真电路 1

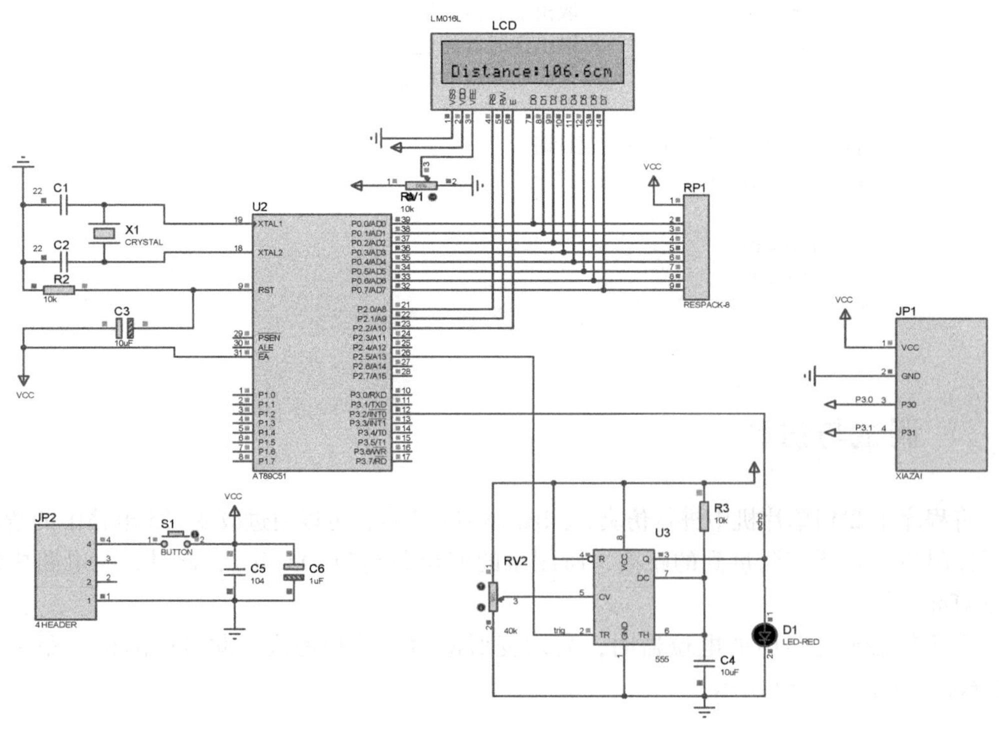

图 16-12　仿真电路 2

PCB 版图

PCB 版图是根据原理图的设计，在 Proteus 界面单击 PCB Layout，将原理图中各个元器件进行分布，然后进行布线处理而得到的，如图 16-13 所示。在 PCB Layout 过程中需要考虑外部连接的布局、内部电子元器件的优化布局、金属连线和通孔的优化布局、电磁保护、热耗散等各种因素，这里就不做过多说明了。

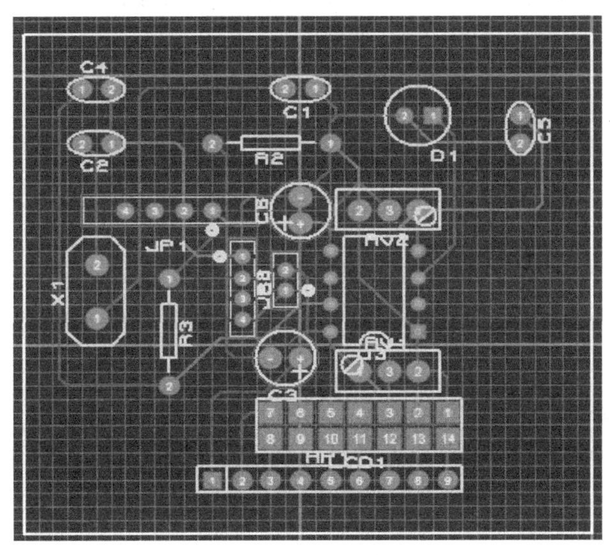

图 16-13　PCB 版图

实物测试

按照原理图的布局，在实际板子上进行各个元器件的焊接，焊接完成后的实物图如图 16-14 所示。其实物测试图如图 16-15 所示。

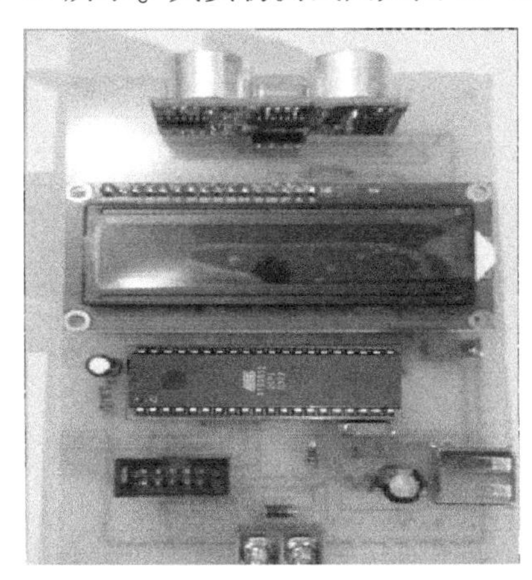

图 16-14　液位测量显示电路实物图

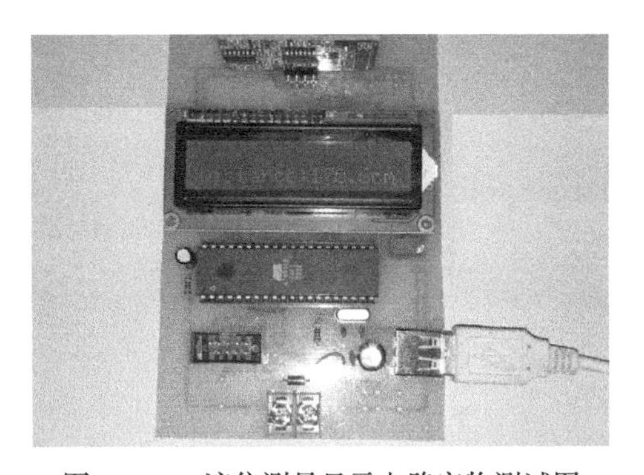

图 16-15　液位测量显示电路实物测试图

给电路板供电，用纸盒来代替液位面，当纸盒远离超声波传感器时，相当于液位下降，此时测得的距离为170.6cm。通过调整纸盒与传感器的距离，LCD显示的距离也发生变化。

思考与练习

（1）本设计的液位测量范围为0.1~0.35m，则液位在下限0.1m时，其距离超声波传感器的距离为多少？液位在0.35m时又如何？

答：液位为0.1m时，其距离探头位置为0.35m；液位上升到0.35m时，其距离探头位置为0.1m。

（2）如果去掉图16-6中的RP1，可能会出现什么情况？

答：可能会出现LCD屏显示的内容看不清。

特别提醒

（1）在测试电路过程中一定要注意电源接线，不能反接。

（2）设计完成后要对电路各部分进行功能测试。

项目 17　转速测量电路设计

设计任务

设计一个基于单片机 AT89C51 的直流电动机转速测量电路，单片机输出 PWM 波形调速，实现直流电动机的启动、停止、加速、减速、正转、反转，以及速度的动态显示。

基本要求

☺ 电源电压为直流 5V±0.5V。
☺ 液晶屏分压电阻选取要适当，不能过大或过小，过大屏幕过亮，过小则屏幕较暗，都会导致看不清屏幕内容。
☺ 晶振电路中一定要在晶振的两个引脚处接入两个 10~50pF 电容来削减谐波对电路的稳定性影响。
☺ 控制 P0 端口与 LCD 1602 的数据端口相连处必须接上拉电阻，由电源通过这个上拉电阻给负载提供电流，否则 P0 端口不能真正输出高电平，也不能给所接的负载提供电流。

总体思路

利用 MCS-51 系列单片机输出数据，由单片机 I/O 口产生 PWM 信号，通过 PWM 信号实现对直流电动机转速进行控制。采用三极管组成 PWM 信号的驱动系统，并且对 PWM 信号的原理、产生方法及如何通过软件编程对 PWM 信号占空比进行调节而控制其输入信号波形等均做了详细阐述。另外，使用霍尔元件对直流电动机的转速进行测量，经过处理后，将测量值送到液晶屏显示出来。设计流程如图 17-1 所示。

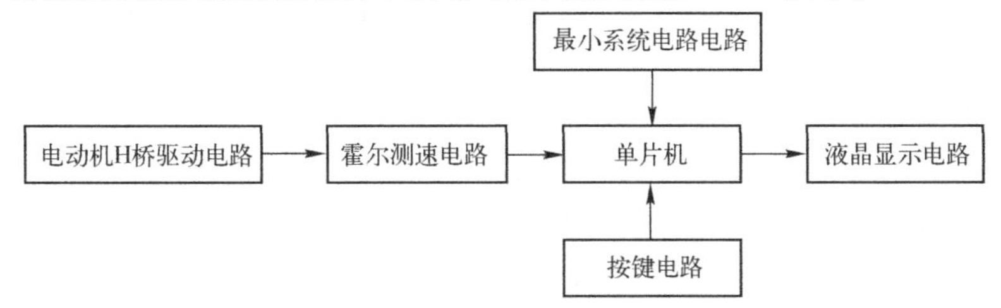

图 17-1　基于单片机 AT89C51 的直流电动机 PWM 调速控制总体设计图

系统组成

转速测量系统电路主要分为6部分。

☺ 第1部分为供电电路：DC电源插口与自动锁开关组合供电传输。

☺ 第2部分为电动机H桥驱动电路：采用H桥驱动，设计与实现具体电路如图17-4所示。H桥电动机驱动电路包括6个三极管（4个NPN型三极管，两个PNP型三极管）、4个二极管（起限流和续流作用）和104独石电容（起滤波、稳定信号作用）。P3.4高电平，P3.7低电平正转，反之，直流电动机反转。

☺ 第3部分为霍尔测速电路：霍尔传感器和磁钢需要配对使用。

☺ 第4部分为按键电路：本设计采用按键接低的方式来读取按键。初始时，因为单片机为高电平，所以当按键被按下时，会给单片机一个低电平，单片机对信号进行处理。

☺ 第5部分为单片机最小系统电路：单片机最小系统是指用最少的元件组成的单片机可以工作的系统。对51系列单片机来说，最小系统一般包括单片机、晶振电路、复位电路。

☺ 第6部分为液晶显示电路：显示出霍尔测速传感器测量出的电动机转速和占空比。

模块详解

1. 控制程序的设计

软件采用定时中断进行设计。单片机上电后，系统进入准备状态。按动按钮后执行相应的程序，根据P1.2、P1.3的高、低电平决定直流电动机的正、反转。根据加/减速按钮，调整P1.0、P1.1输出高、低电平的占空比，从而可以控制高、低电平的延时时间，进而通过控制电压的大小来决定直流电动机的转速。如图17-2所示。

2. 系统硬件电路的设计

1）供电模块

供电电路图如图17-3所示。

（1）DC电源插口（一种与显示器专用电源相配的插座）：1、2脚接地，3脚实际是VCC（电源），但电路中要接蓝色的自锁开关，然后开关的另一脚再接电源（CON2为电源插针，电路中可以不接入）。

（2）自锁开关电路：起到电源开关的作用，常开的其中一脚接DC电源插口电源脚，另一脚接电路的VCC。

2）电动机H桥驱动电路

采用H桥驱动，具体电路如图17-4所示。电动机H桥驱动电路包括4个三极管、4个二极管和一个电动机。要使电动机成功运转，须对对角线上的一对三极管通电。根据不同三极管对的导通情况，电流会从右至左或相反方向流过电动机，从而改变电动机的转动方向。4个二极管在电路中的作用是防止三极管产生不当反向电压，以及电动机两端的电流和三极管上的电流过大。独石电容 104 起滤波作用，能稳定信号。

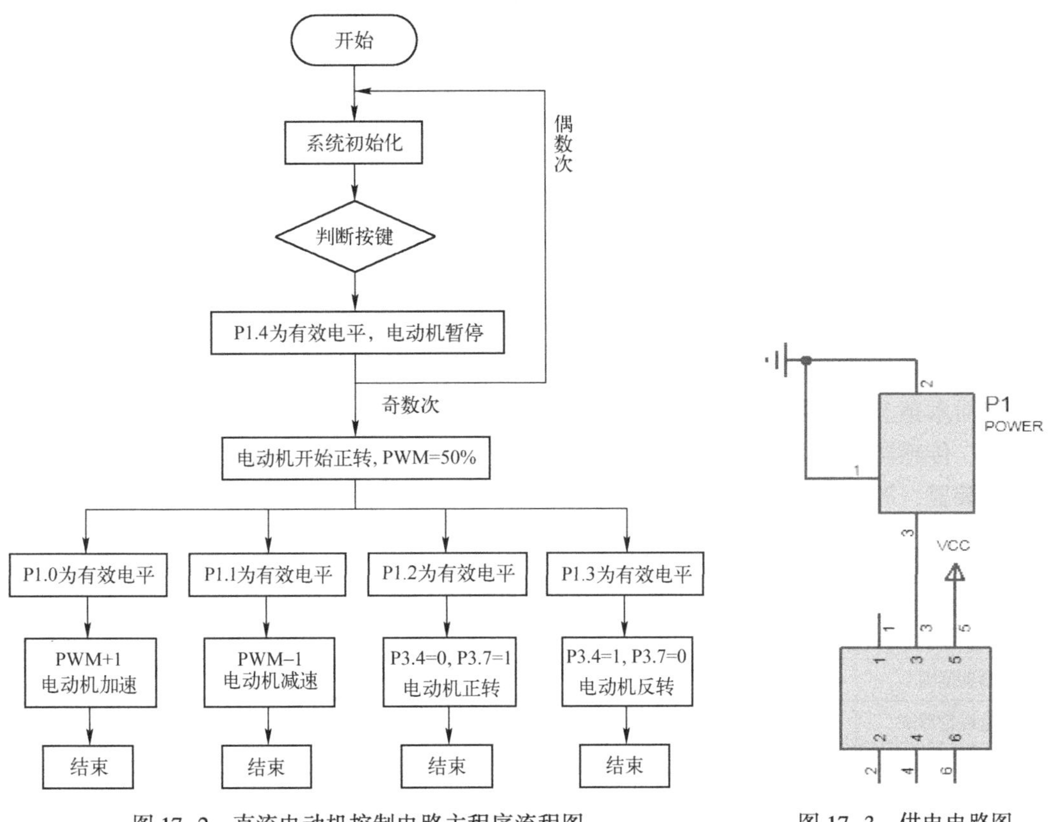

图 17-2　直流电动机控制电路主程序流程图　　　　图 17-3　供电电路图

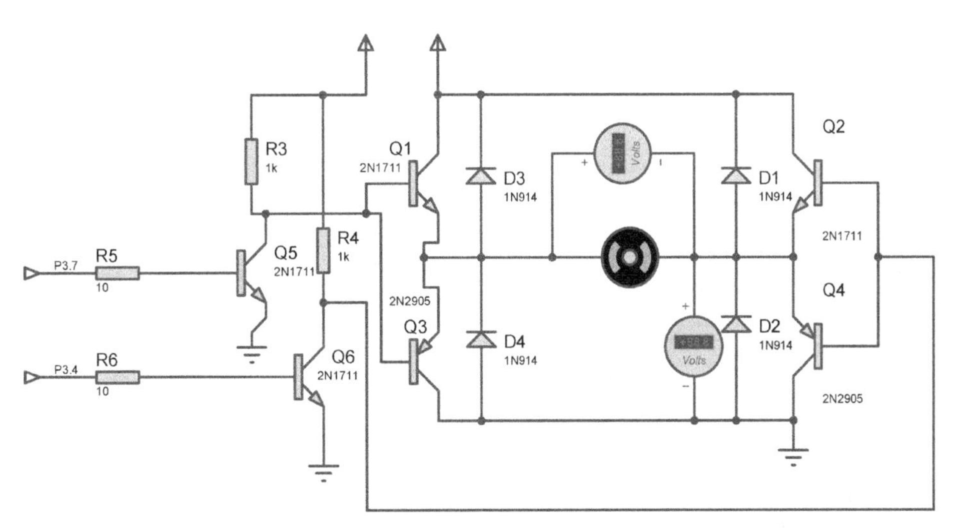

图 17-4　电动机 H 桥驱动电路

电动机 H 桥驱动电路由复合体管组成，两个输入端高、低电平控制三极管的导通或截止。NPN 型三极管高电平输入时导通，PNP 型三极管低电平输入时导通，当 Q5 和 Q6 都导通时，Q1 和 Q2 截止，Q3 和 Q4 导通，电动机两端都是 GND，电动机是不转的；当

Q5 和 Q6 都截止时，Q1 和 Q2 导通，Q3 和 Q4 截止，电动机两端都是 VCC，电动机也是不转的；当 Q5 导通，Q6 截止时，Q2 和 Q4 导通，电动机右边是电源，左边是地，电动机逆时针转动，此时保持 Q6 截止，PWM 通过控制 Q5 的导通截止就可以控制电动机的速度，同理，当 Q5 截止，Q6 导通时，Q1 和 Q3 导通，电动机的左边是电源，右边是地，电动机顺时针转动，此时保持 Q5 截止，PWM 通过控制 Q6 的导通截止就可以控制电动机的转速。

3）霍尔测速电路

测量电动机转速的第一步就是要将电动机的转速表示为单片机可以识别的脉冲信号，从而进行脉冲计数。霍尔器件作为一种转速测量系统的传感器，有结构牢固、体积小、质量小、寿命长、安装方便等优点，因此选用霍尔传感器检测脉冲信号时，磁场由磁钢提供，所以霍尔传感器和磁钢需要配对使用。其测速原理示意图如图 17-5 所示，将非线性材料轻质木条上贴上磁钢并将其尽量靠近边缘，当电动机转动时，带动磁钢运动，每次转完一圈，传感器会产生一个对应频率的脉冲信号，经过信号处理后输出到计数器或其他脉冲计数装置，进行转速测量。

霍尔传感器技术参数如表 17-1 所示。其原理图如图 17-6 所示。

表 17-1　霍尔传感器技术参数

工作电压	5~24V DC
测量范围	0~20kHz
测速齿轮形式	模数 2~4（渐开线齿轮）
输出信号	方波，其峰峰值等于工作电源电压幅值，与转速无关，最大输出电流为 20mA
工作温度	-30~+90℃
螺纹规格	Φ16 传感器（安装螺纹：M16×1）

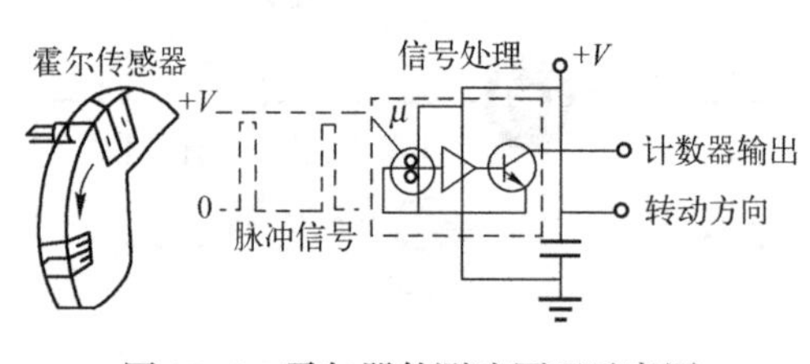

图 17-5　霍尔器件测速原理示意图

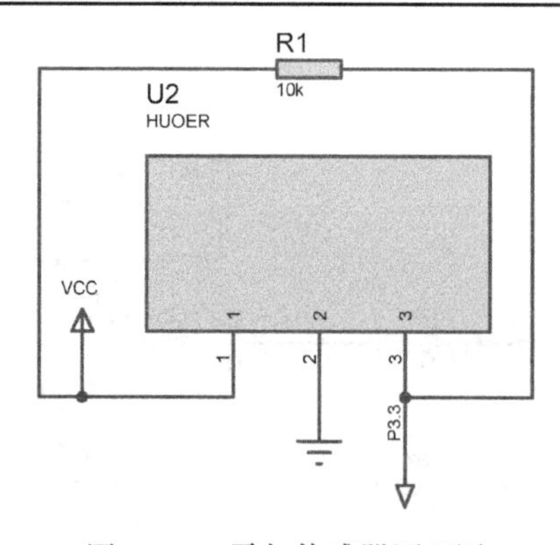

图 17-6　霍尔传感器原理图

4）按键电路

（1）单片机键盘（独立式键盘）的实现方法是利用单片机 I/O 口的电平高低来判断是否有键被按下。将按键的一端接地，另一端接一个 I/O 口，程序开始时将此 I/O 口置于高电平，平时无键被按下时 I/O 口保持高电平。当有键被按下时，此 I/O 口与地短路，迫使 I/O 口为低电平。按键被释放后，单片机内部的上拉电阻使 I/O 口仍然保持高电平。我们所要做的就是在程序中查寻此I/O 口的电平状态就可以了解是否有按键动作。

（2）键盘的去抖动。这里说的抖动是机械抖动，是当键盘在未按到按下的临界区产生的电平不稳定现象。实现法是先查寻按键，当有低电平出现时立即延时 10～200ms 以避开抖动，延时结束后再读一次 I/O 口的值，这一次的值如果为 1，则表示低电平时间不到 10～200ms，视为干扰信号。硬件电路如图 17-7 所示。

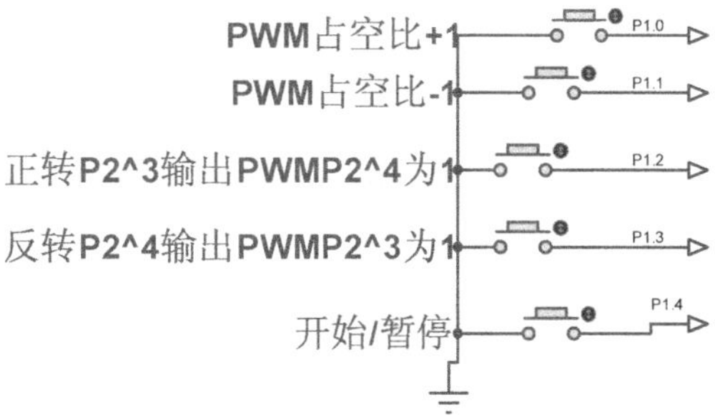

PWM占空比+1
PWM占空比-1
正转P2^3输出PWMP2^4为1
反转P2^4输出PWMP2^3为1
开始/暂停

图 17-7　按键部分硬件电路图

5）单片机最小系统电路

下面给出一个 51 单片机的最小系统电路图，如图 17-8 所示。

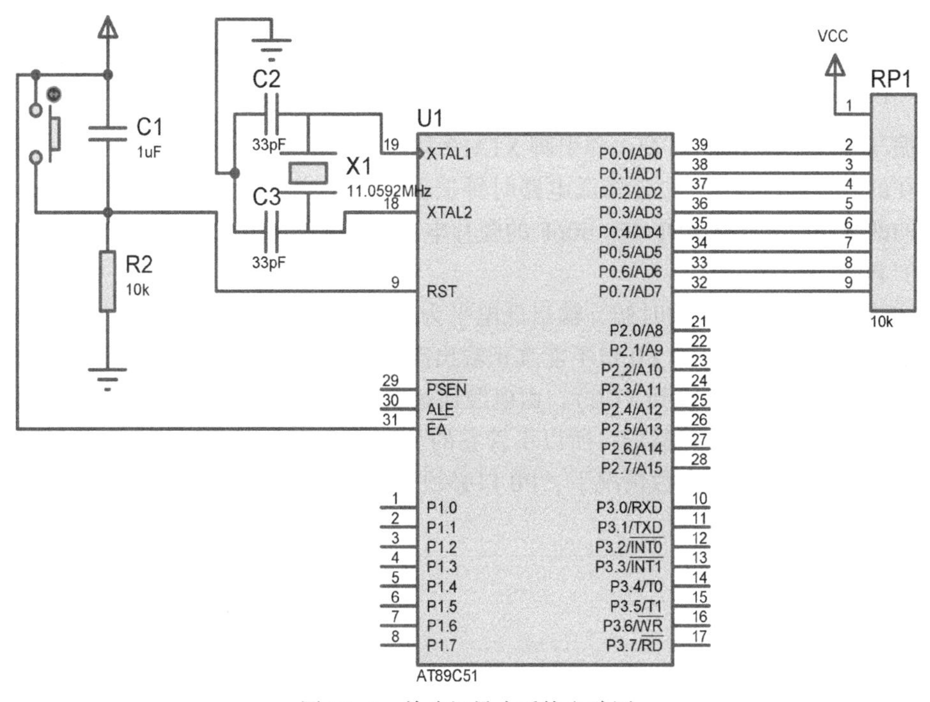

图 17-8　单片机最小系统电路图

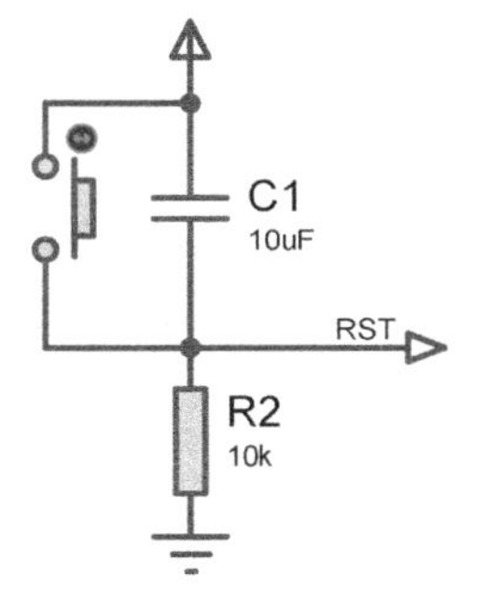

图 17-9　复位电路示意图

（1）复位电路。

复位电路使内部程序自动从头开始执行，51 单片机要复位只需要在第 9 脚接高电平持续 2μs 就可以实现。如图 17-9 所示为复位电路示意图。

① 单片机系统自动复位（RST 引脚接收到高电平信号的时间为 0.1s 左右）

电容的大小是 10μF，电阻的大小是 10kΩ，根据公式，可以算出电容充电到电源电压的 0.7 倍时，需要的时间是 10kΩ×10μF＝0.1s，即单片机启动的 0.1s 内，电容两端的电压从 0～3.5V 增加，10kΩ 电阻两端的电压从 5～1.5V 减小，所以在 0.1s 内，RST 引脚所接收到的电压是 5～1.5V。在 5V 正常工作的 51 单片机中，小于 1.5V 的电压信号为低电平信号，而大于1.5V的电压信号为高电平信号。在0.1s内单片机自动复位。

② 单片机系统按键复位

在单片机启动的0.1s后，电容C两端的电压持续充电为5V，这时10kΩ电阻两端的电压接近0V，RST引脚处于低电平，所以系统正常工作。当按键被按下时，开关导通，电容短路，电容开始释放之前充的电量。电容的电压在0.1s内，从5V释放到1.5V，甚至更低。这时10kΩ电阻两端的电压为3.5V，甚至更高，所以RST引脚又接收到高电平，复位完成。

(2) 晶振电路（晶振是晶体振荡器的简称）如图17-10所示。

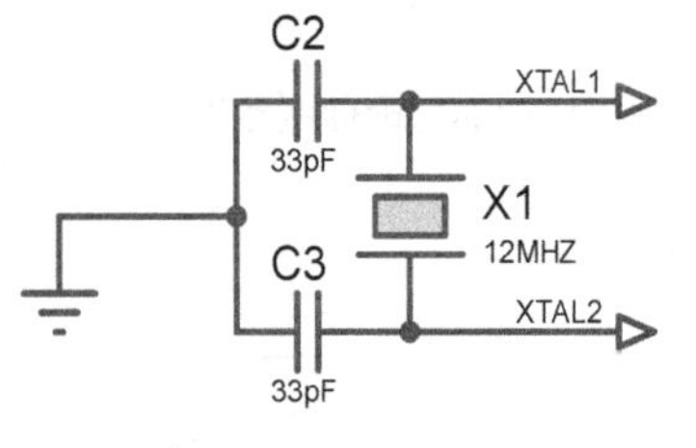

图17-10　晶振电路图

晶振电路是在一个反相放大器的两端接入晶振，晶振是给单片机提供工作信号脉冲的，这个脉冲就是单片机的工作速度，如12MHz晶振，单片机的工作速度就是每秒12MHz，当然单片机的工作频率是有范围的，一般最大为24MHz，否则会不稳定。

晶振与单片机的引脚XTAL1和引脚XTAL2构成的振荡电路中会产生谐波（也就是不希望存在的其他频率波），它会降低电路时钟振荡器的稳定性。为了保持电路的稳定性，在晶振的两个引脚处接入两个10~50pF的瓷片电容接地来削减谐波对电路稳定性的影响。

(3) P0口的上拉电阻。

P0口作为I/O口输出的时候，输出低电平为0，输出高电平为高阻态（并非5V，相当于悬空状态），也就是说，P0口不能真正输出高电平给所接的负载提供电流，因此必须接上拉电阻（一个电阻连接到VCC），由电源通过这个上拉电阻给负载提供电流。由于P0口内部没有上拉电阻，是开漏的，所以不管它的驱动能力多大，相当于它是没有电源的，需要外部电路提供，绝大多数情况下，P0口必须接上拉电阻。

(4) P3.1脚EA接电源。

注意

STC89C51/52或其他51系列兼容单片机特别注意：对于P3.1脚EA，当接高电平时，单片机在复位后从内部ROM的0000H开始执行，当接低电平时，单片机复位后直接从外部ROM的0000H开始执行。

6）液晶显示电路

液晶显示电路如图17-11所示。

LCD 1602与单片机连接：单片机AT89C51的P2.7与LCD 1602的使能端E相连，P2.6与读/写选择端RW相连，P2.5与RS相连，当使能端使能时，再通过命令选择端控制读数据、写数据及写命令。控制P0端与LCD 1602的数据端相连，传输数据。

转速测量电路原理如图17-12所示。

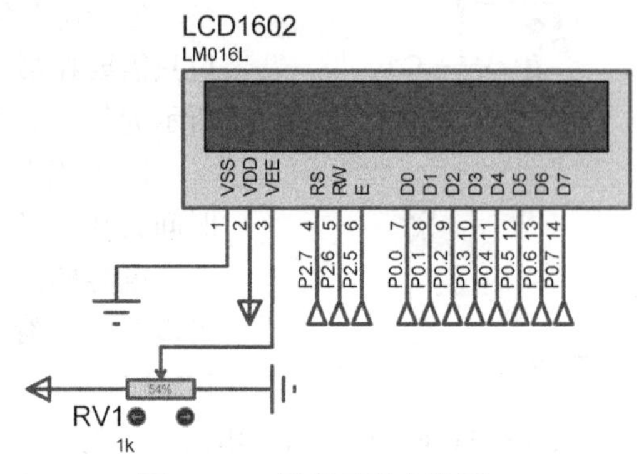

图17-11　液晶显示电路图

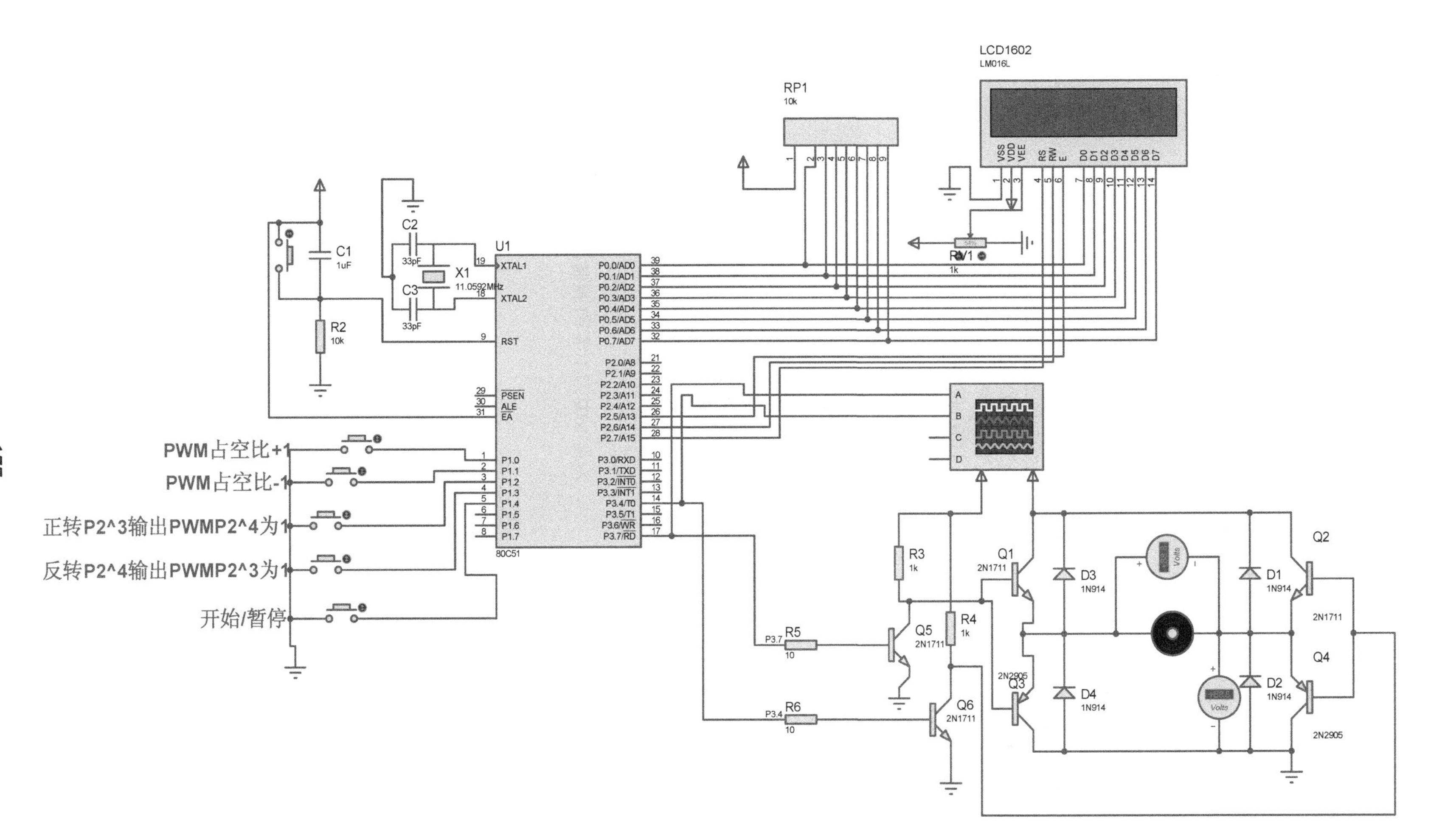

图17-12 转速测量电路原理图

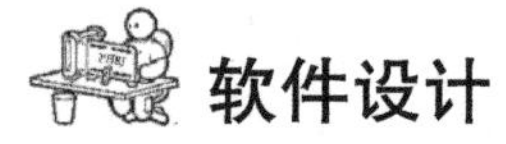

软件设计

本设计中，软件解决的主要问题是通过霍尔传感器检测到电动机的转速，然后输出脉冲信号，将脉冲信号传输给单片机进行处理，液晶屏显示转速，从而实现设置按键功能等。

编写程序如下：

```
#include <reg52. h>
#define uchar unsigned char
#define uint unsigned int
void displaym( ) ;                    //display 是函数名,根据名字意思,这个函数所要实现
                                      //的功能是显示输出
sbit en=P2^5;                         //LCD1602 端口  6 引脚
sbit rs=P2^7;                         //LCD1602 端口  4 引脚
sbit rw=P2^6;                         //LCD1602 端口  5 引脚
sbit num1=P1^0;                       //占空比加 1
sbit num2=P1^1;                       //占空比减 1
sbit num3=P1^2;                       //正转
sbit num4=P1^3;                       //反转
sbit num5=P1^4;                       //开始停止切换
sbit out=P3^4;                        //PWM 输出用于正转
sbit out1=P3^7;                       //PWM 输出用于反转
uint zhuansu,flag,z1,z2,m,flag_1,zheng,fan,kai;
void delay(uint z)                    //延时 1ms 函数
{
 uint x,y;
 for(x=0;x<z;x++)
      for(y=0;y<110;y++);
}
void write_com(uchar com)             //向 1602 写 1 字节(控制指令)
{
  rs=0;
  P0=com;
  delay(5);
  en=1;
  delay(10);
  en=0;
}
void write_data(uchar date)           //向 1602 写 1 字节(数据)
{
  rs=1;
  P0=date;
  delay(5);
  en=1;
  delay(5);
  en=0;
}
void init()                           //初始化函数
{
  en=0;
  rw=0;
  write_com(0x38);                    //5×7 显示
```

```
    write_com(0x0c);                        //关闭光标
    write_com(0x01);                        //LCD 初始化
    TMOD=0x11;                              //定时器方式 1
    TH0=0xdc;
    TL0=0x00;                               //定时器装入初值
    EA=1;                                   //开总中断
    ET0=1;                                  //定时器 0 开中断
    TR0=1;
    EX1=1;
  IT1=1;                                    //定时器启动
   TH1=0xfc;
    TL1=0x66;                               //定时 100μs
    ET1=1;                                  //定时器 1 开中断
    TR1=1;
    write_com(0x80);
    write_data('V');
    write_data(':');
    write_com(0x87);                        //第 1 行显示转速
    write_data('r');
    write_data('p');
    write_data('m');
    write_com(0xc0);
    write_data('z');
    write_data('h');
    write_data('a');
    write_data('n');
    write_data('k');
    write_data('o');
    write_data('n');
    write_data('g');
    write_data('b');
    write_data('i');                        //第 2 行显示占空比
    write_data(':');
    displaym();
}
void keyscan()                              //键盘扫描函数
{
    if(num1==0)
    {
      delay(5);                             //消除抖动
      if(num1==0)
      {
            if(m<=199)
            m++;
                  displaym();               //设定占空比加 1
      }
    }
    if(num2==0)
    {
      delay(5);
       if(num2==0)
       {
            if(m>=1)
            m--;
                  displaym();               //设定占空比减 1
```

```
        }
    }
      if(num3==0)
    {
      delay(5);
       if(num3==0)
       {
       zheng=1;                          //正转标志置 1
       fan=0;                            //反转标志置 0

       }
    }
       if(num4==0)
    {
      delay(5);
       if(num4==0)
       {
       zheng=0;                          //正转标志置 0
       fan=1;                            //反转标志置 1

       }
    }
       if(num5==0)
    {
      delay(5);
       if(num5==0)
       {
       while(num5==0) ;
            kai=1-kai;
          }
       }
     }
    void display()
     {
      write_com(0x82);
      zhuansu=zhuansu * 30;             //将两秒内的计数乘以 30 得到转每分
      if(zhuansu/10000!=0)
        write_data(zhuansu/10000+0x30);//如果转速的万位不为 0,则正常显示,否则显示空格
        else
        write_data(' ');
      if(zhuansu/10000==0&&zhuansu/1000%10==0)
        write_data(' ');
        else
        write_data(zhuansu/1000%10+0x30);//如果转速小于 1000,则千位为空格,否则正常显示
      if(zhuansu/100%10==0&&zhuansu/1000%10==0&&zhuansu/10000==0)
      write_data(' ');
      else
      write_data(zhuansu/10%10+0x30);    //如果转速小于 100,则百位为空格,否则正常显示
if(zhuansu/100%10==0&&zhuansu/1000%10==0&&zhuansu/10000==0&&zhuansu/10%10==0)
      write_data(' ');
      else
      write_data(zhuansu/10%10+0x30);    //如果转速小于 10,则十位为空格,否则正常显示
      write_data(zhuansu%10+0x30);
      write_com(0xd0);
```

```
}
void displaym()
{
write_com(0xcb);
  if(m/200%10!=0)
write_data(m/200%10+0x30);        //如果占空比百位不为0,则显示百位,否则显示空格
else
write_data(' ');

if(m/200%10==0&&m/20%10==0)
write_data(' ');
else
write_data(m/20%10+0x30);         //如果占空比小于10,则十位正常显示,否则显示空格
write_data(m/2%10+0x30);          //显示个位
}
void main()
{
    flag_1=0;
    m=100;                        //占空比为100
    zhuansu=0;                    //转速初值为0
    flag=0;
    zheng=1;                      //初始化电动机正转
    fan=0;
    init();
    while(1)
    {
    keyscan();                    //键盘扫描程序
    }

}
void int1() interrupt 2    //外部中断1,脉冲计数记录电动机的转速,电动机转1圈,转速加1
{
  zhuansu++;
}
void int2() interrupt 1    //定时器0显示转速
{

  TH0=0xdc;
  TL0=0x00;                //定时10ms
  flag++;

  if(flag==200)            //计时到达2s
    {
    display();             //显示转速
    zhuansu=0;             //转速置0
    flag=0;
    }
}
void int3() interrupt 3    //产生PWM
{
  TH1=0xff;
  TL1=0x00;                //定时100μs
    flag_1++;
    if(flag_1>199)
    flag_1=1;
```

```
if(kai==1)          //如果kai==1,则电动机启动
{
if(zheng==1)        //电动机正转
{
if(flag_1<m)        //小于占空比m,输出PWM=0,输出电压为1
   {out=0;
   out1=1;}
   else
   {
     out=1;
     out1=1;
   }
   }
     if(fan==1)     //电动机反转
{
if(flag_1<m)        //小于占空比m,输出PWM=0,输出电压为1
   {
     out=1;
     out1=0;
   }
   else             //大于m,输出PWM=1,输出电压为0
   {
     out=1;
     out1=1;
   }
}
}
if(kai==0)          //如果kai==0,则电动机停止转动
{
   out=1;
   out1=1;
}
}
```

调试与仿真

将程序下载到单片机中进行仿真，由于选用霍尔传感器检测到电动机转速，所以输出的是脉冲信号，采用时钟信号具有相同作用，其参数如图17-13所示，故在仿真中，可以用时钟信号代替霍尔传感器检测到的信号，如图17-14所示。

单击按键开关开始/暂停，给单片机P1.4发送一个低电平，使电动机开始正向转动，LED显示霍尔传感器测得的转速为12330rpm，占空比为50，如图17-15所示，此时P3.4在示波器输出的脉冲信号如图17-16所示。

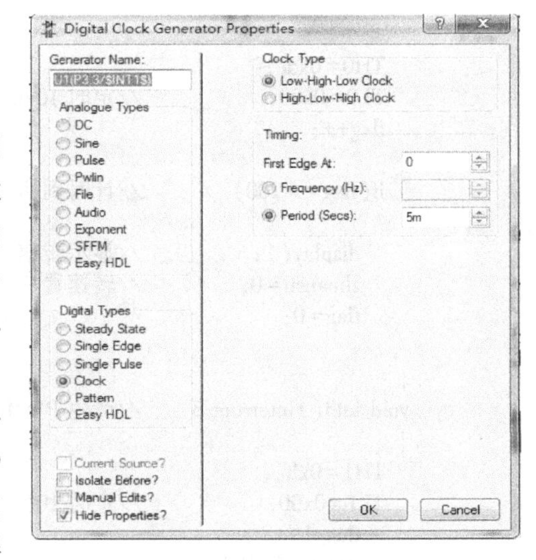

图17-13　信号参数

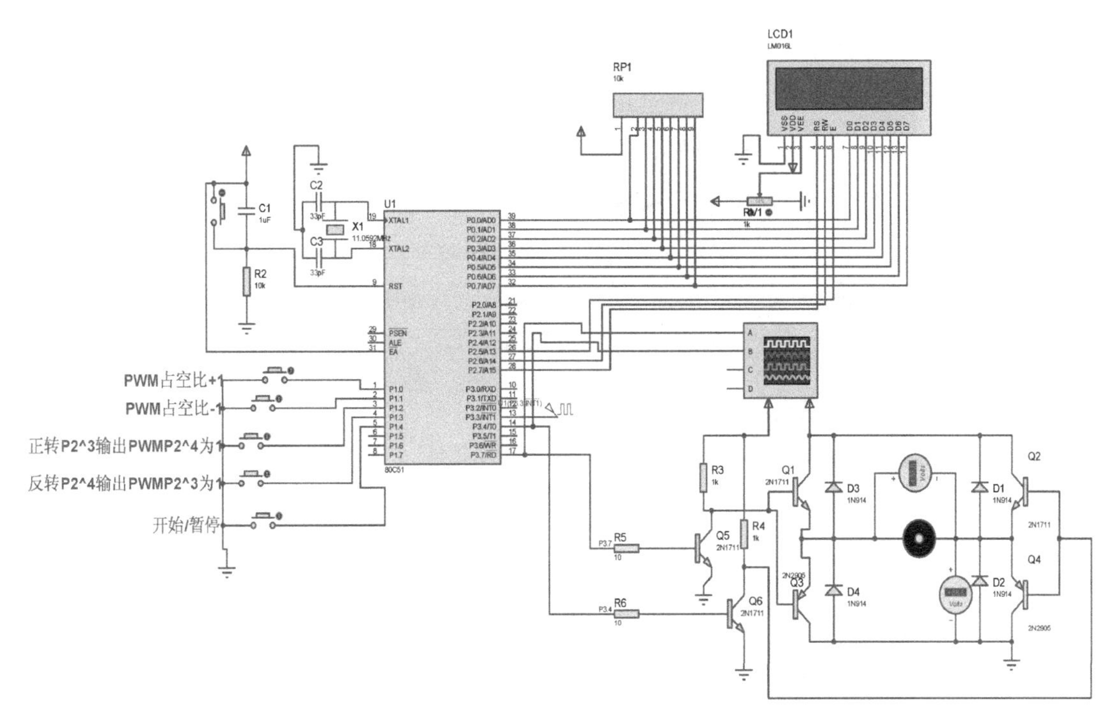

图 17-14　用时钟信号代替霍尔传感器电路仿真原理图

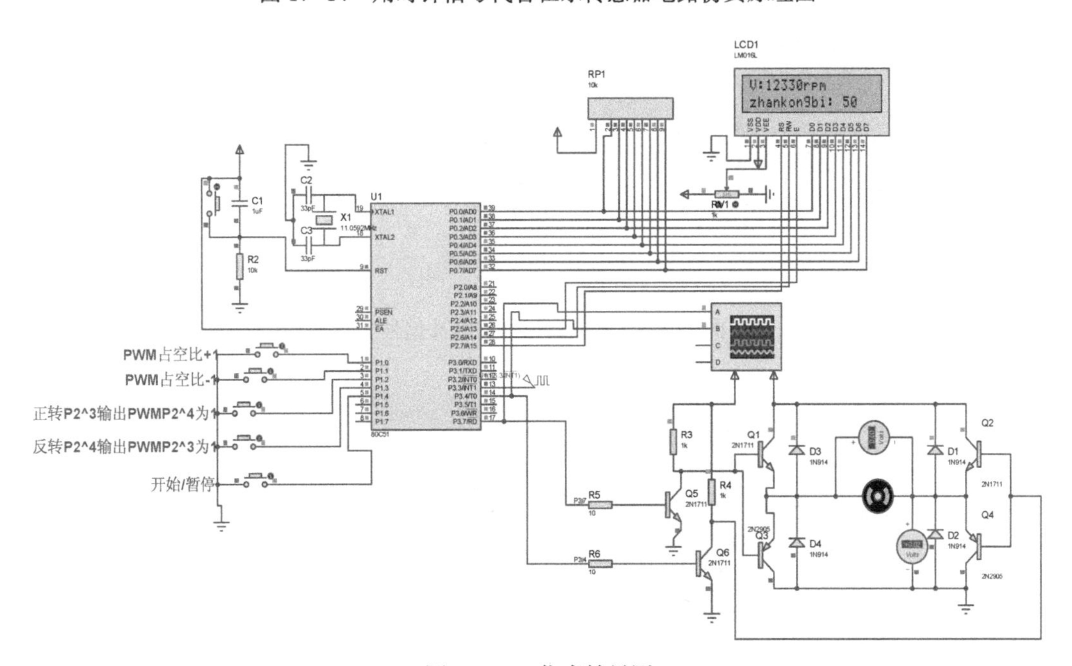

图 17-15　仿真结果图

当单击反转按键时，会给单片机 P1.3 发送一个低电平，使电动机反向转动，此时 P3.7 在示波器输出的脉冲信号如图 17-17 所示。

增大 PWM 占空比，可以使脉冲信号的宽度减小，转速变快；减小 PWM 占空比，可以使脉冲信号的宽度增加，转速变慢，分别如图 17-18 和图 17-19 所示。

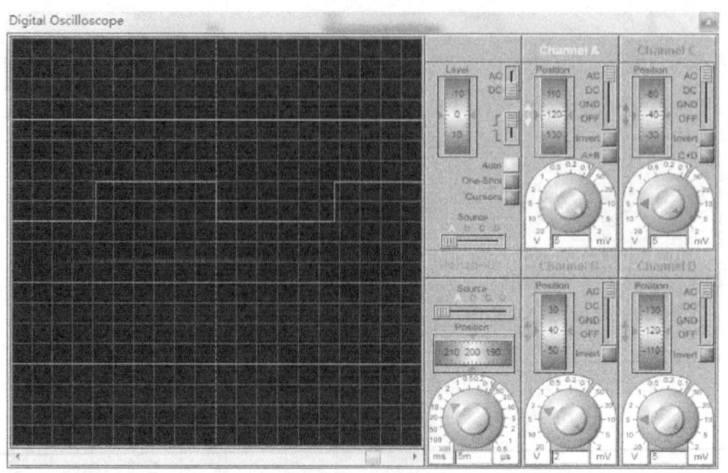

图 17-16　示波器输出的脉冲信号 1

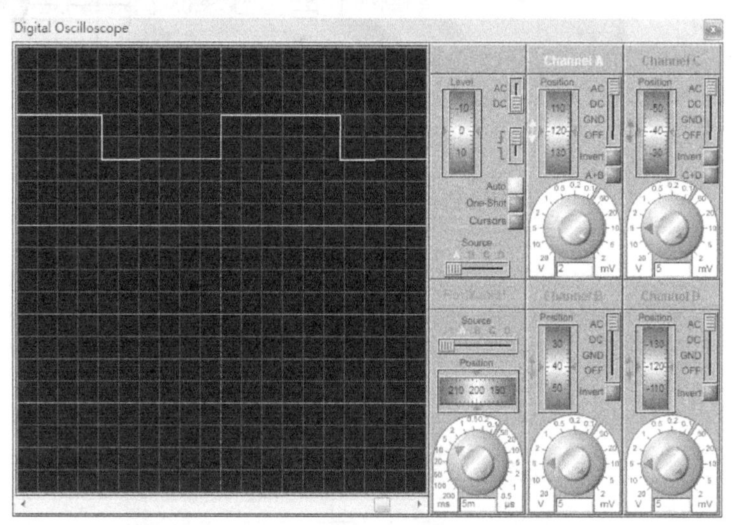

图 17-17　示波器输出的脉冲信号 2

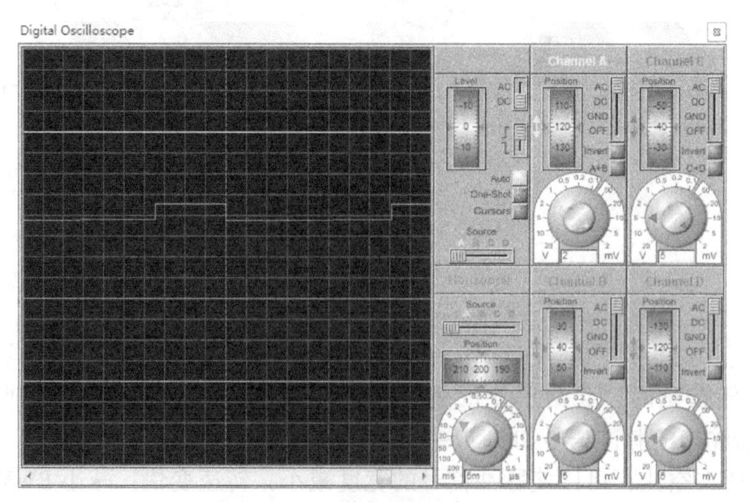

图 17-18　增大 PWM 占空比

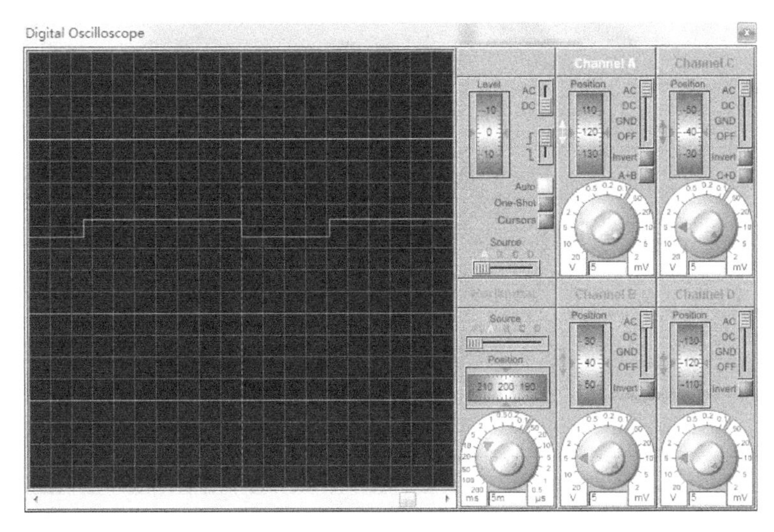

图 17-19　减小 PWM 占空比

霍尔传感器检测到电动机转速，可以改变霍尔传感器输出的信号参数，如图 17-20 所示。改变输入信号，其输出的转速也不同。

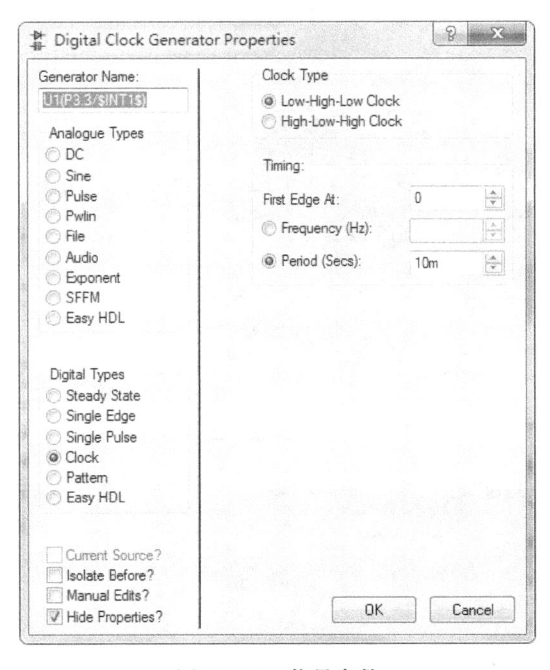

图 17-20　信号参数

单击按键开关开始/暂停，给单片机 P1.4 发送一个低电平，使电动机开始正向转动，LED 显示的转速为 6330rpm，占空比为 50，如图 17-21 所示，此时 P3.4 在示波器输出的脉冲信号如图 17-22 所示。

当单击反转按键时，会给单片机 P1.3 发送一个低电平，使电动机反向转动，此时 P3.7 在示波器输出的脉冲信号如图 17-23 所示。

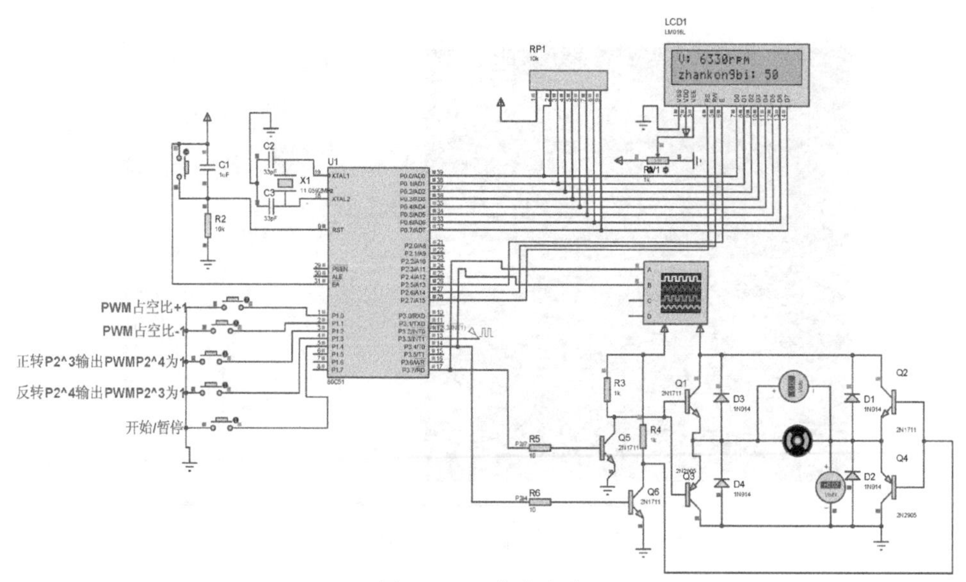

图 17-21 仿真电路

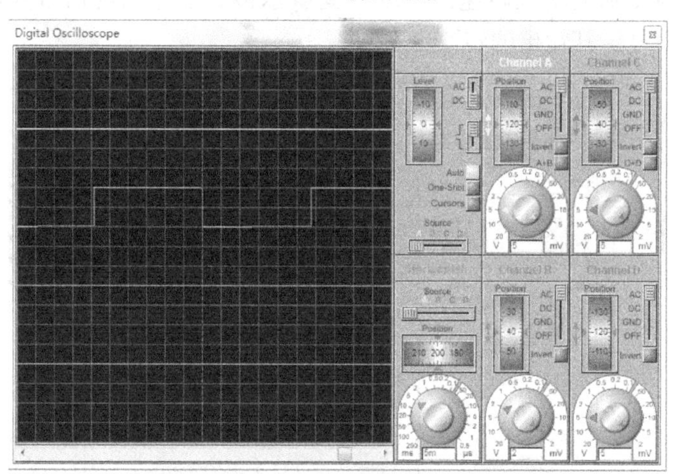

图 17-22 示波器输出的脉冲信号

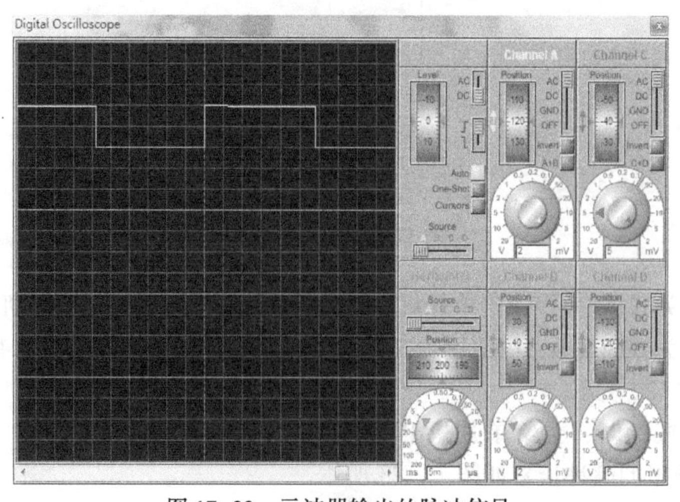

图 17-23 示波器输出的脉冲信号

PCB 版图

PCB 版图是根据原理图的设计，在 Proteus 界面单击“PCB Layout”按钮，将原理图中各个元器件进行分布，然后进行布线处理而得到的，如图 17-24 所示。在 PCB Layout 过程中需要考虑外部连接的布局、内部电子元器件的优化布局、金属连线和通孔的优化布局、电磁保护、热耗散等各种因素，这里就不做过多说明了。

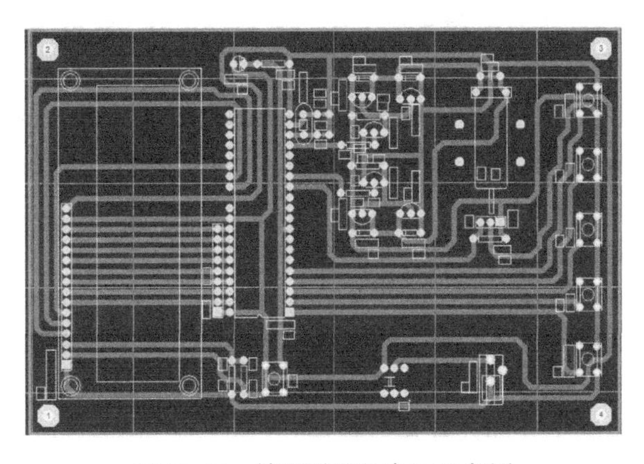

图 17-24　转速测量电路 PCB 版图

实物测试

按照原理图的布局，在实际板子上进行各个元器件的焊接，焊接完成后的实物图如图 17-25 所示。其实物测试图如图 17-26 所示。

图 17-25　实物图

图 17-26　实物测试图

先给电路板供电，电动机转起，此时显示电动机的转速为6413rpm，占空比为50，通过按键开关，使电动机发生正转或反转。通过按键增加占空比使转速增大或减小占空比使转速减小。

思考与练习

（1）为什么控制P0端口与LCD 1602的数据口相连加上拉电阻和电源呢？

答：因为P0端口作为I/O口输出时，输出低电平为0，输出高电平为高阻态（并非5V，相当于悬空状态），也就是说，P0端口不能真正输出高电平，给所接的负载提供电流，因此必须接上拉电阻，由电源通过这个上拉电阻给负载提供电流。由于P0端口内部没有上拉电阻，是开漏的，所以不管它的驱动能力多大，相当于它是没有电源的，需要外部电路提供。

（2）H桥驱动电路中为什么要加二极管和独石电容？

答：加二极管是因为电动机开关瞬间会产生反向电动势，二极管导通形成回路，与电动机配合将瞬时反向电动势消耗；电动机两端电流和晶体管上的电流过大，而独石电容的作用是滤波，将信号电压稳定住，从而保证电动机的正常运转。

（3）为什么晶振电路中要加入瓷片电容？

答：晶振与单片机的引脚XTAL0和引脚XTAL1构成的振荡电路中会产生谐波（也就是不希望存在的其他频率波），这个波会降低电路时钟振荡器的稳定性，在晶振的两个引脚处接入两个30pF的瓷片电容接地来削减谐波对电路稳定性的影响。

特别提醒

（1）液晶屏第3引脚（灰度调节引脚）的分压电阻不可过小，否则屏幕会看不清楚。

（2）晶振电路中晶振的选值不宜过大，一般在24MHz左右单片机就跟不上了。瓷片电容的选值一般在10~50pF范围内。

项目 18　振动检测电路设计

设计任务

设计一个能检测到振动信号的振动检测设备。

基本要求

本设计采用 5V 电源供电，由 SW18015P 检测到振动信号，通过 LM393 比较器输出一个低电平，使检测信号的发光二极管发光，以此显示检测到振动信号。

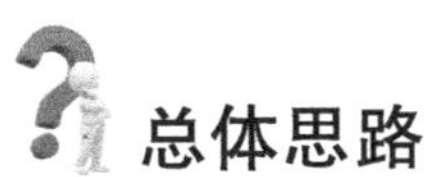

总体思路

本电路主要由 LM393 和 SW18015P 组成。由 SW18015P 检测振动信号，LM393 比较器的 1 脚输出低电平，检测指示灯亮起表明检测到振动信号。

系统组成

整个系统主要包括 2 部分。

☺ 第 1 部分：振动传感器电路。

☺ 第 2 部分：检测振动信号电路。

整个系统方案的模块框图如图 18-1 所示。

图 18-1　系统方案的模块框图

模块详解

1. 振动传感器电路

本设计需要 5V 电源供电，选用 SW18015P 振动传感器，振动传感器由导电振动弹簧同触发引脚被精确安放在开关本体内，并通过胶黏剂黏结固化定位，平时不受振动时弹簧和触发引脚间是不导通的，受到振动后，弹簧抖动接触到触发引脚，从而通电产生触发信号。SW18015P 技术参数如表 18-1 所示。

表 18-1　SW18015P 技术参数

封装	电压	电流	导通时间	闭路电阻	开路电阻	耐温
密封性	12V	5mA	2ms	<10ohm	>10M ohm	80℃

通过比较器 2、3 脚输入信号的大小决定输出的高、低电平。由于在软件中没有 SW18015P，所以用 BUTTON 按钮代替，每按一次，相当于一次振动，如图 18-2 所示。当单击 BUTTON 按钮时，LM393 的 1 脚会输出一个振动信号，如图 18-3 和图 18-4 所示。

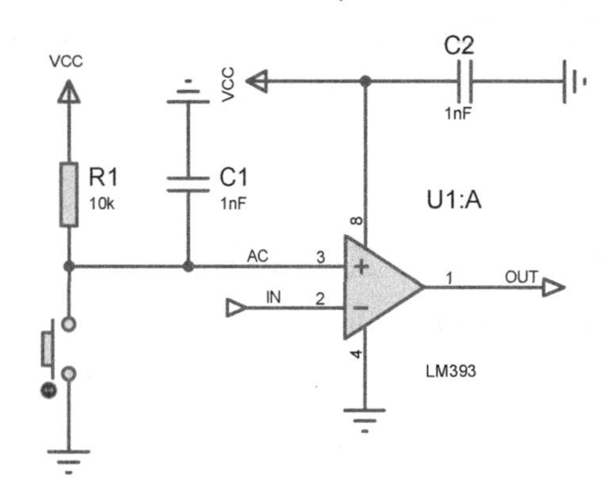

图 18-2　振动传感器电路

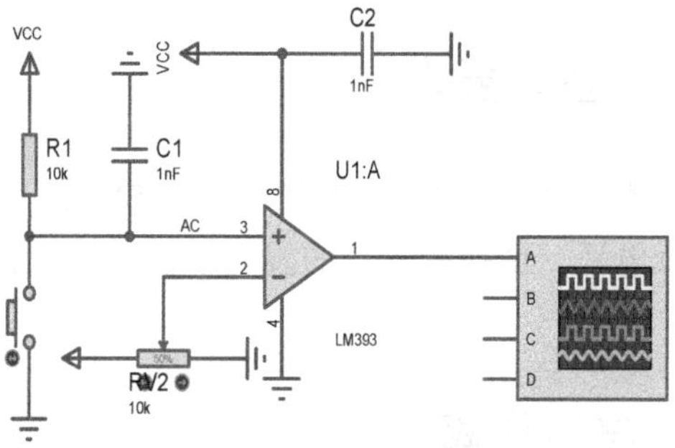

图 18-3　仿真电路

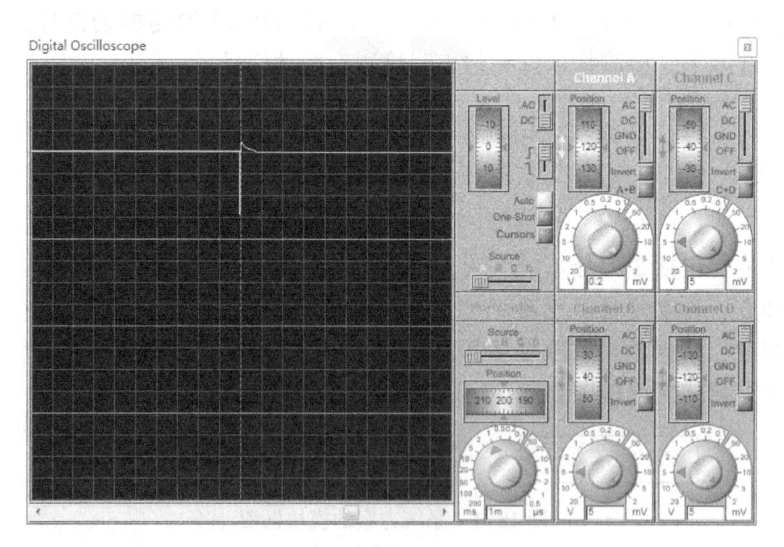

图 18-4　振动信号显示

2. 检测振动信号电路

通过 LM393 的 1 脚输出的信号驱动 D2 亮起，表示已经检测到振动信号。电位器可以调节信号检测的灵敏度，如图 18-5 所示。

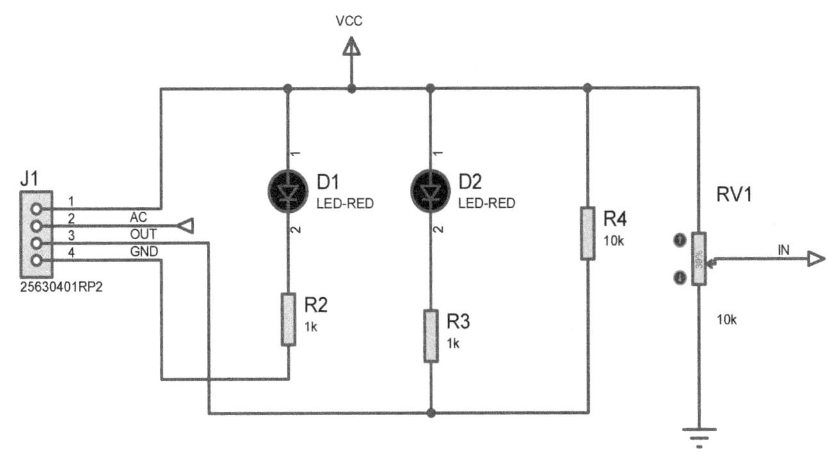

图 18-5　检测振动信号电路原理图

检测振动信号电路整体原理图如图 18-6 所示。

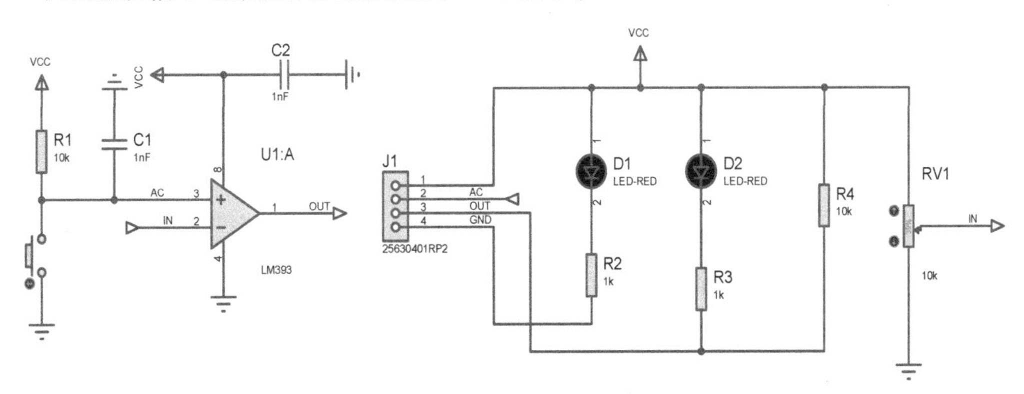

图 18-6　检测振动信号电路整体原理图

当接通电源进行仿真时，D1 亮起，D2 未亮，单击 BUTTON 按钮，会产生振动，当 LM393 的 2 脚电压大于 3 脚电压时，会产生振动信号，使 D2 闪亮一下，反之，D2 不会发生闪亮现象，如图 18-7 和图 18-8 所示。

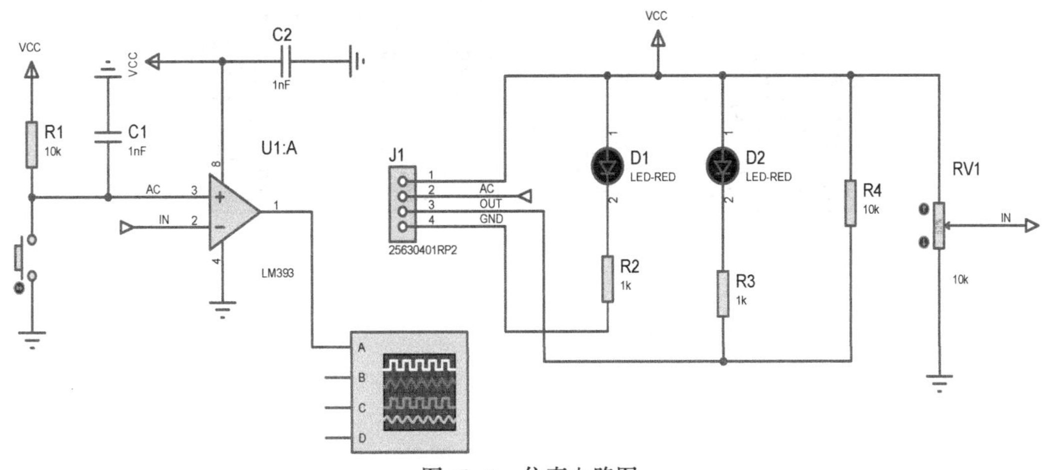

图 18-7　仿真电路图

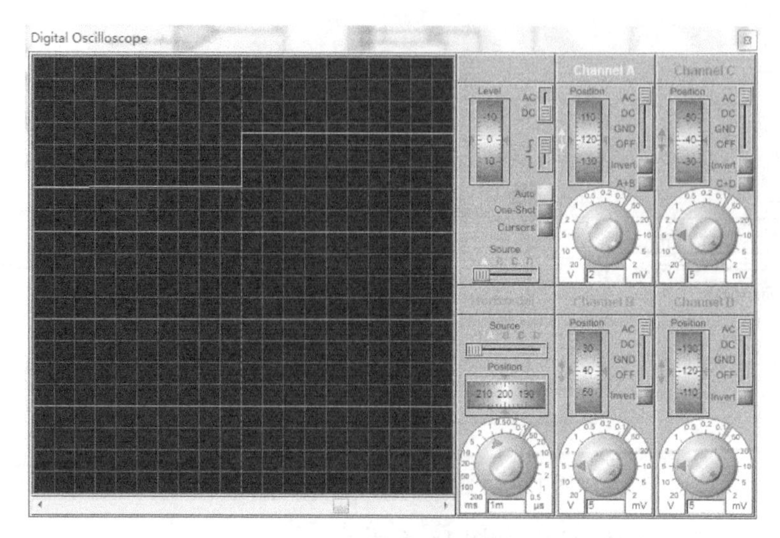

图 18-8　振动信号

PCB 版图

PCB 版图是根据原理图的设计，在 Proteus 界面单击“PCB Layout”按钮，将原理图中各个元器件进行分布，然后进行布线处理而得到的，如图 18-9 所示。在 PCB Layout 过程中需要考虑外部连接布局、内部电子元器件的优化布局、金属连线和通孔的优化布局、电磁保护、热耗散等各种因素，这里就不做过多说明了。

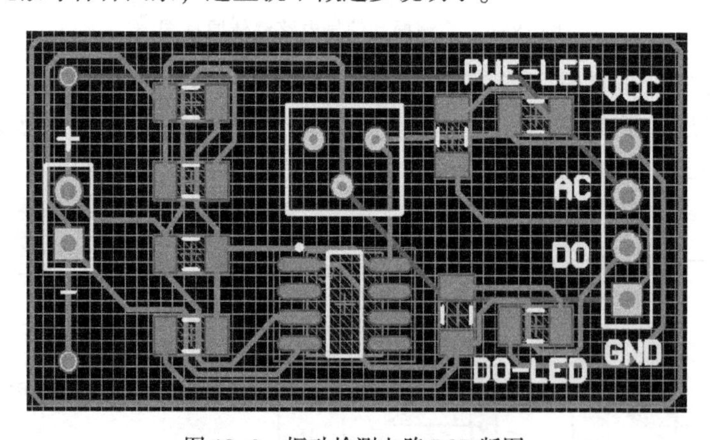

图 18-9　振动检测电路 PCB 版图

实物测试

按照原理图的布局，在实际板子上进行各个元器件的焊接，焊接完成后的实物图如图 18-10 所示。实物测试图如图 18-11 所示。

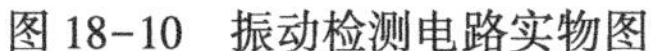
图 18-10　振动检测电路实物图

图 18-11　振动检测电路实物测试图

给电路板供电，此时红色的电源指示灯亮起，电路接通。用物体敲击振动传感器，红色指示灯由原来的一直亮变成闪烁发光，当停止敲击振动传感器时，红色指示灯一直亮。

思考与练习

（1）如何调节振动检测电路?

答：先调节电位器，使 LED 亮起，再稍微调节电位器，使其熄灭，这样振动检测电路就较灵敏。

（2）LM393 的作用是什么?

答：通过比较 2 脚和 3 脚的电压来决定 1 脚的输出电平。

（3）振动传感器的焊接方法。

答：本设计选用的是 SW18015P，在焊接时一般让较细的引脚接 GND。

特别提醒

（1）在放置电位器时按照上面的 1、2、3 脚焊接。

（2）设计完成后要对电路进行测试分析，检查 PCB 有无短路情况。

项目 19　一氧化碳测量电路设计

设计任务

设计一个简单的一氧化碳测量电路，可以测量出所在环境的一氧化碳浓度，最终将数值显示在数码管上。

基本要求

☺ 外接输入电压：6~8V。
☺ 测量范围：10~1000ppm。
☺ 精度：±2ppm。

总体思路

选用 MQ-7 传感器，将一氧化碳浓度信号转化为电压信号，再通过模数转换电路将模拟量转化成数字量，然后传入单片机系统进行数据处理，最终将浓度值显示在数码管上。

系统组成

一氧化碳测量电路主要分为 5 部分。

☺ 第一部分为电源模块：以 LM7805CV 为主体构成的电源模块为整个电路提供稳定的 5V 电压信号。
☺ 第二部分为传感器模块：用 MQ-7 将一氧化碳浓度信号转化成电压信号输出。
☺ 第三部分为模数转换模块：用 ADC0832 将传感器输出的模拟信号转化成数字信号。
☺ 第四部分为单片机系统模块：用 AT89C51 单片机进行信号处理，将处理后的信号传到数码管显示模块。
☺ 第五部分为数码管显示模块：由 4 位一体共阳数码管和 4 个以 PNP 三极管为主体的驱动电路构成。

整个系统方案的模块框图如图 19-1 所示。

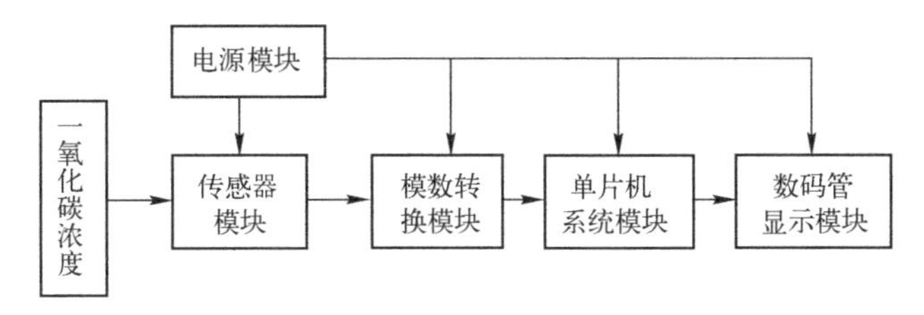

图 19-1　模块框图

模块详解

1. 电源模块

如图 19-2 所示，由 LM7805CV 进行电压转换，最终转换成 5V 电压输出，发光二极管 D2 亮代表模块正常工作，有 5V 电压输出。

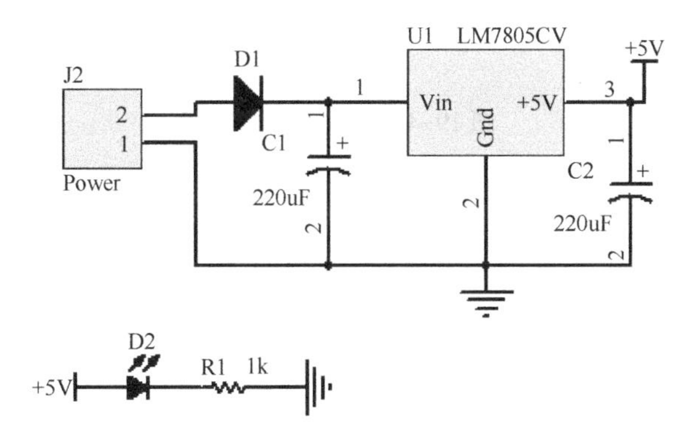

图 19-2　电源模块

2. 传感器模块

如图 19-3 所示，MQ-7 传感器模块由 P1 接口接出。MQ-7 所使用的气敏材料是在清洁空气中电导率较低的二氧化锡，模拟量输出 0~5V 电压，浓度越高，电压越高，对一氧化碳具有很高的灵敏度。

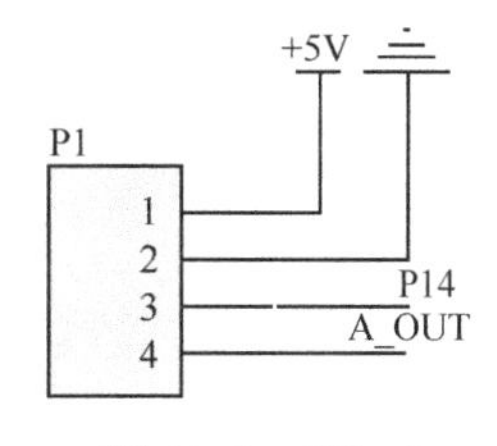

图 19-3　MQ-7 传感器模块

3. 模数转换模块

如图 19-4 所示的主体由 ADC0832 模数转换器构成，2 脚接传感器的模拟输出，1、7、6 脚分别接单片机的 1、2、3 脚，DO 为输出的数字量。$\overline{CS}$为片选信号输出。ADC0832 是 8 位逐次逼近模数转换器，可支持两个单端输入通道和一个差分输入通道，速度较快，但抗干扰能力较差，当 ADC0832 未工作时，其$\overline{CS}$输入端应为高电平，此时芯片禁用，CLK 和 DO/DI 的电平可任意。当要进行 A/D 转换时，须先将$\overline{CS}$端置于低电平并保持低电平，直到转换完全结束。此时芯片开始转换工作，同时由处理器向芯片时钟输入端 CLK 输入时钟脉冲，DO/DI 端则使用 DI 端输入通道功能选择的数据信号。在第 1 个时钟脉冲下沉之前，DI 端必须是高电平，表示起始信号。在第 2、3 个脉冲下沉之前，DI 端应输入 2 位数据，用于选择通道功能。

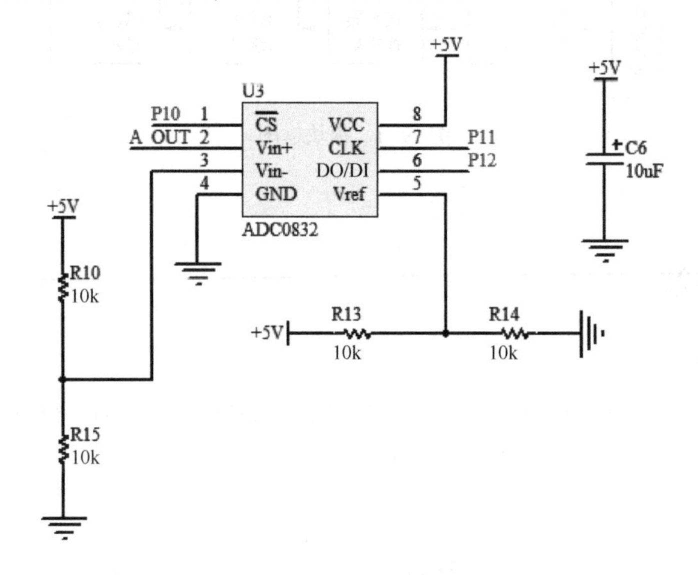

图 19-4　模数转换模块

4. 单片机系统模块

如图 19-5 所示，选用 AT89C51 单片机，XTAL1 和 XTAL2 所连部分为单片机的晶振部分。P1.4 接传感器的数字量输出，P1.0、P1.1、P1.2 为信号输入接口，接模数转换模块，P0.0~P0.7 接 LED 灯，P2.2~P2.5 接 LED 的驱动位选电路。

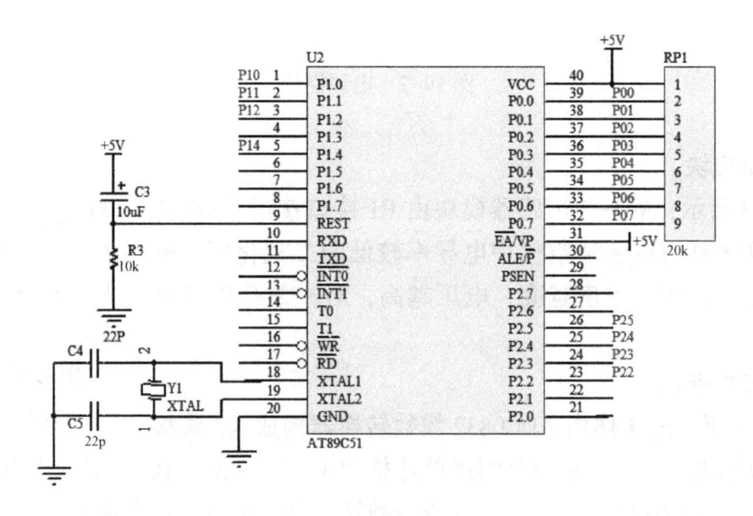

图 19-5　单片机系统模块

5. 数码管显示模块

如图 19-6 所示，数码管显示模块由 4 位一体共阳数码管构成，同时每个数码管的 COM 端均要接一个以 PNP 为主体的驱动电路，用来位选及增加驱动能力。

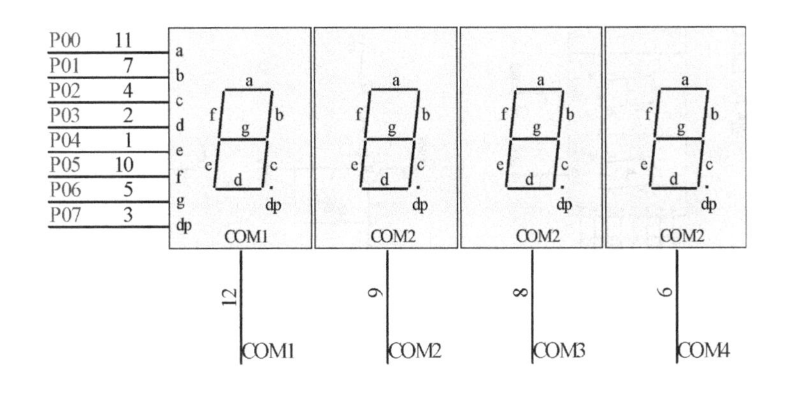

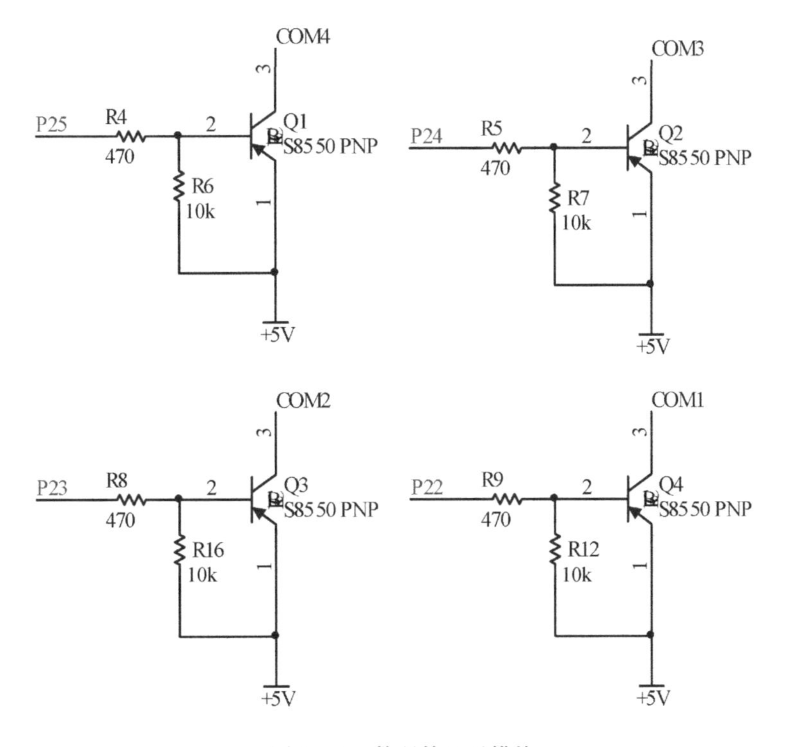

图 19-6　数码管显示模块

整体原理图如图 19-7 所示。

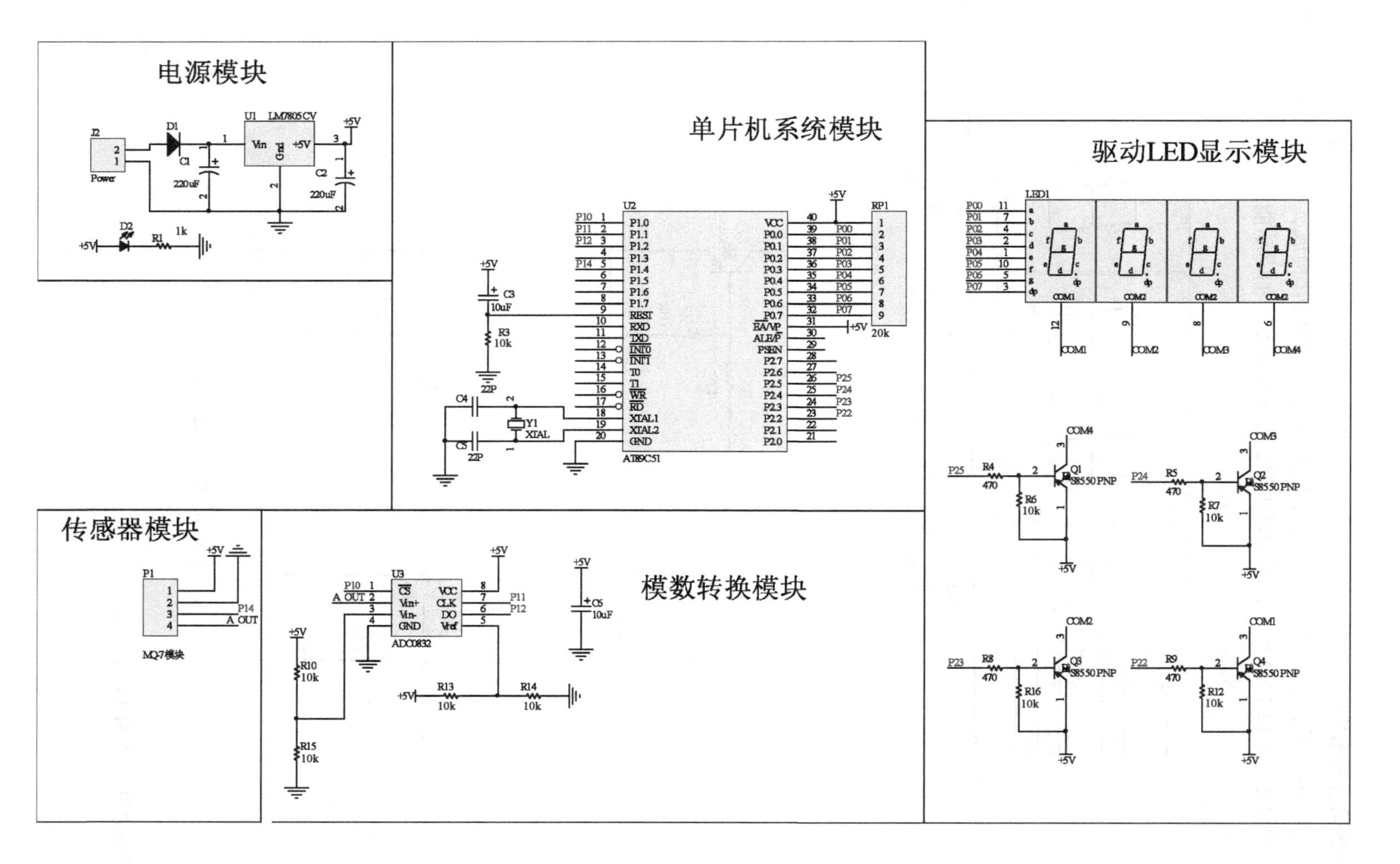

图19-7　整体原理图

软件设计

软件流程图如图 19-8 所示。

按照软件流程图，编写程序如下：

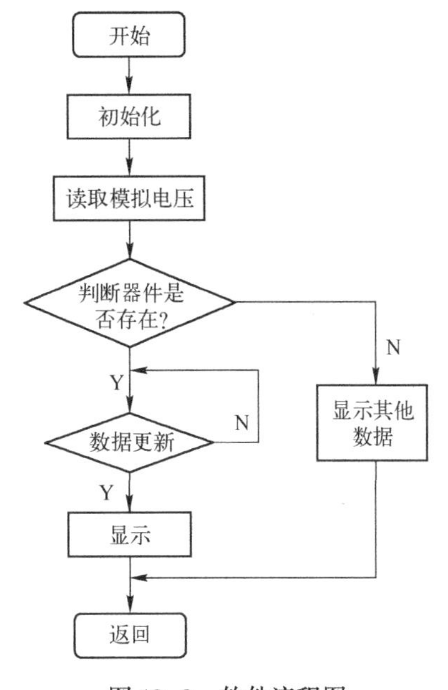

图 19-8 软件流程图

```
#include<reg52. h>
#include <stdio. h>
#include <intrins. h>
#define uint unsigned int
#define uchar unsigned char


void Init_Timer0( void) ;
void Init_Timer1( void) ;
unsigned char ucCO_Flag = 0x02;
sbit   CO_SIGNAL   = P1^4;
sbit   CS   = P1^0;
sbit   CLK = P1^1;
sbit   DIO   = P1^2;

 unsigned char Get_AD_Result( void)
{
 uchar i,dat1=0,data
 CS=0;
 CLK=0;
 DIO=1; _nop_();_nop_();
 CLK=1; _nop_();_nop_();
 CLK=0;
 DIO=1; _nop_();_nop_();
 CLK=1; _nop_();_nop_();
  CLK=0;
  DIO=0; _nop_();_nop_();
  CLK=1;
  DIO=1; _nop_();_nop_();

  CLK=0;
  for(i=0;i<8;i++)
  {
     CLK=1; _nop_();_nop_();
 CLK=0; _nop_();_nop_();
 dat1=dat1<<1 | DIO;
  }
   for(i=0;i<8;i++)
  {
     dat2=dat2 | ((uchar)(DIO)<<i);
 CLK=1; _nop_();_nop_();
 CLK=0; _nop_();_nop_();
  }
  CS=1;
  return (dat1==dat2) ? dat1:0;
}
```

```
unsigned int uiWarry_Val = 35;
unsigned int uiDis_Val = 0;
unsigned int uiDis_Val_0 = 0;
unsigned char ucDis_High_Val= 0;
unsigned char ucTe_Co = 15;
#define SMG_PORT    P0
unsigned char code Dofly_table[16] = {0xc0,0xf9,0xa4,0xb0,0x99,0x92,0x82,0xf8,0x80,0x90,
0x77,0x7c,0x39,0x5e,0x79,0x71};
unsigned char ucStart_Flag = 0;
#define SMG_DUSN_OUTPUT P0
#define SMG_WEI_OUTPUT P2
void Dis_Play_Co(unsigned int uiDis_Num)
{
 static char cI = 0;
 char cDia_Pos = 0;
 if(uiDis_Num >9999)
 {
  uiDis_Num = 0;
 }
 SMG_DUSN_OUTPUT = 0xff;
 SMG_WEI_OUTPUT |= 0x3C;
 switch(cI)
 {
   case 0: cDia_Pos =uiDis_Num/1000 ; break;
   case 1: cDia_Pos =uiDis_Num%1000/100 ; break;
   case 2: cDia_Pos =uiDis_Num%100/10 ;break;
   case 3: cDia_Pos =uiDis_Num%10 ; break;
 }
 if((ucCO_Flag&0x02))
   SMG_DUSN_OUTPUT = Dofly_table[cDia_Pos]&0X7F;
   else
   {
   SMG_DUSN_OUTPUT = Dofly_table[cDia_Pos];
}
  SMG_WEI_OUTPUT &=~(0x01<<cI+2);
  cI++;
 if( cI > 3)
 {
  cI = 0;
 }
}
void CO_Signal_Get(void)
{
  static char cI = 0;
  if(CO_SIGNAL == 0)
  {
    cI++;
  if(cI > 50)
  {
   cI = 50;
   ucCO_Flag |= 0x02;
 }
}
else
```

```
    {
     cI = 0;
    if(ucCO_Flag&0x02)
       ucCO_Flag &=~(1<<1);
  }
}

                        主函数
---------------------------------------------------*/
  unsigned char Time_Use = 0;
void Init_Timer0(void)
{
  TMOD |= 0x01;
  TH0=(65536-2000)/256;
  TL0=(65536-2000)%256;
  EA=1;
  ET0=1;
  TR0=1;
  PT1 = 1;
}


//1MV  2PPM
void main (void)
{
  char cStep = 0;
    Init_Timer0();

while (1)
  {
        if((ucCO_Flag&0x84) == = 0x84)
        {
        ucCO_Flag &=~0X04;
                uiDis_Val = 0;
        for(cStep = 0;cStep < 8;cStep++)
        {
         ucTe_Co = (unsigned int)Get_AD_Result();
         uiDis_Val += ucTe_Co;
        }
         uiDis_Val >>=3;
         uiWarry_Val = uiDis_Val;
        if(uiDis_Val <= 51)
        {
            uiDis_Val = 0;
            uiWarry_Val = 0;
        }
        else
        {
           uiDis_Val = uiDis_Val - 51;
          uiDis_Val = (float)(uiDis_Val) * 19.63 + 0.5;
          uiDis_Val <<=1;
          uiWarry_Val = uiDis_Val;
        }
        if(ucDis_High_Val < ucTe_Co)
        {
```

```
                ucDis_High_Val = ucTe_Co;

            }


            uiWarry_Val    =(float)(uiWarry_Val) * 19.6;
        }
    }
}
/*-------------------------------------------------
                定时器初始化子程序
-------------------------------------------------*/

/*-------------------------------------------------
                定时器中断子程序
-------------------------------------------------*/
 int iDSTime = 0;
void Timer0_isr(void) interrupt 1
{
 TH0=(65536-2000)/256;
 TL0=(65536-2000)%256;

 Dis_Play_Co(uiWarry_Val);
 CO_Signal_Get();
 if((ucCO_Flag&0x80) == = 0)
 {
   if(++iDSTime > 500 )
   {
      iDSTime = 0;
      if(uiWarry_Val > 0)
      {
        uiWarry_Val--;
       if(uiWarry_Val == = 0)
      {
         ucCO_Flag |=0x80;
      }
    }
  }
 }
 else
  {
    if(++iDSTime > 100 )
    {
      ucCO_Flag |= 0X04;
      iDSTime = 0;
    }
  }
}
```

PCB 版图

PCB 版图是根据原理图的设计，在 Protel 99SE 界面创建 PCB 文件，将原理图中各个元器件进行分布，然后进行布线处理而得到的，如图 19-9 所示。在 PCB 设计过程中，需要考虑外部连接的布局、内部电子元器件的优化布局、金属连线和通孔的优化布局、电磁保护、热耗散等各种因素，这里就不做过多说明了。

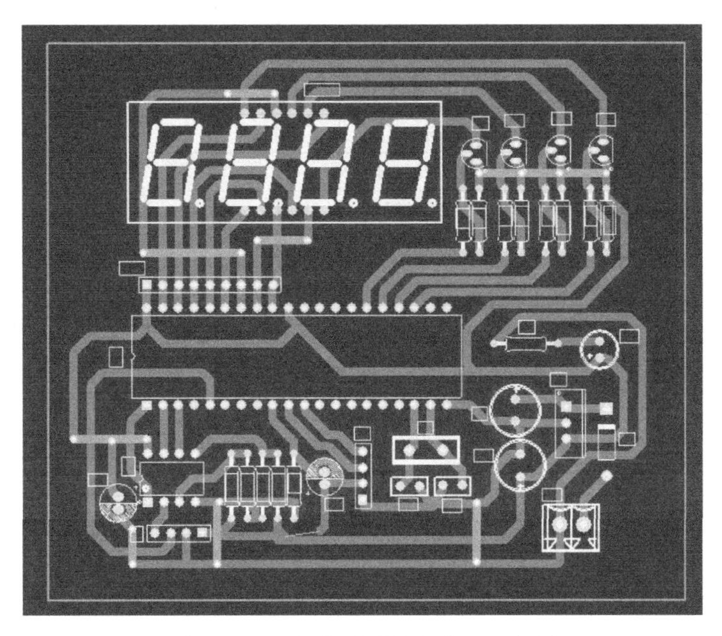

图 19-9　一氧化碳测量电路 PCB 版图

实物测试

按照原理图的布局，在实际板子上进行各个元器件的焊接，焊接完成后的实物图如图 19-10 所示。其实物测试图如图 19-11 所示。构成本电路的材料如表 19-1 所示。

经过实物测试，最终可以将环境中的一氧化碳浓度值测量并显示在 4 位一体数码管上，所以本电路符合设计要求。

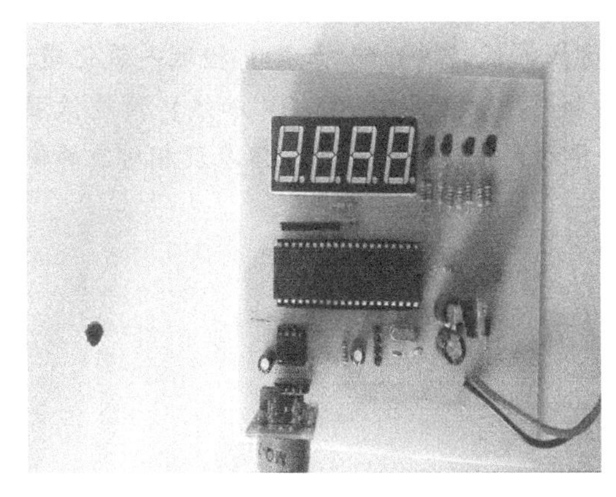

图 19-10　一氧化碳测量电路实物图

图 19-11　一氧化碳测量电路实物测试图

表 19-1　构成本电路的材料

序　号	名　称	规　格	数　量	元件编号
1	电解电容	220μF	2	C1，C2
2	电解电容	10μF	2	C3，C6
3	传感器		1	MQ-7
4	二极管	1N4007	1	D1
5	三极管	S8550 PNP	4	Q1～Q4
6	三端集成稳压电路	TO-220AB	1	U1
7	模数转换器	ADC0832	1	U3
8	瓷片电容	22pF	2	C4，C5
9	发光二极管	5mm	1	D2
10	4 位数码管	0. 56in	1	LED1
11	电阻	10kΩ	9	R2，R3，R6，R7，R10～R16
12	电阻	1kΩ	1	R1
13	电阻	470Ω	4	R4，R5，R8，R9
14	单片机	AT89C51	1	U2
15	晶振	11. 0592MHz	1	Y1

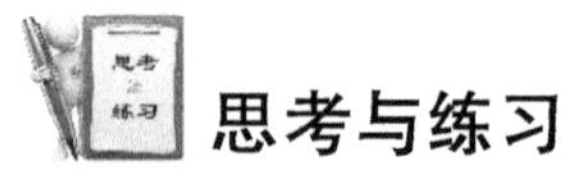

思考与练习

（1）简述本电路的设计思想。

答：选用传感器 MQ-7 将一氧化碳浓度信号转化为电压信号，然后通过模数转换电路将模拟量转化成数字量，然后送到单片机系统，编写单片机程序，最终将信号传输到数码管显示电路，将数值显示在数码管上。

（2）数码管显示模块的 PNP 三极管部分的作用是什么？

答：其作用是为了增加对数码管的驱动能力。

（3）MQ-7 属于什么传感器？其基本工作原理是什么？

答：MQ-7 属于气敏传感器。MQ-7 传感器所使用的气敏材料是在清洁空气中电导率较低的二氧化锡（SnO_2）。采用高低温循环检测方式：低温（1.5V 加热）检测一氧化碳，传感器的电导率随空气中一氧化碳气体浓度的增加而增大；高温（5.0V 加热）清洗低温时吸附的杂散气体。使用简单的电路即可将电导率的变化转换为与该气体浓度相对应的输出信号。

特别提醒

（1）在电源接入的时候不要将正负极接反。

（2）传感器在使用的时候必须进行预热，预热时间要求在 21s 以上。

项目 20　加速度测量电路设计

设计任务

设计一个可以采集 3 个方向加速度的简单电路，并将测量到的数据显示出来。

基本要求

☺ 可以采集−16g～16g 之间的加速度。
☺ 采用 ADXL345 加速度传感器直接采集并输出数字信号。
☺ 单片机使用的功能很少，所以工作在最小模式下。
☺ LCD 显示测量到的 3 个方向上的加速度值。

总体思路

选择 ADXL345 加速度传感器为电路进行三轴加速度测量，并将测量到的加速度值直接以数字信号的方式传输到单片机，最后通过显示电路将数据在 LCD1602 上显示出来。

系统组成

加速度测量电路分为 3 部分：
☺ 第一部分：加速度测量部分。
☺ 第二部分：单片机处理部分。
☺ 第三部分：LCD 显示部分。
该系统的模块框图如图 20-1 所示。

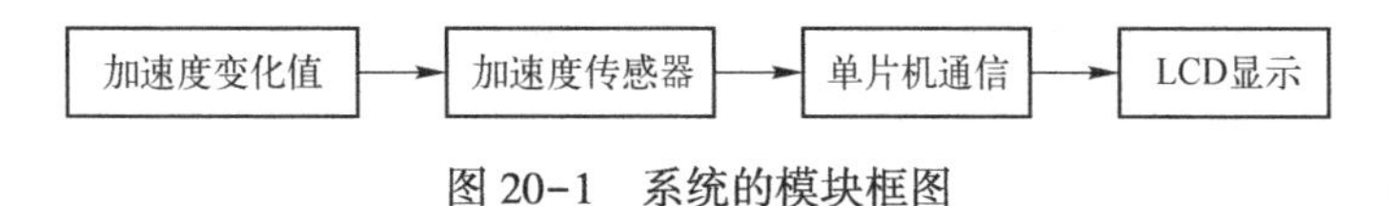

图 20-1　系统的模块框图

模块详解

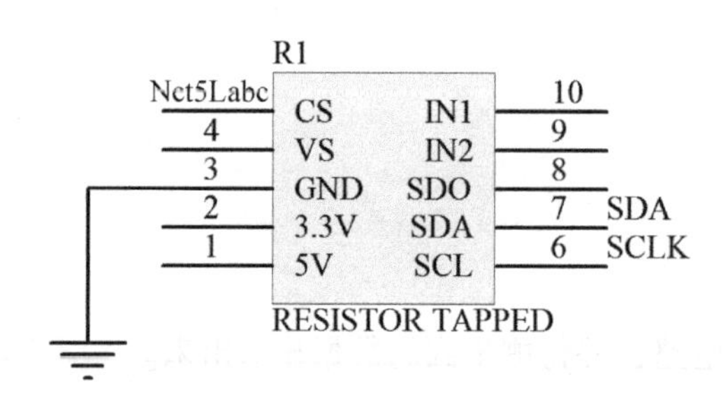

图 20-2　加速度测量部分电路

1. 加速度测量部分

ADXL345 加速度传感器的前端有一个感应器件，用来感应加速度的大小，然后由感应电信号转换为可识别的模拟信号。因为 ADXL345 中集成了 A/D 转换器，所以可以将该信号转换为数字信号，然后通过 SPI 通信，由 SCLK 提供时钟信号，由 SDA 与 P10 口相连传输测得的数字信号。加速度测量部分电路如图 20-2 所示。

2. 单片机处理部分

本电路中，单片机负责将接收到的数字信号通过编译再在 LCD1602 上显示出来。如图 20-3 所示单片机模块是单片机的最小系统。其中，晶振电路提供稳定的时钟基值，如图 20-4 所示；复位电路完成复位功能，如图 20-5 所示。

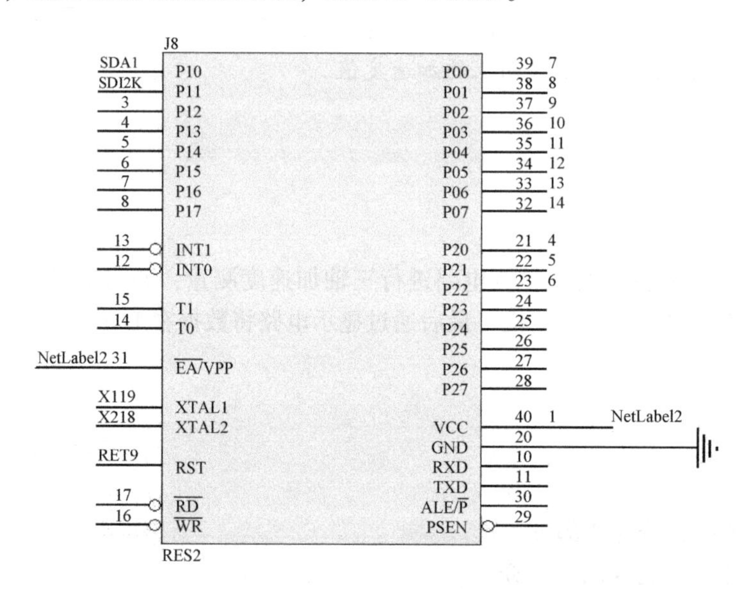

图 20-3　单片机模块

3. LCD 显示部分

LCD 显示部分由一个 LCD1602 显示屏、一个排阻、一个滑动变阻器和一个定值电阻组成。此处，LCD1602 的 8 只数据引脚需要上拉电阻来限制电流，同时 3 只引脚可以接一个电位器，用来调节显示屏的背光亮度，如图 20-6 所示。

加速度测量显示电路原理图如图 20-7 所示。

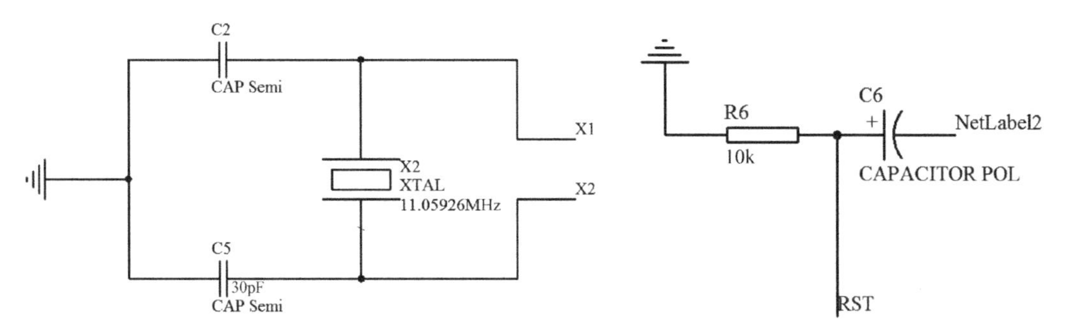

图 20-4　晶振电路　　　　图 20-5　复位电路

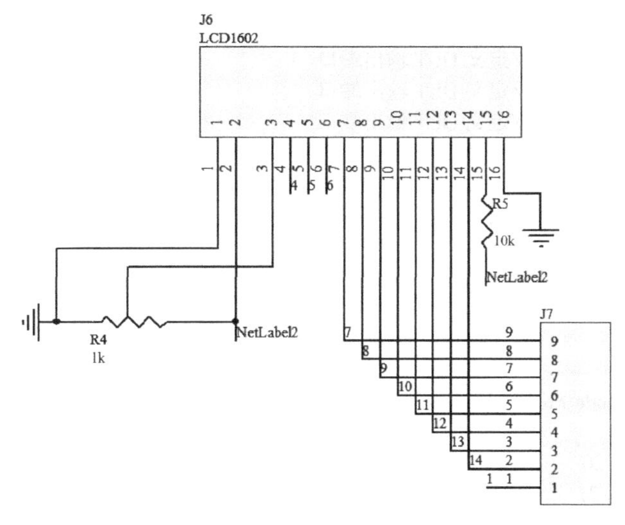

图 20-6　LCD 显示部分

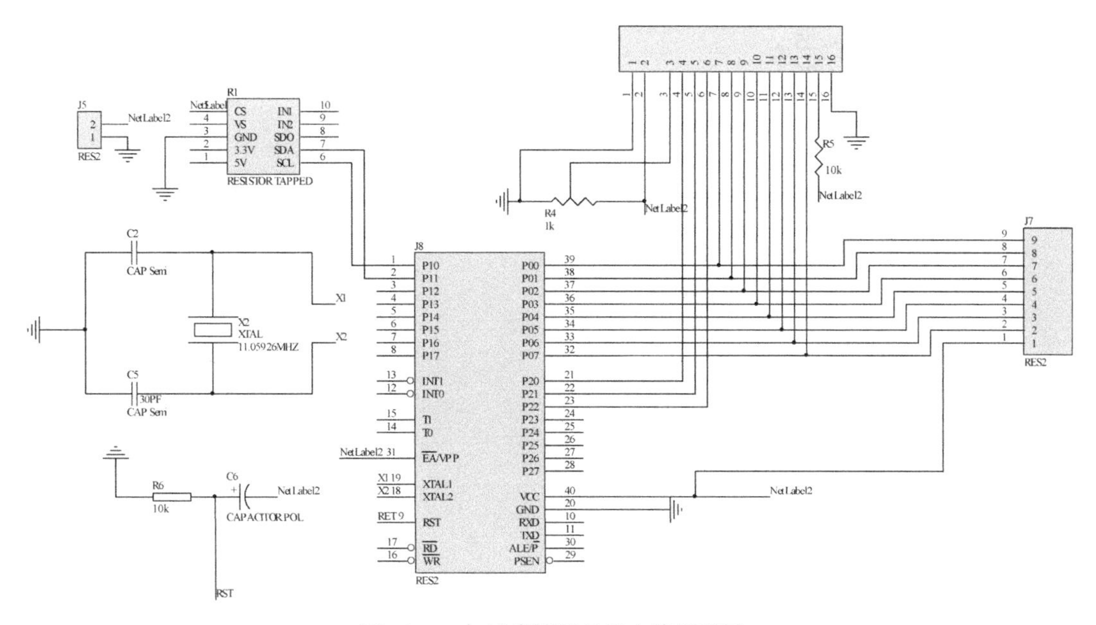

图 20-7　加速度测量显示电路原理图

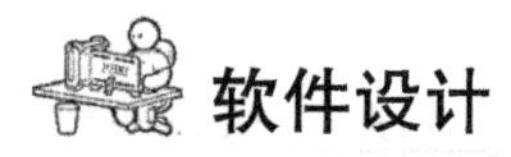

软件设计

软件程序主要包括主程序、译码子程序、数据显示子程序及延时子程序。其流程图如图 20-8 所示。

按照程序流程图，编写程序如下：

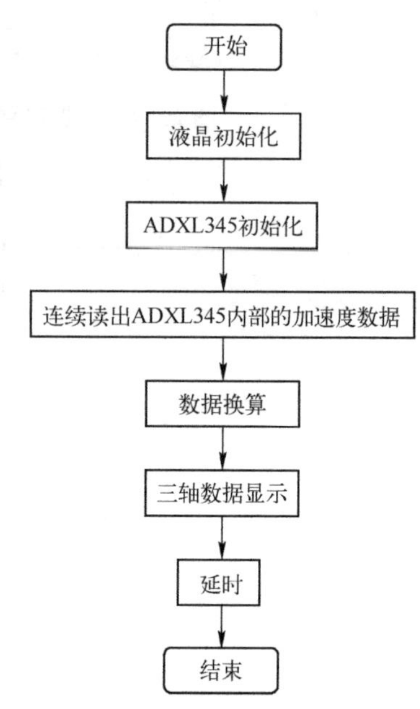

图 20-8　软件程序流程图

```
#include<reg52.h>        //包含头文件,一般情况下不需
                         //要改动,头文件包含特殊功能
                         //寄存器的定义
sbit KEY_0=P3^4;         //定义 OUT 输出端口
sbit LED_0=P2^7;         //定义 OUT 输出端口
sbit LED1=P2^6;          //定义 OUT 输出端口
sbit LED2=P2^5;          //定义 OUT 输出端口
sbitLED3=P2^4;           //定义 OUT 输出端口
sbit LED4=P2^3;          //定义 OUT 输出端口
#define Frq_Max    8
unsigned char ucTime_Get = 0;   //现在的频率

//输出频率表
//20~30Hz
//unsigned int code Frq_table[11]=
//{
//   0X9E58,//20
//   0XA2FE,//21
//   0XA739,//22
//   0XAB15,//23
//   0XAE9F,//24
//   0XB1E0,//25
//   0XB4E1,//26
//   0XB7A9,//27
//   0XBA3F,//28
//   0XBCA7,//29
//   0XBEE5//30
//};
// 44703 -
unsigned int code   Frq_table[8]=
{
  0x3CB0,//5
  0x3CB0, //10
  0X7DCB,//15
  0X9E58,//20
  0xB1E0,//25
  0XBEE5,//30
  0XC832,//35
  0XCF2C,//40
};
```

```
/*-------------------------------------------------
                定时器初始化子程序
-------------------------------------------------*/

void Init_Timer0(void)
{
    TMOD |= 0x01;        //使用模式 1,16 位定时器,使用"|"符号可以在使用多个定时器时
                         //不受影响
    TH0=(65536-50000)/256;            //重新赋值 2ms
    TL0=(65536-50000)%256;
    EA=1;                //总中断打开
    ET0=1;               //定时器中断打开
    TR0=1;               //定时器开关打开
    PT1 = 1;
}
void Init_Timer1(void)
{
    TMOD |= 0x10;        //使用模式 1,16 位定时器,使用"|"符号可以在使用多个定时器时
                         //不受影响
    TH1=(Frq_table[ucTime_Get])/256;            //重新赋值 2ms
    TL1=(Frq_table[ucTime_Get])%256;
    ET1=1;               //定时器中断打开
    TR1=1;               //定时器开关打开
}
unsigned char ucKEY_Down_Flag = 0;
unsigned char ucDis_Mode = 0; //4 个灯点亮

void Time_Change(void)
{
  if((ucKEY_Down_Flag&0x80) == 0x00)        //没有按键被按下
  {
    if(KEY_0 == 0)
    {
      ucKEY_Down_Flag++;
      if(ucKEY_Down_Flag&0x40 == 0x00)
      {
          if(ucKEY_Down_Flag >= 14)
          {
           ucKEY_Down_Flag |=0x40;
          }
      }
       else    if(ucKEY_Down_Flag&0x40 == 0x40)
         {
          if(ucKEY_Down_Flag >= 100)        //长按
          {
            ucKEY_Down_Flag =0x80;
            if(ucDis_Mode == 0)
            {
              ucDis_Mode = 1;
              LED1 = 1;
              LED2 = 1;
```

```
                LED3 = 1;
                LED4 = 1;
              }
              else
              {
                LED_0 = 1;
                ucDis_Mode = 0;
              }
            }
        }
      }
      else
        {
          if(ucKEY_Down_Flag&0x40 == 0x40)  //短按
          {
               if(ucDis_Mode != 0)
               {
                 ucTime_Get++;
                 if(ucTime_Get >= Frq_Max)
                 {
                   ucTime_Get = 0;
                 }
               }
          }

           ucKEY_Down_Flag =0;
        }
    }
    else if((ucKEY_Down_Flag&0x80) == 0x80)  //没有按键被按下
      {
            if(KEY_0 == 1)
            {
             ucKEY_Down_Flag =0;
            }
      }
}

/*-----------------------------------------------
                主程序
-----------------------------------------------*/
main()
{
 Init_Timer0();
 Init_Timer1();
 EA=1;
 while(1);
}

/*-----------------------------------------------
                定时器中断子程序
-----------------------------------------------*/
char  cRand_Val = 0;
```

```
char   cStep = 0;
char   cTime_Total = 0;
void Timer0_isr(void) interrupt 1 using 1
{
 TH0=(65536-5000)/256;                           //重新赋值 12MHz 晶振计算,指令周期 1μs,
 TL0=(65536-5000)%256;                           //1ms 方波半个周期 500μs,即定时 500 次
 Time_Change();
 if(ucDis_Mode == 0)
 {
     if(++cTime_Total >= 60)
     {
      cTime_Total = 0;
      cRand_Val = TH1%10;
      if(cRand_Val > 3)
      {
       cRand_Val /=3;
      }
         switch(cRand_Val) // 1 1 1 1 1 1 1 1
         {
            case 0:       //LED1   P2.6
                       LED1 = 0;
                       LED2 = 1;
                       LED3 = 1;
                       LED4 = 1;
                       break;
            case 1:          //LED1   P2.5
                       LED1 = 1;
                       LED2 = 0;
                       LED3 = 1;
                       LED4 = 1;
                       break;
            case 2:          //LED1   P2.4
                       LED1 = 1;
                       LED2 = 1;
                       LED3 = 0;
                       LED4 = 1;
                       break;
            case 3:          //LED1   P2.3
                       LED1 = 1;
                       LED2 = 1;
                       LED3 = 1;
                       LED4 = 0;
                       break;
           default: break;
         }
      }
   }
}

void Timer1_isr(void) interrupt 3
{
  static char cTime_Count = 0;
```

```
TH1=(Frq_table[ucTime_Get])/256;          //重新赋值 2ms
TL1=(Frq_table[ucTime_Get])%256;
if((ucDis_Mode != 0)&&(ucTime_Get != 0))
    LED_0=~LED_0;                          //用示波器可看到输出方波
if(ucDis_Mode != 0)
{
    if(ucTime_Get == 0)//5Hz
    {
        cTime_Count++;
        if(++cTime_Count > 2)
        {
            cTime_Count = 0;
            LED_0=~LED_0;
        }
    }
    else
    {
        LED_0=~LED_0;
        cTime_Count = 0;
    }
}
}
```

 PCB 版图

PCB 版图是根据原理图的设计，在 Protel 99SE 界面创建的 PCB 文件。其将原理图中各个元器件进行分布，然后进行布线处理，如图 20-9 所示。在 PCB 设计过程中需要考虑外部连接的布局、内部电子元器件的优化布局、金属连线和通孔的优化布局、电磁保护、热耗散等各种因素，这里就不做过多说明了。

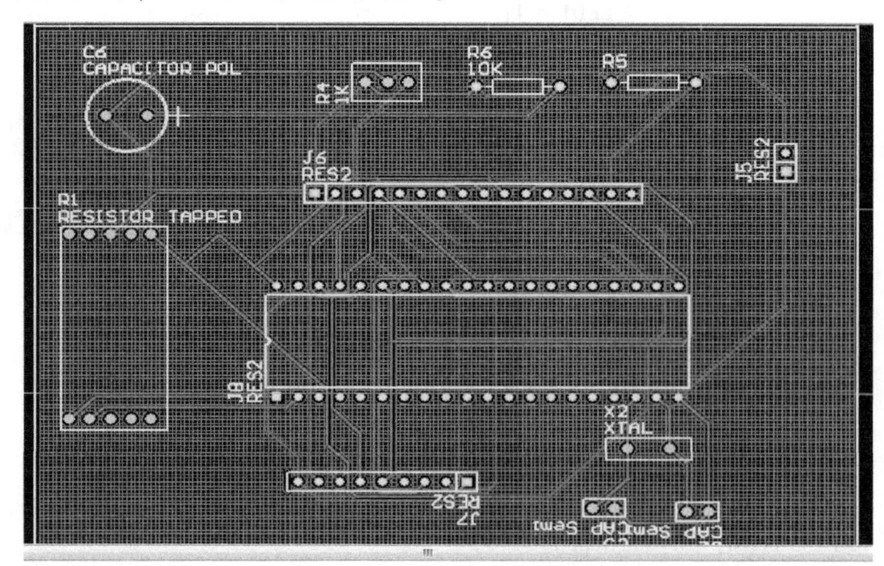

图 20-9　加速度测量电路 PCB 版图

实物测试

按照原理图的布局，在实际板子上进行各个元器件的焊接，焊接完成后的实物图如图 20-10 所示。其实物测试图如图 20-11 所示。构成本电路的材料如表 20-1 所示。

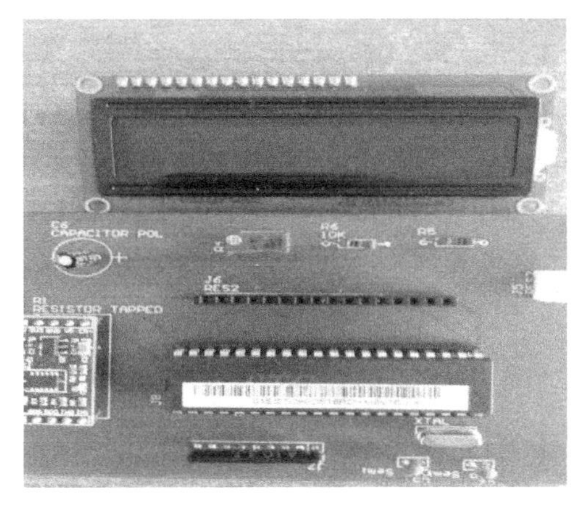

图 20-10　加速度测量电路实物图

图 20-11　加速度测量电路实物测试图

表 20-1　构成加速度测量电路的材料

序　号	名　称	元 件 规 格	数　量	元 件 编 号
1	电容	30pF	2	C1，C2
2	电容	100pF	4	C5，C6，C7
3	电容	4.7μF	1	C4
4	电阻	4.7kΩ	4	R5，R6，R7，R8
5	电阻	1kΩ	2	R1，R2
6	电阻	10kΩ	1	R4
7	滑动变阻器	1kΩ	1	R3
8	电解电容	10μf	1	C3
9	51 单片机	—	1	J4
10	LCD1602	—	1	J2
11	晶振	11.05926MHz	1	X1
12	排阻	—	1	J3
13	加速度传感器	—	1	ADXL345

思考与练习

（1）ADXL345 如何工作？

答：ADXL345 加速度传感器首先由前端感应器件感测加速度的大小，然后由感应电信号器件转为可识别的电信号，这个信号是模拟信号。ADXL345 中集成了 A/D 转换器，可以将此模拟信号数字化。它将三个方向上的加速度 g 储存在其内部寄存器中，所以通过适当控制指令及与单片机I^2C 通信，就可以将其传输到单片机中，然后对其进行编译。

（2）加速度测量电路的工作原理是怎样的？

答：选择 ADXL345 加速度传感器为测量电路进行三轴加速度值的测量，将测量到的加速度值直接通过数字信号的方式传输到单片机，由单片机通过显示电路将数据在 LCD1602 上显示出来。

（3）LCD 的显示原理是怎样的？

答：LCD 屏第一行的亮暗由 RAM 区 000H～00FH 的内容决定，当（000H）= FFH 时，屏幕的左上角显示一条短亮线，长度为 8 个点；当（3FFH）= FFH 时，屏幕的右下角显示一条短亮线；当（000H）= FFH，（001H）= 00H，（002H）= 00H，…，（00EH）= 00H，（00FH）= 00H 时，在屏幕的顶部显示一条由 8 条亮线和 8 条暗线组成的虚线。这就是 LCD 显示的基本原理。

特别提醒

（1）在测试时，获得加速度的移动速度不要太快，以免超出加速度计的测量范围。

（2）在调节电位器时不要调得太小，以免短路。

项目 21　小型称重电路设计

设计任务

设计一个小型称重电路。

基本要求

测重范围 0~2kg，误差不超过 5g。

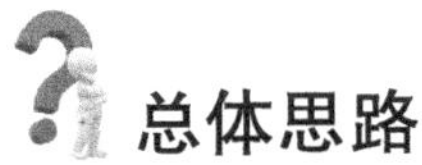

总体思路

称重传感器感应被测重力，输出微弱的毫伏级电压信号。该电压信号经过电子秤专用模数（A/D）转换器芯片 HX711 对传感器信号进行转换。HX711 芯片通过 2 线串行方式与单片机通信。单片机读取被测数据，进行计算转换，然后在液晶屏上显示出来。

系统组成

小型称重电路由以下 4 部分组成。

☺ 第一部分：称重传感器；

☺ 第二部分：电子秤专用 24 位 A/D 转换芯片 HX711；

☺ 第三部分：单片机模块及 AT24C16 电路；

☺ 第四部分：液晶显示电路、电源电路、复位电路。

整个系统方案的模块框图如图 21-1 所示。

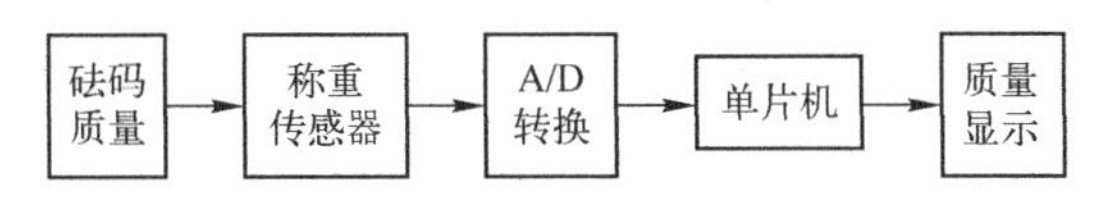

图 21-1　系统方案的模块框图

模块详解

HX711采用海芯科技集成电路专利技术，是一款专为高精度电子秤设计的24位A/D转换器芯片，内置增益控制，精度高，性能稳定。

电源系统给单片机、HX711芯片及传感器供电。

1. 称重传感器

传感器是测量机构最重要的部件，其本身具有单调性的特点，其主要参数指标是灵敏度、总误差和漂移。

1）灵敏度

称重传感器的灵敏度为满负荷输出电压与激励电压的比值，典型值是2mV/V。当使用灵敏度为2mV/V和激励电压为5V的传感器时，其满度输出电压为10mV。通常，为了使用称重传感器线性度最好的一段称重范围，应当仅使用满度范围的2/3，因此满度输出电压应大约为6mV。当电子秤应用于工业环境时，在6mV满度范围内测量微小的信号变化并非易事。

2）总误差

总误差是指输出误差和额定误差的比值。典型电子秤的总误差指标大约是0.02%，这一技术指标相当重要，其限制了使用理想信号调节电路所能达到的精确度，决定了ADC分辨率的选择及放大电路和滤波器的设计。

3）漂移

称重传感器也产生与时间相关的漂移。目前常用的称重传感器有电阻应变式压力传感器、电容压力传感器、压电式压力传感器。选用时应根据稳定运行、精度等级、寿命和安装环境等情况综合考虑。

综上所述，选用电阻应变式压力传感器作为电子秤称重传感器是最合适的。电阻应变式压力传感器主要由弹性体、电阻应变片、电缆线等组成，内部线路采用惠斯通电桥。当弹性体承受载荷产生变形时，电阻应变片（转换元件）受到拉伸或压缩变形后，其阻值将发生变化（增大或减小），从而使电桥失去平衡，产生相应的差动信号，供后续电路测量和处理。

2. 电子秤专用24位A/D转换器芯片HX711

与同类型其他芯片相比，HX711芯片集成了包括稳压电源、片内时钟振荡器等同类型芯片所需要的外围电路，具有集成度高、响应速度快、抗干扰性强等优点，降低了电子秤的整机成本，提高了整机性能和可靠性。

该芯片与后端MCU芯片的接口和编程非常简单，所有控制信号由引脚驱动，无须对芯片内部的寄存器进行编程。输入选择开关可任意选取通道A或通道B，与其内部的低噪声可编程放大器相连。通道A的可编程增益为128或64，对应的满额度差分输入信号幅值分别为±20mV或±40mV。通道B则为固定的32增益，用于系统参数检测。芯片内提供的稳压电源可以直接向外部传感器和芯片内的A/D转换器提供电源，系统板上无须另外的模拟电源。芯片内的时钟振荡器不需要任何外接器件。上电自动复位功能简化了开机的初始化过程。

HX711 接口电路如图 21-2 所示。

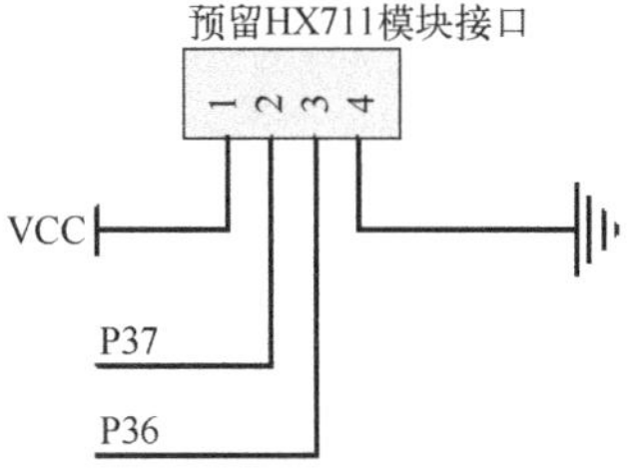

图 21-2　HX711 接口电路

3. 单片机模块

AT89S52 外围电路如图 21-3 所示。

图中，晶振为 11.0595MHz，两个电容大小为 22pF，J1 和 J3 为有 20 只引脚的连接端子，方便电路的功能扩张。

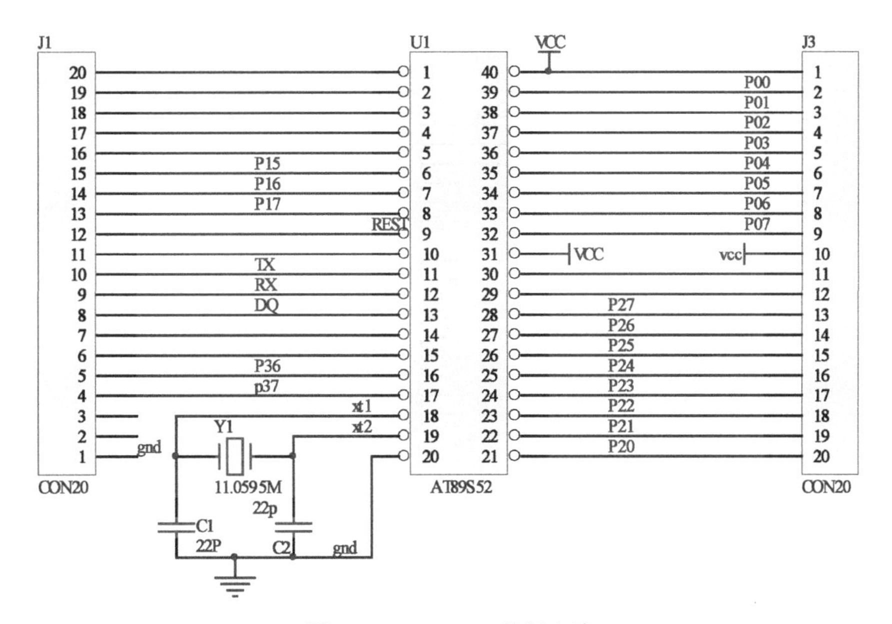

图 21-3　AT89S52 外围电路

AT24C16 电路如图 21-4 所示。

图中，AT24C16 的 1，2，3，4，7 脚接地；8 脚接电源；5，6 脚分别与单片机的 20，21 脚相连。

4. 液晶显示电路、电源电路、复位电路

1602 液晶也叫 1602 字符型液晶，是一种专门用来显示字母、数字、符号等的点阵型液晶模块。其由若干个 5×7 或 5×11 等点阵字符位组成，每个点阵字符位可以显示一个字符，每位之间有一个点距的间隔，每行之间也有间隔，起到了字符间距和行间距的作用。LCD1602 具有标准的 16 只引脚接口。

LCD1602 电路如图 21-5 所示。

电源电路及复位电路如图 21-6 所示。

接上电源后，侧拨 S4 开关，电源指示灯亮。电源电压为 5V。复位电路由两个 1kΩ 电阻和两个 10μF 电解电容组成，按下开关 S5，电路复位一次。下载口的 2 脚接电源；8，10 脚接地；1，5，7，9 脚分别与单片机的 6，9，8，7 脚相连。

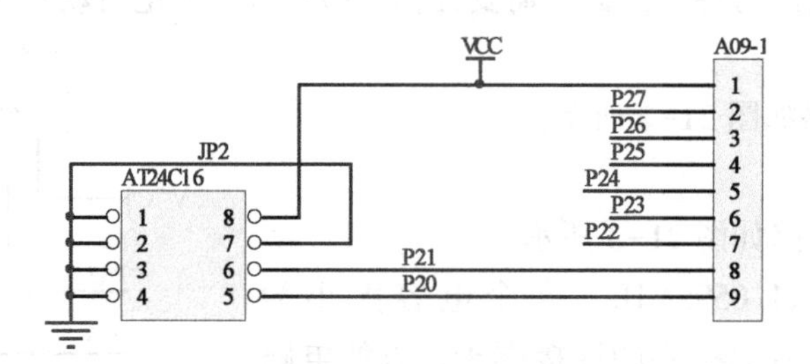

图 21-4　AT24C16 电路

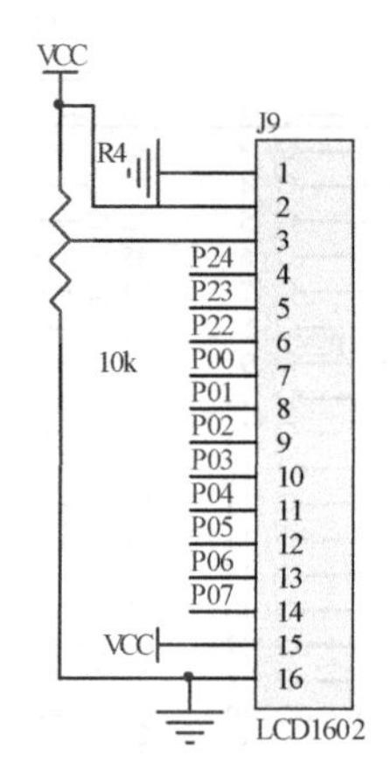

图 21-5　LCD1602 电路

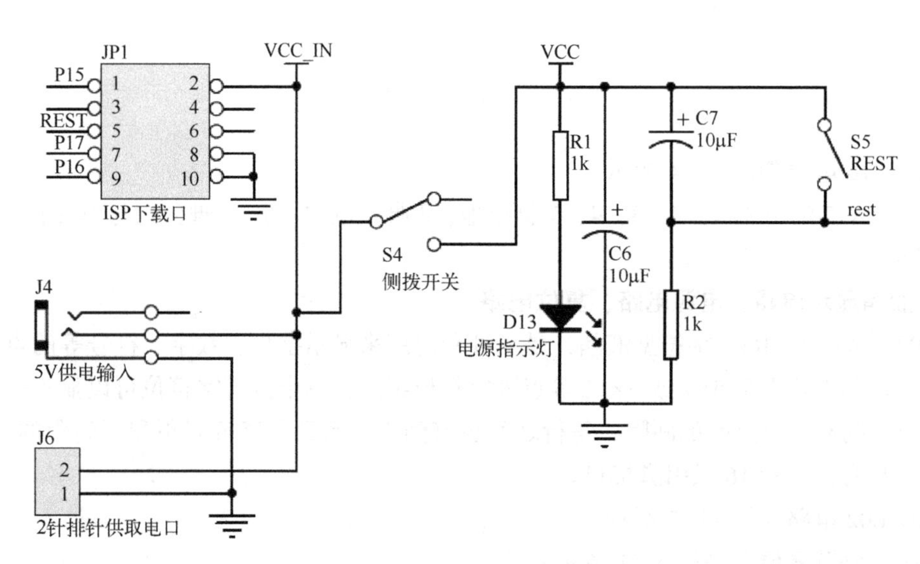

图 21-6　电源电路及复位电路

小型称重电路原理图如图 21-7 所示。

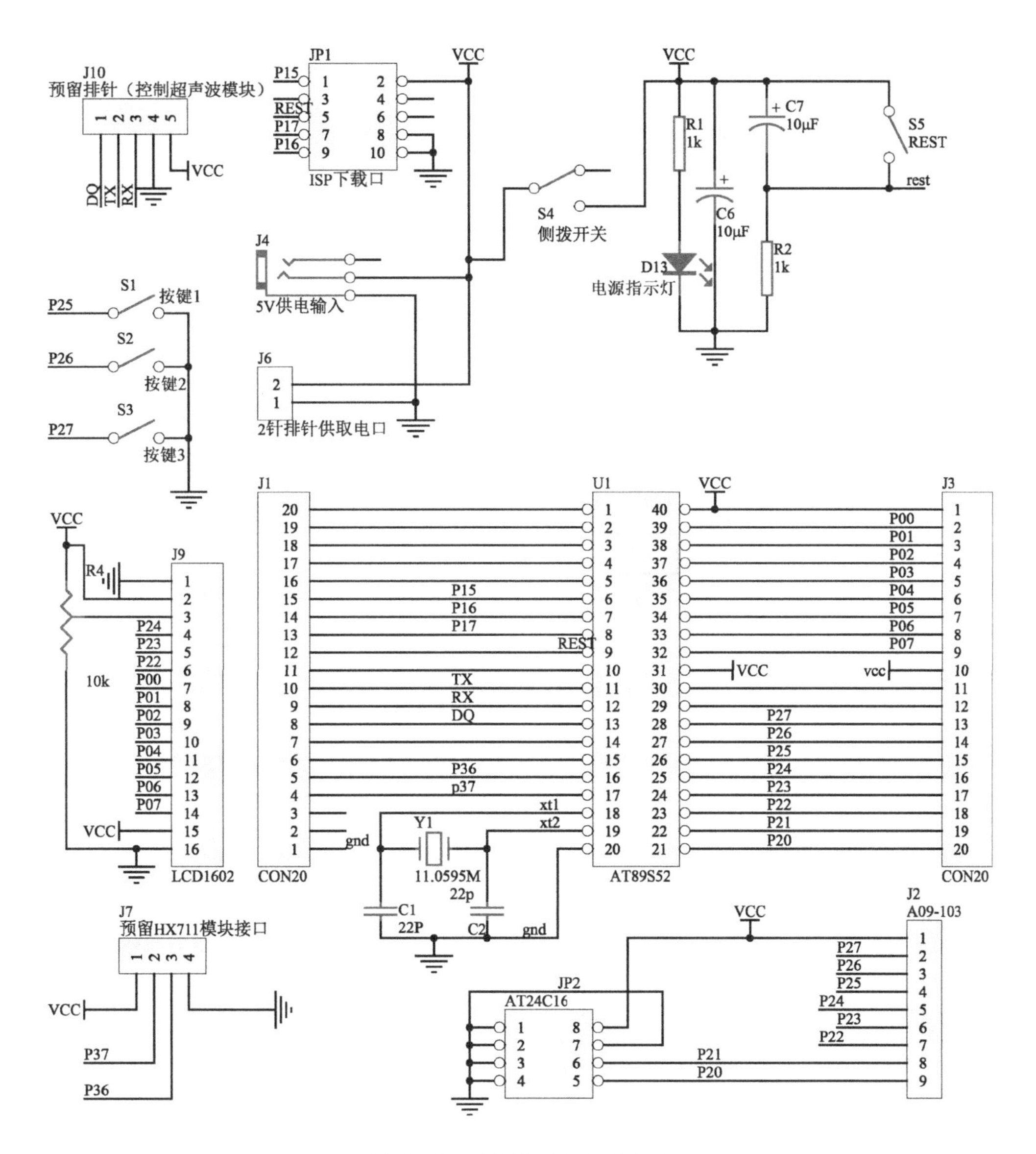

图 21-7　小型称重电路原理图

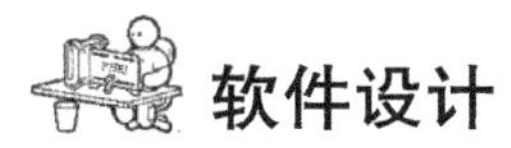

软件设计

程序主要包含主程序、HX711 转换子程序、译码子程序、数据显示子程序、延时子程序及中断子程序，其流程图如图 21-8 所示。

按照程序流程图，编写程序如下：

```
#include" reg51. h"
/ ********************************************************
  环宇电子秤系统   AT89S52 单片机控制
  12864 LCD 显示      制作日期:2015/06/27
```

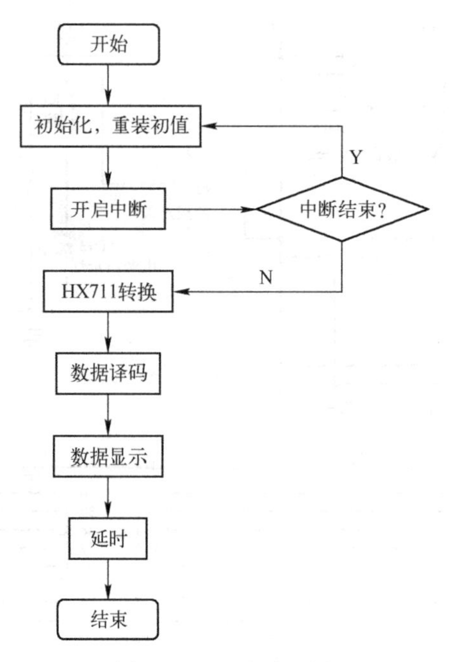

图 21-8 程序流程图

```
*****************************************************/

#define uchar unsigned char
#define uint  unsigned int
unsigned char jian_ma,flag,jiao_flag,set_flag;
unsigned int    heavy,price=1,money,alarm=500,jiao_zhun=1010;  //相关变量定义,上限报警值
                                                               //初始值为 500g
unsigned char menu,jia,jian,confr,fu,menu_flag,exit;
 long data_num,data_temp,data_flash;
    unsigned char f=0;
    unsigned char code table[ ]={" Welcome to you"};
        unsigned char code table1[ ]={" Weight          "};
 sbit IRIN = P3^3;          //红外接收器数据线
sbit ADDO=P1^0;             //AD 采集数据接口
sbit ADSK= P1^1;            //AD 采集时钟接口
sbit rs=P2^3;
sbit rw=P2^4;               //液晶接口定义
sbit lcden=P2^5;
sbit bell=P3^6;             //蜂鸣器定义
sbit key=P2^7;              //按键定义
   #define Imax 14000       //此处是晶振为 12MHz 时的取值，红外解码
    #define Imin 8000       //如用其他频率的晶振
    #define Inum1 1450      //要改变相应的取值
    #define Inum2 700
    #define Inum3 3000
     unsigned char Im[4]={0x00,0x00,0x00,0x00};

    unsigned long m,Tc;
void delay_ms(unsigned char x)      //x×0.14ms
```

```
{
 unsigned char i;
  while(x--)
 {
  for (i = 0; i<13; i++) {}
 }
}

void delay(unsigned int t)                //延时函数
{
    uint x,y;
    for(x=t;x>0;x--)
    for(y=12;y>0;y--);
}
//**************************************************
  /*  名称:写命令函数
      功能:向 LCD1602 中写命令
  入口参数:uchar com
  出口参数:无
 */
void write_com(unsigned char com)
{
    rs=0;
    rw=0;
    lcden=0;
    P0=com;
    delay(5);
    lcden=1;
    delay(5);
    lcden=0;
}

/*  名称:写数据函数
     功能:向 LCD1602 中写数据
  入口参数:uchar date
  出口参数:无
 */

void write_date(unsigned char date)
{
    rs=1;
    rw=0;
    lcden=0;
    P0=date;
    delay(5);
    lcden=1;
    delay(5);
    lcden=0;
}


/*  名称:初始化函数
```

```
    功能:初始化 LCD1602
  入口参数:无
  出口参数:无
 */

void lcd_init()
{
     unsigned char num;
     lcden=0;

     write_com(0x38);
     write_com(0x0c);
     write_com(0x06);
     write_com(0x01);   //清屏
     write_com(0x80);
     delay(5);
     write_com(0x80);
     for(num=0;num<15;num++)
          {
               write_date(table[num]);
               delay(5);
          }

     delay(20000);
          write_com(0x80);
     for(num=0;num<15;num++)
          {
               write_date(table1[num]);
               delay(5);
          }

}
void display(unsigned int weight,unsigned int bj,unsigned int vl)
{        unsigned int qian,bai,shi,ge;
          qian=(weight/1000)%10;
          bai=(weight/100)%10;
          shi=(weight/10)%10;
          ge=weight%10;
                 write_com(0x87);   //质量显示
               write_date(':');
               if(fu)                    //为负值,显示负号
                 {
                fu=0;
                    write_date('-');
                 }
               else
                    write_date(' ');
               if(qian)
               {
                    write_date(0x30+qian);
                       write_date(0x30+bai);
                       write_date(0x30+shi);
```

```
			write_date(0x30+ge);
		}
		else
		if(bai)
		{
			write_date(' ');
			write_date(0x30+bai);
			write_date(0x30+shi);
			write_date(0x30+ge);
		}
		else
		if(shi)
		{
				write_date(' ');
			write_date(' ');
			write_date(0x30+shi);
			write_date(0x30+ge);
		}
		else
		{
			write_date(' ');
				write_date(' ');
			write_date(' ');
				write_date(0x30+ge);
		}
	write_date('g');
		qian=(bj/1000)%10;
bai=(bj/100)%10;
 shi=(bj/10)%10;
 ge=bj%10;
		write_com(0x80+0x40);	//显示报警值
			write_date('M');
		write_date(':');
					if(qian)
		{
			write_date(0x30+qian);
			write_date(0x30+bai);
			write_date(0x30+shi);
			write_date(0x30+ge);
		}
		else
		if(bai)
		{
			write_date(' ');
			write_date(0x30+bai);
			write_date(0x30+shi);
			write_date(0x30+ge);
		}
		else
		if(shi)
		{
				write_date(' ');
```

```
            write_date(' ');
          write_date(0x30+shi);
          write_date(0x30+ge);
      }
      else
      {
              write_date(' ');
                write_date(' ');
              write_date(' ');
                write_date(0x30+ge);
      }
   qian=(vl/1000)%10;              //显示校准值
 bai=(vl/100)%10;
shi=(vl/10)%10;
ge=vl%10;
      write_com(0x80+0x47);
        write_date('V');
      write_date(':');
              if(qian)
      {
          write_date(0x30+qian);
              write_date(0x30+bai);
              write_date(0x30+shi);
              write_date(0x30+ge);
       }
      else
      if(bai)
      {
          write_date(' ');
          write_date(0x30+bai);
          write_date(0x30+shi);
          write_date(0x30+ge);
      }
      else
      if(shi)
      {
              write_date(' ');
            write_date(' ');
          write_date(0x30+shi);
          write_date(0x30+ge);
      }
      else
      {
          write_date(' ');
          write_date(' ');
          write_date(' ');
          write_date(0x30+ge);
      }
      if(set_flag)      //报警值上限,光标打开
      {
          write_com(0x80+0x40);  //报警值闪烁
          write_com(0x0f);          //报警值显示
```

```
            write_date('M');

        }
        if(jiao_flag)
        {
            write_com(0x80+0x47);
            write_com(0x0f);            //校准值闪烁
            write_date('V');
        }

}


void   read_count()                     //A/D 采集函数
{
  unsigned long count;
  unsigned char i;
  ADSK=0;                               //使能 A/D 转换
  count=0;
  while(ADDO);                          //等待 A/D 转换结束
  for(i=0;i<24;i++)
  {
    ADSK=1;                             //PD_SCK 置高,发送脉冲
    count=count<<1;
//  delayp();
    ADSK=0;                //PD_SCK 置低
    if(ADDO)count++;
  }
  ADSK=1;
  count=count^0x800000;    //第 25 个脉冲下降沿到来时,转换数据
 // delayp();
  ADSK=0;
 data_num=count;           //读出来的数据赋值给变量 data_num
}


/*******************************************************
                蜂鸣器 报警
*******************************************************/
void beep()
{
    unsigned char i;
    for(i=0;i<20;i++)
    {
        bell = 0;
        delay(40);
        bell = 1;
    }
}
```

```
void price_change( )              //遥控按键扫描函数
{
jian_ma=jian_ma&0x1f;
if(jian_ma>=0x1f)
{
 flag=0;
}
    if(flag)
    {
        flag=0;

        switch (jian_ma)
          {
        case 0x01:                //按下 2 号按键进入校准值设定状态
        menu_flag=1;

            jiao_flag=1;
            set_flag=0;
            beep( );
        break;
        case 0x02:                //按下 3 号按键进入报警值设定状态
        menu_flag=2;
            jiao_flag=0;
            set_flag=1;
            beep( );
        break;
            case 0x0c:            //*键进入清零
            read_count( );
             data_temp=data_num;
            beep( );
            break;

            case 0x11:            //加键
            jia=1;
            beep( );
            break;
             case 0x19:           //减键
            jian=1;
            beep( );
            break;
            case 0x15:
             flag=0;
                menu_flag=0;   //按下 ok 键退出
                set_flag=0;
                jiao_flag=0;
                write_com(0x0c);
                beep( );
                exit=1;
            break;


        }
```

```
        }

}
void sao_miao()                        //按键扫描函数
{
        if(key==0)
        {
            delay(10);
          if(!key)
              {
                while(!key);
                read_count();
                delay(500);
                read_count();
                data_temp=data_num;         //重新读取 AD 采集值,进入清零功能
              }
        }
}
void chu_li()                               //单价设定函数
{
price_change();                             //遥控按键扫描函数
        while(menu_flag)                    //对遥控按键的处理
        {
                        price_change();

                          if(set_flag)      //设定报警值
                          {
                              if(jia)
                            {
                              jia=0;
                              if(alarm<5000) //最大数值为 5000
                              alarm++;
                            }
                            if(jian)
                            {
                              jian=0;
                              if(alarm>=2)    //最小数值为 1
                              alarm--;
                            }

                        }
                        if(jiao_flag)        //设定校准值
                        {
                                if(jia)
                              {
                                jia=0;
                                if(jiao_zhun<5000)        //最大数值为 5000
                                jiao_zhun++;
                              }
                              if(jian)
                              {
                                jian=0;
                                if(jiao_zhun>=2)    //最小数值为 1
                                jiao_zhun--;

                              }
```

```
                }
                 delay(500);
                     read_count();
                 if(data_num>=data_temp)   //比较采集出来的数值与临时变量
                 {
                     data_num=(data_num-data_temp);
                   heavy=(unsigned int)(data_num/jiao_zhun);//1677; 计算质量
                 }
                     delay(5000);
                display(heavy,alarm,jiao_zhun);

        }
    sao_miao();     //按键扫描函数
}
/*****************************************************

/*****************************************************
                主函数
*****************************************************/

void main()
{
    uchar i=0;
    IRIN=1;                     //I/O 口初始化
        m=0;
    f=0;
    lcd_init();
    IT1=1;
    EX1=1;                      //开外部中断

    TMOD=0x11;                  //定时器方式
    TH0=0;
    TL0=0;
    TR0=1;                      //开定时器
    EA=1;                       //开总中断
    P0=0;
    delay(50);
    delay(100);

     read_count();              //AD 采集函数
     delay(3000);
      read_count();             //AD 采集函数
       delay(3000);
        read_count();           //AD 采集函数
         data_temp=data_num;    //采集数据赋值给临时变量 data_temp

while(1)
{
    read_count();
  if(data_num>=data_temp)       //比较采集出来的数值与临时变量
  data_num=(data_num-data_temp);
  else
   {
  data_num=(data_temp-data_num);
  if(data_num>=500)
     {
        fu=1;
```

```
        }
        else
        {
        fu=0;
        data_num=0;

        }


  }
 heavy=(unsigned int)(data_num/jiao_zhun);//1677; 计算质量
      delay(500);
     data_flash=heavy * price;           //总价=单价×质量
     money=(unsigned int)data_flash;
     if(exit)                            //如果已经进行了设置
     {
          exit=0;
          //show() ;                       //显示刷新
     }
 display(heavy,alarm,jiao_zhun);      //计算完成后送到液晶屏显示
  delay(500);
  chu_li();//扫描函数
   if(heavy>alarm)                       //质量超过上限,报警
   {
       beep();
   }
   delay(500);
 }
}
//外部中断解码程序
  void intersvr1(void) interrupt 2 using 1
{
     Tc=TH0 * 256+TL0;                  //提取中断时间间隔时长
     TH0=0;
     TL0=0;                              //定时中断重新置零
 if((Tc>Imin)&&(Tc<Imax))           //定时器判断读、取的起始码是否正确
        {
          m=0;
          f=1;
          return;
        }                                //找到起始码

   if(f==1)
        {
          if(Tc>Inum1&&Tc<Inum3)
    {
   Im[m/8]=Im[m/8]>>1 | 0x80; m++;
         }
        if(Tc>Inum2&&Tc<Inum1)
          {
           Im[m/8]=Im[m/8]>>1; m++;    //取码
  }
  if(m==32)
   {
                     m=0;
                     f=0;
```

```
                if(Im[2]==~Im[3])
                {
                    flag=1;
                jian_ma=Im[2];
                }
                else flag=0;          //取码完成后判断读码是否正确
        }
    if(jian_ma==0x15)
    {

        }
                                      //准备读下一个码
    }

}
```

PCB 版图

PCB 版图是根据原理图设计，在 Protel 99SE 界面创建 PCB 文件，将原理图中各个元器件进行分布，然后进行布线处理而得到的，如图 21-9 所示。在 PCB 设计过程中需要考虑外部连接的布局、内部电子元器件的优化布局、金属连线和通孔的优化布局、电磁保护、热耗散等各种因素，这里就不做过多说明了。

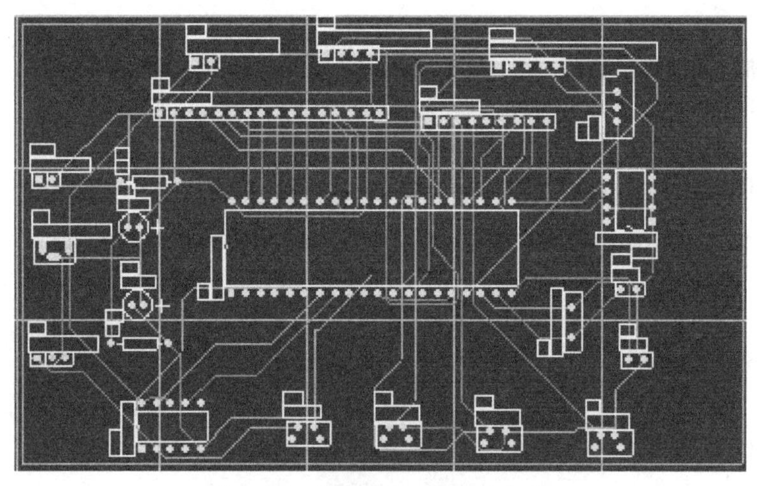

图 21-9　小型称重电路 PCB 版图

实物测试

按照原理图的布局，在实际板子上进行各个元器件的焊接，焊接完成后的实物图如图 21-10 所示。其实物测试图如图 21-11 所示。构成本电路的材料如表 21-1 所示。

经过实测，小型称重设计电路能准确测出砝码的质量，基本实现了电路的实际功能。

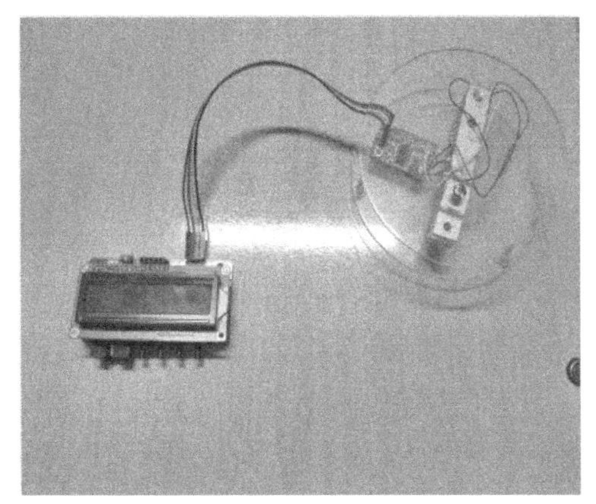

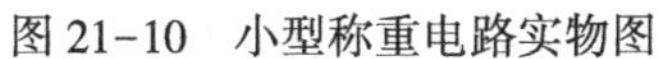

图 21-10　小型称重电路实物图

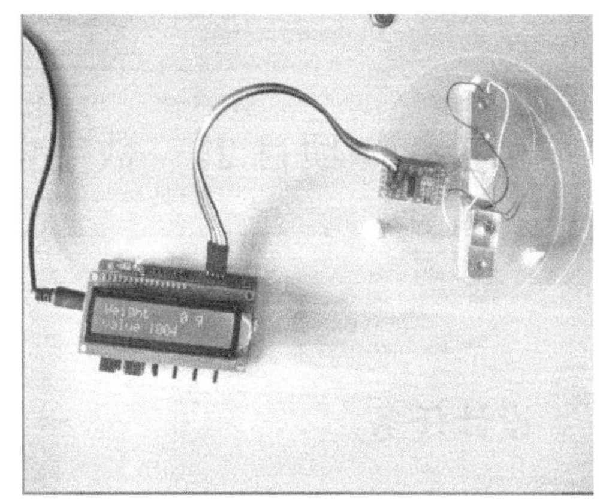

图 21-11　小型称重电路实物测试图

表 21-1　构成本电路的材料

序　号	名　称	元件规格	数　量	元件编号
1	电阻	1kΩ	2	R1，R2
2	单片机	AT89S52	1	U1
3	电容	22pF	2	C1，C2
4	电解电容	10μF	2	C6，C7
5	传感器	2kg	1	J7
6	模数转换器芯片	HX711	1	J8
7	晶振	11.0595MHz	1	Y1
8	AT24C16	—	1	JP2
9	显示屏	LCD1602	1	J9

思考与练习

（1）采用 HX711 芯片的优点是什么？

答：与同类型其他芯片相比，该芯片集成了包括稳压电源、片内时钟振荡器等同类型芯片所需要的外围电路，具有集成度高、响应速度快、抗干扰能力强等优点，降低了电子秤的整机成本，提高了整机的性能和可靠性。

（2）测量存在误差的原因是什么？

答：称重转换器的灵敏度问题及 A/D 转换存在的误差。

特别提醒

当电路各部分设计完毕后，需对各部分进行适当的连接，并且要设置一个合适的参数，测试时砝码要轻放，最好不要超过量程。

项目 22　数字电容测量电路设计

设计任务

设计一个数字电容测量电路，能将被测电容值转换成相应的电压值显示出来。

基本要求

☺ 电路设计简单，用 555 芯片实现；
☺ 电路可以测量多个挡位的电容值。

总体思路

利用一片 555 芯片构成多谐振荡器，产生的振荡脉冲作为另一片 555 芯片的输入信号，后一级的 555 芯片就将被测电容值转换成相应的电压值。

系统组成

数字电容测量电路主要分为以下两个部分。
☺ 多谐振荡器：由一片 555 芯片实现。
☺ 可控振荡器：将被测电容值转换成相应的电压值显示出来。

模块详解

1. 多谐振荡器

多谐振荡器又称为无稳态触发器，其没有稳定的输出状态，只有两个暂稳态。在电路处于某一个暂稳态时，经过一段时间可以自行触发翻转到另一个暂稳态。两个暂稳态自行相互转换，输出一系列矩形波。多谐振荡器可用作方波发生器。

电容周而复始地充放电，产生振荡，经分析可得

输出高电平时间 $$T=(R_1+R_2)C_1\ln2 \tag{22-1}$$

输出低电平时间 $$T=R_2C_1\ln2 \tag{22-2}$$

振荡周期 $$T=(R_1+2R_2)C_1\ln2 \tag{22-3}$$

U1（555芯片）和R1、R2、C1组成无稳态多谐振荡器，振荡频率$f=1.44/(R_1+2R_2)C_1$。由于$R_1\gg R_2$，故振荡脉冲的占空比高达98%，其输出的脉冲波形作为U2的控制波。多谐振荡器原理图如图22-1所示。

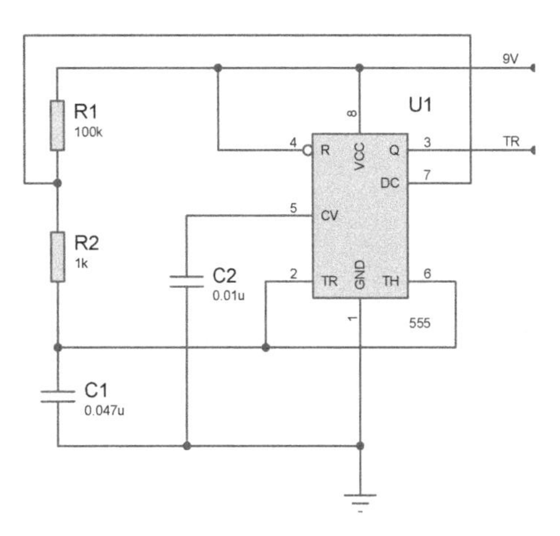

图22-1　多谐振荡器原理图

2. 可控振荡器

U2与待测电容Cx（图中以J3接口接出）及各量程电阻等组成可控振荡器。在一定的周期内，电阻值与电容值可以看作反比关系，所以通过改变电阻值来测量不同范围的电容值。利用振荡周期与Cx的容量成正比的关系，将电容值变换成相应的电压值，并在数字面板表UP311A（3位半）上显示数字读数。RV1用于调节满量程，RV2用于调节表头零点。要求与开关相连的电阻的允许精度为±1%，以保证测试精度。其原理图如图22-2所示。

数字电容测量电路原理图如图22-3所示。

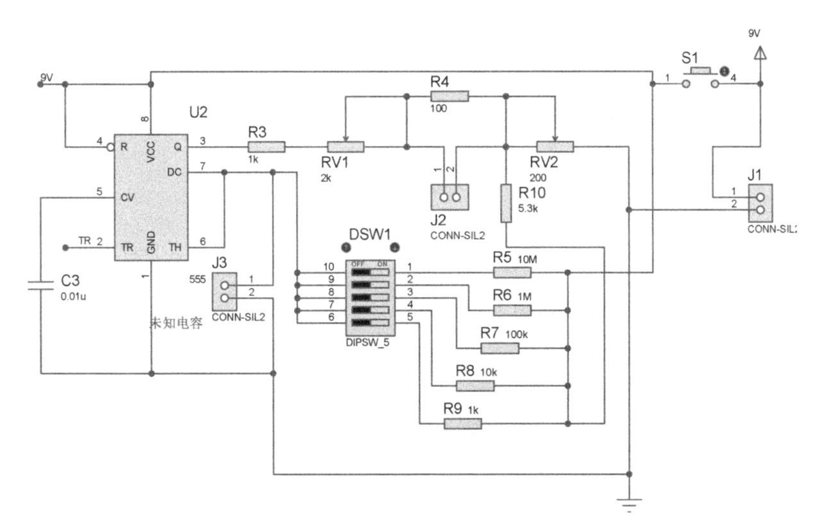

图22-2　可控振荡器电路原理图

与拨码开关1~5相串联的电阻阻值分别为10MΩ、1MΩ、100kΩ、10kΩ、1kΩ，测量的电容范围分别是200pF、2nF、20nF、200nF、2μF。在实际测量中，选择合适的挡位可以使电容的测量更加准确。

在电路实测中，我们测得几组数据如表22-1所示。

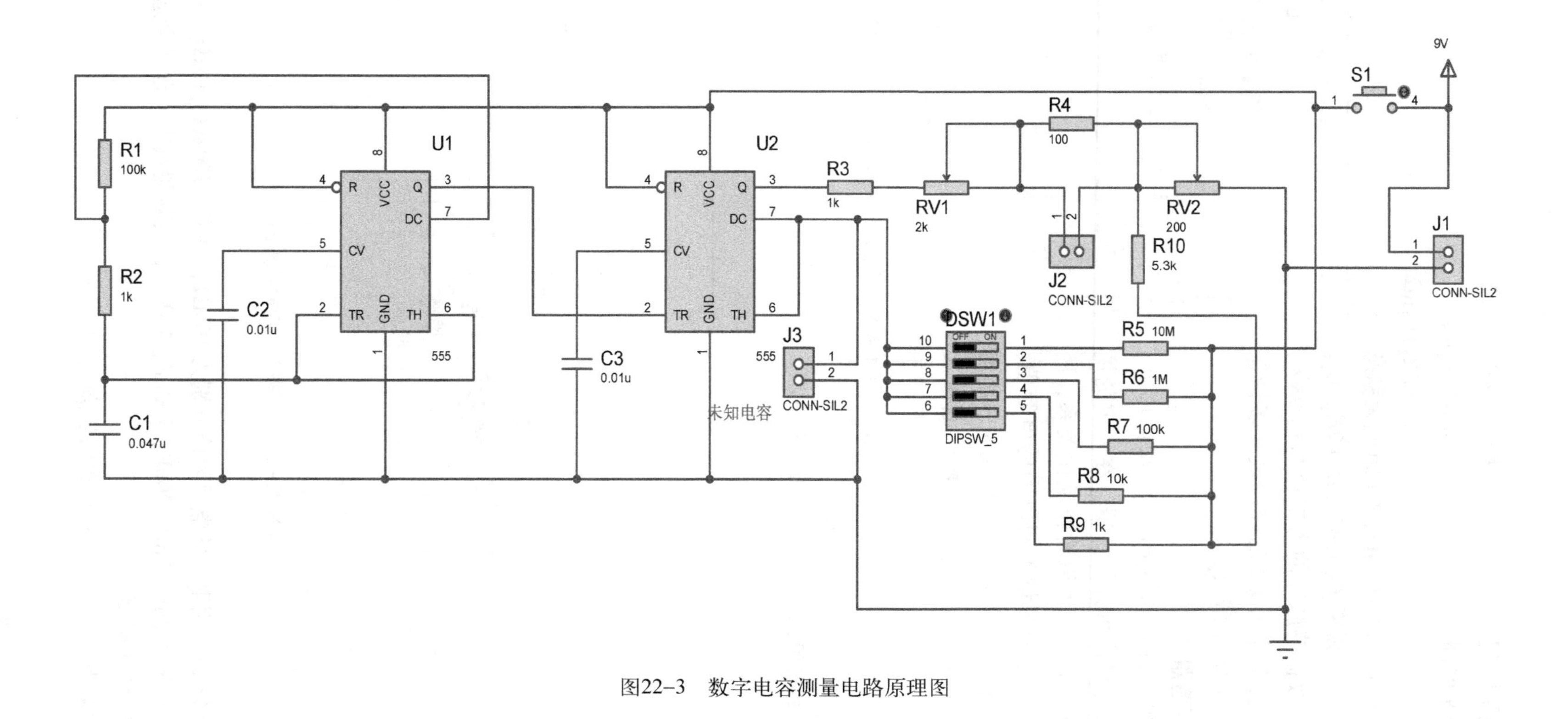

图22-3　数字电容测量电路原理图

表 22-1　电容与电压的关系表

被测电容	33pF	100pF（C101）	10nF（C103）	100nF（C104）
挡位电阻	10MΩ	1MΩ	100kΩ	10kΩ
输出电压	62. 8mV	138. 7mV	148. 3mV	73. 8mV

在测试中，可以计算电路的输出脉冲振荡周期，再由电阻值计算出被测电容的大小，也可以多测试几组电容与输出电压的数据，拟合出一条关系曲线，进而由输出电压求出被测电容的大小。

PCB 版图

PCB 版图是根据原理图设计，在 Proteus 界面单击 PCB Layout，将原理图中各个元器件进行分布，然后进行布线处理而产生的，如图 22-4 所示。在 PCB 设计过程中需要考虑外部连接的布局、内部电子元器件的优化布局、金属连线和通孔的优化布局、电磁保护、热耗散等各种因素，这里就不做过多说明了。

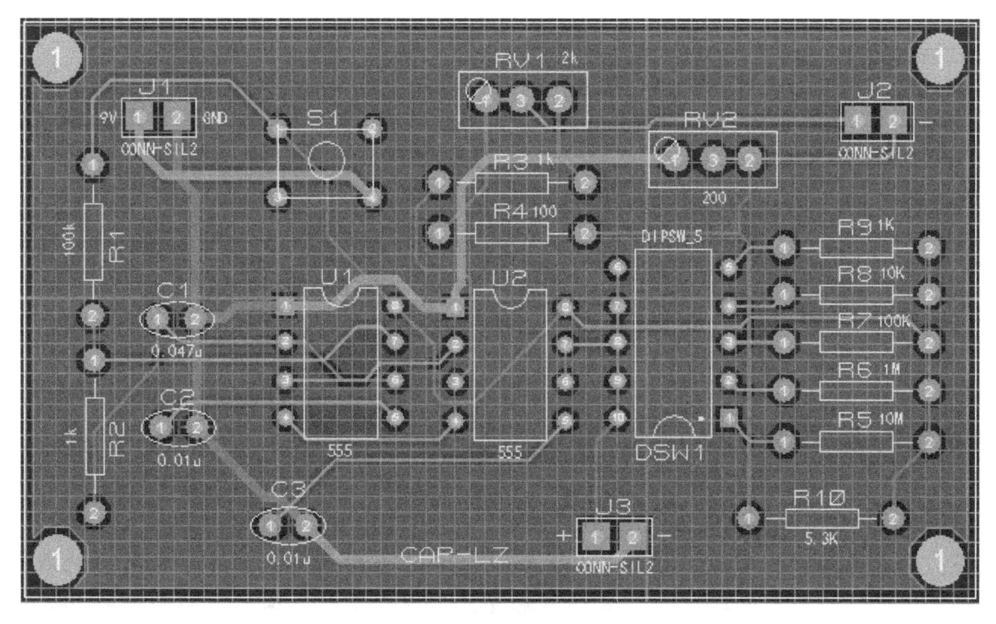

图 22-4　数字电容测量电路的 PCB 版图

实物测试

按照原理图的布局，在实际板子上进行各个元器件的焊接，焊接完成后的实物图如图 22-5 所示。其实物测试图如图 22-6 所示。构成本电路的材料如表 22-2 所示。

图 22-5　数字电容测量电路实物图

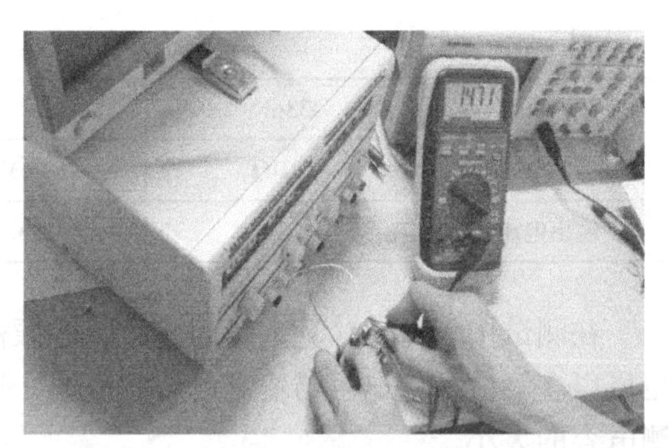
图 22-6　数字电容测量电路实物测试图

表 22-2　构成本电路的材料

序　号	名　称	元件规格	数　量	元件编号
1	电阻	100kΩ	2	R1，R7
2	电阻	1kΩ	3	R2，R3，R9
3	电阻	100Ω	1	R4
4	电阻	10MΩ	1	R5
5	电阻	1MΩ	1	R6
6	电阻	10kΩ	1	R8
7	电阻	5.3kΩ	1	R10
8	电容	0.047μF	1	C1
9	电容	0.01μF	2	C2，C3
10	555 芯片	—	2	U1，U2
11	可调电阻	2kΩ	1	RV1
12	可调电阻	200Ω	1	RV2
13	4 脚直插按钮	6mm×6mm×7mm	1	S1
14	5 位拨码开关	2.54mm DIP 直插平拔	1	DSW1

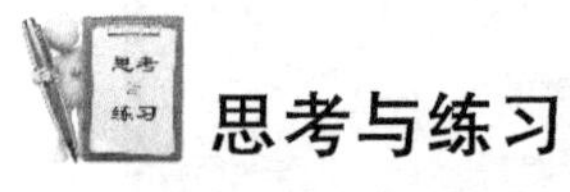

思考与练习

（1）555 定时器的常用电路有哪些？

答：构成施密特触发器，用于 TTL 系统的接口、整形电路或脉冲鉴幅等；构成多谐振荡器，组成信号产生电路；构成单稳态触发器，用于定时、延时、整形及一些定时开关中。

（2）数字电容测量电路的原理是什么？

答：555 芯片与待测电容 Cx 及各量程电阻等组成可控振荡器，利用振荡周期与 Cx 的容量大小成正比的关系，可以将电容量变换成相应的电压值。

（3）多谐振荡器的振荡频率是多少？

答：经过计算求得多谐振荡器的振荡周期为 $T=(R_1+2R_2)C_1\ln2$，则它的振荡频率约为 $f=1.44/(R_1+2R_2)C_1$。

项目 23　位置检测电路设计

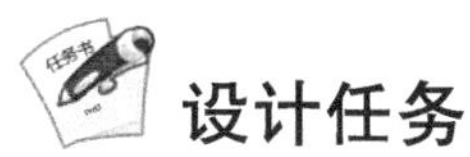

设计任务

设计一个位置检测器，当有物体经过时，其能够检测出来。

基本要求

☺ 能够准确、快速地检测出物体通过时的状态。

总体思路

位置检测电路采用红外对管检测物体的位置。当有物体经过时，红外接收二极管产生极小的电流，电流无法使施密特触发电路启动，所以发光二极管不亮；没有物体经过时，红外接收二极管的输出端会产生较大的空载电流，使施密特触发电路启动，所以发光二极管亮。

系统组成

位置检测电路的整个系统主要分为五部分。

☺ 第一部分：红外对管电路。

☺ 第二部分：电流放大电路。

☺ 第三部分：施密特触发电路。

☺ 第四部分：发光二极管，用来显示输出结果。

☺ 第五部分：直流稳压源，为整个电路提供+4V 的稳定电压。

整个系统方案的模块框图如图 23-1 所示。

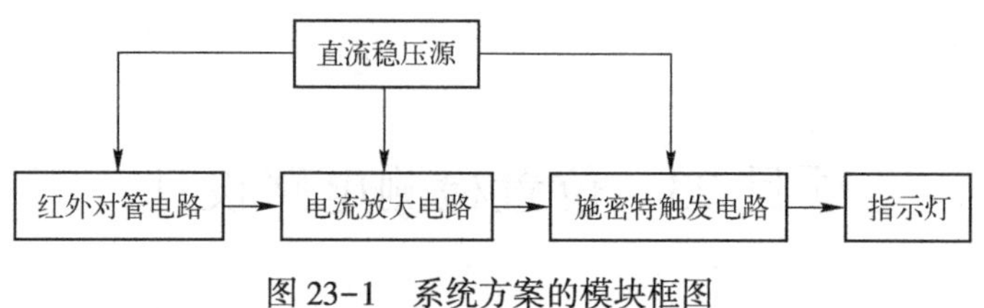

图 23-1 系统方案的模块框图

模块详解

1. 红外对管电路

红外对管电路由红外发光二极管 TLN104 和红外接收管 TPS605 组成。

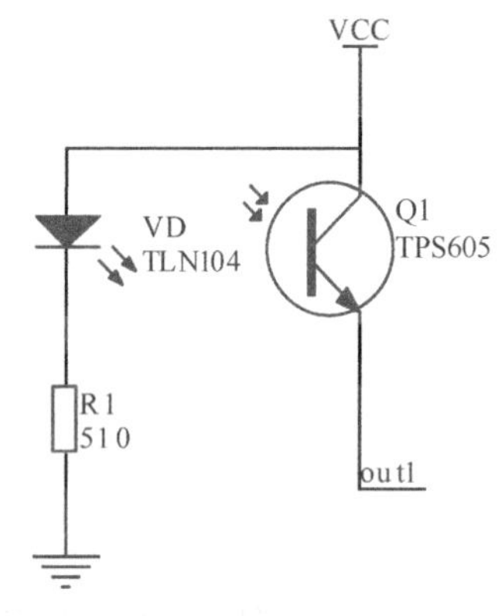

图 23-2 红外对管电路原理图

这里采用的红外发光二极管的直径为3mm，是小功率红外发射管，它的正向电压为 1.1~1.5V，电流为 20mA。红外接收二极管即光敏二极管，是将光信号变成电信号的半导体器件。红外发光二极管由电流激发产生红外，红外接收管接收红外，引起电流变化。当没有物体经过时，红外接收管相当于断路，out1 相当于悬空，即相当于位于高电平，产生空载电流，电流使 SS8050 导通，即 out1 输出的电流到下一个电路，也就是电流放大电路，使下一个电路开启。当有物体经过时，红外接收管相当于短路，产生的电流小，但也能使 SS8050 导通。

红外对管电路原理图如图 23-2 所示。

2. 电流放大电路

电流放大电路由一个 SS8050 三极管和两个电阻组成。

out1 输入的电流经过 Q2 放大，使其产生的电流满足下一级电路，即施密特触发电路的选择。为防止三极管击穿和施密特电路的输入电流过大，分别接上 3.3kΩ 和 10kΩ 的电阻。

当有物体经过时，out1 输入的电流极小，即使经过 Q2 放大，其电压值仍小于 2V，故不能启动下一级电路，即施密特触发电路；当没有物体经过时，电流经过 Q2 放大，使 out2 处的电压大于 2V，故可启动施密特触发电路。

电流放大电路原理图如图 23-3 所示。

3. 施密特触发电路

TC4069 的参数如下。

电源电压范围：18~3V。

高电平输出电流：-9mA。

低电平输出电流：12mA。

TC4069 引脚图如图 23-4 所示。

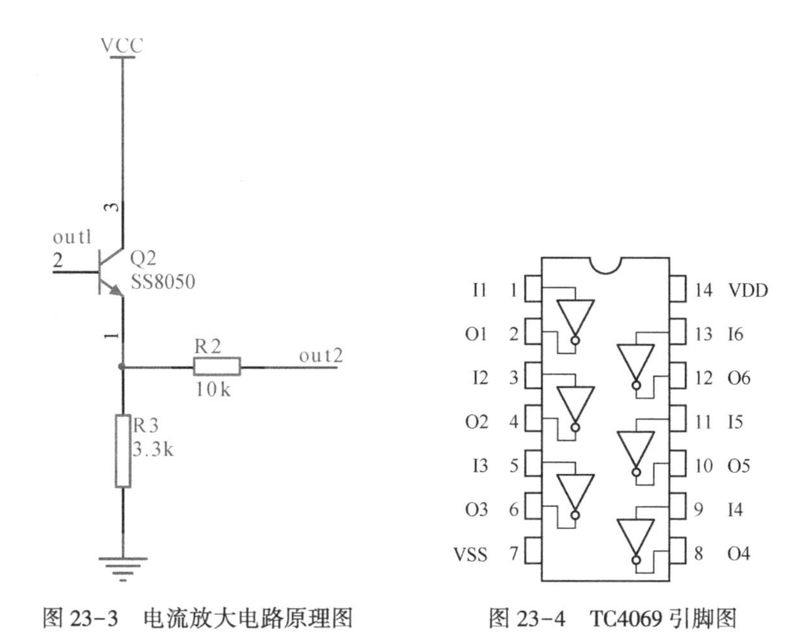

图 23-3　电流放大电路原理图　　　　图 23-4　TC4069 引脚图

由 TC4069 组成的施密特触发电路图如图 23-5 所示。

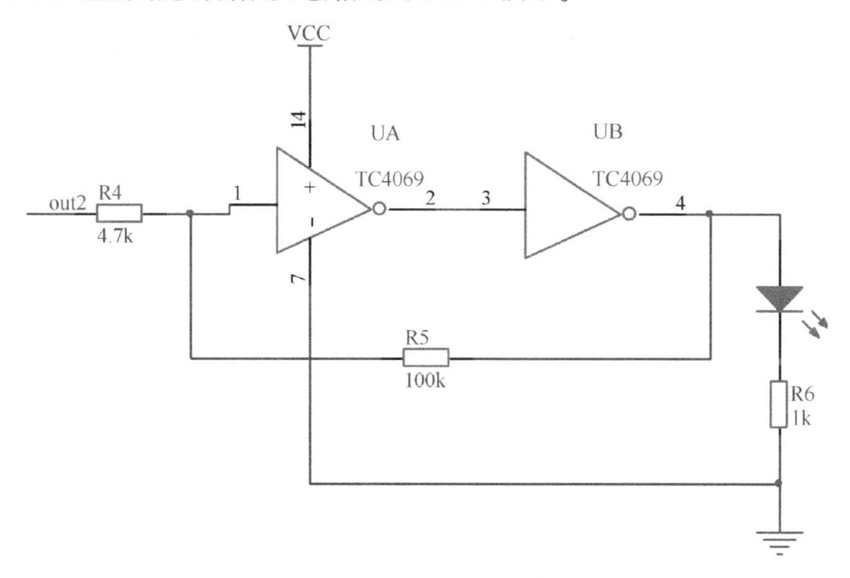

图 23-5　施密特触发电路图

此电路遵循由非门组成的施密特电路原则。如图 23-6 所示，在这个电路中，$R_1<R_2$，当 v_I 大于等于触发器的阈值电压时，电路运行；如果小于阈值电压，则电路断开。因此在这个电路中，当 out2 的输入电流大于 2V 时，电路运行，灯亮；否则，灯不亮。

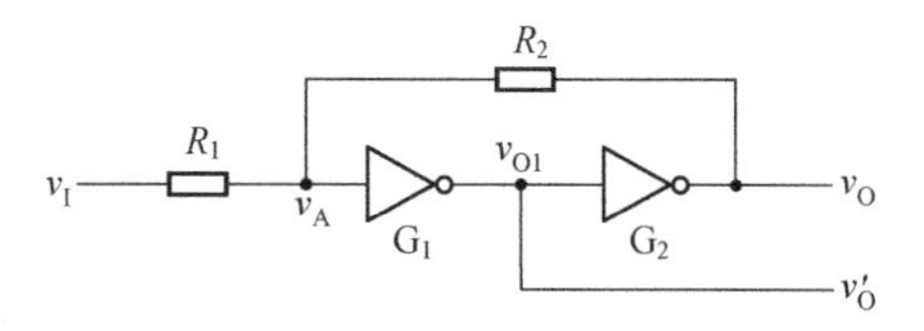

图 23-6　由非门组成的施密特电路

另外，使用 LED 灯时，要与电阻串联在一起，防止电压过大而使 LED 灯烧坏。

整体电路原理图如图 23-7 所示。

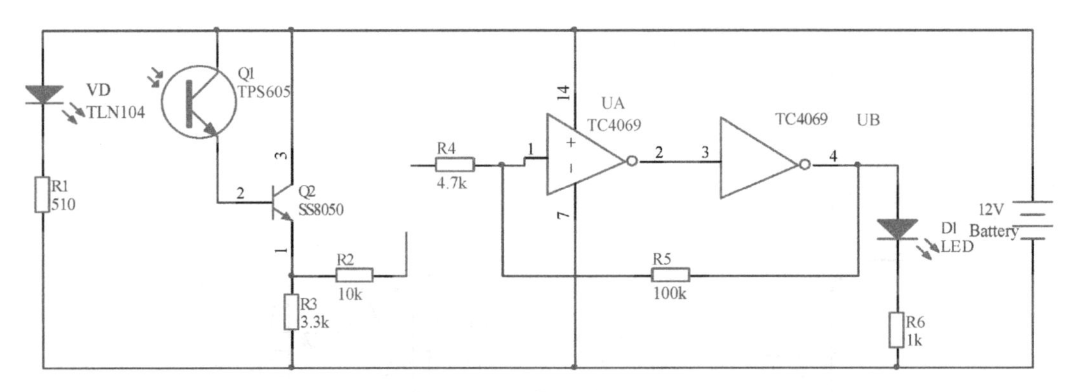

图 23-7 整体电路原理图

PCB 版图

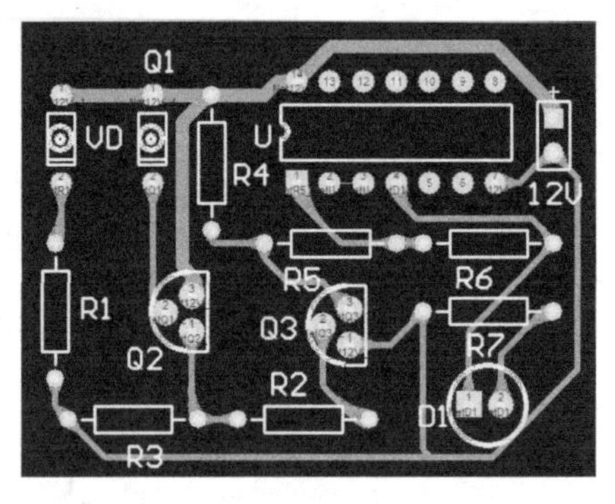

图 23-8 位置检测电路的 PCB 版图

PCB 版图是根据原理图设计，在 Protel 99SE 界面创建的 PCB 文件。其将原理图中各个元器件进行分布，然后进行布线处理，如图 23-8 所示。在 PCB 设计过程中需要考虑外部连接的布局、内部电子元器件的优化布局、金属连线和通孔的优化布局、电磁保护、热耗散等各种因素，这里就不做过多说明了。

实物测试

按照原理图的布局，在实际板子上进行各个元器件的焊接，焊接完成后的实物图如图 23-9 所示。位置检测电路实物测试图如图 23-10 所示。构成本电路的材料如表 23-1 所示。

经过以上设计分析及实验可以得出，当没有物体经过红外对管中间时，灯亮；当有物体经过红外对管中间时，灯灭。

图 23-9 位置检测电路实物图

图 23-10 位置检测电路实物测试图

表 23-1　构成本电路的材料

序　号	名　称	元件规格	数　量	元件编号
1	电阻	510	1	R1
2	电阻	10k	1	R2
3	电阻	3.3k	1	R3
4	电阻	4.7k	1	R4
5	电阻	100k	1	R5
6	电阻	1k	1	R6
7	红外接收二极管	TPS605	1	Q1
8	红外发射二极管	TLN104	1	VD
9	六反相管	TC4069	2	UA、UB
10	三极管	SS8050	1	Q2
11	发光二极管	LED	1	LED

思考与练习

(1) 请对电路原理进行分析。

答：该电路利用了红外的发射与接收，其中红外的发射采用的是红外发射二极管TLN104，红外接收管用的是TPS605。当物体经过红外发射二极管和红外接收管中间时，红外接收管的电流发生改变，电流经过放大，发光二极管就会亮，否则不亮。

(2) 请简单介绍位置检测电路中施密特触发电路是如何工作的?

答：在这个电路中，施密特触发电路用来判断是否有物体经过红外对管中间。当有物体经过时，红外接收管输出的电流经过放大电路放大，到达施密特触发电路时的电压小于它的阈值电压，施密特电路不导通，指示灯亮；当没有物体通过红外对管中间时，红外接收管空载产生的电流经过放大电路放大，到达施密特触发电路时的电压大于它的阈值电压，所以灯才能亮。

(3) 请简述施密特触发电路的作用。

答：施密特触发电路有以下作用。

① 整形：将不好的矩形波变为较好的矩形波。

② 波形转换：将三角波、正弦波和其他波形转换为矩形波；转换后的输出波形与输入波形相同。

③ 幅值鉴别：可以将输入信号中幅值大于某一数值的信号检测出来。

项目 24　电阻测量电路设计

设计任务

设计一个简单的电阻测量电路：利用恒流源产生恒定电流，再进行测量、放大出未知电阻两端的电压大小，最终计算出电阻的大小。

基本要求

☺ 恒流源产生的电流值是个整数，便于后期数据处理；
☺ 差分放大电路的输入/输出电压要小于其供电电压。

总体思路

电阻测量电路的主要思想是利用恒流源提供的恒定电流，经被测电阻，产生一个电压信号，然后将此电压信号进行放大，最后由比例关系计算出未知电阻的阻值。

系统组成

电阻测量电路主要分为三个部分。
☺ 第一部分为恒流源电路：产生 1mA 的恒定电流。
☺ 第二部分为差动放大电路：可以将被测电阻的电压信号进行放大。
☺ 第三部分为不平衡电压调整电路。

模块详解

1. 恒流源电路

恒流源电路原理图如图 24-1 所示，主要是由运放 CA3140、稳压管（2.5V）和基准电阻 R3 组成的。运放选择高输入阻抗的运算放大器，稳压后的电压经电压跟随器加载到电阻 R3 的两端。此处，选择负载电阻阻值为 2.5kΩ。可以得出流经负载电阻 R3 的电流为 $I=U/R_3=1\text{mA}$。图中，RV1 为被测电阻，仿真中可用可变电位器代替。

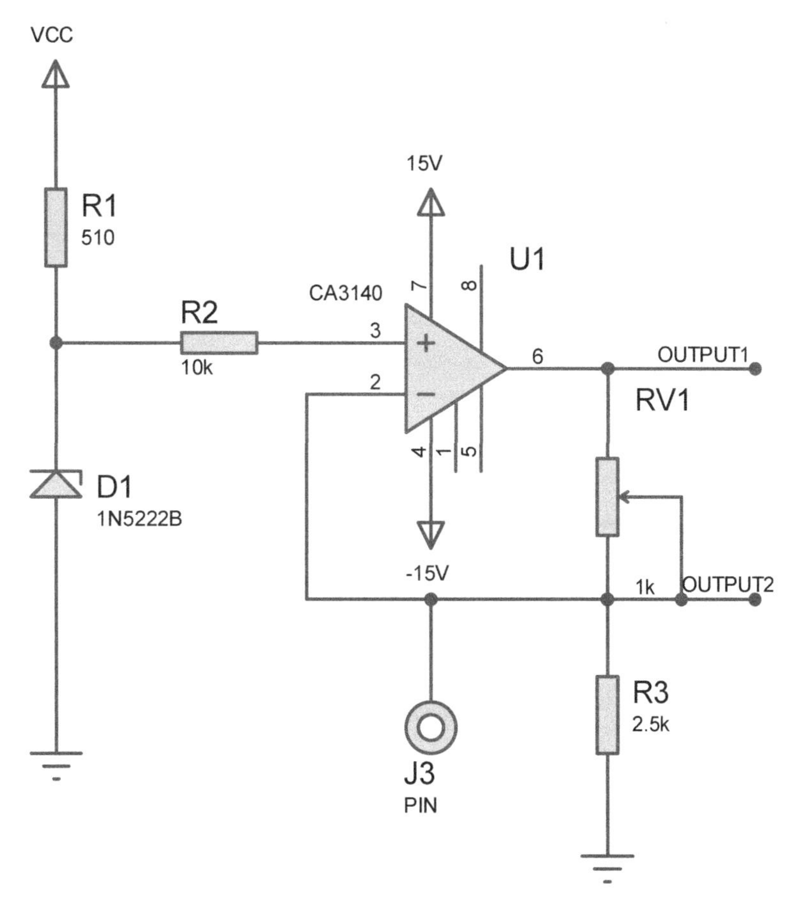

图 24-1　恒流源电路原理图

2. 差动放大电路

电路中前端的两个放大器是同相放大器，分别接在被测电阻的两端，构成平衡对称的差动放大输入级。其中，RV2 是增益调整电阻，通过改变它可以方便地调整放大器的增益，同时，因为电路对称，调整时不会造成共模抑制比的降低。因其具有强抗共模干扰、低温漂、高稳定增益的特性，所以在微弱信号检测中被广泛应用。仪用放大电路原理图如图 24-2 所示。

经过计算，此电路的放大倍数为 $1+2R_5/\text{RV}_2$。实测中，调节电位器 RV2 的阻值，使得放大倍数为 5.6 倍，由最终输出电压除以 5.6，再将这个数值除以 1mA，即可求得未知电阻的阻值。

3. 不平衡电压调整电路

为了使测量更加准确，加入了不平衡电压调整电路，用于差动输入的电压差信号为零时电路输出电压的调零。其原理图如图 24-3 所示。

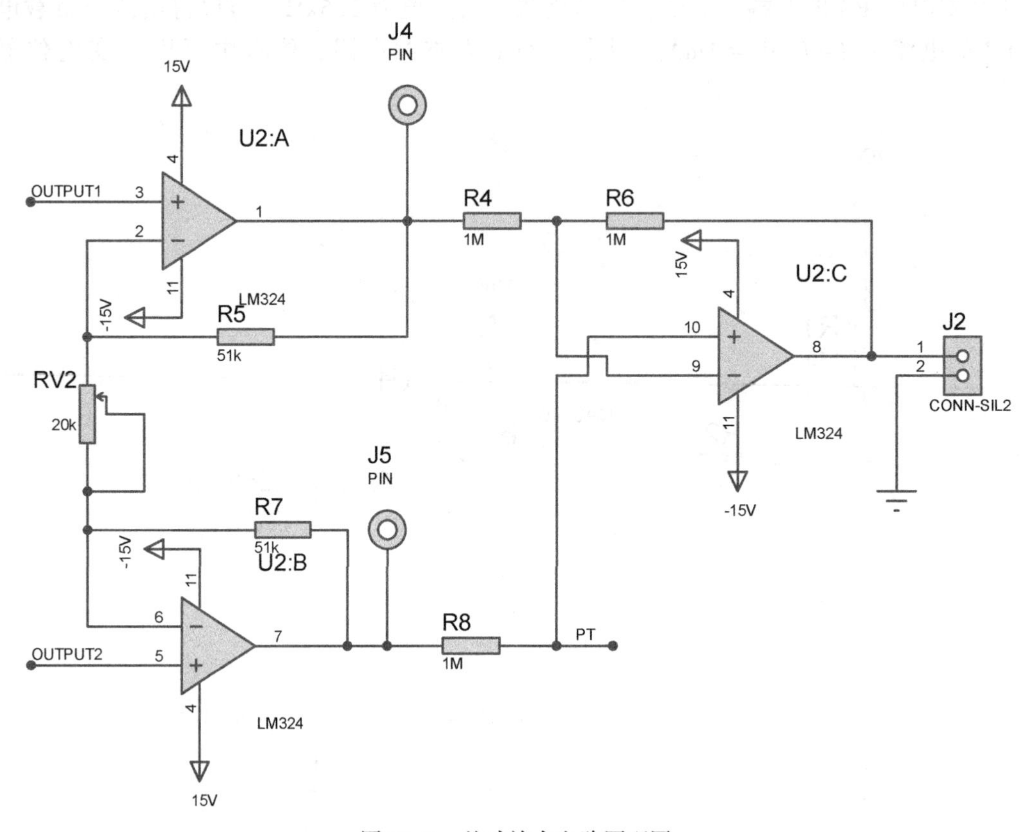

图 24-2　差动放大电路原理图

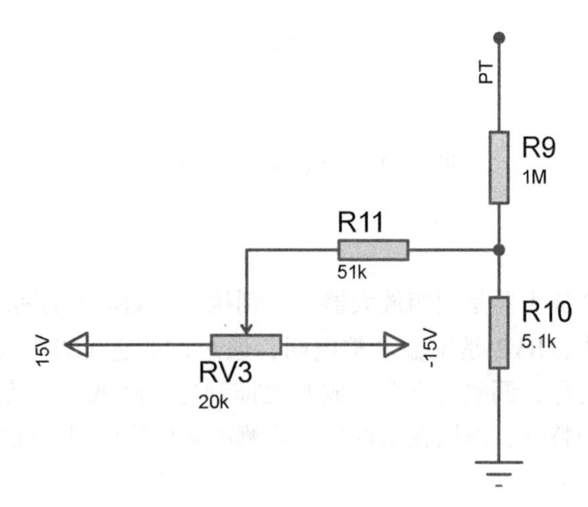

图 24-3　不平衡电压调整电路原理图

电阻测量电路原理图如图 24-4 所示。

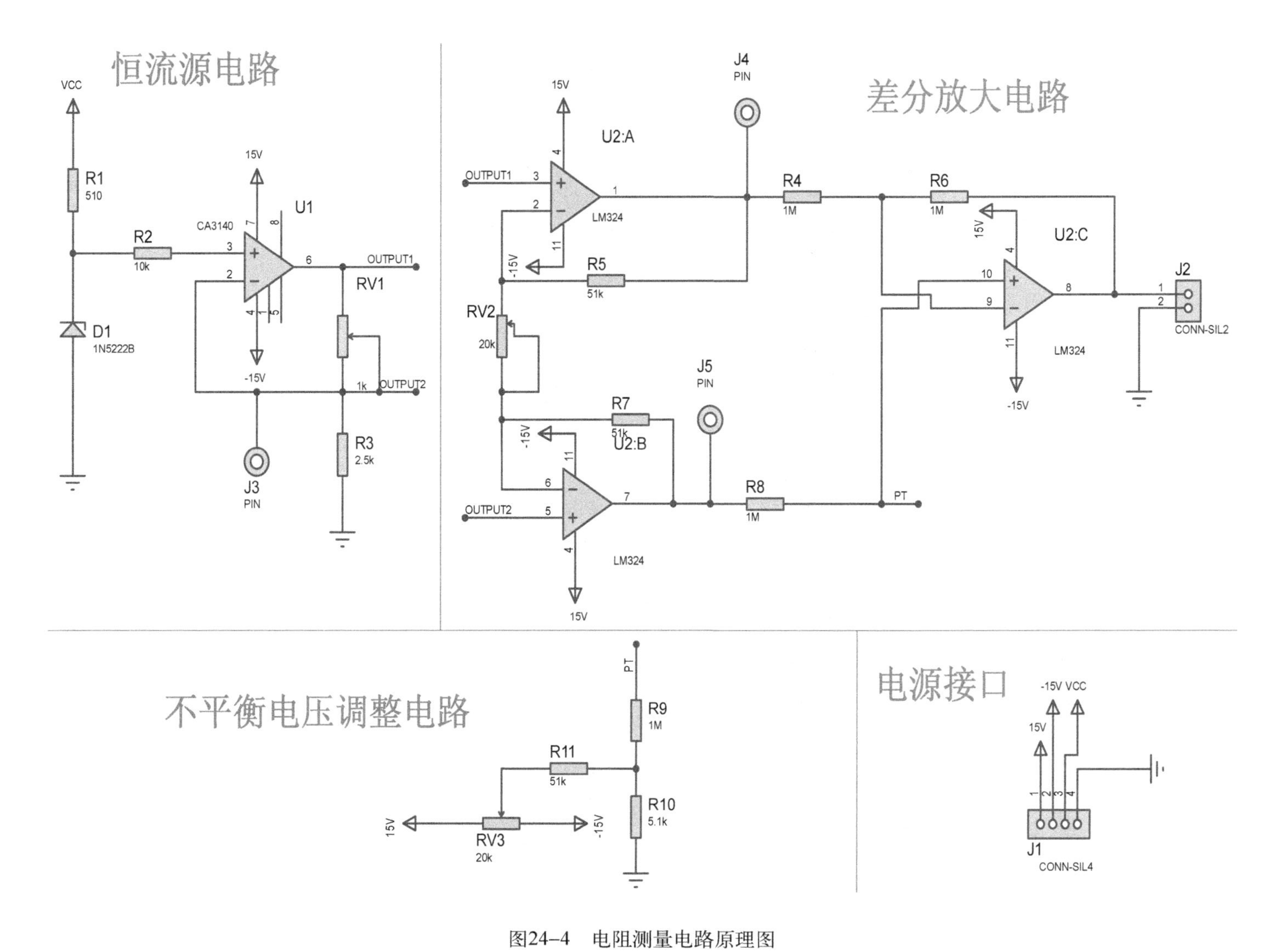

图24-4　电阻测量电路原理图

PCB 版图

PCB 版图是根据原理图设计，在 Protel 99SE 界面创建的 PCB 文件。其将原理图中各个元器件进行分布，然后进行布线处理，如图 24-5 所示。在 PCB 设计过程中需要考虑外部连接的布局、内部电子元器件的优化布局、金属连线和通孔的优化布局、电磁保护、热耗散等各种因素，这里就不做过多说明了。

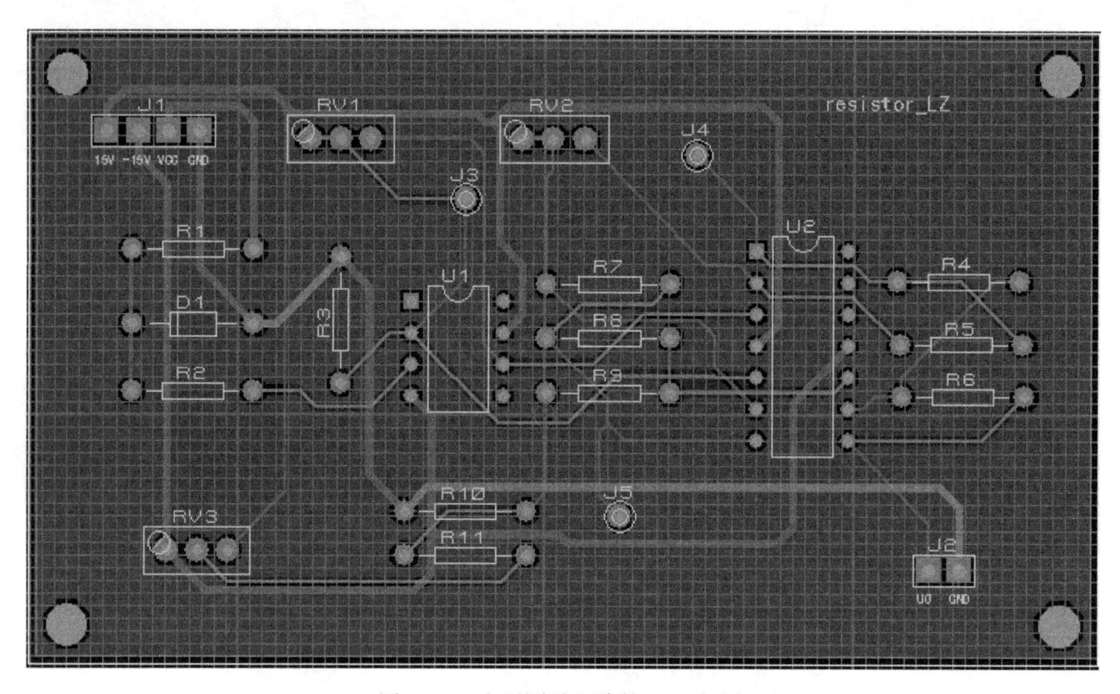

图 24-5　电阻测量电路的 PCB 版图

实物测试

按照原理图的布局，在实际板子上进行各个元器件的焊接，焊接完成后的实物图如图 24-6 所示。其实物测试图如图 24-7 所示。构成本电路的材料如表 24-1 所示。

经过实物测试，当滑动电位器未调整时，输出电压为 2.98V，计算得 $RV1 = 2.98/5.6 \times 1000 \approx 532\Omega$，实际电阻值为 524Ω；调节电位器到某一阻值，测得电压为 2.84V，同理计算得 $RV1 = 507\Omega$，其实际阻值为 500Ω。实测中的误差大约为 8Ω，基本符合电路设计要求。

图 24-6　电阻测量电路实物图

图 24-7　电阻测量电路实物测试图

表 24-1　构成本电路的材料

序　号	名　称	元件规格	数　量	元件编号
1	电阻	510Ω	1	R1
2	电阻	10kΩ	1	R2
3	电阻	2.5kΩ	1	R3
4	电阻	1MΩ	4	R4，R6，R8，R9
5	电阻	51kΩ	3	R5，R7，R11
6	电阻	5.1kΩ	2	R10
7	稳压二极管	1N5222B	1	D1
8	可调电阻	1kΩ	1	RV1
9	可调电阻	20kΩ	2	RV2，RV3
10	运算放大器	CA3140	1	U1
11	运算放大器	LM324	1	U2

思考与练习

（1）电阻测量电路中采用恒流源法有什么优势？

答：传统的伏安法测电阻时系统误差较大，而采用恒流源法来测量可以克服此缺点。

（2）电路中为什么要加入差动放大电路？

答：其实电路中可以不用加入差动放大电路。之所以加入这部分，是为了测量阻值较小的电阻。因为恒定的电流较小，由伏安法知，小电阻的电压也小，经过差动放大后便于测量。

（3）是否可以把不平衡电压调整电路去掉？

答：不可以。因为电阻测量中存在误差，需要利用不平衡电压调整来调节电压的输出。

特别提醒

开始测量之前，先要调整不平衡电压。

项目 25　频率测量电路设计

 设计任务

设计一个能够测量直流电动机转速频率，并具有显示功能的电路。

 基本要求

☺ 通过霍尔传感器检测直流电动机转速并将其转化为数字信号。
☺ 单片机每隔 1s 处理采回的脉冲信号。
☺ 数码管显示直流电动机当前转速的快慢。

 总体思路

直流电动机转速频率测量电路主要包括电源电路、霍尔传感器电路、单片机控制电路、数码管显示电路。

其设计思路为：霍尔传感器 AH49E 将直流电动机转速信号转化为电信号，并进一步处理为数字信号，然后将其输入单片机，单片机对外部输入的脉冲信号进行计数，并每隔 1s 对脉冲数进行计算，从而计算出电动机的转速频率，之后，4 位一体共阳数码管在单片机的控制下实时显示直流电动机的当前转速频率。

系统组成

直流电动机转速测量电路包括 4 部分：

☺ STC89C52 单片机模块，处理送入的脉冲信号。
☺ 霍尔传感器模块：采集电动机转速频率信号。
☺ 数码管显示模块：显示传感器检测到的转速频率信息。
☺ 电源模块：直流稳压源为整个电路提供 5V 稳定电压。

整个系统方案的模块框图如图 25-1 所示。

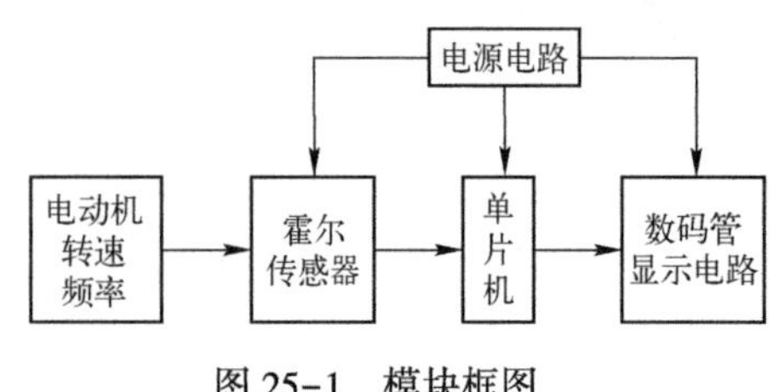

图 25-1　模块框图

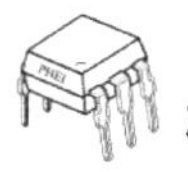

模块详解

1. STC89C52 单片机模块

STC89C52 单片机是一款低功耗、低电压、高性能的 CMOS 8 位单片机，片内含 8KB 可改编程序 FLASH 存储器，256×8 字节内部 RAM，32 个外部双向 I/O 口，可方便地应用在各个控制领域。

本设计主要通过单片机对外部脉冲进行计数，并每隔 1s 进行转速频率计算，最后控制数码管显示当前转速频率。

本设计的单片机模块包含 12MHz 时钟电路、按键复位电路及下载电路，其模块电路图如图 25-2 所示。

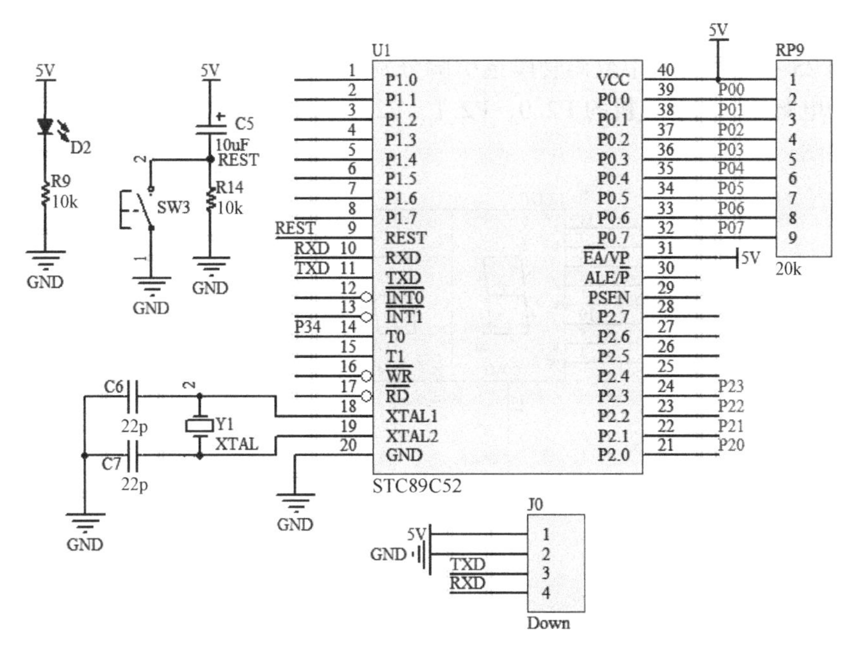

图 25-2　单片机模块电路图

2. 霍尔传感器模块

本设计的转速频率测量主要由 AH49E 线性霍尔电路传感器完成。

AH49E 线性霍尔电路传感器由电压调整器、霍尔电压发生器、线性放大器和射极跟随器组成，其输入是磁感应强度，输出是和输入量成正比的数字信号。工作电压为直流 5V，极限电压为 6.5V。该传感器在本设计中负责采集直流电动机转速频率信号，并将其转化为数字信号。

AH49E 线性霍尔电路传感器实物图如图 25-3 所示。其连接电路如图 25-4 所示。

AH49E 的 1 脚连 5V 电源，2 脚连 GND，3 脚为信号输出引脚，接单片机的 P3.4 口（T0 口）。

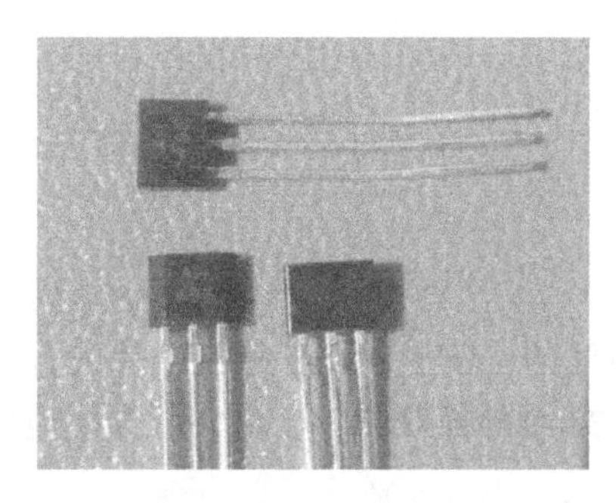

图 25-3　AH49E 线性霍尔电路传感器实物图

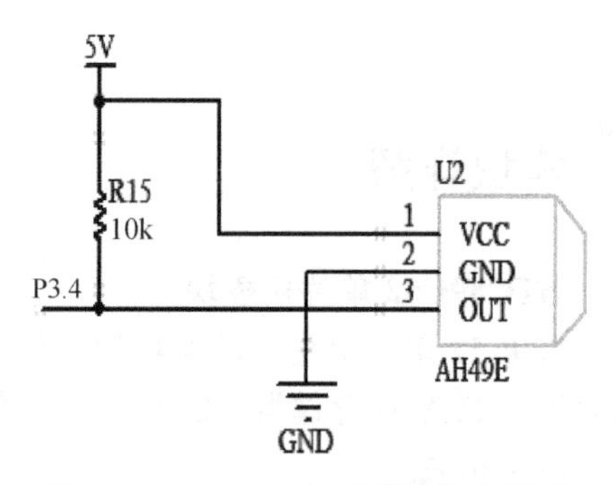

图 25-4　AH49E 传感器连接电路图

3. 数码管显示模块

数码管是设计中较常用的一种显示器件，本设计采用 4 位一体共阳 8 段数码管进行显示。共阳数码管是指将所有发光二极管的阳极接到一起形成公共阳极，应用时将公共阳极接到+5V，当某一字段发光二极管的阴极为低电平时，相应字段就点亮。数码管显示模块电路图如图 25-5 所示。其中数码管段选引脚分别和单片机的 P0 相连，而位选引脚通过三极管驱动电路分别与单片机的 P2.0、P2.1、P2.2、P2.3 口相连。图 25-5 为数码管显示模块电路图。

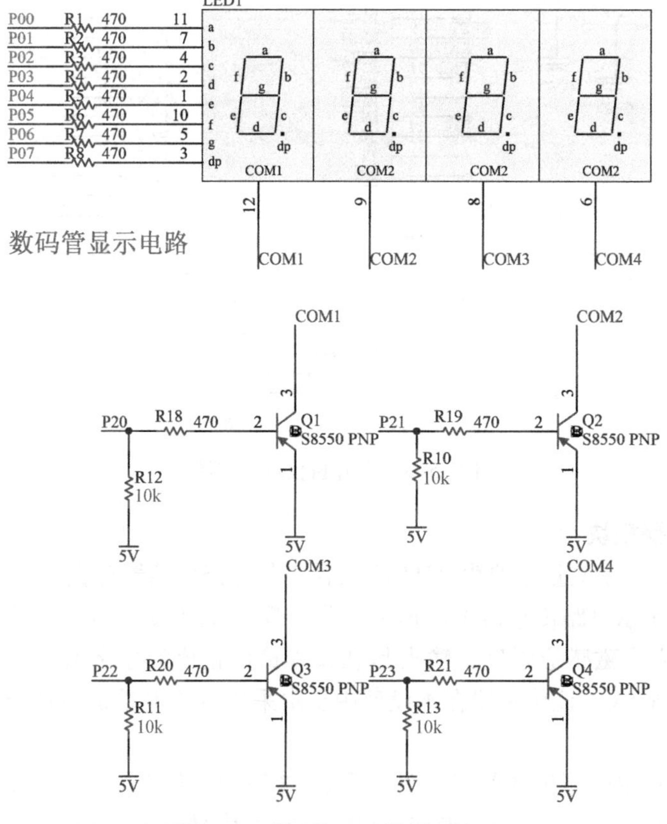

图 25-5　数码管显示模块电路图

4. 电源模块

本设计使用8V直流电源供电，通过LM7805CV将其稳压为5V。电源模块示意图如图25-6所示。

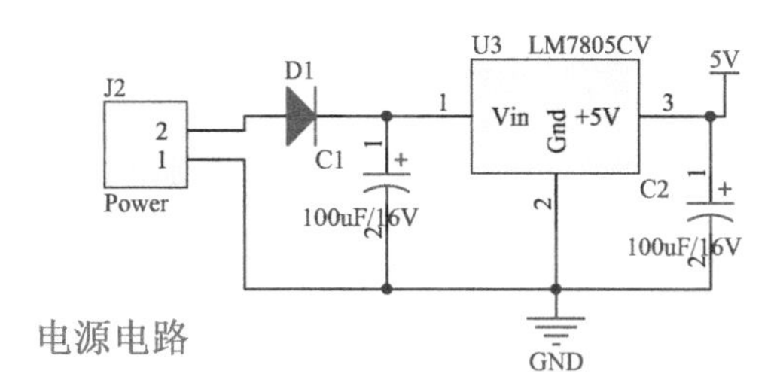

图25-6 电源模块示意图

本设计整体电路图如图25-7所示。

软件设计

本设计中，软件解决的主要问题是接收霍尔传感器采回来的脉冲信号，然后对信号进行计数，定时处理，数码管显示。程序流程图如图25-8所示。

按照程序流程图，编写程序如下：

```
#include<reg52. h>
//定义定时器初值,方便修改
#define HIGH_Time ((65536-2000)/256)
#define LOW_Time  ((65536-2000)%256)
#define PI_Round   3. 141592          //圆周率的值


bit OVERFLOWFLAG = 0 ;              //时间溢出标志位
bit TIMERFLAG = 0;                  //1s 时间到,处理数据的标志位
#define SMG_PORT P0                 //定义数据端口,如果程序中遇到 DataPort,则用 P0 替换
unsigned char code Dofly_table[16] = {0xc0,0xf9,0xa4,0xb0,0x99,0x92,0x82,0xf8,0x80,0x90,
0x77,0x7c,0x39,0x5e,0x79,0x71};
//P20 1
void   Dis_Play(unsigned int uiDis_Num)
{
 static unsigned char ucStep = 0;
 char ucDis_Dat = 0;
 if(uiDis_Num > 9999)
   return;
   SMG_PORT = 0XFF;
   P2 |=0X0f;
 switch(ucStep)
 {
```

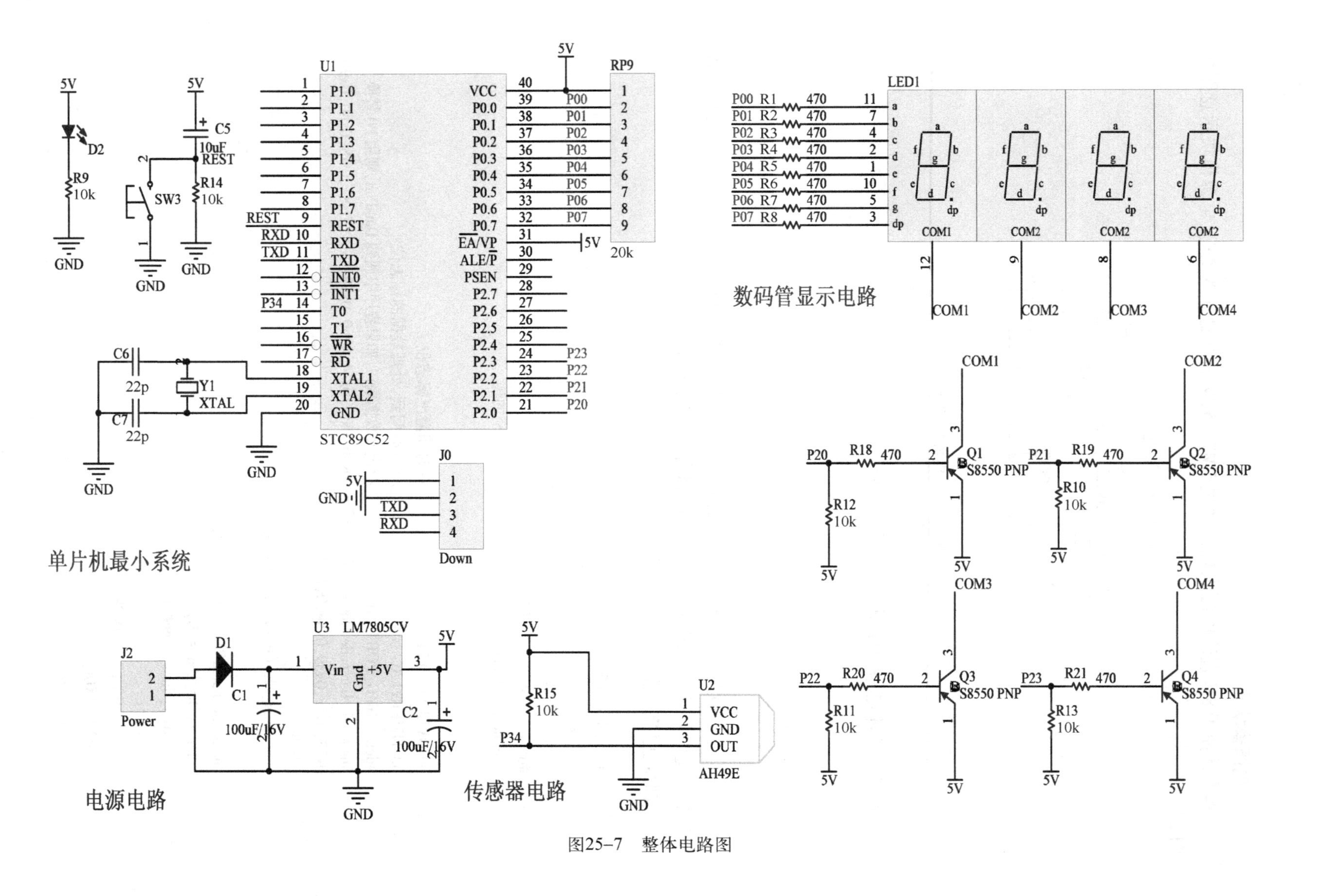
单片机最小系统
数码管显示电路
电源电路
传感器电路
U1
STC89C52
RP9
LED1
J0
Down
J2
Power
U3
LM7805CV
U2
AH49E
S8550 PNP

图25-7　整体电路图

```
//2345    11
   case 0 : //主频
   ucDis_Dat = uiDis_Num%10;
   SMG_PORT = Dofly_table[ucDis_Dat];
   P2 &= ~0X08;
   ucStep++;
   break;
   case 1 :
   ucDis_Dat = uiDis_Num%100/10;
   SMG_PORT = Dofly_table[ucDis_Dat]&0x7f;
   P2 &= ~0X04;
   ucStep++;
   break;
   case 2 :
   ucDis_Dat = uiDis_Num%1000/100;
   SMG_PORT = Dofly_table[ucDis_Dat];
   P2 &= ~0X02;
   ucStep++;
   break;
   case 3 :
   ucDis_Dat = uiDis_Num/1000;
   SMG_PORT = Dofly_table[ucDis_Dat];
   P2 &= ~0X01;
     ucStep = 0;
     break;
  default: break;
 }
}
/*------------------------------------------------
                    定时器 0 初始化子程序
 使用的是 P3.4 计数模式
------------------------------------------------*/
void Init_Timer0(void)
{
 TMOD |= 0x01 | 0x04;  //使用模式 1,16 位计数器,使用"|"符号可以在使用多个定时器
                        //时不受影响
 TH0=0x00;              //给定初值
 TL0=0x00;
 EA=1;                  //总中断打开
 ET0=1;                 //定时器中断打开
 TR0=1;                 //定时器开关打开
}
/*------------------------------------------------
           定时器 1 初始化子程序
        本程序用于定时
------------------------------------------------*/
void Init_Timer1(void)
{
 TMOD |= 0x10;          //使用模式 1,16 位定时器,使用"|"符号可以在使用多
                        //个定时器时不受影响
 TH1=HIGH_Time;         //给定初值,这里使用定时器的最大值从 0 开始计
                        //数,一直到 65535 溢出
```

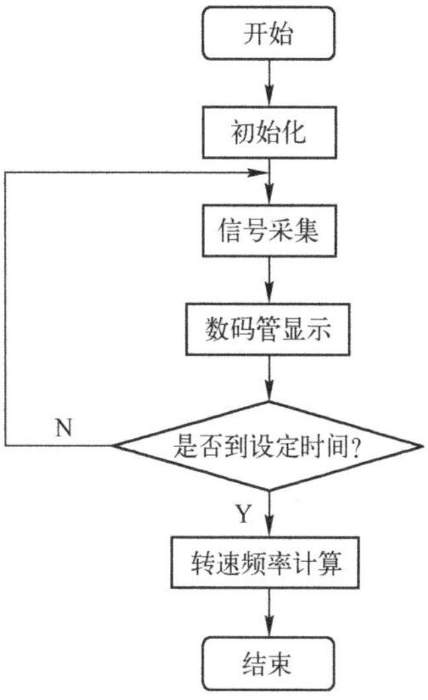

开始 → 初始化 → 信号采集 → 数码管显示 → 是否到设定时间? (N → 信号采集; Y → 转速频率计算) → 结束

图 25-8　程序流程图

```
 TL1=LOW_Time;
 EA=1;                              //总中断打开
 ET1=1;                             //定时器中断打开
 TR1=1;                             //定时器开关打开
}

/*--------------------------------------------------
函数说明:
数据的处理计算
参数入口
uiCount   脉冲个数,单位时间里
uiRadius_Cycle   轮毂的半径值
--------------------------------------------------*/
unsigned int   Get_ValInto_KM(unsigned int   uiCount,unsigned int uiRadius_Cycle)
{
   float fGet_Val = (float)uiRadius_Cycle;           //转化数据
   fGet_Val *= 0.01;//
   fGet_Val *= 2*PI_Round;//
   fGet_Val *= uiCount;
   fGet_Val *= 3.6;
   return (unsigned int)(fGet_Val*10);
}
/*--------------------------------------------------
                    主程序
--------------------------------------------------*/
char   cDis_Flag = 0;
main()
{
 unsigned   long int iDis_Km_Val = 0;
 Init_Timer0();                     //初始化定时器 0
 Init_Timer1();                     //初始化定时器 1
 while(1)
  {
  if(OVERFLOWFLAG)                  //检测溢出标志,如果溢出,表明频率过高,显示溢出信息
     {
     OVERFLOWFLAG=0;//标志清零
      //若正常,就不会进入这里
}

if(TIMERFLAG)                       //定时 100ms 到,做数据处理
     {
     iDis_Km_Val = TL0+TH0*256;//读取计数值          //得到 1s 中系统记录到的脉冲个数
     iDis_Km_Val = Get_ValInto_KM(iDis_Km_Val,10);  //数据转换,轮毂半径为 10cm
     TR0=1;                                          //两个定时器打开
// TR1=1;
      TH0=0;                                         //保证计数器初值为 0
      TL0=0;
      TIMERFLAG=0;                                   //打开计时、计数标志
     }
```

```
    if(cDis_Flag == 1)                          //获得单位时间显示的时间
    {
     cDis_Flag = 0;
     Dis_Play(iDis_Km_Val);                     //显示得到的千米数
     Dis_Play(1234);                            //显示得到的千米数
    }
    ////显示函数,单位时间显示
    if(cDis_Flag == 1)                          //获得单位时间显示的时间
    {
     cDis_Flag = 0;
     Dis_Play(iDis_Km_Val);                     //显示得到的千米数
     Dis_Play(1234);                            //显示得到的千米数
   }
  }
}

/*-----------------------------------------------
                   定时器0中断子程序
-----------------------------------------------*/
void Timer0_isr(void) interrupt 1
{
 TH0=00;                                        //重新给定初值
 TL0=00;
 OVERFLOWFLAG = 1;                              //溢出标志
}
/*-----------------------------------------------
                 定时器1中断子程序
-----------------------------------------------*/
void Timer1_isr(void) interrupt 3
{
 static unsigned int cI = 0;                    //用于脉冲单位时间计数
 TH1=HIGH_Time;                                 //重新赋值10ms
 TL1=LOW_Time;
 cDis_Flag = 1;  //刷新显示,在主函数中刷新显示
 if(TIMERFLAG == 0)
 {
    cI++;
    if(cI==501)        //100ms计数时间单位,得出100ms脉冲个数×10就是1s中的脉冲个
                       //数,即为频率
      {
          cI=0;
          TR0=0;                                //两个定时器关闭
//        TR1=0;
          TIMERFLAG=1;                          //标志位清零
          TH1=HIGH_Time;                        //重新赋值
          TL1=LOW_Time;
      }
 }
  else
    cI = 0;

}
```

通过对实物的测试，此电路能够实现对直流电动机转速频率的测量，并且能够显示当前测量的值，符合设计要求。

PCB 版图

PCB 版图是根据原理图设计，在 Protel 99SE 界面创建的 PCB 文件。将原理图中各个元器件进行分布，然后进行布线处理，如图 25-9 所示。在 PCB 设计过程中需要考虑外部连接的布局、内部电子元件的优化布局、金属连线和通孔的优化布局、电磁保护、热耗散等各种因素，这里就不做过多说明了。

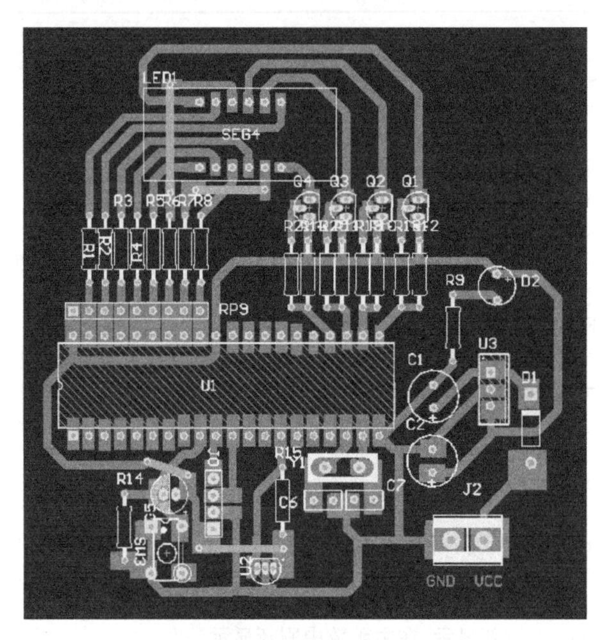

图 25-9　频率测量电路 PCB 版图

实物测试

按照原理图的布局，在实际板子上进行各个元器件的焊接，焊接完成后的实物图如图 25-10 所示。构成本电路的材料如表 25-1 所示。

表 25-1　构成本电路的材料

序　　号	名　　称	元 件 规 格	数　　量	元 件 编 号
1	电解电容	100μF	1	C1，C2
2	极性电容	10μF	1	C5
3	电容	22pF	1	C6，C7
4	二极管	1N4007	1	D1
5	LED 灯	—	2	D2

续表

序　　号	名　　称	元件规格	数　　量	元件编号
6	接线端子	4 脚	1	J0
7	接线端子（电源）	2 脚	1	J2
8	晶振	12MHz	1	Y1
9	ZIF 座	DIP40	2	U1
10	电阻	10kΩ	1	R9，R10，R11，R12，R13，R14，R15
11	电阻	470Ω	1	R1，R2，R3，R4，R5，R6，R7，R8，R18，R19，R20，R21
12	电阻	20kΩ	1	RP9
13	单片机	STC89C52	1	U1
14	三极管 S8550	PNP	1	Q1，Q2，Q3，Q4
15	四角按键	6mm×6mm×6mm	2	SW3
16	霍尔传感器	AH49E	1	U2
17	共阳 4 位数码管	0. 56in	1	J2
18	稳压块 LM7805CV	—	1	U3

图 25-10　直流电动机转速频率检测装置实物图

思考与练习

（1）数码管一般如何驱动?

答：数码管有共阴共阳之分，不同类型的数码管其驱动方式也不同。由于数码管中的LED 需要至少 10mA 电流才可正常点亮，而单片机 I/O 口输出电流一般非常小，所以可靠的驱动电路是必不可少的。通常驱动数码管常用上拉电阻（共阴）和限流电阻（共阳），这里，电阻阻值的选取也需要一定技巧，尤其是上拉电阻的选取，既要把电流拉起来足以驱动数码管正常点亮，又要考虑灌电流对单片机的影响，切不可电流过大超过 I/O 可承受的最大灌电流数值，否则会造成单片机烧毁。对于更稳定的数码管驱动电路，一般需要配合三极管、译码器、锁存器等，或者使用专用的驱动芯片，这样既能起到放大电流的作用，又能很好地保护单片机I/O口，建议使用。

（2）霍尔传感器的工作原理是什么？

答：磁场中有一个霍尔半导体片，恒定电流I从A到B通过该片。在洛仑兹力的作用下，I的电子流在通过霍尔半导体时向一侧偏移，使该片在CD方向上产生电位差，这就是所谓的霍尔电压。

霍尔电压随磁场强度的变化而变化，磁场越强，电压越高，磁场越弱，电压越低，霍尔电压值很小，通常只有几个毫伏，但经集成电路中的放大器放大，就能使该电压放大到足以输出较强信号。若使霍尔集成电路起传感作用，则需要用机械的方法来改变磁场强度。

（3）简述频率测量电路的工作原理。

答：传感器AH49E将直流电动机转速信号转化为电信号，并进一步处理为数字信号，然后将其输入单片机，单片机对外部输入的脉冲信号进行计数，并每隔1s对脉冲数进行计算，从而计算出电动机转速频率，之后，4位一体共阳数码管在单片机的控制下实时显示直流电动机的当前转速频率。

特别提醒

为保证传感器准确、稳定地工作，检测时要将电动机转盘上的检测点靠近传感器敏感点并保持电动机稳固，不可晃动。

项目 26　红外测温电路设计

设计任务

设计红外测温电路系统。

基本要求

所有物体都会发出红外线能量。物体越热，其分子就愈加活跃，目标辐射波长越短，它所发出的红外线能量也就越多。利用该原理设计一个能测量温度的电路，并通过一定的显示模块来实现人机交互功能。

总体思路

系统设计包括硬件电路设计和软件设计。硬件电路采用 STC89C52 单片机作为控制核心，主要包括红外测温电路、显示电路、按键电路和复位电路等。软件设计主要包括主程序及红外测温模块、功能按键模块、显示模块等子程序。

系统组成

红外测温电路设计由 6 部分组成：

☺ 红外测温电路。

☺ 电源电路。

☺ 按键电路。

☺ 显示电路。

☺ 报警电路。

☺ 主控电路。

整个系统方案的模块框图如图 26-1 所示。

图 26-1　模块框图

系统在工作时，操作者先将红外测量仪对准被测量者，然后按下测量键，等待 2s，随后红外传感器就会把数字温度信号传送到

STC89C52 中进行处理，最后送到 LCD1602 进行实时显示。该系统还设定了一个温度的上/下限，当测量温度不在设定的范围之内时，利用蜂鸣器进行报警提醒。

模块详解

1. 红外测温电路

1）红外测温原理

红外测温传感器是接收目标物体的热辐射并将其转换为电信号的器件。红外测温模块中的光学装置，可以收集物体的辐射红外线能量，并把该能量聚焦在探测器上。能量经探测器转化为电信号，并被放大、显示出来。

由普朗克黑体辐射定律，我们知道：

- 光学常数。
- *E*—辐射出射度。
- 斯蒂芬-波尔兹曼常数。
- 被测对象的辐射率。
- 红外温度计的辐射率。
- 被测对象热力学温度。
- 红外温度计热力学温度。

通过红外传感器接收到的能量峰值信号，经过单片机即可计算出目标温度。探测器输出的信号与目标温度呈非线性关系，所以需要对其进行线性化处理。线性化处理后得到物体的表观温度，然后对其进行辐射率修正，转化成真实温度，由于调制片辐射信号的影响，还需做环温补偿，即真实温度加上环温才能最终得到被测物体的实际温度。

2）红外测温电路设计

TN901 红外传感器输出的是数字信号，其接口电路如图 26-2 所示。

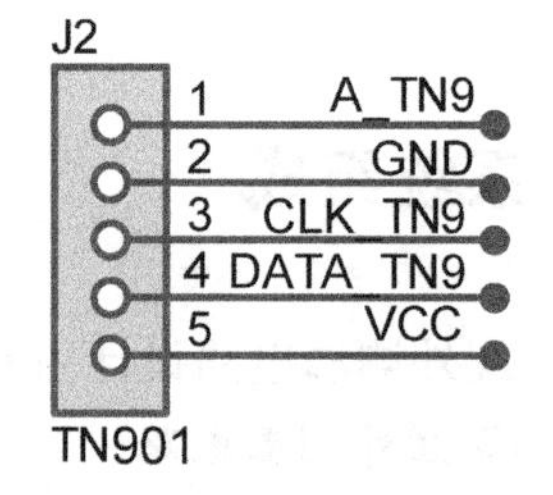

图 26-2　红外传感器接口电路

- 脚 1 为测温启动信号引脚，低电平有效。
- 脚 2 为接地引脚。
- 脚 3 为 2kHz Clock 输出引脚。
- 脚 4 为数据接收引脚，没有数据接收时其为高电平。
- 脚 5 为电源引脚 VCC，其一般为 3~5V。

3）红外测温模块的工作时序

TN901 红外传感器向单片机发送一帧数据，共由 5B 组成，如表 26-1 所示。

表 26-1　信息格式

Item	MSB	LSB	Sum	CR

单片机在时钟的下降沿接收数据，一次温度测量需接收 5B 的数据，这 5B 中：

- Item 为 0x4c 表示测量目标温度，为 0x66 表示测量环境温度。

➢ MSB 为接收温度的高 8 位数据。

➢ LSB 为接收温度的低 8 位数据。

➢ Sum 为验证码，接收正确 Sum=Item+MSB+LSB。

➢ CR 为结束标志，当 CR 为 0x0dH 时表示完成一次温度数据接收。

4）红外测温模块温度值计算

无论是测量环境温度还是目标温度，只要检测到 Item 为 0x4cH 或 0x66H，同时检测到 CR 为 0x0dH 时，它们的温度计算方法都相同。计算公式为：实际温度值=temp/16-273.15。其中，273.15 为华氏转摄氏的单位转换差值。temp（MSB×256+LSB 得出来的值）为十进制数，当把它转换成十六进制数时，高 8 位为 MSB，低 8 位为 LSB。比如，MSB 为 0x14H，LSB 为 0x2bH，则 temp 为十六进制数时是 0x142bH，为十进制数时是 5163，则测得的实际温度值为 5163/16-273.15=49.538。

2. 电源电路

系统中使用的电源电压为+5V，电源电路的原理图如图 26-3 所示。D1 是电源指示灯，电路上电以后，该灯亮，表示电源正常。同时通过电容 C4、C5 进行电源去耦，以此来提高电源的完整性。

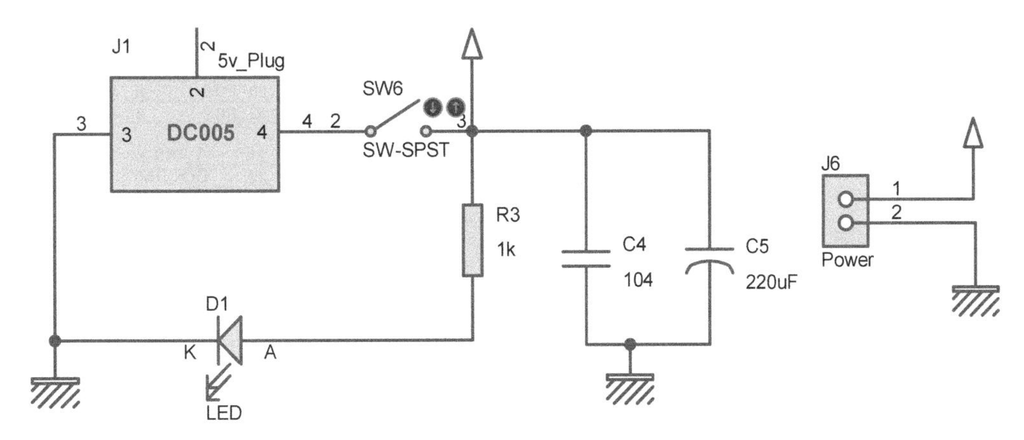

图 26-3　电源电路的原理图

3. 主控电路

在本系统的设计中，从价格、熟悉程度及满足系统的需求等方面考虑，选择了 51 系列 STC89C52 单片机。STC89C52 单片机是一款低功耗、高性能 CMOS 8 位微控制器，具有 8KB 在系统可编程 Flash 存储器。在单芯片上，拥有灵巧的 8 位 CPU 和在系统可编程 Flash，使得 STC89C52 单片机可以为众多嵌入式控制应用系统提供高灵活、超有效的解决方案。STC89C52 单片机芯片的引脚介绍如下：

➢ 引脚 1~8：P1 口，8 位准双向 I/O 口，可驱动 4 个 LS 型 TTL 负载。

➢ 引脚 9：RESET 复位键，单片机的复位信号输入端，对高电平有效。当进行复位时，要保持 RST 引脚大于两个机器周期的高电平时间。

➢ 引脚 10，11：RXD 串口输入/TXD 串口输出。

➢ 引脚 12~19：P3 口，P3.2 为 $\overline{INT0}$中断 0，P3.3 为$\overline{INT1}$中断 1，P3.4 为计数脉冲 T0，P3.5 为计数脉冲 T1，P3.6 为$\overline{WR}$写控制，P3.7 为$\overline{RD}$读控制。

➢ 引脚 21~28：P2 口，8 位准双向 I/O 口，与地址总线（高 8 位）复用，可驱动 4 个 LS 型 TTL 负载。

➢ 引脚 29：$\overline{\text{PSEN}}$，片外 ROM 选通端，单片机对片外 ROM 操作时 29 脚（$\overline{\text{PSEN}}$）输出低电平。

➢ 引脚 30：ALE/PROG 地址锁存器。

➢ 引脚 31：$\overline{\text{EA}}$，ROM 取指令控制器，高电平片内取，低电平片外取。

➢ 引脚 32~39：P0 口，双向 8 位三态 I/O 口，此口为地址总线（低 8 位）及数据总线分时复用口，可驱动 8 个 LS 型 TTL 负载。

➢ 引脚 40：电源+5V。

单片机为整个系统的核心，控制整个系统的运行，其主控电路原理图如图 26-4 所示。

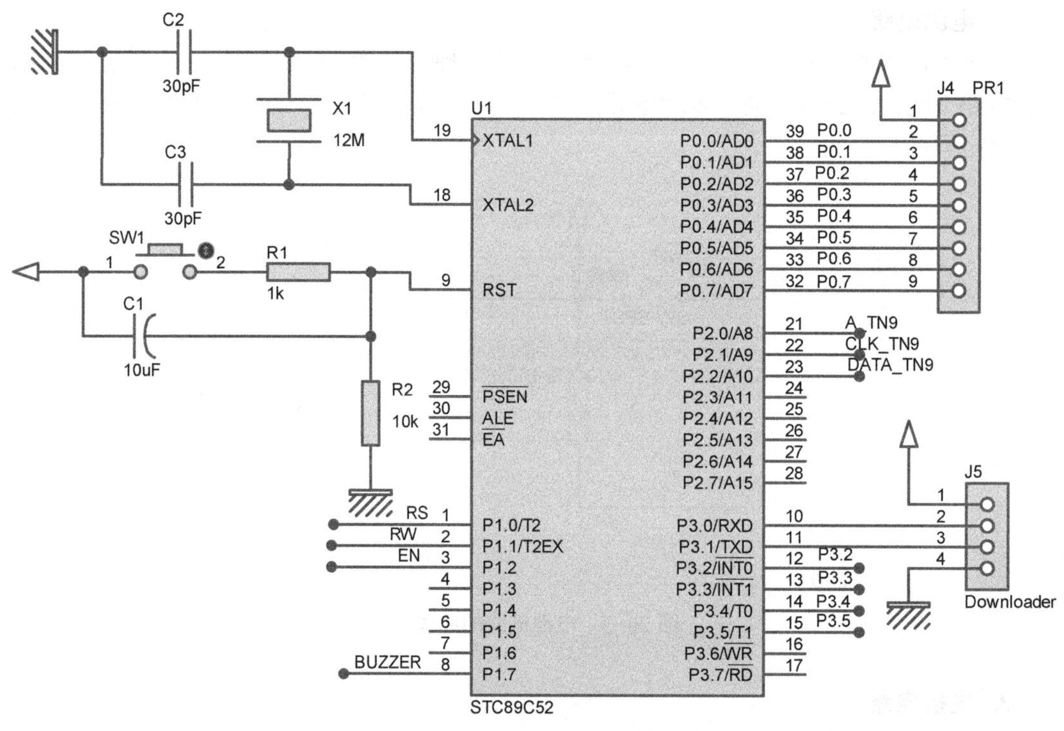

图 26-4 主控电路原理图

4. 按键电路

本次设计的系统需要通过按键开启红外测温功能，最终系统的功能按键设置为 4 个，均采用独立按键模块，电路原理图如图 26-5 所示。

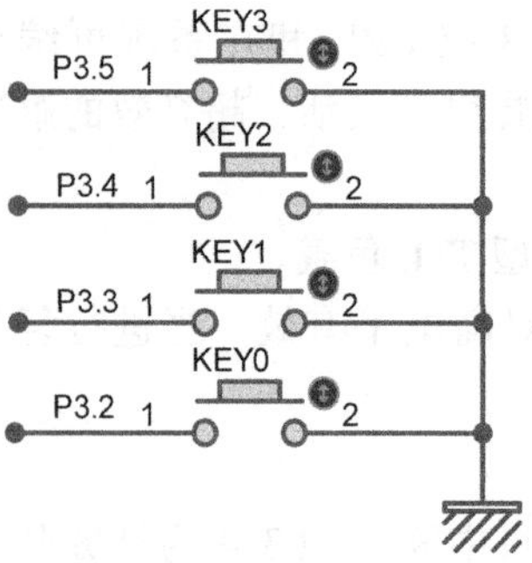

键盘模块采用动态扫描方式，采用 4 个独立式键盘。相较于矩阵键盘，独立式键盘是一种常开型按键开关，常态下键的两个触点处于断开状态，按下键时它们才闭合，最大的优点是使用方便，程序编写比较简单。4 个按键的具体功能如下：

图 26-5 按键电路原理图

➢ 按下 KEY0，开始红外测温。

➢ 按下 KEY3，设置温度上/下限值。

➢ 当按下 1 次 KEY3 时，通过 KEY2 和 KEY1 分别对最高温度值进行设置。

➢ 当按下 2 次 KEY3 时，通过 KEY2 和 KEY1 分别对最低温度值进行设置。

注：KEY2 为“减”设置，KEY1 为“加”设置。

5. 显示电路

在本系统中，需要将测量出来的温度值显示出来，LCD 显示器的微功耗、体积小、显示内容丰富、超薄轻巧等诸多优点非常符合系统需求。LCD1602 模块内部可以完成显示扫描，单片机只需要向 LCD1602 发送命令和显示内容的 ASCII 码即可。LCD1602 显示器的工作电压为 4.5～5.5V，在本系统中，采用的电压为 5V。LCD1602 的引脚如下：

➢ 1 脚：VSS 为地电源。

➢ 2 脚：VDD 接 5V 正电源。

➢ 3 脚：V0 为液晶显示器对比度调整端，接正电源时对比度最弱，接地电源时对比度最高，对比度过高会产生“鬼影”，使用时可以通过一个 5kΩ 的电位器调整对比度或直接接地。

➢ 4 脚：RS 为寄存器选择端，高电平时选择数据寄存器，低电平时选择指令寄存器。

➢ 5 脚：RW 为读/写信号线，高电平时进行读操作，低电平时进行写操作。

➢ 6 脚：EN 端为使能端，当 EN 端由高电平跳变成低电平时，液晶模块执行命令。

➢ 7～14 脚：D0～D7 为 8 位双向数据线。

➢ 15 脚：电源。

➢ 16 脚：地。

LCD1602 液晶显示器寄存器选择控制如表 26-2 所示。

表 26-2 LCD1602 液晶显示器寄存器选择控制

RS	RW	操作说明
0	0	写入指令寄存器 D0～D7
0	1	读取输出 D0～D7 的状态字
1	0	写入数据寄存器 D0～D7
1	1	从 D0～D7 读取数据

开始时初始化 E 为 0，然后置 E 为 1，再清零。读取状态字时，注意 D7 位，D7 为 1，禁止读/写操作；D7 为 0，允许读/写操作，因此对控制器每次进行读/写操作前，必须进行读/写检测。该显示电路如图 26-6 所示，图中的 RV1 是一个 5kΩ 的滑动变阻器，通过改变它的数值，可以调节显示器的对比度。

6. 报警电路

系统中设计了报警电路，主要用于当测量的温度大于单片机中设置的最高温度或小于单片机中设置的最低温度时，单片机输出一个信号进行报警提醒，以此进一步提高人机交互功能。该报警电路如图 26-7 所示。

红外测温电路原理图如图 26-8 所示。

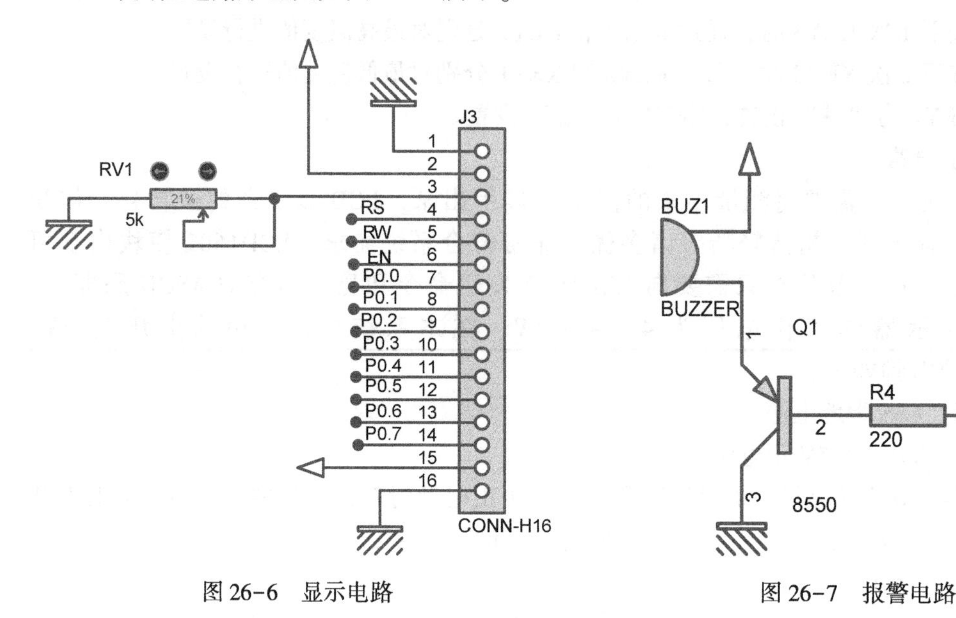

图 26-6 显示电路　　图 26-7 报警电路

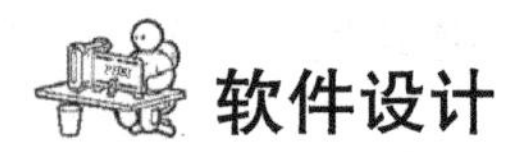

软件设计

1. 红外测温程序

系统正常上电，开始初始化，判断是否有功能按键 KEY0 被按下，如果有，再次判断首字节是否为 4CH 或 66H，最后一字节是否为 0DH，因为单片机每次读取 5 字节，当第一个字节和最后一个字节同时为 4CH（或 66H）和 0DH 时，才认为这是一个有效的数据，否则单片机将不停地进行读取。如果是，则进行温度的计算及处理，然后送 LCD1602 显示，最后关闭 TN901；如果不是，则继续按下按键 KEY0，直到符合有效数据的要求，才进行温度的读取。红外测温程序设计流程图如图 26-9 所示。

2. 按键程序

按键扫描程序设计流程图如图 26-10 所示。

3. 显示程序

LCD1602 显示程序设计流程图如图 26-11 所示。

4. 主程序

系统主程序设计流程图如图 26-12 所示。

按照程序流程图，编写程序如下：

```
#include" reg52. h"
#include " intrins. h"
#define uchar unsigned char
#define uint unsigned int
```

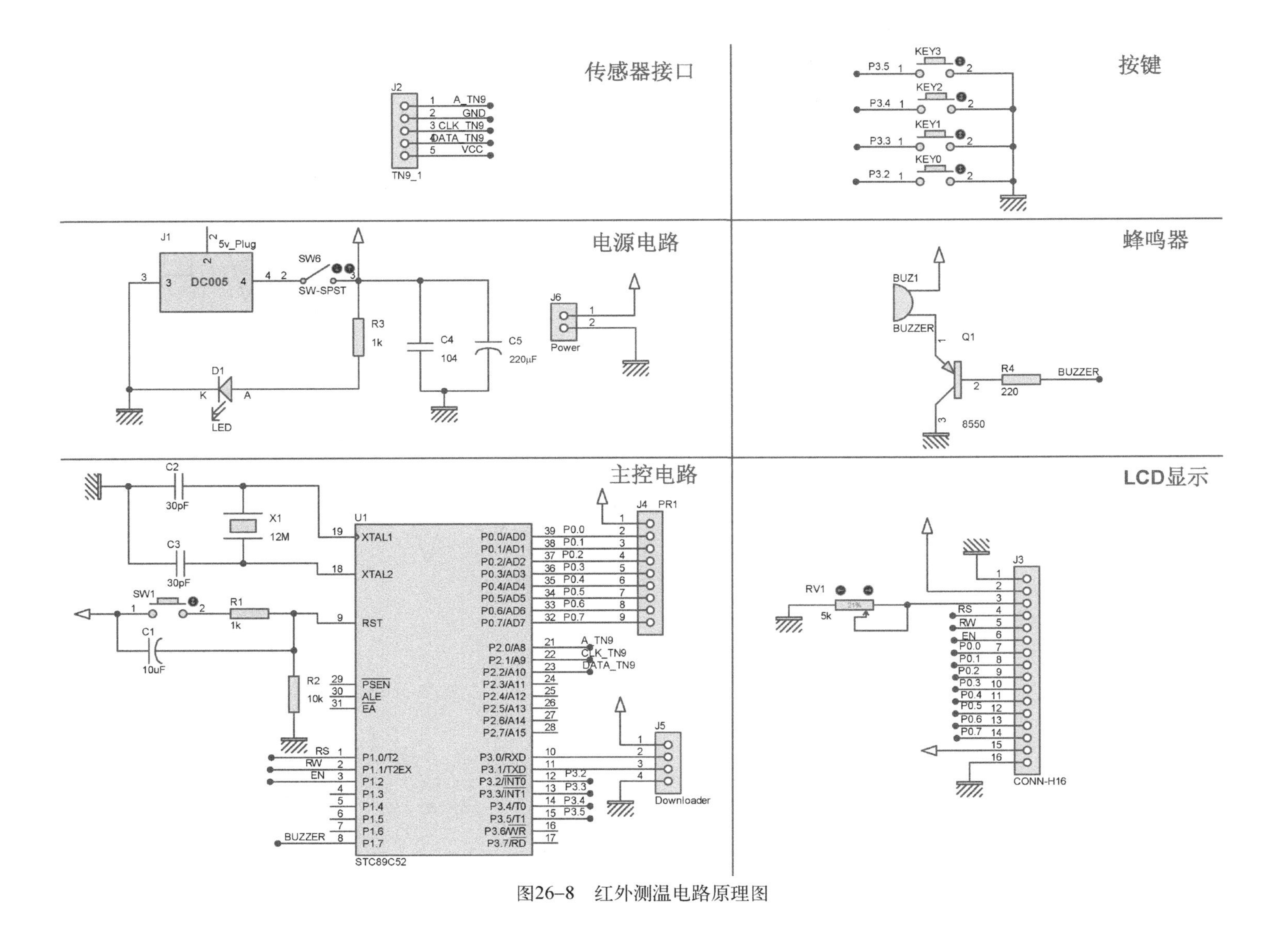

图26-8　红外测温电路原理图

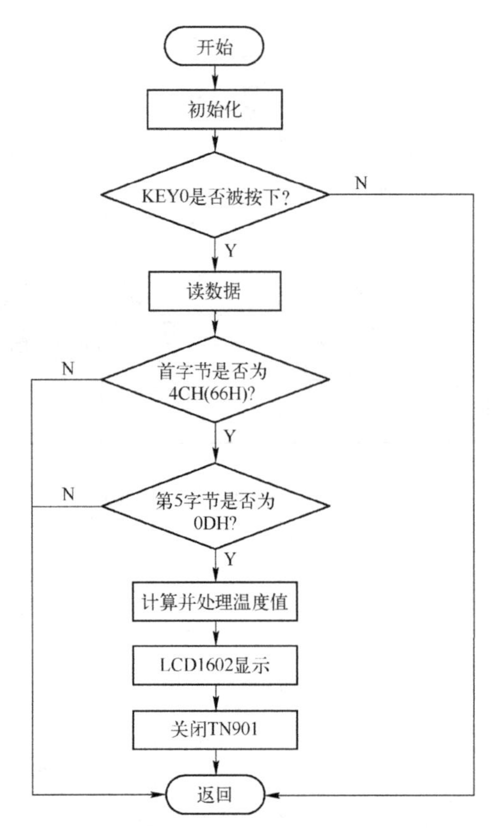

图 26-9　红外测温程序设计流程图

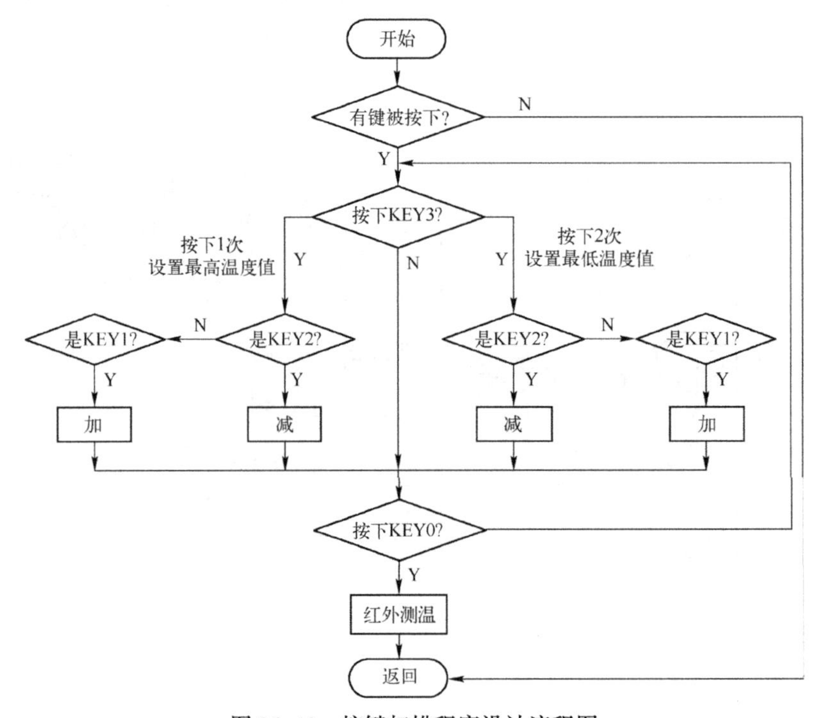

图 26-10　按键扫描程序设计流程图

```
/*********************** LCD1602 引脚的定义 ***********************/
#define LCD_data P0                              //数据口
sbit RS = P1^0;                                  //寄存器选择:高电平时选择数据寄
                                                 //存器,低电平时选择指令寄存器
sbit RW = P1^1;                                  //读/写
sbit EN = P1^2;                                  //液晶使能控制

/*********************** 按键引脚的定义 ***********************/
sbit key3=P3^5;
sbit key2=P3^4;
sbit key1=P3^3;
sbit key0=P3^2;


sbit buzzer=P1^7;


bit flag=0;
/*********************** 红外测温引脚的定义 ***********************/
sbit A_TN9=P2^0;                                 //TN9 触发
sbit CLK_TN9=P2^1;                               //TN9 时钟线
sbit DATA_TN9=P2^2;                              //TN9 数据线


/********************全局变量的定义***********************/
bit flag;
unsigned char TN_Data_Buff[5];                   //红外模块 0 数据缓存数组
unsigned char DATA_INDEX;
unsigned char DATA_NUM;                          //8 位数据计数
unsigned char data_tmp;                          //红外模块数据缓存
unsigned char table_mbtemp[]="00.00^C";

float iTemp,MBTemp=10.00;                        //温度数据
int T1h=25,T1l=4;                                //温度上/下限初始值

/*************函数定义声明**************/
void show_temp();                                //温度显示子函数
void key_pro();                                  //按键处理子函数
void warn();                                     //报警子函数

/************延时子程序,11.0592MHz 晶振下*****************/
void delay()
{
    unsigned int i;
    for(i=0;i<10;i++);
}
/************延时毫秒子程序,11.0592MHz 晶振下*****************/
void delay_ms(unsigned int time)
{
    unsigned int i,j;
    for(i=1;i<=time;i++)
        for(j=1;j<=113;j++);
}
/*-----------------------------------------------
                写入命令函数
```

```
------------------------------------------------*/
void LCD_Write_Com(unsigned char com)
{
    delay_ms(5);
    RS=0;
    RW=0;
    EN=1;
    P0=com;
    _nop_();
    EN=0;
}
/*------------------------------------------------
                写入数据函数
------------------------------------------------*/
void LCD_Write_Data(unsigned char Data)
{
    delay_ms(5);
    RS=1;
    RW=0;
    EN=1;
    P0= Data;
    _nop_();
    EN=0;
}
/*------------------------------------------------
                写入字符串函数
------------------------------------------------*/
 void LCD_Write_String(unsigned char x,unsigned char y,unsigned char *s)
{
    if (y == 0)
    {
        LCD_Write_Com(0x80 + x);                    //表示第一行
    }
    else
    {
        LCD_Write_Com(0xC0 + x);                    //表示第二行
    }
    while ( *s)
    {
        LCD_Write_Data( *s);
        s ++;
    }
}
/*------------------------------------------------
                初始化函数
------------------------------------------------*/
void LCD_Init(void)
{
    LCD_Write_Com(0x38);                            /*显示模式设置*/
    delay_ms(5);
    LCD_Write_Com(0x38);
    delay_ms(5);
    LCD_Write_Com(0x38);
    delay_ms(5);
    LCD_Write_Com(0x38);
```

```
    LCD_Write_Com(0x08);                                  /* 显示关闭 */
    LCD_Write_Com(0x01);                                  /* 显示清屏 */
    LCD_Write_Com(0x06);                                  /* 显示光标移动设置 */
    delay_ms(5);
    LCD_Write_Com(0x0C);                                  /* 显示开及光标设置 */
}


//==================================================================
========================
//  C 格式:      void TN_IRACK_EN(void);
//  实现功能:      红外模块启动函数
//  入口参数:      无
//  出口参数:      无
//==================================================================
========================
void TN_IRACK_EN(void)
{
    unsigned char j;
    flag=0;
    A_TN9=0;
    delay();
     DATA_NUM=0;
     DATA_INDEX=0;

    for(j=0;j<=4;j++)
        TN_Data_Buff[j]=0;

}
//==================================================================
========================
//  C 格式:          void TN_IRACK_UN(void);
//  实现功能: 红外模块关闭函数
//  入口参数: 无
//  出口参数: 无
//==================================================================
========================
void TN_IRACK_UN(void)
{
    A_TN9=1;
}
//==================================================================
========================
// C 格式:          int TN_ReadData(void);
// 实现功能: 读测得的数据
//==================================================================
========================
void TN_ReadData(void)
{
    data_tmp=0;
    DATA_NUM=0;
    DATA_INDEX=0;
```

```
    while(DATA_INDEX<5)
    {
            if(!CLK_TN9)
        {
            if(flag==0)
            {
                flag=1;
                DATA_NUM++;
                data_tmp<<=1;
                if(DATA_TN9)
                {
                    data_tmp=data_tmp|0x01;
                }
                else
                {
                    data_tmp=data_tmp&0xfe;
                }

                if(DATA_NUM==8)
                {

                    TN_Data_Buff[DATA_INDEX]=data_tmp;
                    DATA_NUM=0;
                    DATA_INDEX++;
                    data_tmp=0;
                }
            }
        }
        else
        {
            if(flag==1)
            {
                flag=0;
            }

        }
    }
}
//=============================================================
======================//
//Program:TN 红外传感器目标数据测量子程序
//InPut:NULL
//OutPut:unsigned int returnData  测量结果的出错标识
//=============================================================
======================//
unsigned char TN_IR_GetData()
{
    unsigned char iItem,MSB,LSB;
    unsigned char Back_Data;                     //定义返回变量,返回 0 表示读出正确数据
    Back_Data = 0xaa;

     TN_IRACK_UN();
```

```
    delay_ms(10);
    TN_IRACK_EN();                              //使能 TN
    delay();
    delay();
    delay();
    TN_ReadData();
    delay();


    iItem = TN_Data_Buff[0];                    //取读到的第一个字节数据
    delay();
    if(iItem==0x4c)                             //判断第一个字节数据是否正确
    {
        MSB = (TN_Data_Buff[1]);                //取读到的第二个字节数据
        LSB = (TN_Data_Buff[2]);                //取读到的第三个字节数据
        if(TN_Data_Buff[4] == 0x0d)             //判断是否读到结束标志
        {
            iTemp = MSB * 256 +LSB;             //计算温度值,计算方法请参考红外
                                                //测温模块
            iTemp = iTemp/16 - 273.15;
            Back_Data = 0;                      //返回变量赋 0
        }
    }
    TN_IRACK_UN();                              //Unable the TN
    return Back_Data;                           //返回 Back_Data
}


/*****************************************************
            目标温度值 MBtemp 处理子程序
*****************************************************/
void dis_mbtemp()
{
    unsigned int mb;
    mb=MBTemp * 100;                            //变成整数,便于单片机处理
    table_mbtemp[4]=mb%10+0x30;                 //分别取温度的十位、个位、小数点
                                                //后一位、小数点后两位
    mb=mb/10;
    table_mbtemp[3]=mb%10+0x30;
    mb=mb/10;
    table_mbtemp[1]=mb%10+0x30;
    mb=mb/10;
    table_mbtemp[0]=mb%10+0x30;
}

/*****************************************************
            主函数
*****************************************************/
void main()
{
    //uchar flag1=0;
    LCD_Init();                                 //LCD1602 初始化
```

```
    while(1)
    {
        show_temp();                                      //显示温度
        warn();
        key_pro();
    }
}
/*****************************************************
            温度显示子函数
*****************************************************/
void show_temp()
{
        if(!TN_IR_GetData())
        {
            MBTemp = iTemp;
        }
        dis_mbtemp();                                     //目标温度值 MBtemp 处理
        LCD_Write_String(0,0,"TEMP:");
        LCD_Write_String(7,0,table_mbtemp);
}
/*****************************************************
            按键处理
*****************************************************/
void key_pro()
{
    uchar shi,ge,num_key=0;
    bit flag1=1;
    if(key3==0)                           //按键 S 被按下
                                          //按下 key3,则开始进行温度上/下限设置
    {
        delay_ms(10);                     //按键消抖
        if(key3==0)
        {
            while(!key3);                 //松手检测

            LCD_Write_Com(0x01);
            LCD_Write_String(0,0,"T1H:");
            LCD_Write_String(8,0,"T1L:");

            LCD_Write_Com(0x84);
            shi=T1h/10;
            LCD_Write_Data(shi+0x30);
            ge=T1h%10;
            LCD_Write_Data(ge+0x30);

            LCD_Write_Com(0x8c);
            shi=T1l/10;
            LCD_Write_Data(shi+0x30);
            ge=T1l%10;
            LCD_Write_Data(ge+0x30);
```

```
            while(flag1)
            {
                if(key3==0)
                {
                    delay_ms(10);
                    if(key3==0)
                    {
                        while(!key3);
                        num_key++;
                        if(num_key==2)
                        num_key=0;          // num_key 只能为 0 或 1(即 key3 被按下 1 次还
                                            //是两次)
                    }
                }
        /*****************************************************
*************************************/
                if(num_key==0)              //num_key=0 时,设置最高阈值
                {
                    LCD_Write_Com(0x85);
                    LCD_Write_Com(0x0f);
                    if(key2==0)
                    {
                        delay_ms(5);
                        if(key2==0)
                        {
                            while(!key2);
                            T1h++;
                            if(T1h==100)        // 按键 key2, 加,最高不能超过 99
                            T1h=99;
                            LCD_Write_Com(0x84);
                            shi=T1h/10;
                            LCD_Write_Data(shi+0x30);
                            ge=T1h%10;
                            LCD_Write_Data(ge+0x30);
                        }
                    }

                    if(key1==0)
                    {
                        delay_ms(5);
                        if(key1==0)
                        {
                            while(!key1);
                            T1h--;          // 按键 key1, 减,最低不能低于 1
                            if(T1h==0)
                            T1h=1;
                            LCD_Write_Com(0x84);
                            shi=T1h/10;
                            LCD_Write_Data(shi+0x30);
                            ge=T1h%10;
                            LCD_Write_Data(ge+0x30);
                        }
```

```
                }
            }
      /********************************************************
*************************************/
            if(num_key==1)              //num_key=1 时,设置最低阈值
            {
            LCD_Write_Com(0x8d);
            LCD_Write_Com(0x0f);
             if(key2==0)
             {
                delay_ms(5);
               if(key2==0)
             {
                while(!key2);
                T1l++;                  // 按键 key2, 加,最高不能超过 99
                if(T1l==100)
                T1l=99;
                LCD_Write_Com(0x8c);
                shi=T1l/10;
                LCD_Write_Data(shi+0x30);
                ge=T1l%10;
                LCD_Write_Data(ge+0x30);
               }
            }
            if(key1==0)                 // 按键 key1, 减,最低不能低于 1
            {
                delay_ms(5);
                if(key1==0)
                {
                    while(!key1);
                    T1l--;
                    if(T1l==0)
                    T1l=1;
                    LCD_Write_Com(0x8c);
                    shi=T1l/10;
                    LCD_Write_Data(shi+0x30);
                    ge=T1l%10;
                    LCD_Write_Data(ge+0x30);
                }
            }
        }
    /*********************************************************
*********************************/
        if(key0==0)                             //按下 key0,结束温度上/下限设置
        {
            delay_ms(5);
            if(key0==0)
            {
                while(!key0);
                LCD_Write_Com(0x01);            //1. 清除液晶显示器,将 DDRAM 的内容全部
                                                //填入"空白"的 ASCII 码 20H。2. 光标归位
                                                //3. 将地址计数器(AC)的值设为 0
```

```
                LCD_Write_Com(0x8d);        //读取忙碌信号 BF 的内容:0x01111101
                LCD_Write_Com(0x0c);        //设定数据总线位数、显示的行数及字型
                                            //设定 8 位数据,1 行显示,5×7 点阵/字符
                flag1=0;

            }
          }
        }
      }
    }

}
/*********************************************************
            蜂鸣器报警
*********************************************************/
void warn()                                 //温度大于或等于大者时,蜂鸣器未启动
                                            //小于小者时报警
{

    if((MBTemp>=T1h))
    {
        buzzer=0;
    }
    else if((MBTemp<=T1l))
    {
        buzzer=0;
    }
    else
    {
        buzzer=1;
    }
}
```

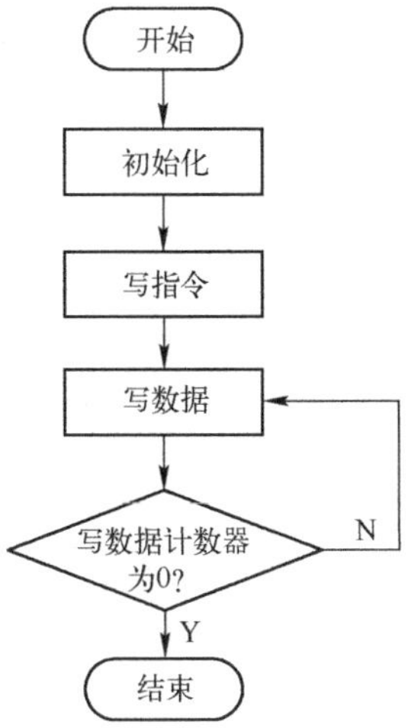

开始 → 初始化 → 写指令 → 写数据 → 写数据计数器为0?（N → 写数据；Y → 结束）

图 26-11　LCD1602 显示程序设计流程图

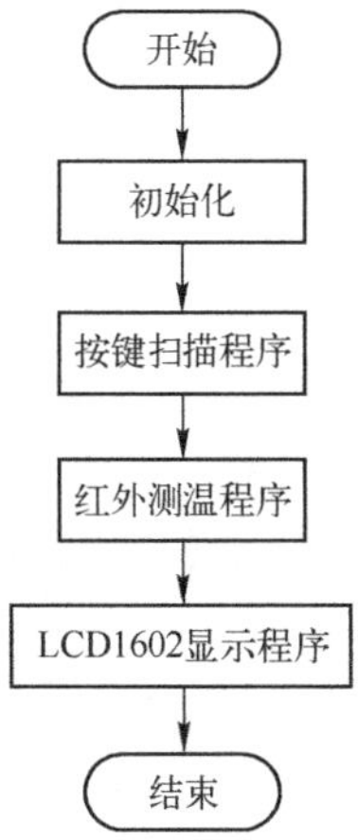

开始 → 初始化 → 按键扫描程序 → 红外测温程序 → LCD1602显示程序 → 结束

图 26-12　系统主程序设计流程图

PCB 版图

PCB 版图是通过原理图设计，在 Proteus 界面单击 PCB Layout，将原理图中各个元器件进行分布，然后进行布线处理而得到的，如图 26-13 所示。在 PCB 设计过程中需要考虑外部连接的布局、内部电子元器件的优化布局、金属连线和通孔的优化布局、电磁保护、热耗散等各种因素，这里就不做过多说明了。

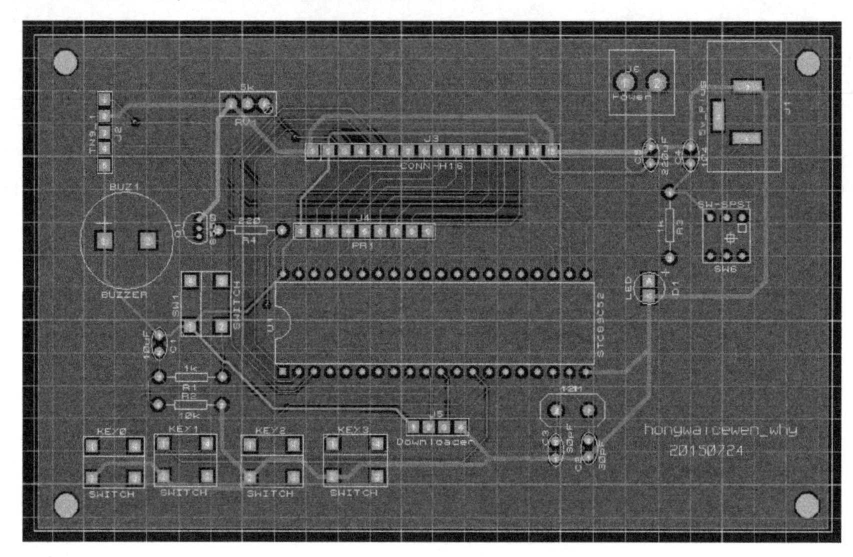

图 26-13　红外测温电路 PCB 版图

实物测试

按照原理图的布局，在实际板子上进行各个元器件的焊接，焊接完成后的实物图如图 26-14 所示。其测试图如图 26-15 所示。构成本电路的材料如表 26-3 所示。

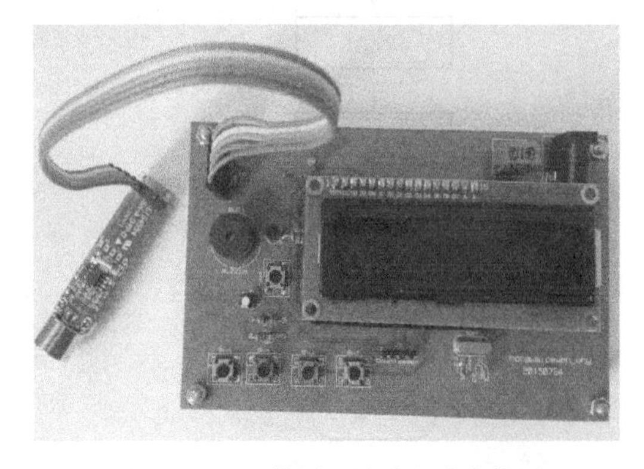

图 26-14　红外测温设计电路实物图

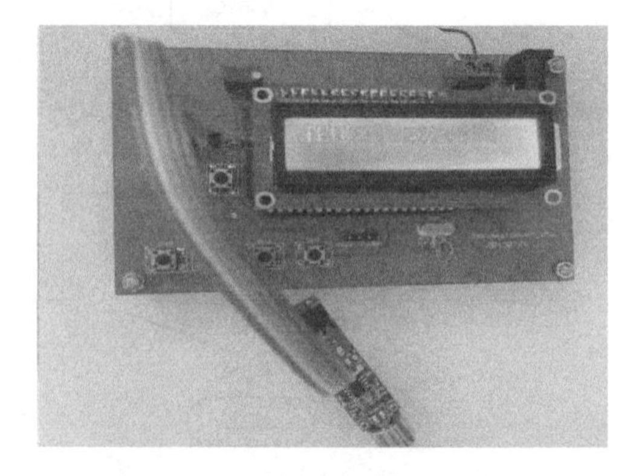

图 26-15　红外测温设计电路测试图

表 26-3　构成本电路的材料

序　　号	名　　称	元件规格	数　　量	元件编号
1	电阻	1kΩ	2	R1，R3
2	电阻	10kΩ	1	R2
3	电容	220F	1	R4
4	电解电容	10μF	1	C1
5	电容	30pF	2	C2，C3
6	电容	100nF	1	C4
7	电解电容	220μF	1	C5
8	集成芯片	STC89C52	1	U1
9	PNP 三极管	8550	1	Q1
10	发光二极管		1	D1
11	有源蜂鸣器	—	1	BUZ1
12	电源插口	DC005	1	J1
13	红外测温模块接口	TN9_1	1	J2
14	LCD1602 接口	CONN-H16	1	J3
15	排阻	PR1	1	J4
16	下载接口	—	1	J5
17	电源接口	—	1	J6
18	电位器	5kΩ	1	RV1
19	触点开关	—	5	SW1，KEY0，KEY1，KEY2，KEY3
20	自锁开关	SW-SPST	1	SW6
21	晶振	11.0592MHz	1	X1
22	红外测温模块	TN901	1	

经过实物测试，测量的温度与实际温度保持了良好的一致性，我们的测量对象是两瓶分别装有凉水和温水的矿泉水瓶，凉水实际温度为27℃，温水实际温度为46℃，实测时，凉水实际温度为26.5℃，温水实际温度为46℃，误差在1℃以内，在误差范围内，设计的电路基本达到了要求。

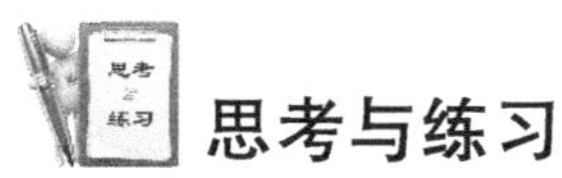

思考与练习

（1）红外测温传感器的原理是什么？

答：红外测温传感器是接收目标物体热辐射并将其转换为电信号的器件。所有物体都会发出红外线能量。物体越热，其分子就愈加活跃，目标辐射波长越短，它所发出的红外线能量也就越多。红外温度模块中的光学装置可以收集物体的辐射红外线能量，并把该能量聚焦在探测器上。能量经探测器转化为电信号，并被处理、显示出来。

（2）TN901是如何工作的？

答： TN901红外传感器向单片机发送一帧数据，共由5字节组成：Item，MSB，LSB，Sum，CR。单片机在时钟下降沿接收数据，一次温度测量需接收5字节的数据。在这5字节中：Item为0x4c时，表示测量目标温度；为0x66时表示测量环境温度。MSB为接收温度的高8位数据。LSB为接收温度的低8位数据。Sum为验证码，接收正确时Sum=Item+MSB+LSB。CR为结束标志，当CR为0x0dH时表示完成一次温度数据接收。

（3）LCD1602的RS、EW、EN的功能是什么？

答： RS为寄存器选择端：高电平时选择数据寄存器；低电平时选择指令寄存器。RW为读/写信号线：高电平时进行读操作；低电平时进行写操作。EN为使能端：当EN由高电平跳变成低电平时，液晶模块执行命令。

特别提醒

测试过程中，如果LCD1602不能显示字符，则可能需要调节RV1，通过改变它的数值，可以调节显示器的对比度，从而显示出字符。

项目 27　人体感应自动开关电路设计

设计任务

设计一个感应到人体后做出响应的自动开关，通过检测人体热释电红外，实现检测到人体后继电器开关闭合，并延时一段时间。若人离开感应范围，则自动延时并关闭开关。若人体不在感应范围之内或没有运动，开关不会闭合。人体感应类开关常应用于楼梯、走廊、洗手间、电梯等公共场所。当人体进入开关感应范围时，开关微电脑系统能够感应到人体移动的红外热释变化，同时自动开启照明灯具，直至感应到人离开后并延时预先设定的时间再自动关闭。

基本要求

☺ 外接工作电压应在直流 4.5~20V。
☺ 稳压后输出到继电器的控制电压为高电平 3.3V，低电平 0V。
☺ 人体感应的触发方式为可重复触发。
☺ 延时时间为 0.5~200s 可调，通过电位器 VR1 调节。
☺ 感应范围（距离）通过距离电位器 RL2 进行调节。
☺ 感应角度为<100°锥角。

总体思路

人体感应自动开关根据检测人体热释电红外来控制开关状态。设计思路为将检测到的热释电红外信号进行放大与处理，根据有无感应控制输出的电量，实现高低两个电平的输出，分别对应自动开关的闭合与断开。

系统组成

人体感应自动开关电路的整个系统主要分 6 部分。
☺ 第一部分为人体热释电红外感应信号一级放大电路：对传感信号进行放大预处理。

☺ 第二部分为感应信号二级放大电路：将信号进一步放大，同时将直流电位抬高为VM（≈0.5V_{DD}）。

☺ 第三部分为比较鉴幅电路：将放大预处理后的信号由比较器 COP1 和 COP2 组成的双向鉴幅器处理，检出有效触发信号 VS。

☺ 第四部分为延时计时器电路：得到的有效触发信号 VS 启动计时器进行延时，并输出有效高电平，实现开关闭合的延时。

☺ 第五部分为输出稳压电路：通过 7133-1 稳压管将输出电压稳定为两个值，高电平为 3.3V，低电平为 0V。

☺ 第六部分为继电器开关电路：利用继电器实现自动开关的效果。

整个系统方案的模块框图如图 27-1 所示。

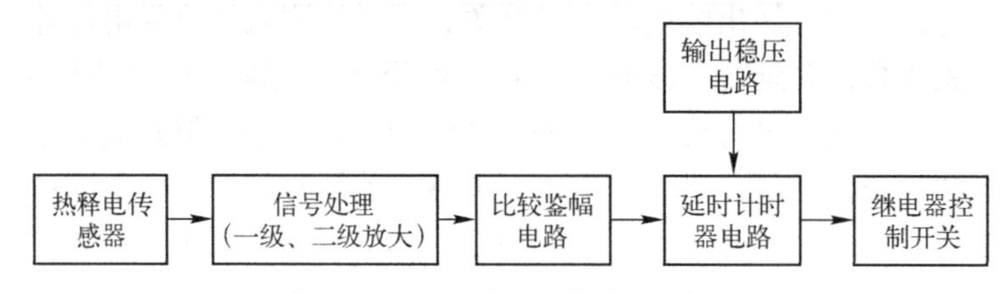

图 27-1　整个系统方案的模块框图

模块详解

1. 热释电传感器处理芯片 BISS0001 的介绍

BISS0001 是一款具有较高性能的传感信号处理集成芯片。其配以热释电红外传感器和少量外接元器件就可构成被动式的热释电红外开关、报警用人体热释电传感器等，如图 27-2 所示。引脚功能说明如表 27-1 所示。

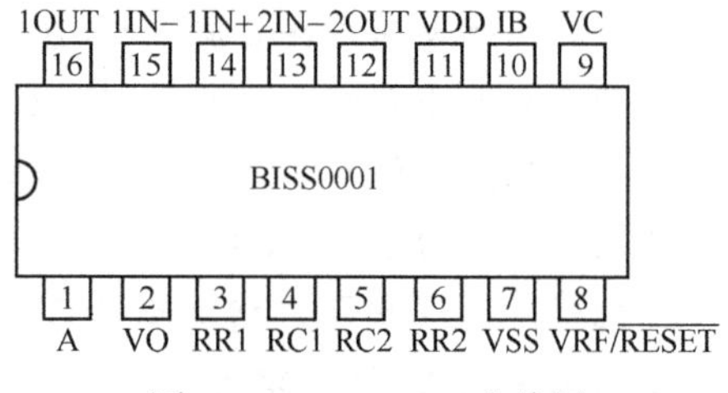

图 27-2　BISS0001 芯片图

1）引脚说明

表 27-1　BISS0001 引脚功能说明

引　脚	名　称	I/O	功 能 说 明
1	A	I	可重复触发和不可重复触发选择端。当 A 为“1”时，允许重复触发；反之，不可重复触发
2	VO	O	控制信号输出端。由 VS 的上跳变沿触发，使 VO 输出从低电平跳变到高电平时视为有效触发。在输出延迟时间定时器 TX 之外和无 VS 的上跳变时，VO 保持低电平状态
3	RR1	—	输出延迟时间定时器 TX 的调节端
4	RC1	—	输出延迟时间定时器 TX 的调节端
5	RC2	—	触发封锁时间定时器 TI 的调节端
6	RR2	—	触发封锁时间定时器 TI 的调节端
7	VSS	—	工作电源负端
8	VRF	I	参考电压及复位输入端。通常接 VDD，当接“0”时可使定时器复位

续表

引　脚	名　称	I/O	功能说明
9	VC	I	触发禁止端。当 $V_C<V_R$ 时禁止触发；当 $V_C>V_R$ 时允许触发（$V_R\approx 0.2V_{DD}$）
10	IB	—	运算放大器偏置电流设置端
11	VDD	—	工作电源正端
12	2OUT	O	第二级运算放大器的输出端
13	2IN-	I	第二级运算放大器的反相输入端
14	1IN+	I	第一级运算放大器的同相输入端
15	1IN-	I	第一级运算放大器的反相输入端
16	1OUT	O	第一级运算放大器的输出端

2）BISS0001 的内部框图

BISS0001 的内部框图如图 27-3 所示。

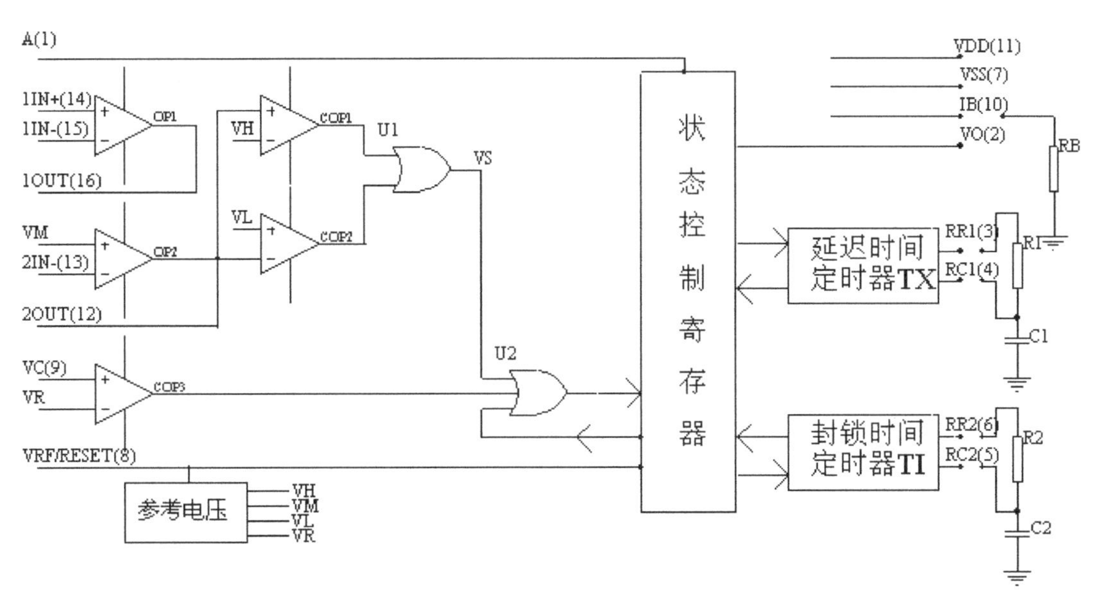

图 27-3　BISS0001 的内部框图

2. 人体热释电红外感应信号放大电路

1）人体热释电红外感应信号一级放大电路

由于人体热释电红外信号比较微弱，传感器检测到感应信号后，将信号通过 14、15 脚传入运算放大器的 OP1，BISS0001 中的运算放大器 OP1 将热释电红外传感器的输出信号作为第一级放大。

2）人体热释电红外感应信号二级放大电路

仅一级放大不能满足放大倍数的要求，所以第一级放大完成后，一级放大信号由 16 脚输出，通过电容 C4 耦合给运算放大器 OP2 进行第二级放大。两级电压放大均采用直流放大器，总增益约 70~75dB。

如图 27-4 和图 27-5 为前端信号放大处理连接图。

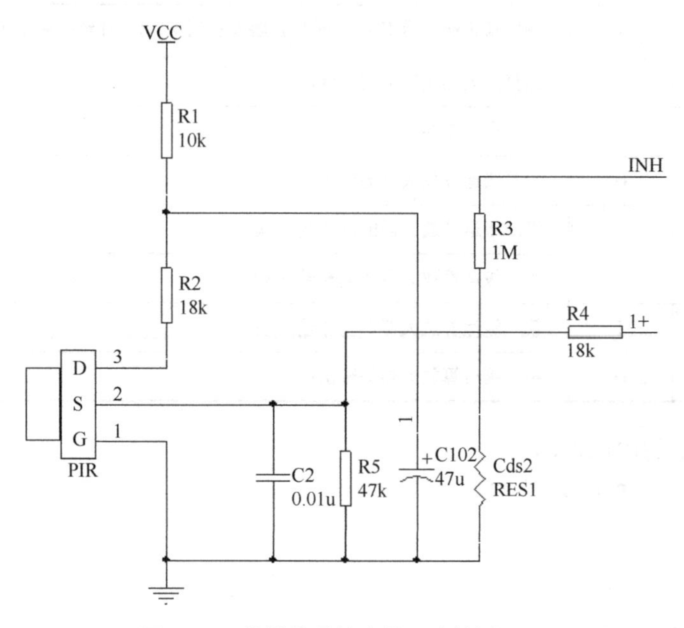

图 27-4　前端信号放大处理连接图（1）

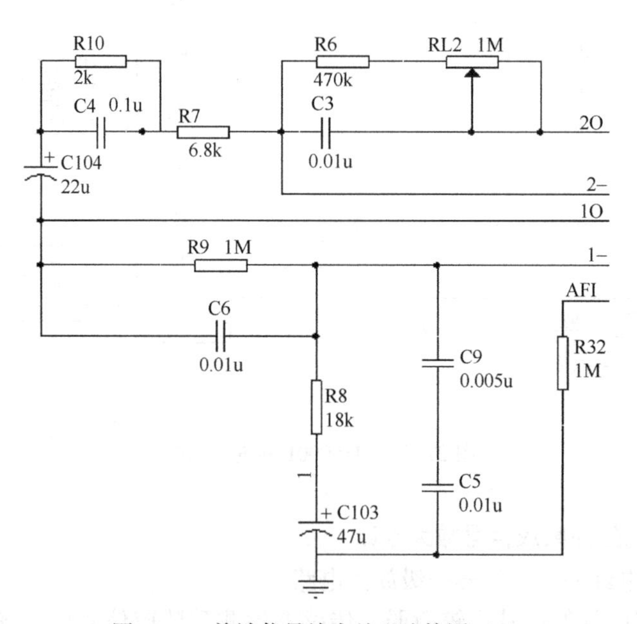

图 27-5　前端信号放大处理连接图（2）

3. 比较鉴幅电路

经过二级放大后，再经由电压比较器 COP1 和 COP2 构成的双向鉴幅器处理后，检出有效触发信号 VS，用于下一步的延时电路启动。COP3 是一个条件比较器，当输入电压

$V_C<V_R$（$\approx 0.2V_{DD}$）时，COP3 输出为低电平，封住了与门 U2，禁止触发信号 VS 向下级传递；而当 $V_C>V_R$ 时，COP3 输出为高电平，进入延时周期。

4. 延时计时器电路

检测到有效信号 VS 时，说明此时有人体感应。VS 便可启动延迟时间定时器。A 脚控制定时器的触发方式，当 A = “1” 时，允许重复触发。当 A = “0” 时，不可重复触发。3、4 脚外接电位器 VR1，通过调节此电位器来调节延迟时间。此模块将 5、6 脚固定，外接 1MΩ 的电阻和 0.1μF 的电容，设默认为 2.5s 的封锁时间，如图 27-6 所示。

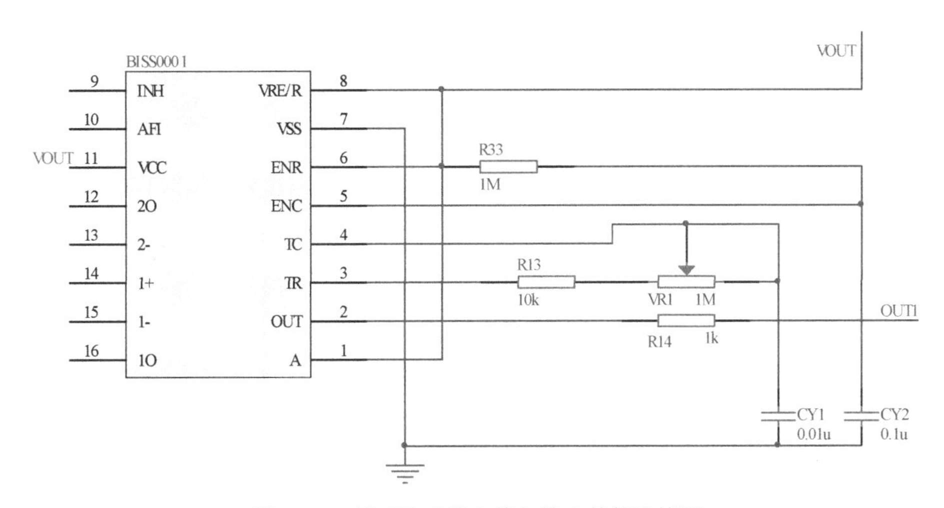

图 27-6　延时计时器电路与输出外部连接图

5. 稳压电路

稳压电路对人体感应信号输出进行稳压与二值化，使用 3.3V 稳压管 7133-1，使检测到有效人体感应时输出 3.3V 高电平，未检测到则输出 0V。此输出信号接三极管，通过控制三极管的导通与截止实现继电器的开关状态。稳压电路连接图如图 27-7 所示。

6. 继电器开关电路

此模块中，不能直接用感应开关、三极管的输出去控制负载比较大的电气元件，所以可以用继电器来扩大接点容量。

电路连接图如图 27-8 所示，主要为了保护晶体管等驱动元器件。当图中晶体管 Q 由导通变为截止时，流经继电器线圈的电流将迅速减小，这时线圈会产生很高的自感电动势，与电源电压叠加后加在 Q 的 c、e 两极间，会使晶体管击穿，并联二极管后，即可将线圈的自感电动势钳位于二极管的正向导通电压。

OUT1 输出 3.3V 或 0V 的高、低电平。当人体感应有效时，输出 3.3V 电压，便可使 NPN 型三极管 Q 导通，继电器工作，开关闭合；当人体感应无效时，输出 0V 电压，不能导通三极管 Q，继电器不工作。

人体感应自动开关电路图如图 27-9 所示。

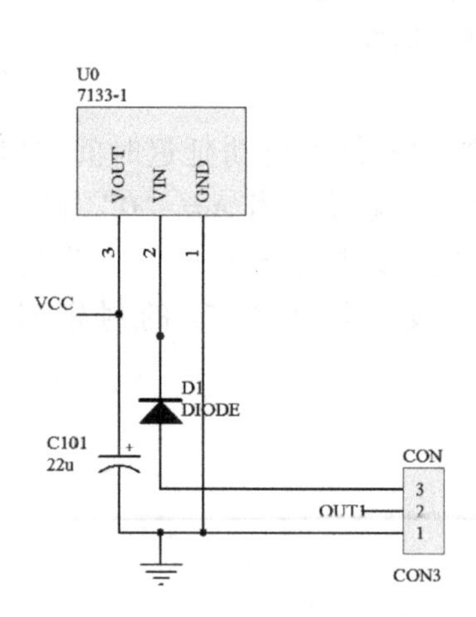

图 27-7　稳压电路连接图

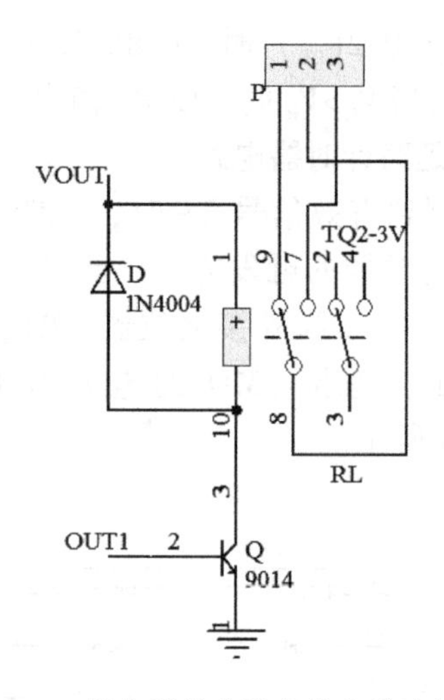

图 27-8　继电器的直流负载电路连接图

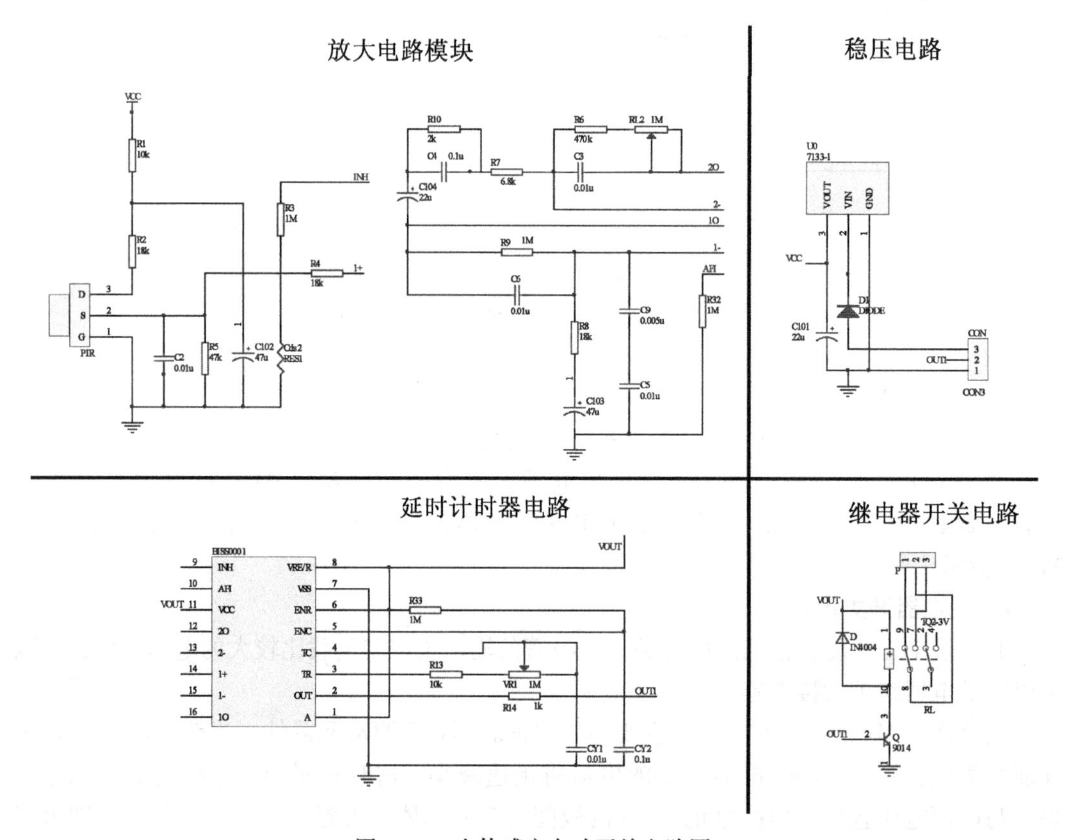

图 27-9　人体感应自动开关电路图

PCB 版图

PCB 版图是根据原理图设计，在 Protel 99SE 界面单击 PCB 文件，将原理图中各个元器件进行分布，然后进行布线处理而得到的，如图 27-10 所示。在 PCB 设计过程中需要考虑外部连接的布局、内部电子元件的优化布局、金属连线和通孔的优化布局、电磁保护、热耗散等各种因素，这里就不做过多说明了。

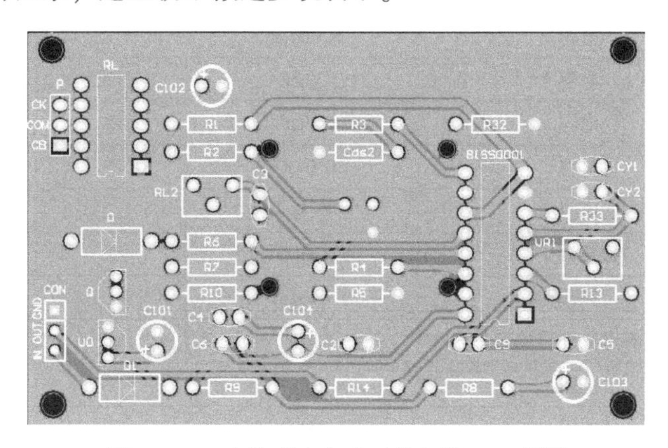

图 27-10　人体感应自动开关电路 PCB 版图

实物测试

按照原理图的布局，在实际板子上进行各个元器件的焊接，焊接完成后的实物图如图 27-11 所示。实物测试图如图 27-12 所示。构成本电路的材料如表 27-2 所示。

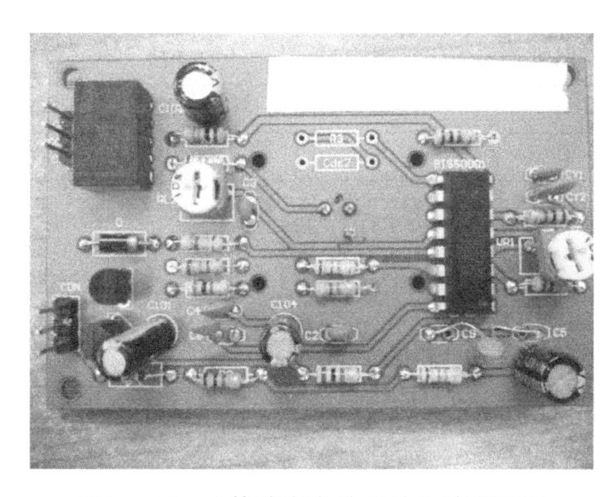

图 27-11　人体感应自动开关电路实物图

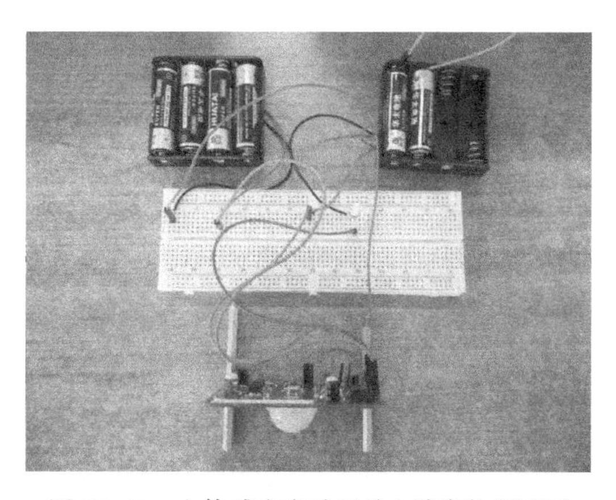

图 27-12　人体感应自动开关电路实物测试图

经实物测试，此电路可实现一定距离的人体感应。当人在感应范围内时，若人不运动，则不触发，继电器开关延时一段时间后断开，实验表现为 LED 灯亮一段时间后熄灭。当人运动时，则进行重复触发，继电器始终保持闭合，实验表现为 LED 灯始终亮。电路基本实现了设计要求。

表 27-2 人体感应自动开关电路材料表

序　号	名　称	元件规格	数　量	元件编号
1	热释电传感器处理芯片 BISS0001	—	1	BISS0001
2	电容	0.005μF	1	C9
3	电容	22μF	2	C101，C104
4	电容	47μF	2	C102，C103
5	电容	0.01μF	5	CY1，C6，C5，C3，C2
6	电容	0.1μF	2	CY2，C4
7	连接端子	CON3	2	CON，P
8	二极管	DIODE	1	D1
9	热释电红外传感器	PIR	1	PIR
10	电阻	10kΩ	2	R1，R13
11	电阻	18kΩ	3	R2，R4，R8
12	电阻	1MΩ	4	R3，R9，R32，R33
13	电阻	47kΩ	1	R5
14	电阻	470kΩ	1	R6
15	电阻	6.8kΩ	1	R7
16	电阻	2kΩ	1	R10
17	电位器	1MΩ	2	RL2，VR1
18	稳压管	7133-1	1	U0
19	三极管	9014	1	Q1
20	继电器	TQ2-3V	1	RL1
21	二极管	1N4004	1	D2
22	继电器	TQ2-3V	1	RL

思考与练习

(1) 为什么人体热释电红外信号要经过两级放大？

答：热释电信号比较微弱，要经过 BISS0001 芯片的两个运放将信号放大 70~75dB，才可进行有效信号判别。

(2) 继电器连接电路为什么这样连？其中二极管起什么作用？

答：OUT1 输出高、低电平。当人体感应有效时，输出高电平，可使 NPN 型三极管 Q 导通，继电器工作，开关闭合；当人体感应无效时，输出 0V 低电平，不能导通三极管 Q，继电器不工作。

二极管的作用是过压保护。正常通电情况下电路分析：直流电压加到 D 的负极，D 处于截止状态，D 的内阻相当大，所以二极管在电路中不起任何作用，也不影响其他电路工作。电路断电瞬间，继电器两端产生下正上负、幅值很大的反向电动势，这一反向电动势正极加在二极管正极上，负极加在二极管负极上，使二极管处于正向导通状态，反向电动势产生的电流通过内阻很小的二极管 D 构成回路。二极管导通后的管压降很小，继电器两端的反向电动势幅值被大大减小，从而达到保护驱动管 Q 的目的。

（3）自动开关是如何实现的？此模块加继电器的优点是什么？

答： 自动开关是根据感应判别电路输出 3.3V 高电平驱动继电器实现的。使用继电器的优点是可以增加接点数量、增加接点容量、转换接点类型等。继电器开关使得自动开关能够用于多种环境，其使用更加广泛。

特别提醒

（1）感应模块通电后有 1min 左右的初始化时间，在此期间模块会间隔地输出 0~3 次，1min 后进入待机状态。

（2）应尽量避免灯光等干扰源近距离直射模块表面的透镜，以免引进干扰信号产生误动作；使用环境尽量避免流动的风，风也会对感应器造成干扰。

感应模块采用双元探头，探头的窗口为长方形，双元（A 元 B 元）位于较长方向的两端。当人体从左到右或从右到左走过时，红外光谱到达双元的时间、距离有差值，差值越大，感应越灵敏；当人体从正面走向探头或从上到下或从下到上走过时，双元检测不到红外光谱距离的变化，无差值，因此感应不灵敏或不工作。所以安装感应器时应使探头双元的方向与人体活动最多的方向尽量相平行，保证人体经过时先后被探头双元所感应。为了增加感应角度的范围，本模块采用圆形透镜，也使得探头四面感应，但左、右两侧仍然比上、下两个方向的感应范围大、灵敏度强，安装时仍须尽量满足以上要求。

项目 28　红外线自动洗手控制电路设计

设计任务

通过红外线感应，实现对水龙头电磁阀的自动控制，使人在洗手时不接触水龙头，避免在洗手结束后再次接触水龙头，造成二次污染。

基本要求

☺ 电路可以通过红外线感应物体的靠近。

☺ 电路可以调节感应距离。

☺ 电路可以调节继电器开关开合的延时，以避免水资源的浪费。

总体思路

设计一个简单的红外线感应电路，并将传感器接收到的信号放大，利用 555 触发电路控制 LED 灯的亮灭及继电器开关的闭合。

系统组成

红外线自动洗手控制电路的整个系统主要分为 5 部分：

第一部分为直流稳压电路，为电路稳定电压。

第二部分为可调信号放大电路，将接收到的红外线信号进行放大。

第三部分为红外线发射接收电路，可以实现红外线的反射和接收。

第四部分为 555 触发电路，输出高电平驱动三极管。

第五部分为继电器控制开关电路，实现继电器控制连接水龙头的开关。

整个系统方案的模块框图如图 28-1 所示。

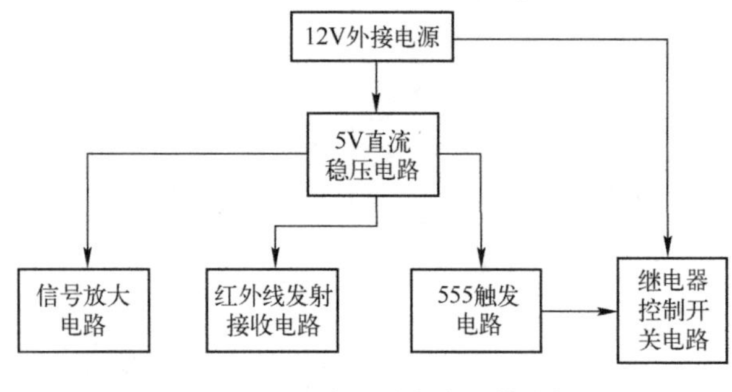

图 28-1　整个系统方案的模块框图

模块详解

1. 直流稳压电路

继电器的供电电压为12V直流电源，而红外线发射接收电路、可调信号放大电路及NE555单稳态触发电路的供电电压为5V，所以需要直流稳压电路提供5V直流电压。78L05集成稳压电路可以将12V电压降为5V的输出电压。直流稳压电路原理图如图28-2所示，这里12V输入电压为VCC，5V输出电压为V0，分别输入红外线发射接收电路、可调信号放大电路、NE555单稳态触发电路中。

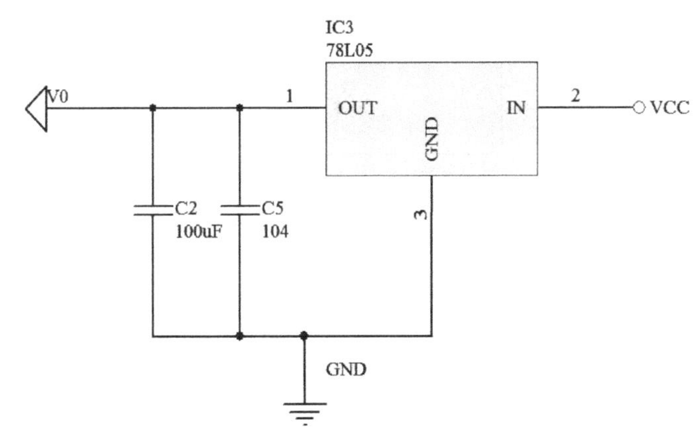

图28-2　直流稳压电路原理图

2. 信号放大电路及红外线发射接收电路

信号放大电路原理图如图28-3所示，LED1是红外发射二极管，D1是红外接收二极管，当有物体反射时，LED1发出的红外线被D1接收，经过LM393的放大，从1脚输出低电平。运算放大器LM393的输入电压为V0，1脚输出电平为OUTPUT1。

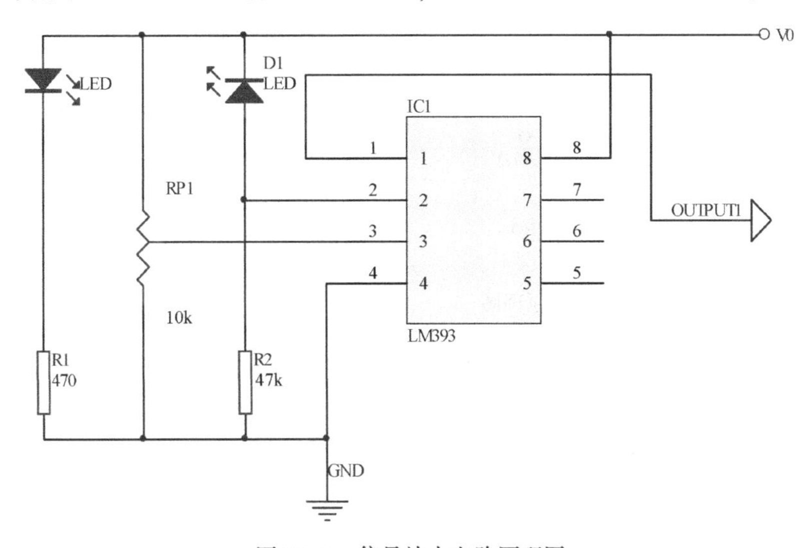

图28-3　信号放大电路原理图

3. NE555 单稳态触发电路

经过 LM393 的放大，从 1 脚输出低电平，触发由 NE555 组成的单稳态触发器，在这里，运算放大器将接收 LED1 反射的 D1 的信号进行放大，并将信号传给 NE555 单稳态触发器。NE555 的 3 脚输出高电平为 OUTPUT2。NE555 单稳态触发电路原理图如图 28-4 所示。

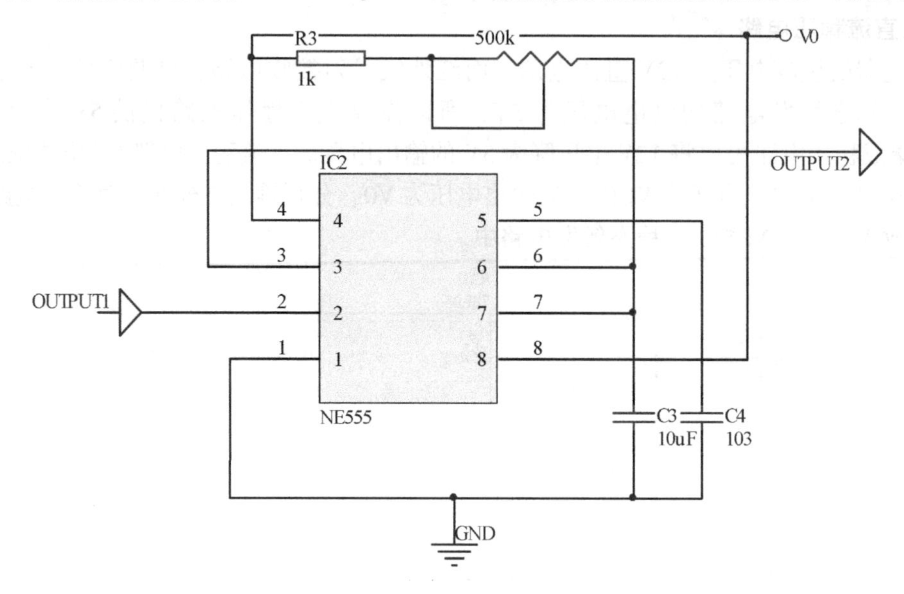

图 28-4　NE555 单稳态触发电路原理图

4. 继电器控制开关电路

由 NE555 构成的单稳态触发器触发产生高电平，三极管 Q 接收到 NE555 单稳态触发器信号 OUTPUT2 后导通，从而使继电器 K 吸合连接水龙头电磁阀的开关，使水龙头流水。其输入电压为 12V 直流电压 VCC。

继电器控制开关电路原理图如图 28-5 所示。

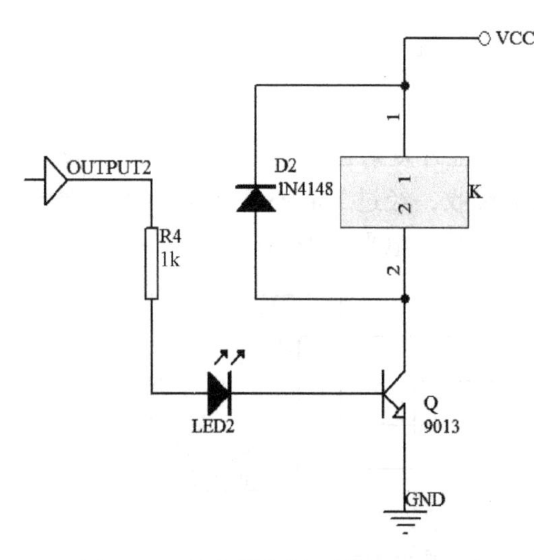

图 28-5　继电器控制开关电路原理图

红外线自动洗手控制电路原理图如图 28-6 所示。

在电路实测中，电路应处在黑暗的室内进行，当有物体接近时，传感器接收物体反射的红外线，经过 LM393 放大，从 1 脚输出低电平，触发由 NE555 组成的单稳态触发器使三极管导通，从而使继电器吸合连接水龙头电磁阀的开关。

但在本次实验中，无法提供黑暗的实验环境，所以只能在阳光下实验，太阳持续发出红外线，电路红外接收装置一直可以接收红外线，所以 LED 灯一直亮，继电器开关闭合，模拟了人手靠近水龙头时水龙头打开的状态。红外线接收感应器被遮挡后，LED 小灯熄灭，继电器开关打开，模拟了水龙头的关闭。

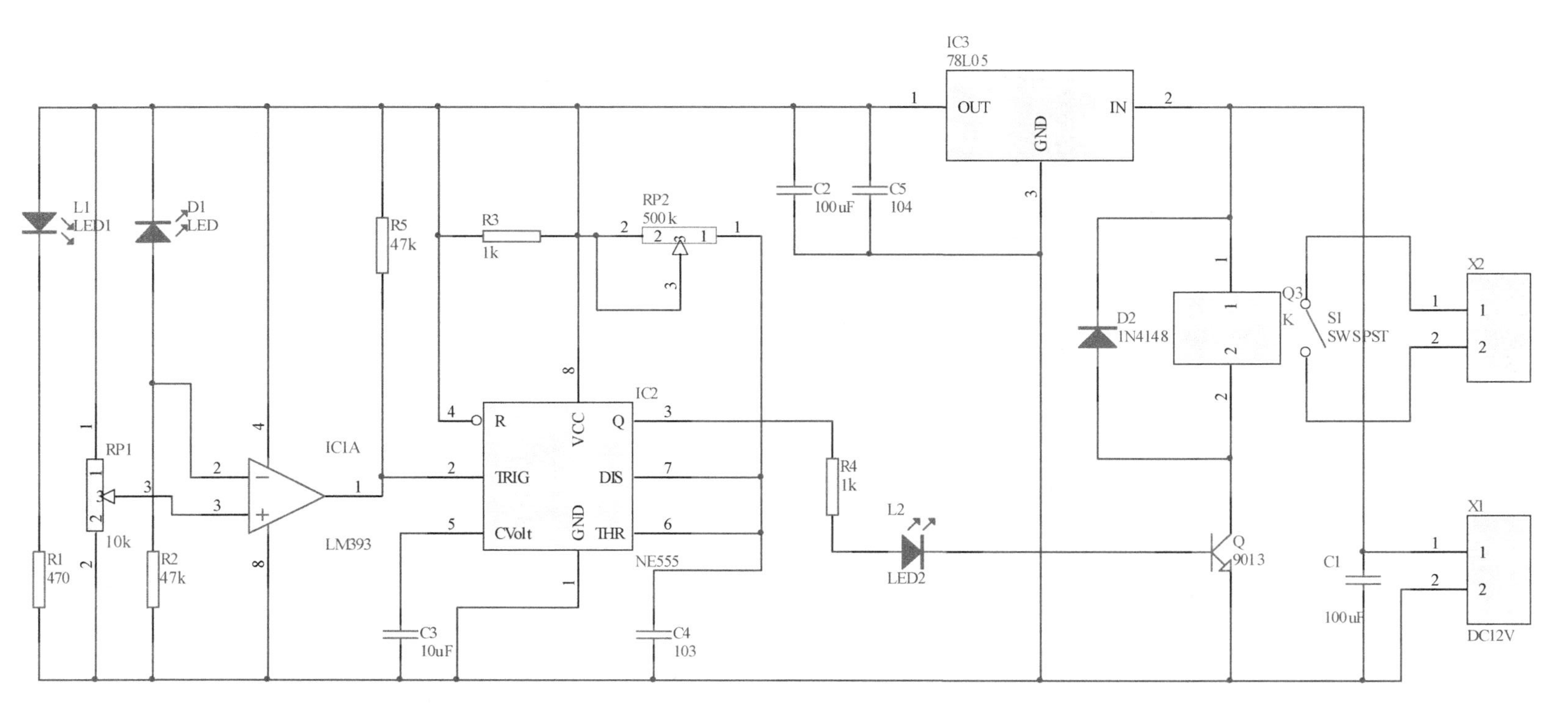

图28-6　红外线自动洗手控制电路原理图

反射距离与物体表面的反光程度及红外接收灵敏度有关，灵敏度调得太高容易受到光线和电磁波的干扰，一般反射距离为 20cm 左右，反射距离由可调电位器 RP1 调节。实测中的电路板满足设计要求。

PCB 版图

PCB 版图是通过原理图设计，在 Protel 99SE 界面单击 PCB 文件，将原理图中各个元器件进行分布，然后进行布线处理而得到的，如图 28-7 所示。在 PCB 设计过程中需要考虑外部连接的布局、内部电子元件的优化布局、金属连线和通孔的优化布局、电磁保护、热耗散等各种因素，这里就不做过多说明了。

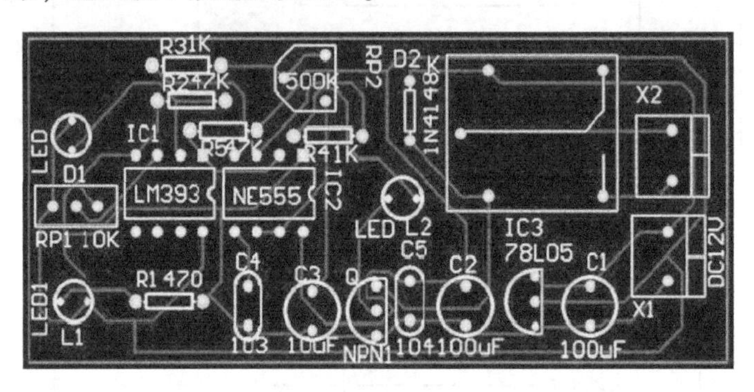

图 28-7　红外线自动洗手控制电路 PCB 版图

实物测试

按照原理图的布局，在实际板子上进行各个元器件的焊接，焊接完成后的实物图如图 28-8 所示。实物测试图如图 28-9 所示。构成本电路的材料如表 28-1 所示。

图 28-8　红外线自动洗手控制电路实物图

图 28-9　红外线自动洗手控制电路实物测试图

表 28-1　红外线自动洗手电路材料表

序　　号	名　　称	元 件 规 格	数　　量	元 件 编 号
1	电阻	470	1	R1
2	电阻	47kΩ	2	R2、R5
3	电阻	1kΩ	2	R3、R4

续表

序号	名称	元件规格	数量	元件编号
4	二极管	1N4148	1	D2
5	可调电阻	500kΩ	1	RP2
6	可调电阻	10kΩ	1	RP1
7	三极管	9013	1	Q
8	电解电容	100μF	2	C1、C2
9	电解电容	10μF	1	C3
10	瓷片电容	103	1	C4
11	瓷片电容	104	1	C5
12	集成电路	LM393	1	IC1
13	集成电路	NE555	1	IC2
14	集成电路	78L05	1	IC3
15	集成电路插座	8P	2	CZ
16	接线座	2P	2	X1、X2
17	发光二极管	3mm	1	LED2
18	红外线接收二极管	黑色	1	D1
19	红外线发射二极管	透明	1	LED1
20	继电器	12V-4脚	1	K

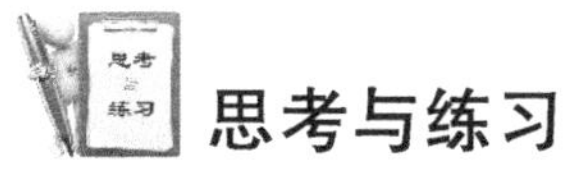

思考与练习

（1）信号放大电路是如何触发NE555触发器的？

答：LM393接收到来自红外线接收二极管D1的信号，并将信号放大，从1脚输出低电平，从而触发NE555构成的单稳态触发器。

（2）NE555单稳态触发器的工作原理是什么？

答：单稳态触发器的特点是电路有一个稳定状态和一个暂稳状态。在触发信号的作用下，电路将由稳态翻转到暂稳态，暂稳态是一个不能长久保持的状态，由于电路中RC延时环节的作用，经过一段时间后，电路会自动返回稳态，并在输出端获得一个脉冲宽度为Tw的矩形波。在单稳态触发器中，输出的脉冲宽度Tw是暂稳态的维持时间，其长短取决于电路的参数值。

（3）如何实现对继电器开关的控制？

答：当NE555单稳态触发器触发后，由3脚输出高电平，使三极管Q导通，从而使继电器所在电路连接，进而使继电器K吸合。

特别提醒

电路中的RP1用来调节红外接收的灵敏度，顺时针调节灵敏度降低，逆时针调节灵敏度升高；RP2可以调节继电器的吸合时间，此电路的延时时间为0~6s，时间的长短与RP2和C3有关。反射距离与物体表面的反光程度及红外接收灵敏度有关，灵敏度调得太高容易受到光线和电磁波的干扰，一般反射距离为20cm左右。

项目 29　红外测距电路设计

设计任务

设计一个基于 AVR 单片机控制的红外测距电路，能够实现短距离的长度测量。

基本要求

☺ 测距范围为 10~80cm。
☺ 用 LCD 显示被测距离。

总体思路

在整个电路中，ATmega32 单片机是实现 A/D 转换的重要组成部分。单片机把红外传感器返回的模拟量经过相应的运算转换成数字的距离变量，然后将其显示在 LCD 屏幕上。

系统组成

红外测距系统主要分为 4 部分：

☺ 第一部分为稳压模块，由稳压芯片 NCP1117ST50T3G 组成，为整个电路提供+5V 的稳定电压。
☺ 第二部分为红外传感器模块，本系统中使用的是夏普 2Y0A02F52 传感器。
☺ 第三部分为 LCD 显示模块，用于显示被测距离。
☺ 第四部分为 ATmega32 单片机，是整个系统的核心部件。

整个电路的模块框图如图 29-1 所示。

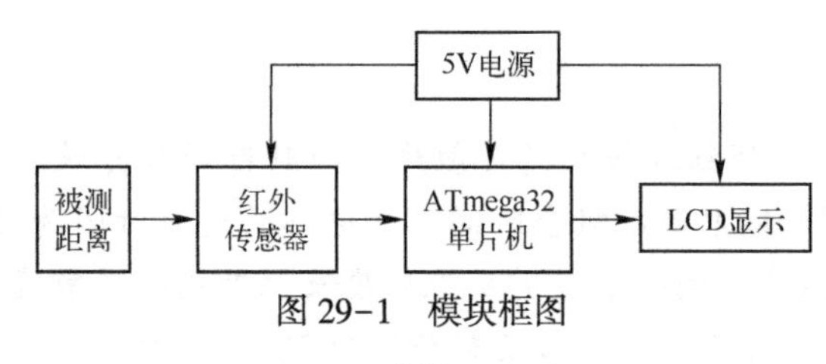

图 29-1　模块框图

模块详解

1. 稳压模块

输入端输入一个直流电压之后，经过稳压芯片 NCP1117ST50T3G 后，输出 5V 直流电压。电路中 D1 二极管的作用是防止电源反接，保护电路。电解电容 PC1 用来为输入电压滤波，消除输入时的杂波，减小无关量对电路的影响。输出端接入的 PC2 和 C2 电容具有同样作用，为输出电压滤波。两个电容并联在一起的目的是为了更好地起到滤波作用。该部分最后接入的 U2，同样起到稳压作用，如图 29-2 所示。

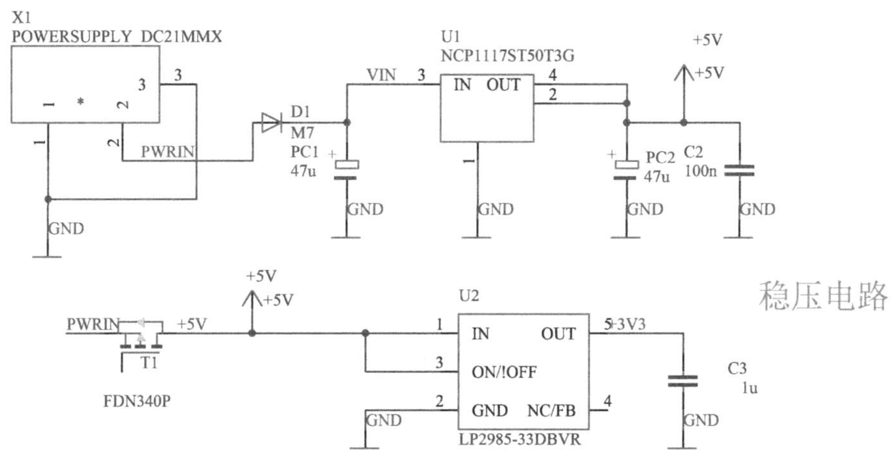

图 29-2　稳压模块原理图

2. 红外传感器模块

这里我们采用的是夏普红外传感器，其工作原理是三角测量原理。红外线发射器按照一定的角度发射红外光束，当遇到物体以后，光束会反射回来，如图 29-3 所示。反射回来的红外光束被 CCD 检测器检测到以后，会获得一个偏移值 L，利用三角关系，在知道了发射角度 α、偏移距离 L、中心矩 X，以及滤镜的焦距 f 以后，传感器到物体的距离 D 就可以通过几何关系计算出来了。图 29-3 中，红外传感器的信号线连接到 AD0。

3. LCD 显示模块

单片机应用系统中常使用 LCD1602 作为显示器，为了简化电路，降低成本，将 LCD1602 的 8 位数据线转换成 4 位数据线，这样可以节省 I/O 口。如图 29-4 所示，分别把 RS、RW、E、D0、D1、D2、D3 连接到 MISO/RS、MISO/RW、SS/E、IO9/D0、IO8/D1、AD5/SCL、AD4/SDA。

4. 单片机电路

单片机外围电路有 4 部分，如图 29-5 所示。

（1）复位电路。

（2）晶振电路，其作用是为电路提供稳定的时钟信号。

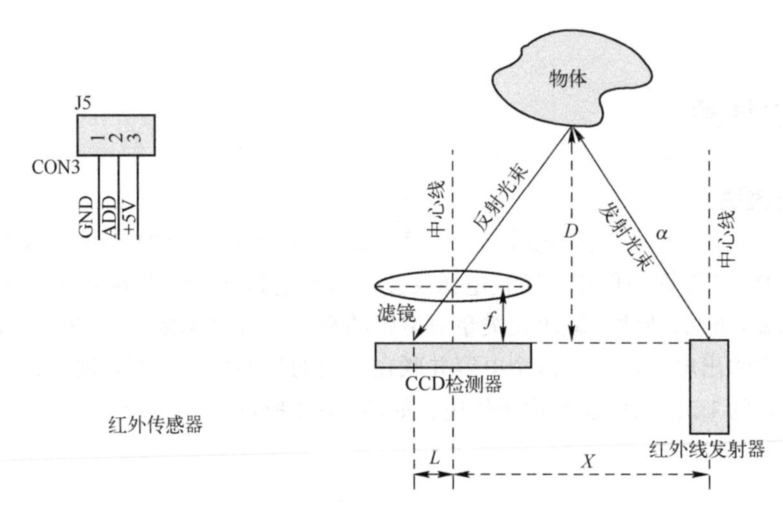

图 29-3　红外传感器模块原理图及电路连接图

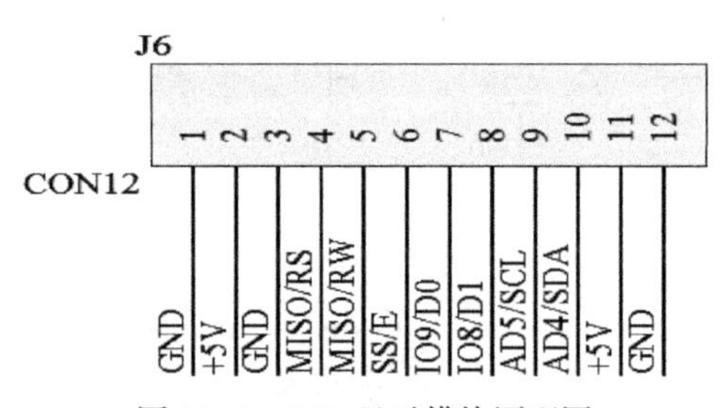

图 29-4　LCD 显示模块原理图

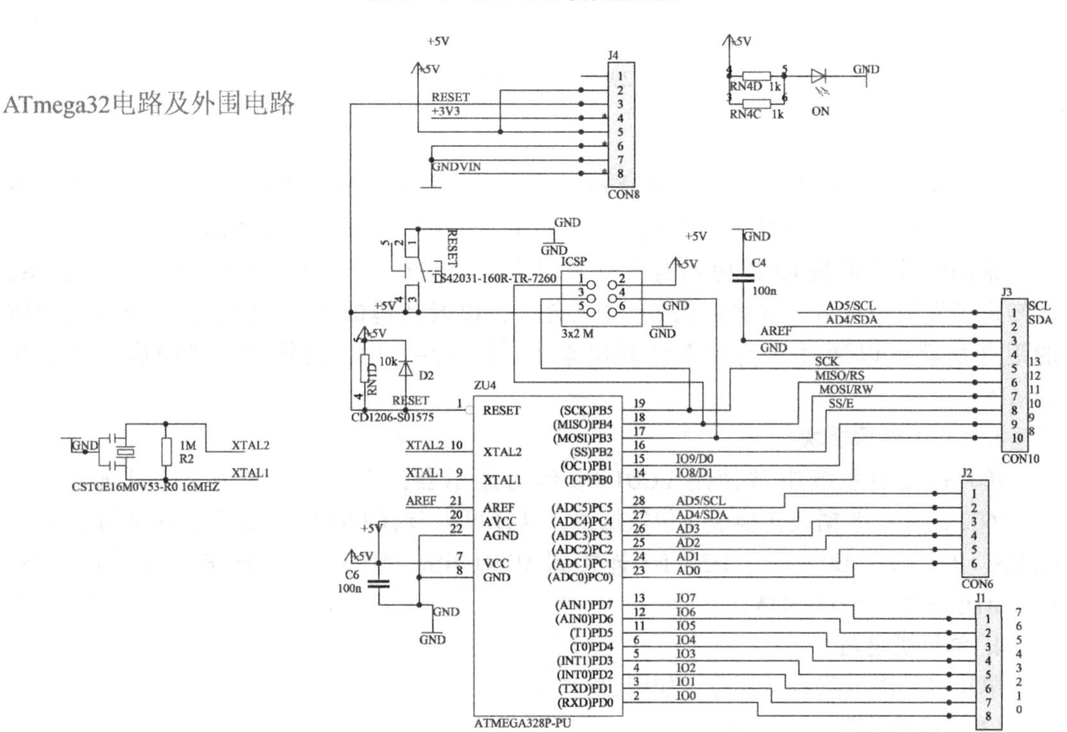

图 29-5　单片机电路图

（3）下载电路，其作用是为单片机下载程序。

（4）连接端口，其作用是将单片机预留的 I/O 口及模拟输入端口都引出来，为连接电路提供方便。

在复位电路中，R4 和 C7 的作用是保护复位开关，防止电压值突变对元器件造成损害；在晶振电路中，C11 和 C12 的作用是为晶振提供起振，R2 是用来保护单片机的，防止有大电流回流到单片机中而对单片机造成损坏。

该红外测距整体电路图如图 29-6 所示。

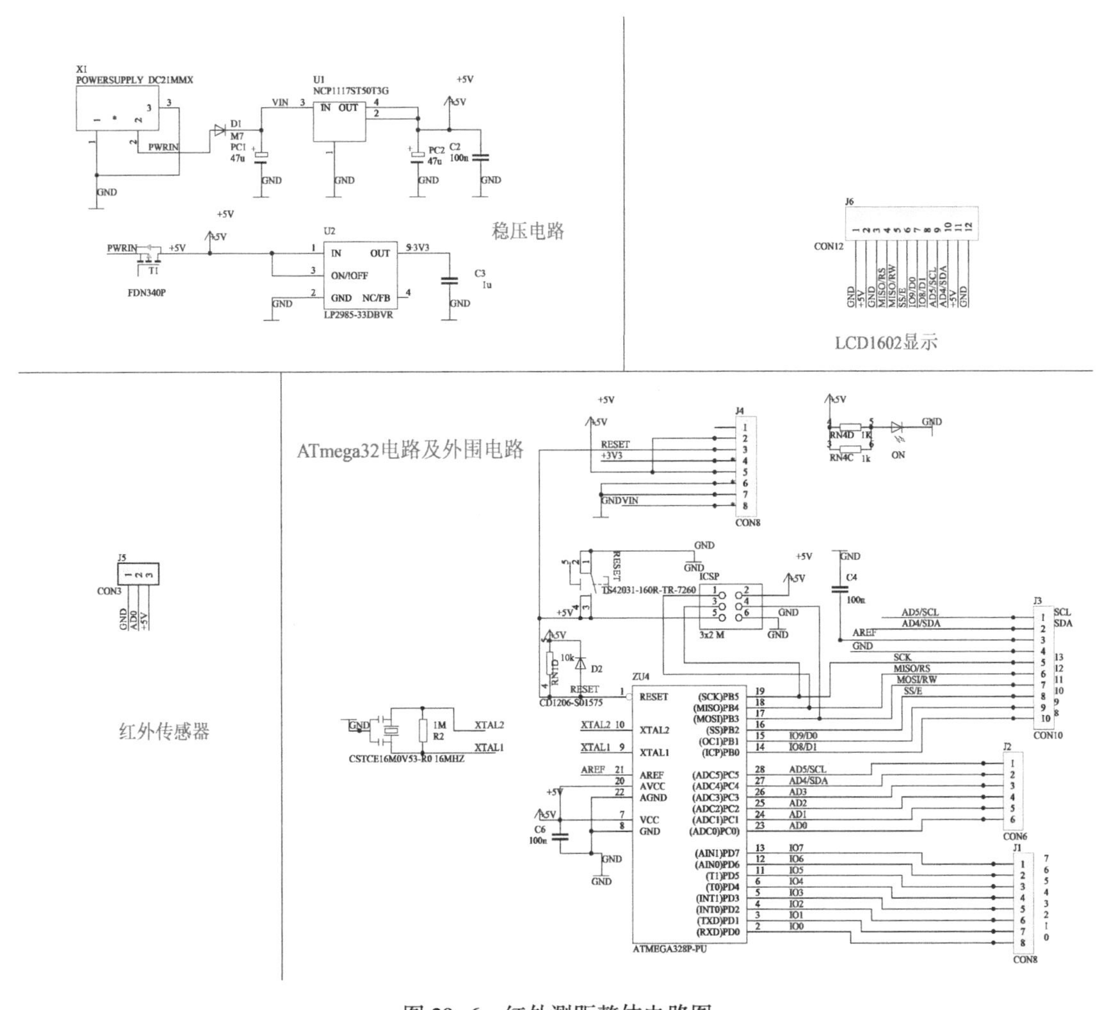

图 29-6　红外测距整体电路图

 软件设计

红外测距电路程序设计流程图如图 29-7 所示。

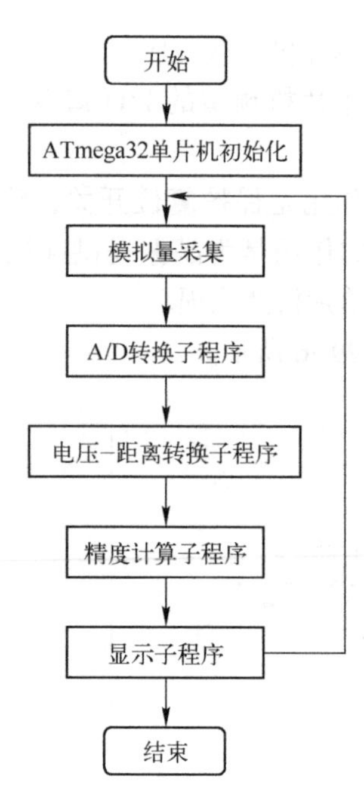

图 29-7　程序设计流程图

按照程序流程图，编写程序如下：

```
int GP2D12=0;
int ledpin = 13;
int LCD1602_RS=12;
int LCD1602_RW=11;
int LCD1602_EN=10;
int DB[ ] = {6, 7, 8, 9};

char str1[ ]="Hong Wai Ce Ju";
char str2[ ]="Renge:00cm";
char str3[ ]="Renge Over";
/*********************************************************/
/*********************************************************/
void LCD_Command_Write(int command)
{
int i,temp;
digitalWrite( LCD1602_RS,LOW);
digitalWrite( LCD1602_RW,LOW);
digitalWrite( LCD1602_EN,LOW);
    temp=command & 0xf0;
for (i=DB[0]; i <= 9; i++)
{
digitalWrite(i,temp & 0x80);
temp <<= 1;
}

digitalWrite( LCD1602_EN,HIGH);
delayMicroseconds(1);
digitalWrite( LCD1602_EN,LOW);
```

```
    temp=(command & 0x0f)<<4;
for (i=DB[0]; i <= 10; i++)
{
digitalWrite(i,temp & 0x80);
temp <<= 1;
}
    digitalWrite( LCD1602_EN,HIGH);
delayMicroseconds(1);
digitalWrite( LCD1602_EN,LOW);
}

/*********************************************************/
void LCD_Data_Write(int dat)
{

int i=0,temp;
digitalWrite( LCD1602_RS,HIGH);
digitalWrite( LCD1602_RW,LOW);
digitalWrite( LCD1602_EN,LOW);
    temp=dat & 0xf0;
for (i=DB[0]; i <= 9; i++)
{
digitalWrite(i,temp & 0x80);
temp <<= 1;
}
    digitalWrite( LCD1602_EN,HIGH);
delayMicroseconds(1);
digitalWrite( LCD1602_EN,LOW);
    temp=(dat & 0x0f)<<4;
for (i=DB[0]; i <= 10; i++)
{
digitalWrite(i,temp & 0x80);
temp <<= 1;
}
    digitalWrite( LCD1602_EN,HIGH);
delayMicroseconds(1);
digitalWrite( LCD1602_EN,LOW);
}

/*********************************************************/
void LCD_SET_XY( int x, int y )
{
int address;
if (y ==0)      address = 0x80 + x;
else            address = 0xC0 + x;
LCD_Command_Write(address);
}

/*********************************************************/
void LCD_Write_Char( int x,int y,int dat)
{
LCD_SET_XY( x, y );
```

```
LCD_Data_Write(dat);
}

/*********************************************************/
void LCD_Write_String(int x,int y,char *s)
{
LCD_SET_XY( x, y );                    //设置地址
while ( *s)                            //写字符串
{
LCD_Data_Write( *s);
s ++;
}
}
/*********************************************************/
void setup (void)
{
int i = 0;
for (i=6; i <= 13; i++)
{
pinMode(i,OUTPUT);
}
LCD_Command_Write(0x28);               //4 线 2 行, 2×7
delay(50);
LCD_Command_Write(0x06);
delay(50);
LCD_Command_Write(0x0c);
delay(50);
LCD_Command_Write(0x80);
delay(50);
LCD_Command_Write(0x01);
}

/*********************************************************/
void loop (void)
{
float temp;
int val;
char i,a,b;
LCD_Command_Write(0x02);
delay(50);
LCD_Write_String(1,0,str1);
delay(50);
LCD_Write_String(3,1,str2);
delay(50);
while(1)
{
val = analogRead(GP2D12);
temp=val/5.8;        //改变被除数，可以减小一点误差
val=95-temp;         //由于 GP2D12 的输出电压与距离成反比，所以需要用一个常量相减，改变
                     //这个常量，可以减小一点误差
if(val>80)
{
```

```
LCD_Write_String(3,1,str3);
}
else
{
LCD_Write_String(3,1,str2);
a=0x30+val/10;
b=0x30+val%10;
LCD_Write_Char(9,1,a);
LCD_Write_Char(10,1,b);
}
delay(500);
}
}
```

 PCB 版图

PCB 版图是根据原理图设计，在 Altium Designer 界面创建 PCB 文件，将原理图中各个元器件进行分布，然后进行布线处理而得到的，如图 29-8 所示。在 PCB 设计过程中需要考虑外部连接的布局、内部电子元件的优化布局、金属连线和通孔的优化布局、电磁保护、热耗散等各种因素，这里就不做过多说明了。

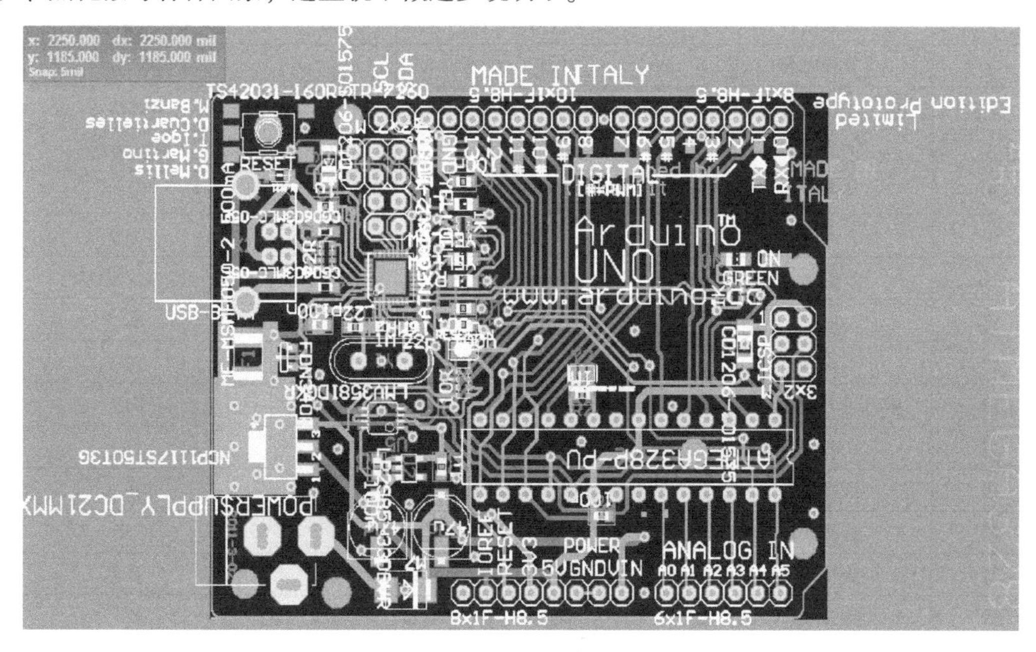

图 29-8　PCB 版图

 实物测试

按照原理图的布局，在实际板子上进行各个元器件的焊接，焊接完成后的实物图如

图 29-9 所示。实物测试图如图 29-10 所示。构成本电路的材料如表 29-1 所示。

经过电路实物测试，当被测距离处于 10~80cm 之间时，其误差范围为±3cm。

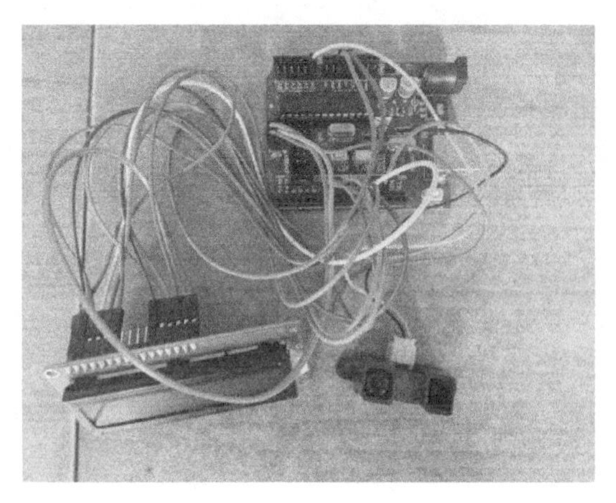

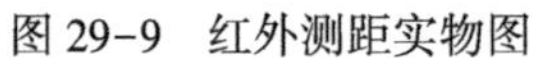

图 29-9　红外测距实物图

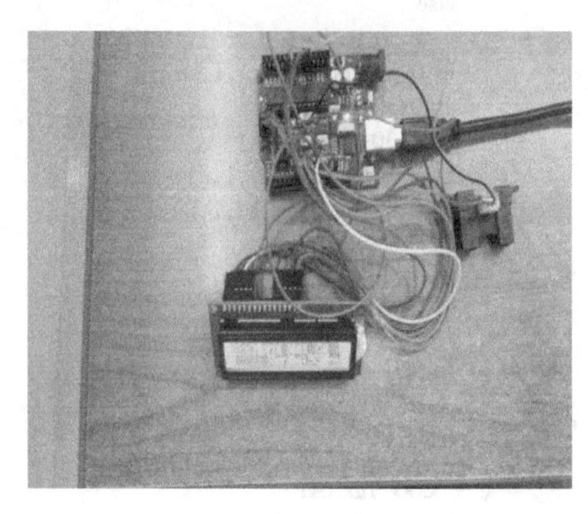

图 29-10　红外测距仪器测试图

表 29-1　红外测距电路材料表

序　　号	名　　称	元 件 规 格	数　　量	元 件 编 号
1	电解电容	47μF	2	PC1，PC2
2	瓷片电容	0.1μF	3	C2，C4，C6
3	瓷片电容	1μF	1	C3
5	按键	TS42031-160R-TR-7260	3	RESET
8	二极管	M7	2	D1，D2
9	LED 灯	LED	2	ON
10	电阻	10kΩ	1	RN1D
11	电阻	1kΩ	2	RN4C，RN4D
12	电阻	1MΩ	1	R2
13	晶振	CSTCE16M0V53-R0 16MHz	1	Y2
15	稳压芯片（5.0V）	NCP1117ST50T3G	1	U1
17	USB 串口	CON8	1	J4
19	连接端口	LCD1602	1	J6
20	连接端口	3X2M	1	ICSP
21	连接端口	CON8	3	J1
22	连接端口	CON6	1	J2
23	红外传感器	CON3	1	J5
24	稳压芯片（3.3V）	LP2985-33DBVR	1	U2
10	单片机	ATmega32	1	ZU4
10	连接端口	CON10	1	J3

思考与练习

（1）利用红外线遥控来测距比起普通测距有什么优势？

答：① 采用红外线发光二极管，结构简单，易于小型化，并且成本低。

② 红外线调制简单，依靠调制信号编码可实现多路控制。

③ 红外线不能通过阻挡物，不会产生信号串扰等误动作。

④ 功率消耗小，反应速度快。

⑤ 对环境无污染，对人、物无损害。

⑥ 抗干扰能力强，工作可靠。

（2）红外测距电路的设计原理是什么？

答：在整个电路中，ATmega32 单片机是实现 A/D 转换的重要组成部分，单片机把红外传感器返回的模拟量经过相应的运算转换成数字的距离变量，然后将其显示在 LCD 屏幕上。

（3）红外传感器的工作原理是什么？

答：红外发射器按照一定的角度发射红外光束，当遇到物体以后，光束会反射回来。反射回来的红外光束被 CCD 检测器检测到以后，会获得一个偏移值离 L，利用三角关系，在知道了发射角度 α、偏移距离 L、中心矩 X，以及滤镜的焦距 f 以后，传感器到物体的距离 D 就可以通过几何关系计算出来了。

特别提醒

（1）使用 AVR 单片机的过程中，在（高阻态）三态输出高电平两种状态之间进行切换时，上拉电阻使能或输出低电平，这两种模式必然会有一种发生。通常，上拉电阻使能是完全可以接受的，因为高阻环境不在意是强高电平输出还是上拉输出。如果使用情况不是这样，可以通过置位 SFIOR 寄存器的 PUD 来禁止所有端口的上拉电阻。在上拉输入和输出低电平之间切换也有同样的问题。用户必须选择高阻态或输出高电平作为中间步骤。

（2）稳压芯片 NCP1117ST50T3G 在使用过程中需要注意以下几点：

① VIN 最大可达 18V。

② VIN 与 VOUT 之间的压差在 2V 以上。

③ 输入端和输出端也可以不并联电容。

④ 芯片的 1 端和 2 端是导通的，焊接时不可短路。

项目30　基于单片机的公交车自动报站器设计

 设计任务

使用8位单片机作为控制器件，当系统进行语音再生时，用单片机控制电路中的语音芯片来读取其外接存储器内部的语音信息，并合成语音信号，再通过语音输出电路进行语音报站和提示。

 基本要求

☺ 基于ISD1730语音芯片设计录放电路。
☺ 通过数码管显示器件同时显示日期、时间、星期。
☺ 采用专用的DS1302实现时钟的计时。

 总体思路

单片机通过程序读取文字信息，送入液晶显示模块来进行站数和站名的显示，然后通过键盘来控制系统进行工作。

当系统进行语音录制时，语音信号通过语音录入电路送给语音合成电路中的语音芯片，由语音芯片进行数据处理，并将生成的数字语音信息存储到语音存储芯片中，建立语音库。

系统组成

☺ 单片机STC89C52。
☺ 显示模块采用4位数码管显示当前过站数，以确定报站状态。

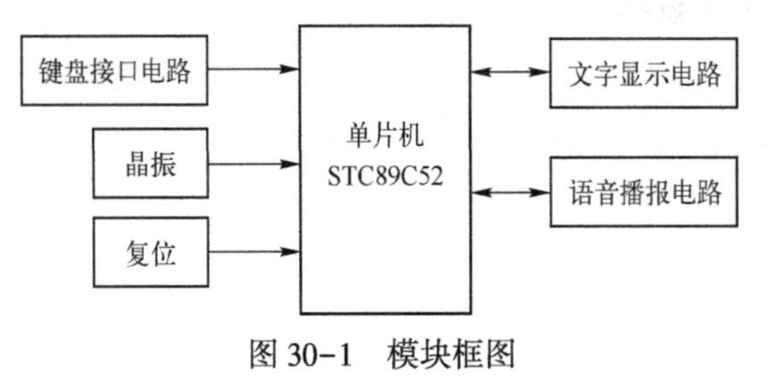

图30-1　模块框图

☺ 本次设计采用ISD1730语音芯片设计录放电路，相对于ISD2560语音芯片来讲，其功能更强大，由按键直接控制语音的录放等，电路工作稳定、可靠性高，完全达到了设计要求，具有非常好的实用性。

整个系统方案的模块框图如图30-1所示。

模块详解

1. 单片机控制电路

通过对 STC89C52 进行编程，令其 P1.0~P1.3 口接收当前按键状态，实现对工作状态的控制；令 P0 口与 P2.4~P2.7 口发送数码管段选和位选信号，驱动数码管显示；令 P3.4~P3.7 口传输 ISD1730 的控制信号，以实现语音提示模块功能，如图 30-2 所示。

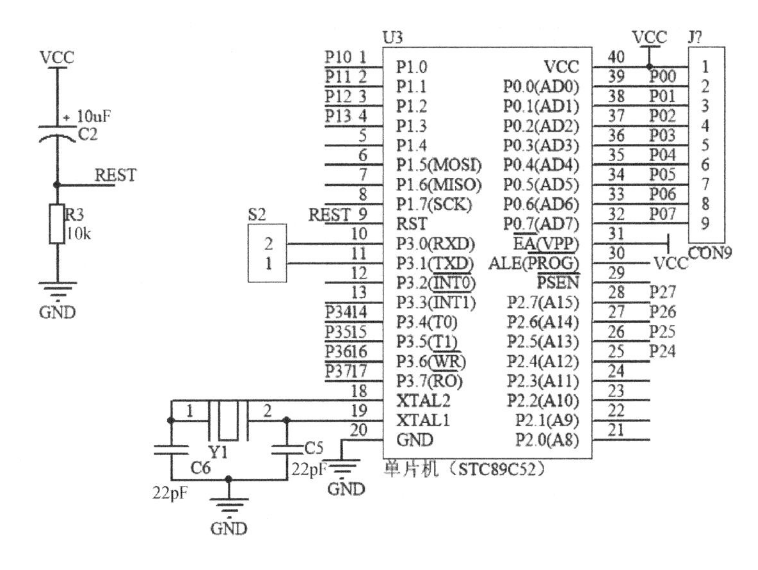

图 30-2　单片机控制电路

2. 数码管显示模块

通过程序令单片机 P0 口输出 8 位段选信号，用来确定数码管对应显示位的显示内容；令单片机 P2.4~P2.7 口输出 4 位位选信号，用来确定数码管显示位。数码管显示模块如图 30-3 所示。

3. 语音提示模块

当 REC 端为低电平有效时，开始执行录音操作；PLAY 为低电平有效，会将芯片内的所有语音信息播放出来，并且循环播放直到松开按键将 PLAY 的引脚电平拉高。在放音期间 LED 灯闪烁。当放音停止时，播放指针会停留在当前停止的语音段起始位置；FWD 端拉低，会启动快进操作。快进操作用来将播放指针移向下一段语音信息；将 VOL 引脚拉低会改变音量大小。语音提示模块如图 30-4 所示。

4. 外设接口

如图 30-5 所示，利用 4 个按键开关来选择电路当前的执行状态。

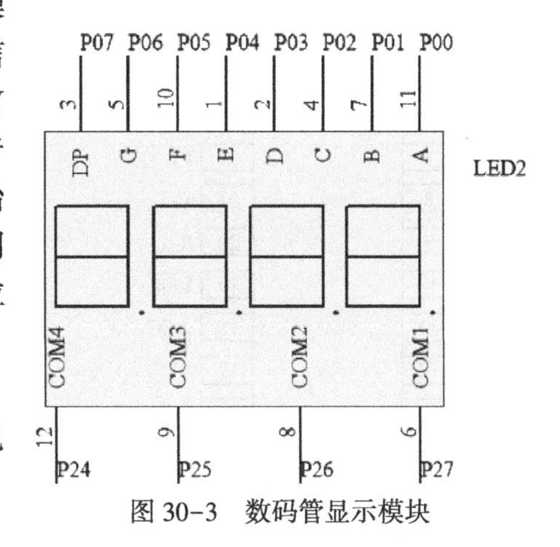

图 30-3　数码管显示模块

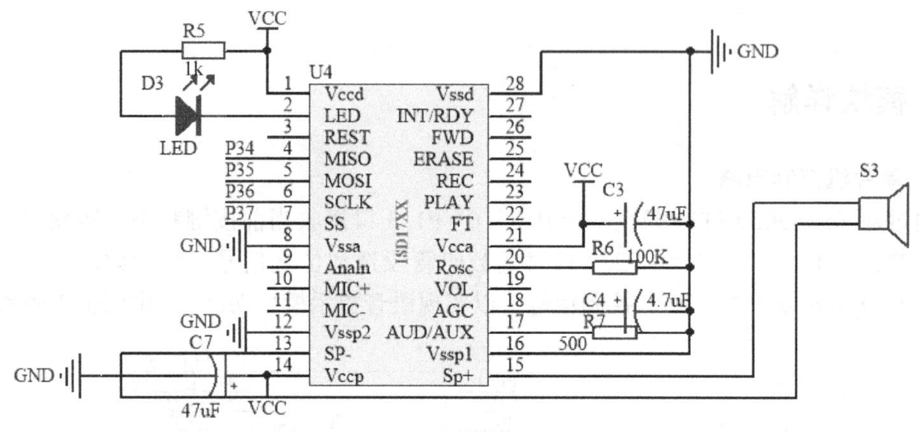

图 30-4　语音提示模块

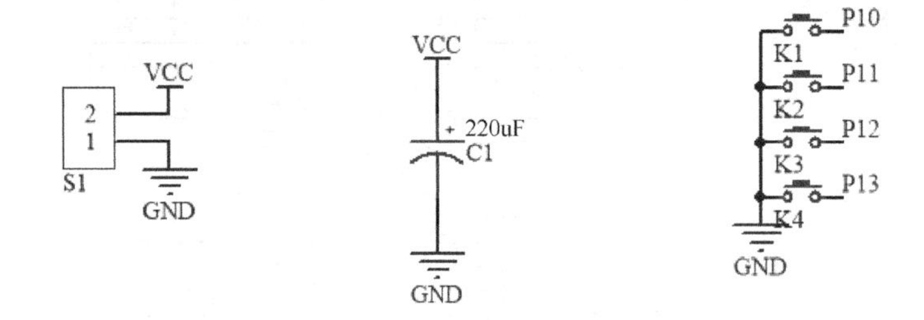

图 30-5　外设接口

5. ISD1730 芯片

ISD1730 芯片提供了多项新功能，包括内置专利的多信息管理系统、新信息提示、双运作模式，以及可定制的信息操作指示音效。芯片内部包含自动增益控制、麦克风前置扩大器、扬声器驱动线路、振荡器与内存等的全方位整合系统功能。此芯片的性能特点是：

- 可录、放音十万次，存储内容可以断电保留一百年。

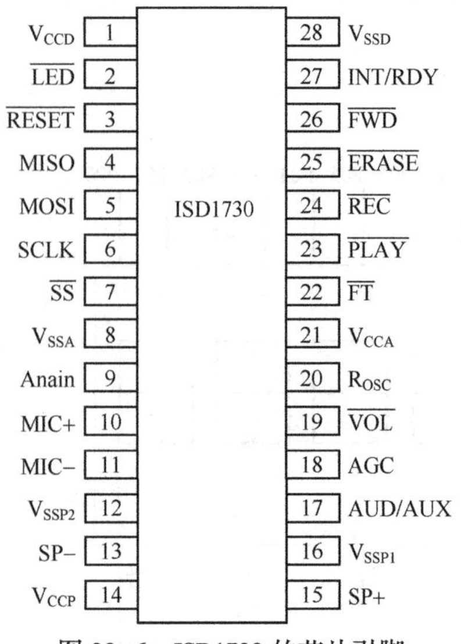

图 30-6　ISD1730 的芯片引脚

- 有两种控制方式、两种录音输入方式、两种放音输出方式。
- 可处理多达 255 段以上的信息。
- 有丰富多样的工作状态提示。
- 多种采样频率对应多种录放时间。
- 音质好，电压范围宽，应用灵活，物美价廉。

ISD1730 的芯片引脚如图 30-6 所示。

具体介绍如下。

V_{CCD}（1 脚）：数字电路电源。

$\overline{\text{LED}}$（2 脚）：LED 指示信号输出。

$\overline{\text{RESET}}$（3 脚）：芯片复位。

MISO（4 脚）：SPI 接口的串行输出端口。ISD1730 在 SCLK 下降沿之前的半个周期将数据放置在 MISO 端。数据在 SCLK 的下降沿时移出。

MOSI（5 脚）：SPI 接口的数据输入端口。主控制芯片在 SCLK 上升沿之前的半个周期将数据放置在 MOSI 端。数据在 SCLK 上升沿被锁存在芯片内。此引脚在空闲时应该拉高。

SCLK（6 脚）：SPI 接口的时钟。由主控制芯片产生，并且被用来同步芯片 MOSI 和 MISO 端各自的数据输入和输出。此引脚在空闲时必须拉高。

$\overline{SS}$（7 脚）：为低时，选择该芯片成为当前被控制设备且开启 SPI 接口。此引脚在空闲时需要拉高。

V_{SSA}（8 脚）：模拟地。

Anain（9 脚）：芯片录音或直通时，辅助的模拟输入。需要一个交流耦合电容（典型值为 0.1μF），并且输入信号的幅值不能超出 1.0Vpp。APC 寄存器的 D3 可以决定 Anain 信号被立刻录制到存储器中，与 Mic 信号混合被录制到存储器中，或者被缓存到扬声器端并经由直通线路 AUD/AUX 输出。

MIC+（10 脚）：麦克风输入+。

MIC-（11 脚）：麦克风输入-。

V_{SSP2}（12 脚）：负极 PWM 扬声器驱动器地。

SP-（13 脚）：扬声器输出-。

V_{CCP}（14 脚）：PWM 扬声器驱动器电源。

SP+（15 脚）：扬声器输出+。

V_{SSP1}（16 脚）：正极 PWM 扬声器驱动器地。

AUD/AUX（17 脚）：辅助输出，取决于 APC 寄存器的 D7，用来输出一个 AUD 或 AUX。AUD 是一个单端电流输出，而 AUD/AUX 是一个单端电压输出。它们能够被用来驱动一个外部扬声器。出厂默认设置为 AUD。APC 寄存器的 D9 可以使其掉电。

AGC（18 脚）：自动增益控制。

$\overline{VOL}$（19 脚）：音量控制。

R_{OSC}（20 脚）：振荡电阻，R_{OSC}用一个电阻连接到地，决定芯片的采样频率。

V_{CCA}（21 脚）：模拟电路电源。

$\overline{FT}$（22 脚）：在独立芯片模式下，当 $\overline{FT}$一直为低时，Anain 直通线路被激活。Anain 信号被立刻经由音量控制线路发射到扬声器及 AUD/AUX 输出。不过，在 SPI 模式下，SPI 无视这个输入，并且直通线路被 APC 寄存器的 D0 控制。该引脚有一个内部上拉设备和一个内部防抖动电路，允许使用按键开关来控制开始和结束。

$\overline{PLAY}$（23 脚）：播放控制端。

$\overline{REC}$（24 脚）：录音控制端。

$\overline{ERASE}$（25 脚）：擦除控制端。

$\overline{FWD}$（26 脚）：快进控制端。

INT/RDY（27 脚）：一个开路输出。Ready（独立模式）引脚在录音、放音、擦除和指向操作时保持为低，保持为高时进入掉电状态。Interrupt（SPI 模式）在完成 SPI 命令后，会产生一个低信号的中断。一旦中断消除，该引脚变回高。

V_{SSD}（28 脚）：数字地。

总的电路原理图如图 30-7 所示。

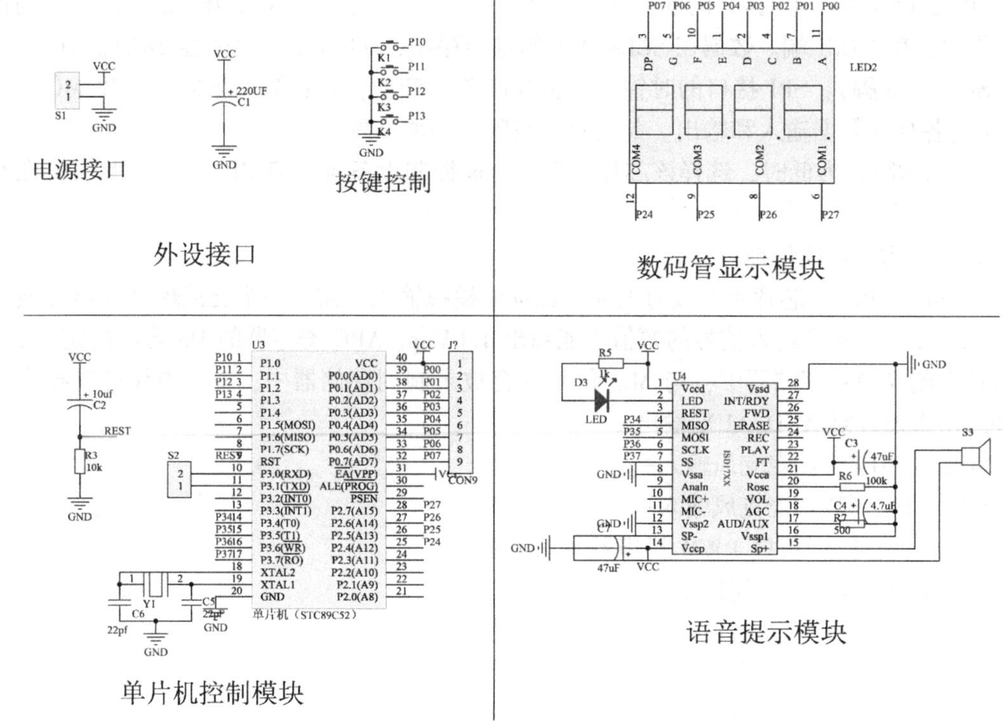

图 30-7　电路原理图

软件设计

程序设计流程图如图 30-8 所示。

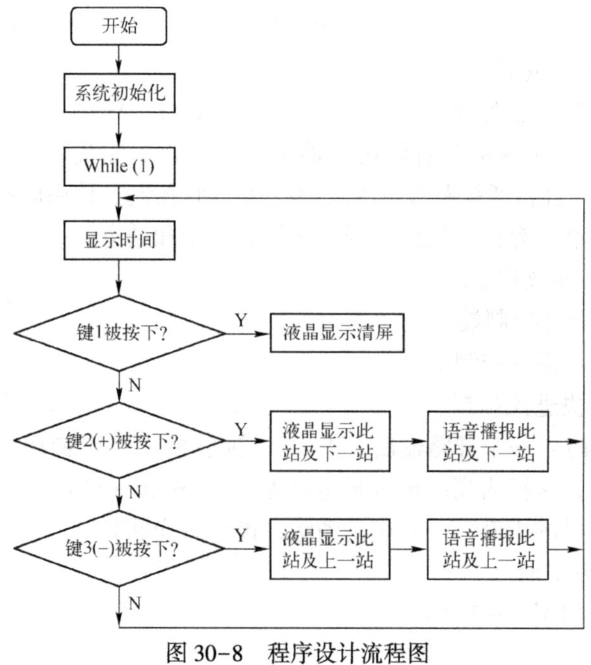

图 30-8　程序设计流程图

按照程序流程图，编写程序如下：

```
#include<reg52. h>
#include" ISD1700. h"
#include" KEY. h"
#include" LED. h"

main( )
{   date=1;
    ISD_Init( );
    while(1)
    {
        key( );
        xianshi(date);
    }
}
```

PCB 版图

PCB 版图是通过原理图设计，在 Altium Designer 界面创建 PCB 文件，将原理图中各个元器件进行分布，然后进行布线处理而得到的，如图 30-9 所示。在 PCB 设计过程中需要考虑外部连接的布局、内部电子元件的优化布局、金属连线和通孔的优化布局、电磁保护、热耗散等各种因素，这里就不做过多说明了。

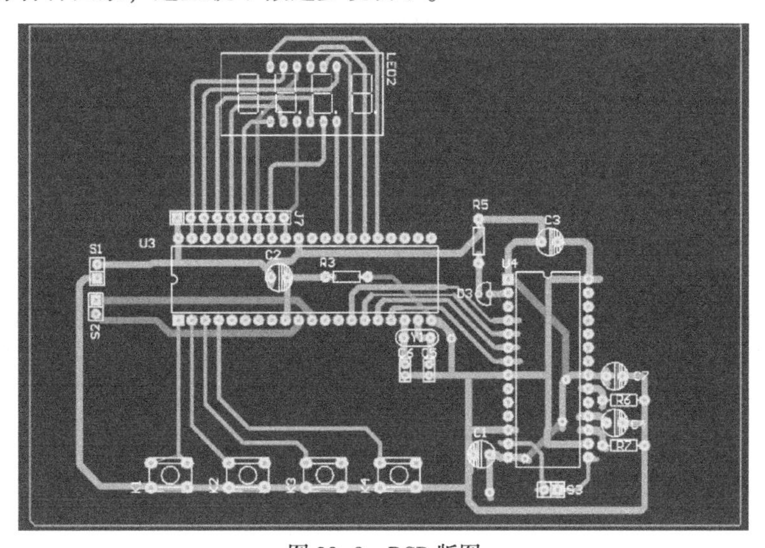

图 30-9　PCB 版图

实物测试

按照原理图的布局，在实际板子上进行各个元器件的焊接，焊接完成后，如图 30-10 所示。构成本电路的材料如表 30-1 所示。

图 30-10 报站器实物图

表 30-1 报站器电路材料表

序　号	名　称	元件规格	数　量	元件编号
1	单片机	STC89C52	1	U3
2	电解电容	10μF 30V	1	C2
3	电解电容	4.7μF 16V	1	C4
4	电解电容	47μF 16V	2	C3，C7
5	排阻	1kΩ	1	J1
6	电阻	10kΩ	1	R3
7	瓷片电容	22pF	2	C5，C6
8	发光二极管	LED	1	D3
9	按键	微动开关	4	K1，K2，K3，K4
10	ISD 语音模块	ISD1730	1	U4
11	电阻	100kΩ	1	R6
12	电阻	470Ω	1	R7
13	晶振	12MHz	1	Y1
14	数码管	4 位	1	LED2

电路实际测量结果分析：上电后，依次测试 4 个按键，其功能依次为下站报站、上站报站、重复报站、复位，且语音提示模块能够正常发出报站信息。完全达到设计要求。

思考与练习

（1）本设计中如何构成系统声音模块？

答：本设计采用 ISD1730 语音芯片设计录放电路，相对于 ISD2560 语音芯片来讲，其功能更强大，由按键直接控制语音的录放等，电路工作稳定、可靠性高，完全达到了设计要求，具有非常好的实用性。

（2）本设计中如何调整电路执行不同命令？分别有哪些功能命令？

答：本设计通过单片机程序读取 4 个按键开关当前的状态，利用按键开关来选择电路当前的执行状态。其功能依次为下站报站、上站报站、重复报站、复位。

（3）数码管主要分为哪两种？本设计中使用哪种？

答：数码管可分为共阴、共阳两种类型。本设计中使用的是4位共阳数码管，应注意其与共阴数码管引脚间的区别。

特别提醒

（1）4位数码管的引脚连接较为复杂，注意其位选及段选信号线的连接。

（2）注意在ISD1730等元件输出口后各关键位置添加测试点，以便调试。

项目31　火灾检测电路设计

设计任务

设计一个火灾报警器，主要检测温度和烟雾，将传感器测得的模拟信号送到模数转换器，再通过单片机控制相应的报警和驱动负载。通过液晶屏显示当前的烟雾值和温度值。

基本要求

☺ 功能上要求可进行火情探测和声光报警。
☺ 功耗低，5V 电源供电。
☺ Q-2 单电源供电，其功耗为 0.7W 左右。
☺ 响应时间：Tr≤10s。恢复时间：Tn≤60s。
☺ 工作环境：温度-10～+50℃；湿度≤85%RH。
☺ 在 5V 电源供电时 ADC0832 的输入电压在 0～5V 之间。
☺ 工作频率为 250kHz，转换时间为 32μs。
☺ 一般功耗仅为 15mW。
☺ DS18B20 的供电电压范围为 3.0～5.5V。
☺ 测温范围为-55～+125℃，固有测温分辨率为 0.5℃。

总体思路

火灾报警器主要用于检测温度和烟雾，再通过单片机控制相应的报警和驱动负载。通过液晶屏显示当前的烟雾值和温度值，通过按键设定相应的阈值。

该项目的主要任务包括以下两部分。

（1）硬件部分：包括传感器的选择、显示模块的选择、烟雾信号转换电路的设计、报警驱动电路的设计。

（2）软件部分：包括微处理器控制程序的编制。

系统组成

火灾检测电路系统主要分为 8 部分。

第一部分为主控电路，控制系统的运行。

第二部分为时钟电路，为系统提供时钟。

第三部分为复位电路，可以使系统做出应急反应，设计中有按键复位。

第四部分为烟雾探测电路，该电路分为两部分：烟雾传感器检测烟雾，将电压信号发送给 ADC0832；模数转换电路将模拟信号转换成数字信号发送给单片机，单片机再读取相应的数值进行处理。

第五部分为温度采集电路，用 DS18B20 采集当前环境温度，将采集来的信号送入 ADC0832，模数转换器将模拟信号转换成数字信号发送给单片机，单片机再读取相应的数值进行处理。

第六部分为液晶显示电路，可以通过液晶屏看到当前的温度与烟雾值，使测量结果更直观。

第七部分为声光报警提示电路，当温度或烟雾值达到设定值时，系统判断为发生火灾，通过声光报警提示电路进行报警。

第八部分为按键电路，通过按键可以进行复位或设置温度与烟雾的阈值，从而使系统能更好地工作于当前环境。

整个系统方案的模块框图如图 31-1 所示。

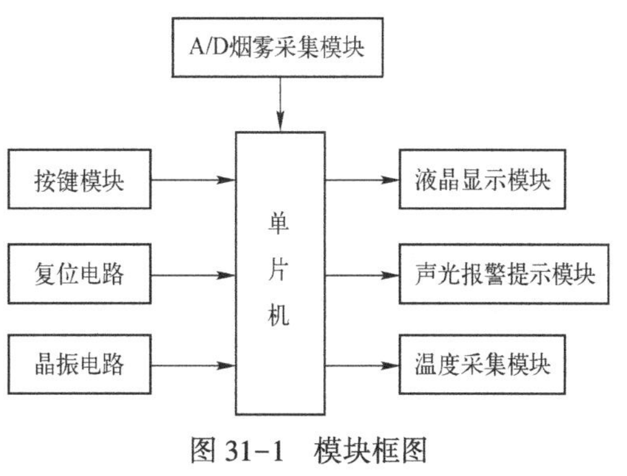

图 31-1　模块框图

模块详解

1. 主控电路

最小系统包括单片机及其所需的必要电源、时钟、复位等部件，能使单片机始终处于正常的运行状态。电源、时钟等电路是使单片机运行的必备条件，可以将最小系统作为应用系统的核心部分，通过对其进行存储器扩展、A/D 扩展等，使单片机完成较复杂的功能。

STC89C51 是片内有 ROM/EPROM 的单片机，因此，这种芯片构成的最小系统简单、可靠。用 STC89C51 单片机构成最小应用系统时，只要将单片机接上时钟电路和复位电路即可，结构如图 31-2 所示，由于集成度的限制，最小应用系统只能用作一些小型控制单元。

2. 时钟电路

STC89C51 单片机的时钟信号通常有两种产生方式：一是内部时钟方式，二是外部时钟方式。内部时钟方式如图 31-3 所示。在 STC89C51 单片机内部有一个振荡电路，只要在单片机的 XTAL1（18）和 XTAL2（19）引脚外接石英晶体（简称晶振），就构成了自

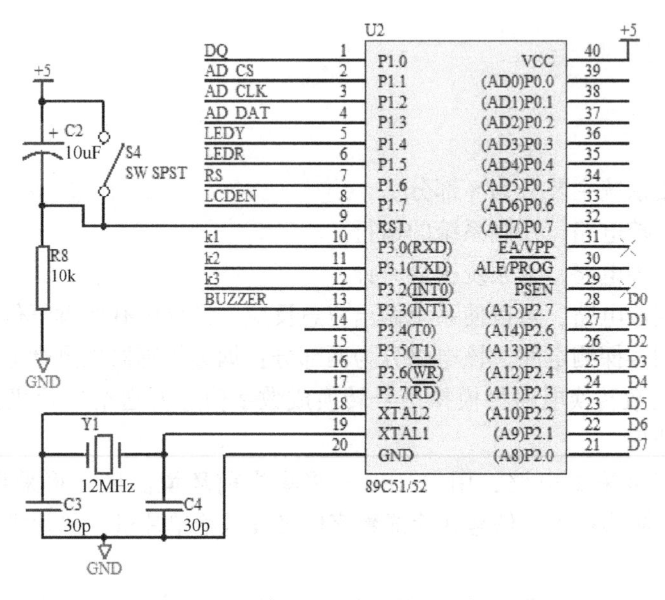

图 31-2　单片机最小系统原理框图

激振荡器并在单片机内部产生时钟脉冲信号。图中电容 C3 和 C4 的作用是稳定频率和快速起振，电容值为 5~30pF，典型值为 30pF。晶振 Y1 的振荡频率在 1.2~12MHz 之间选择，典型值为 12MHz 和 6MHz。

3. 复位电路

当在 STC89C51 单片机的 RST 引脚引入高电平并保持 2 个机器周期时，单片机内部就执行复位操作（若该引脚持续保持高电平，则单片机处于循环复位状态）。

最简单的上电自动复位电路中的上电自动复位是通过外部复位电路的电容充/放电来实现的。只要 Vcc 的上升时间不超过 1ms，就可以实现自动上电复位。

除了上电复位外，有时还需要通过按键手动复位。本设计用的就是按键手动复位。按键手动复位有电平方式和脉冲方式两种。其中，电平复位是通过 RST（9）引脚与电源 VCC 接通而实现的。STC89C51 复位电路如图 31-4 所示。

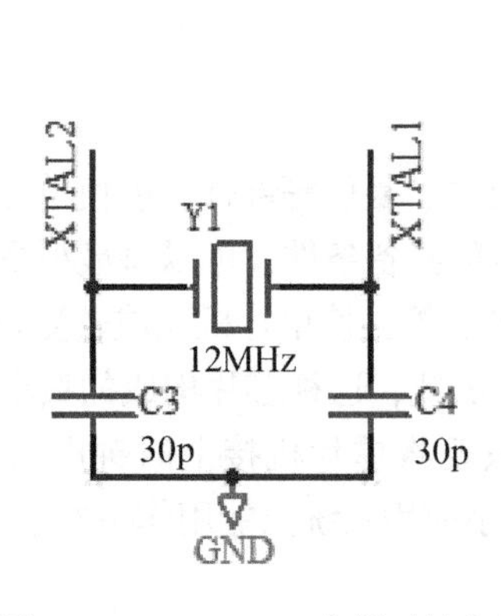

图 31-3　STC89C51 内部时钟电路

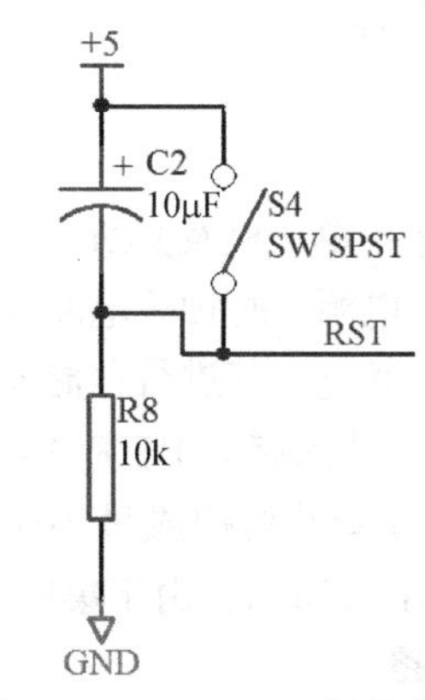

图 31-4　STC89C51 复位电路

4. 烟雾检测电路

MQ-2 型气体传感器用于以氢气为主要成分的城市煤气、天然气、液化石油的检测，并且它的抗干扰能力强，水蒸气、烟等干扰气体对它的影响小。MQ-2 类似于一个电阻，当烟雾值增大时，其等效阻值减小，从而输出端的电压值增大，然后将电压值的变化送入 A/D 转换电路，最后送入单片机进行处理。烟雾检测电路如图 31-5 所示。

MQ-2 的特点如下：

（1）广泛的探测范围。

（2）高灵敏度，快速响应。

（3）优异的稳定性，寿命长。

（4）简单的驱动电路。

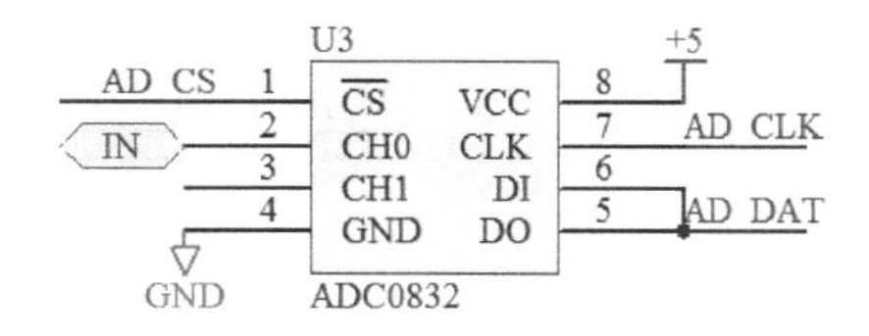

图 31-5　烟雾检测电路

5. 温度采集电路

温度采集电路采用独特的单线接口方式，DS18B20 在与微处理器连接时仅需要一条口线即可实现双向通信；其测温范围为-55～+125℃，固有测温分辨率为 0.5℃；支持多点组网功能；多个 DS18B20 可以并联在唯一的三线上，实现多点测温；工作电源为 3～5.5V DC；在使用中不需要任何外围元件。温度采集电路如图 31-6 所示。

DS18B20 的程序流程图如图 31-7 所示。

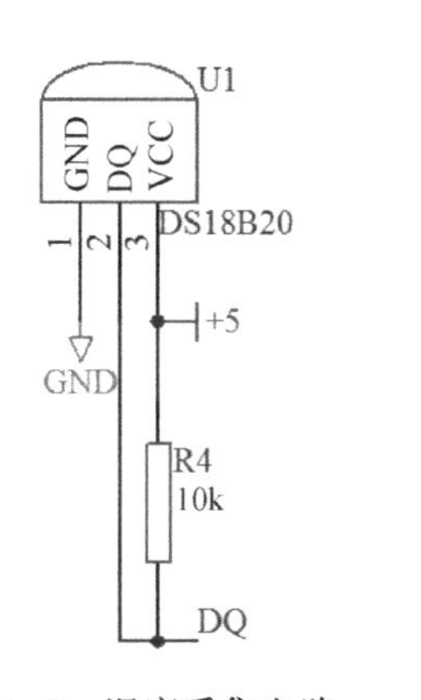

图 31-6　温度采集电路

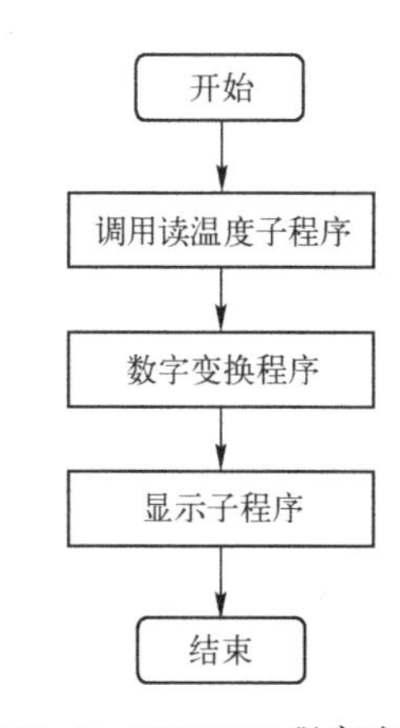

图 31-7　DS18B20 程序流程图

DS18B20 的内部结构主要分为 7 部分：寄生电源、温度传感器、64 位激光 ROM 与单线接口、高速暂存器（即便笺式 RAM，用于存放中间数据）、TH 触发寄存器和 TL 触发寄存器（分别用来存储用户设定的温度上/下限值）、存储和控制逻辑、位循环冗余校验码（CRC）发生器。

6. LCD 液晶显示模块

LCD1602 是一种工业字符型液晶，能够同时显示 16×2 即 32 个字符（16 列 2 行），如图 31-8 所示。相对而言，液晶显示器的功耗主要体现在其内部的电极和驱动 IC 上，因而耗电量比其他显示器要少得多。

LCD1602 液晶模块内部的字符发生存储器已经存储了 160 个不同的点阵字符图形，如

图 31-9 所示，这些字符图形有阿拉伯数字、英文字母的大小写、常用符号和日文假名等，每一个字符都有一个固定代码，如大写的英文字母“A”的代码是 01000001B (41H)，显示时模块把地址 41H 中的点阵字符图形显示出来，我们就能看到字母。

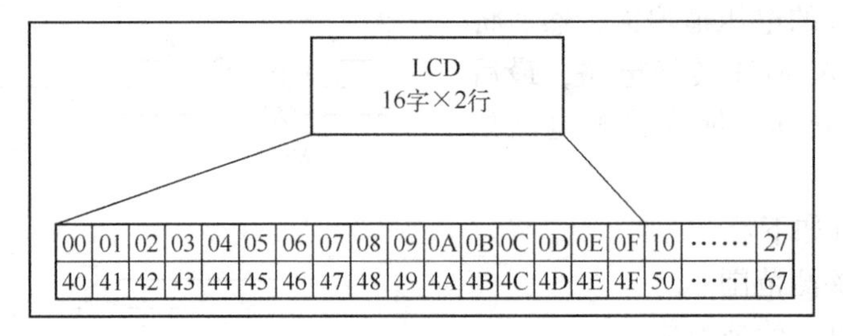

图 31-8　1602LCD 内部显示地址

	0000	0010	0011	0100	0101	0110	0111	1010	1011	1100	1101	1110	1111
××××0000	CGRAM (1)		0	ə	P	\	p		ー	タ	三	α	P
××××0001	(2)	!	1	A	Q	a	q	ロ	ア	チ	ム	ä	q
××××0010	(3)	"	2	B	R	b	r	「	イ	川	メ	β	θ
××××0011	(4)	#	3	C	S	c	s	」	ウ	テ	モ	ε	
××××0100	(5)	$	4	D	T	d	t	\	エ	ト	ヤ	μ	Ω
××××0101	(6)	%	5	E	U	e	u	ロ	オ	ナ	ユ	B	0
××××0110	(7)	&	6	F	V	f	v	テ	カ	ニ	ヨ	P	Σ
××××0111	(8)	>	7	G	W	g	w	ァ	キ	ヌ	ラ	g	π
××××1000	(1)	(	8	H	X	h	x	ィ	ク	ネ	リ	∫	X
××××1001	(2)	)	9	I	Y	i	y	ゥ	ケ	」	ル	-1	y
××××1010	(3)	•	:	J	Z	j	z	ェ	コ	リ	レ	j	千
××××1011	(4)	+	:	K	[	k	{	ォ	サ	ヒ	ロ	x	万
××××1100	(5)	ヮ	<	L	¥	l	|	セ	シ	フ	ワ	¢	₳
××××1101	(6)	—	=	M	]	m	}	ュ	ス	ヘ	ソ	ŧ	+
××××1110	(7)	.	>	N	^	n	▪	ョ	セ	ホ	ハ	n̄	
××××1111	(8)	/	?	O	—	o	←	ッ	ソ	マ	ロ	Ö	[illegible]

图 31-9　标准字库表

它的读/写操作、屏幕和光标操作都是通过指令编程来实现的（说明：1 为高电平，0 为低电平）。

液晶显示模块是一个慢显示器件，因此在执行每条指令之前一定要确认模块的忙标志，如果其为低电平，则表示不忙，否则此指令失效。显示字符时要先输入显示字符的地址，也就是告诉模块在哪里显示字符。如图 3-10 所示为液晶显示电路原理图。

7. 声光报警提示电路

1）灯光提示电路

LED（Light Emitting Diode，发光二极管）是一种能够将电能转化为可见光的固态半导体器件，它可以直接把电转化为光；它改变了白炽灯钨丝发光与节能灯三基色粉发光的原理，而采用电场发光。LED 的特点非常明显，寿命长、光效高、辐射低、功耗低。LED 的一端连接在单片机的 I/O 口，端口输出低电平，则 LED 被点亮。灯光提示电路如图 31-11 所示。

2）声音报警电路

声音报警电路包含以下几部分：三极管、蜂鸣器、限流电阻。如图 31-12 所示。

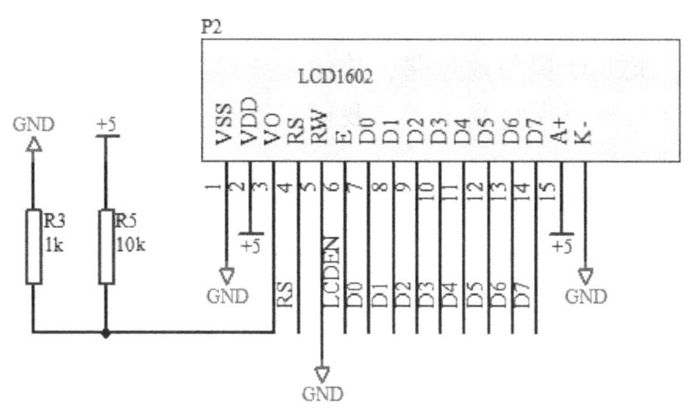

图 31-10　液晶显示电路原理图

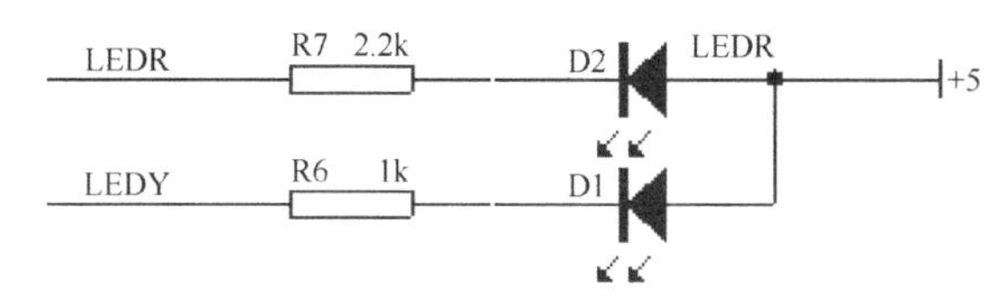

图 31-11　灯光提示电路

蜂鸣器为发声元件，在其两端施加直流电压（有源蜂鸣器）或方波（无源蜂鸣器）就可以发声，其主要参数是外形尺寸、发声方向、工作电压、工作频率、工作电流、驱动方式（直流/方波）等。这些都可以根据需要来选择。本设计采用有源蜂鸣器，当电阻的一端输入低电平时，三极管的集电极使低电平蜂鸣器发生。

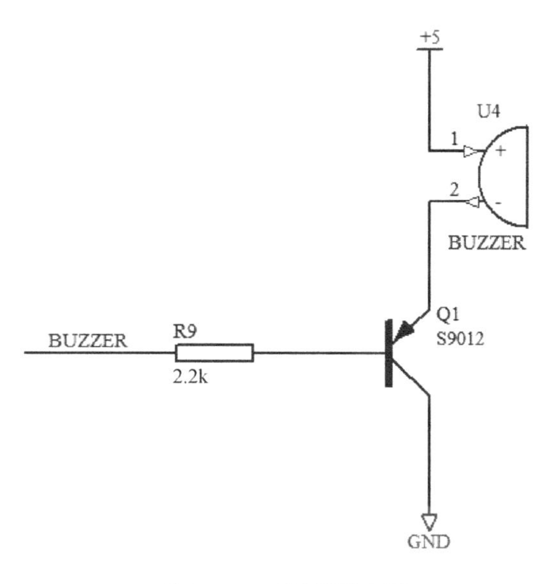

图 31-12　声音报警电路

三极管 Q1 起开关作用，其基极的低电平使三极管饱和导通，蜂鸣器发声；而基极高电平则使三极管关闭，蜂鸣器停止发声。

8. 按键电路

本设计采用按键接低的方式，初始时，因为为高电平，当按下按键的时候，会给单片机一个低电平，单片机对信号进行处理。根据本设计的需要这里选用独立式键盘接法。按键电路如图 31-13 所示。

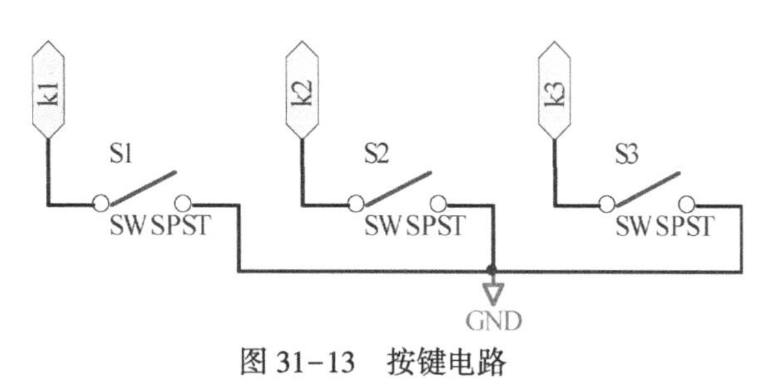

图 31-13　按键电路

独立式键盘的实现方法是利用单片机读取 I/O 口的电平高低来判断是否有键被按下。将常开按键的一端接地，另一端接一个 I/O 口，程序开始时将此 I/O 口置于高电平，平时无键被按下时 I/O 口为高电平。当有键被按下时，此 I/O 口与地短路，迫使 I/O 口为低电平。按键被释放后，单片机内部的上拉电阻使 I/O 口恢复保持高电平。我们只需在程序中查寻此 I/O 口的电平状态就可以了解是否有按键动作。

火灾检测电路原理图如图 31-14 所示。

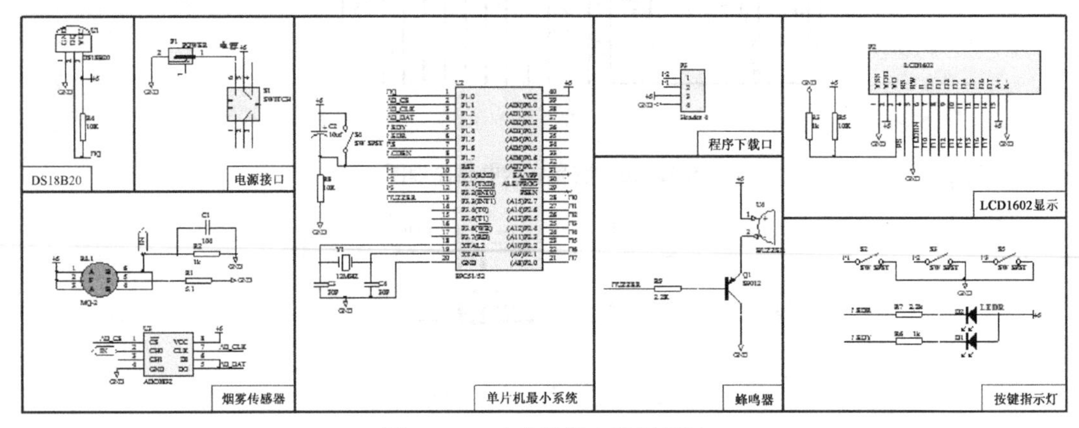

图 31-14　火灾检测电路原理图

软件设计

系统程序流程图如图 31-15 所示。

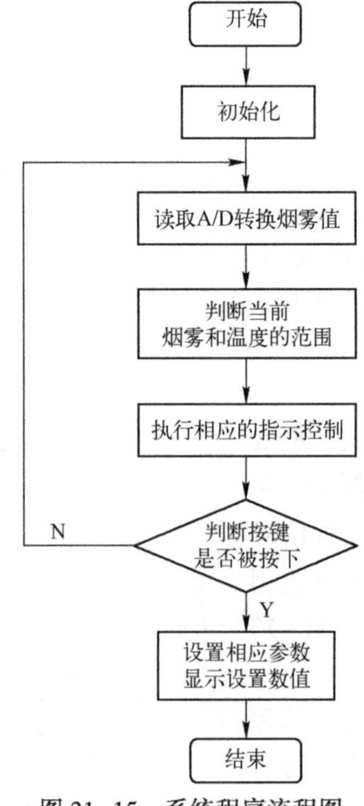

图 31-15　系统程序流程图

按照程序流程图，编写程序如下：

```
#include <reg52.h>  //包含头文件，一般情况不需要改动，头文件包含特殊功能寄存器的定义
#include "intrins.h"

#define u8 unsigned char
#define u16 unsigned int
#define uchar unsigned char
#define uint unsigned int

uchar yushe_wendu=50;          //温度预设值
uchar yushe_yanwu=45;          //烟雾预设值
uint wendu;                    //温度值全局变量
uchar yanwu;                   //用于读取 ADC 数据

//运行模式
uchar Mode=0;                  //=1 是设置温度阈值;=2 是设置烟雾阈值;=0 是正常监控模式
//引脚声明
sbit LED_wendu= P1^4;          //温度报警灯
sbit LED_yanwu= P1^5;          //烟雾报警灯
sbit baojing= P3^3;            //蜂鸣器接口
//按键
sbit Led_Reg =P1^5;            //红灯
sbit Led_Yellow=P1^4;          //黄灯
sbit Buzzer =P3^3;             //蜂鸣器

//void delay(uint z)           //延时函数，大约延时 z 毫秒
//{
//uint i,j;
//for(i=0;i<z;i++)
//for(j=0;j<121;j++);
//}
/************************************************************
 *名称：delay_1ms()
 *功能：延时 1ms 函数
 *输入：q
 *输出：无
************************************************************/
void delay_ms(uint q)
{
  uint i,j;
  for(i=0;i<q;i++)
    for(j=0;j<110;j++);
}
/************************************************************
LCD1602 相关函数
************************************************************/

//LCD 引脚声明（RW 引脚直接接地，因为本设计只用到液晶的写操作，RW 引脚一直是低电平）
sbit LCDRS = P1^6;
sbit LCDEN = P1^7;
sbit D0 = P2^7;
```

```
sbit D1 = P2^6;
sbit D2 = P2^5;
sbit D3 = P2^4;
sbit D4 = P2^3;
sbit D5 = P2^2;
sbit D6 = P2^1;
sbit D7 = P2^0;

//LCD 延时
void LCDdelay(uint z)              //该延时大约 100μs(不精确，液晶操作的延时不要求很精确)
{
  uint x,y;
  for(x=z;x>0;x--)
    for(y=10;y>0;y--);
}
void LCD_WriteData(u8 dat)
{
  if(dat&0x01)D0=1;else D0=0;
  if(dat&0x02)D1=1;else D1=0;
  if(dat&0x04)D2=1;else D2=0;
  if(dat&0x08)D3=1;else D3=0;
  if(dat&0x10)D4=1;else D4=0;
  if(dat&0x20)D5=1;else D5=0;
  if(dat&0x40)D6=1;else D6=0;
  if(dat&0x80)D7=1;else D7=0;
}
//写命令
void write_com(uchar com)
{
  LCDRS=0;
  LCD_WriteData(com);
//DAT=com;
  LCDdelay(5);
  LCDEN=1;
  LCDdelay(5);
  LCDEN=0;
}
//写数据
void write_data(uchar date)
{
  LCDRS=1;
  LCD_WriteData(date);
  DAT=date;
  LCDdelay(5);
  LCDEN=1;
  LCDdelay(5);
  LCDEN=0;
}

/*-----------------------------------------------
      选择写入位置
-----------------------------------------------*/
```

```
void SelectPosition(unsigned char x,unsigned char y)
{
  if (x == 0)
  {
    write_com(0x80 + y);        //表示第一行
  }
  else
  {
    write_com(0xC0 + y);        //表示第二行
  }
}
/*--------------------------------------------------
      写入字符串函数
--------------------------------------------------*/
void LCD_Write_String(unsigned char x,unsigned char y,unsigned char *s)
{
  SelectPosition(x,y);
  while (*s)
  {
    write_data(*s);
    s ++;
  }
}
//================================================================
//函数: void LCD_Write_Char(u8 x,u8 y,u16 s,u8 l)
//应用: LCD_Write_Char(0,1,366,4)
//描述: 在第0行第一字节位置显示366的后4位, 显示结果为0366
//参数: x:行, y:列, s:要显示的字, l:显示的位数
//返回: none
//版本: VER1.0
//日期: 2013-4-1
//备注: 最大显示65535
//================================================================
void LCD_Write_Char(u8 x,u8 y,u16 s,u8 l)
{
  SelectPosition(x,y);

  if(l>=5)
  write_data(0x30+s/10000%10);    //万位
  if(l>=4)
  write_data(0x30+s/1000%10);     //千位
  if(l>=3)
  write_data(0x30+s/100%10);      //百位
  if(l>=2)
  write_data(0x30+s/10%10);       //十位
  if(l>=1)
  write_data(0x30+s%10);          //个位

}
/*1602指令简介
  write_com(0x38);                //屏幕初始化
  write_com(0x0c);                //打开显示, 无光标, 无光标闪烁
```

```
  write_com(0x0d);                  //打开显示，阴影闪烁
  write_com(0x0d);                  //打开显示，阴影闪烁
*/
//1602 初始化
void Init1602()
{
  uchar i=0;
  write_com(0x38);                  //屏幕初始化
  write_com(0x0c);                  //打开显示，无光标，无光标闪烁
  write_com(0x06);                  //当读或写一个字符时指针后移一位
  write_com(0x01);                  //清屏

}

void Display_1602(yushe_wendu,yushe_yanwu,c,temp)
{
  //显示预设温度值
  LCD_Write_Char(0,6,yushe_wendu,2);

  //显示预设烟雾值
  LCD_Write_Char(0,13,yushe_yanwu,3);

  //实时温度
  LCD_Write_Char(1,6,c/10,2);
  write_data('.');
  LCD_Write_Char(1,9,c%10,1);

  //实时烟雾
  LCD_Write_Char(1,13,temp,3);
}

/********************************************************
ADC0832 相关函数
********************************************************/
sbit ADCS=P1^1;                     //ADC0832 片选
sbit ADCLK=P1^2;                    //ADC0832 时钟
sbit ADDI=P1^3;                     //ADC0832 数据输入
/*因为单片机的引脚是双向的，并且 ADC0832 的数据输入/输出不同时进行
sbit ADDO=P1^3;                     //ADC0832 数据输出
/*为节省单片机引脚、简化电路，输入/输出连接在同一个引脚上

//===========================================================
//函数：unsigned int Adc0832(unsigned char channel)
//应用：temp=Adc0832(0)
//描述：读取 0 通道的 A/D 值
//参数：channel:选择通道 0 和通道 1
//返回：选取通道的 A/D 值
//版本：VER1.0
//日期：2015-05-29
//备注：
//===========================================================
unsigned int Adc0832(unsigned char channel)
```

```
{
  uchar i=0;
  uchar j;
  uint dat=0;
  uchar ndat=0;
  uchar Vot=0;

  if(channel==0)channel=2;
  if(channel==1)channel=3;
  ADDI=1;
  _nop_();
  _nop_();
  ADCS=0;                         //拉低 CS 端
  _nop_();
  _nop_();
  ADCLK=1;                        //拉高 CLK 端
  _nop_();
  _nop_();
  ADCLK=0;                        //拉低 CLK 端,形成下降沿 1
  _nop_();
  _nop_();
  ADCLK=1;                        //拉高 CLK 端
  ADDI=channel&0x1;
  _nop_();
  _nop_();
  ADCLK=0;                        //拉低 CLK 端,形成下降沿 2
  _nop_();
  _nop_();
  ADCLK=1;                        //拉高 CLK 端
  ADDI=(channel>>1)&0x1;
  _nop_();
  _nop_();
  ADCLK=0;                        //拉低 CLK 端,形成下降沿 3
  ADDI=1;                         //控制命令结束
  _nop_();
  _nop_();
  dat=0;
  for(i=0;i<8;i++)
  {
    dat|=ADDO;                    //接收数据
    ADCLK=1;
    _nop_();
    _nop_();
    ADCLK=0;                      //形成一次时钟脉冲
    _nop_();
    _nop_();
    dat<<=1;
    if(i==7)dat|=ADDO;
  }
  for(i=0;i<8;i++)
  {
    j=0;
```

```
        j=j|ADDO;                       //接收数据
        ADCLK=1;
        _nop_();
        _nop_();
        ADCLK=0;                        //形成一次时钟脉冲
        _nop_();
        _nop_();
        j=j<<7;
        ndat=ndat|j;
        if(i<7)ndat>>=1;
    }
    ADCS=1;                             //拉低 CS 端
    ADCLK=0;                            //拉低 CLK 端
    ADDO=1;                             //拉高数据端，回到初始状态
    dat<<=8;
    dat|=ndat;

    return(dat);                        //return ad data
}

/ ***********************************************************
    DS18B20 相关函数
/ *********************************************************** /

sbit DQ = P1^0;                         //DS18B20 的数据引脚

/ ***** 延时子程序:主要用于 DS18B20 延时 ***** /
void Delay_DS18B20(int num)
{
    while(num--);
}
/ ***** 初始化 DS18B20 ***** /
void Init_DS18B20(void)
{
    unsigned char x=0;
    DQ = 1;                             //DQ 复位
    Delay_DS18B20(8);                   //稍作延时
    DQ = 0;                             //单片机将 DQ 拉低
    Delay_DS18B20(80);                  //精确延时，大于 480μs
    DQ = 1;                             //拉高总线
    Delay_DS18B20(14);
    x = DQ;                 //稍作延时后，如果 x=0，则初始化成功；如果 x=1，则初始化失败
    Delay_DS18B20(20);
}
/ ***** 读一字节 ***** /
unsigned char ReadOneChar(void)
{
    unsigned char i=0;
    unsigned char dat = 0;
    for (i=8;i>0;i--)
    {
        DQ = 0;             //给脉冲信号
```

```
        dat>>=1;
        DQ = 1;                    //给脉冲信号
        if(DQ)
        dat|=0x80;
        Delay_DS18B20(4);
    }
    return(dat);
}
/*****写一字节*****/
void WriteOneChar(unsigned char dat)
{
    unsigned char i=0;
    for (i=8; i>0; i--)
    {
        DQ = 0;
        DQ = dat&0x01;
        Delay_DS18B20(5);
        DQ = 1;
        dat>>=1;
    }
}
/*****读取温度*****/
unsigned int ReadTemperature(void)
{
    unsigned char a=0;
    unsigned char b=0;
    unsigned int t=0;
    float tt=0;
    Init_DS18B20();
    WriteOneChar(0xCC);        //跳过读序号、列号的操作
    WriteOneChar(0x44);        //启动温度转换
    Init_DS18B20();
    WriteOneChar(0xCC);        //跳过读序号、列号的操作
    WriteOneChar(0xBE);        //读取温度寄存器
    a=ReadOneChar();           //读低 8 位
    b=ReadOneChar();           //读高 8 位
    t=b;
    t<<=8;
    t=t|a;
    tt=t*0.0625;
    t= tt*10+0.5;              //放大 10 倍输出并四舍五入
    return(t);
}
//==============================================================
//==============================================================
//==============================================================

/*****校准温度*****/
u16 check_wendu(void)
{
    u16 c;
    c=ReadTemperature()-5;    //获取温度值并减去 DS18B20 的温漂误差
```

```
    if(c<1) c=0;
    if(c>=999) c=999;
    return c;
}


/*************************************************************
    按键检测相关函数
*************************************************************/
//按键
sbit Key1=P3^0;               //设置键
sbit Key2=P3^1;               //加按键
sbit Key3=P3^2;               //减按键

#define KEY_SET1              //设置
#define KEY_ADD2              //加
#define KEY_MINUS3            //减

//============================================================
//函数: u8 Key_Scan()
//应用: temp=u8 Key_Scan()
//描述: 按键扫描并返回按下的键值
//参数: none
//返回: 按下的键值
//版本: VER1.0
//日期: 2015-05-29
//备注: 该函数带松开检测，按下键返回一次键值后返回0，直至第二次按键被按下
//============================================================
u8 Key_Scan()
{
    static u8 key_up=1;              //按键松开标志
    if(key_up&&(Key1==0||Key2==0||Key3==0))
    {
        delay_ms(10);                //去抖动
        key_up=0;
        if(Key1==0)return 1;
        else if(Key2==0)return 2;
        else if(Key3==0)return 3;
    }
    else if(Key1==1&&Key2==1&&Key3==1)
    key_up=1;
    return 0;                        //无按键被按下
}
void main (void)
{
    u8 key;
    wendu=check_wendu();             //初始化时调用温度读取函数，防止开机85℃
    Init1602();                      //调用初始化显示函数
    LCD_Write_String(0,0,"SET T:00   E:000");  //开机界面
    LCD_Write_String(1,0,"NOW T:00.0 E:000");
    delay_ms(1000);
    wendu=check_wendu();             //初始化时调用温度读取函数，防止开机85℃
```

```
while (1)                                           //主循环
{
  key=Key_Scan();                                   //按键扫描
  yanwu=Adc0832(0);                                 //读取烟雾值
  wendu=check_wendu();                              //读取温度值

  if(key==KEY_SET)
  {
    Mode++;
  }

  switch(Mode)                                      //判断模式的值
  {
    case 0:                                         //监控模式
    {
      Display_1602(yushe_wendu,yushe_yanwu,wendu,yanwu);
      //显示预设温度值、预设烟雾值、温度值、烟雾值
      if(yanwu>=yushe_yanwu)                        //烟雾值大于或等于预设值时
      {
        LED_yanwu=0;                                //烟雾指示灯亮
        baojing=0;                                  //蜂鸣器报警
      }
      else                                          //烟雾值小于预设值时
      {
        LED_yanwu=1;                                //关掉报警灯
      }
      if(wendu>=(yushe_wendu * 10))
      //温度大于或等于预设温度值时(为什么是大于预设值×10:因为我们要显示的温度
      //是有小数点后一位, 是一个 3 位数, 25.9℃时实际读的数是 259, 所以判断预设值
      //时将预设值×10)
      {
        baojing=0;                                  //打开蜂鸣器报警
        LED_wendu=0;                                //打开温度报警灯
      }
      else                                          //温度值小于预设值时
      {
        LED_wendu=1;                                //关闭报警灯
      }
      if((yanwu<yushe_yanwu)&&(wendu<(yushe_wendu * 10)))
      //当烟雾小于预设值并且温度也小于预设值时[&&:逻辑与, 左、右两边的表达式都
      //成立(都为真, 也就是都为 1)时, 该 if 语句才成立]
      {
        baojing=1;                                  //停止报警
      }
      break;
    }
    case 1:                                         //预设温度模式
    {
      SelectPosition(0,5);                          //指定位置
      write_com(0x0d);                              //阴影闪烁
      if(key==KEY_ADD)                              //加键被按下
      {
```

```
            yushe_wendu++;                          //预设温度值(阈值)加 1
            if(yushe_wendu>=99)                     //当阈值加到大于或等于 99 时
            yushe_wendu=99;                         //阈值固定为 99
            LCD_Write_Char(0,6,yushe_wendu,2);      //显示预设温度值
          }
          if(key==KEY_MINUS)                        //减键被按下
          {
            if(yushe_wendu<=1)                      //当温度上限值减小到 1 时
            yushe_wendu=1;                          //固定为 1
            yushe_wendu--;                          //预设温度值减 1, 最小为 0
            LCD_Write_Char(0,6,yushe_wendu,2);      //显示预设温度值
          }
          break;                                    //执行后跳出 Switch
        }
        case 2:                                     //预设烟雾模式
        {
          SelectPosition(0,12);                     //指定位置
          write_com(0x0d);                          //打开显示, 无光标闪烁
          if(key==KEY_ADD)                          //加键被按下
          {
            if(yushe_yanwu>=255)                    //当阈值加到大于或等于 255 时
            yushe_yanwu=254;                        //阈值固定为 254
            yushe_yanwu++;                          //预设烟雾值(阈值)加 1, 最大为 255
            LCD_Write_Char(0,13,yushe_yanwu,3);     //显示预设烟雾值
          }
          if(key==KEY_MINUS)                        //减键被按下
          {
            if(yushe_yanwu<=1)                      //当烟雾上限值减小到 1 时
            yushe_yanwu=1;                          //固定为 1
            yushe_yanwu--;                          //预设烟雾值减 1, 最小为 0
            LCD_Write_Char(0,13,yushe_yanwu,3);     //显示预设烟雾值
          }
          break;
        }
        default:
        {
          write_com(0x38);                          //屏幕初始化
          write_com(0x0c);                          //打开显示, 无光标闪烁
          Mode=0;                                   //恢复正常模式
          break;
        }
      }
    }
  }
```

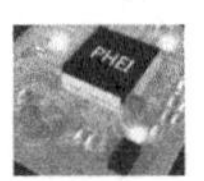

PCB 版图

PCB 版图是通过原理图设计，在 Altium Designer 界面创建 PCB 文件，将原理图中各个元器件进行分布，然后进行布线处理而得到的，如图 31-16 所示。在 PCB 设计过程中

需要考虑外部连接的布局、内部电子元件的优化布局、金属连线和通孔的优化布局、电磁保护、热耗散等各种因素，这里就不做过多说明了。

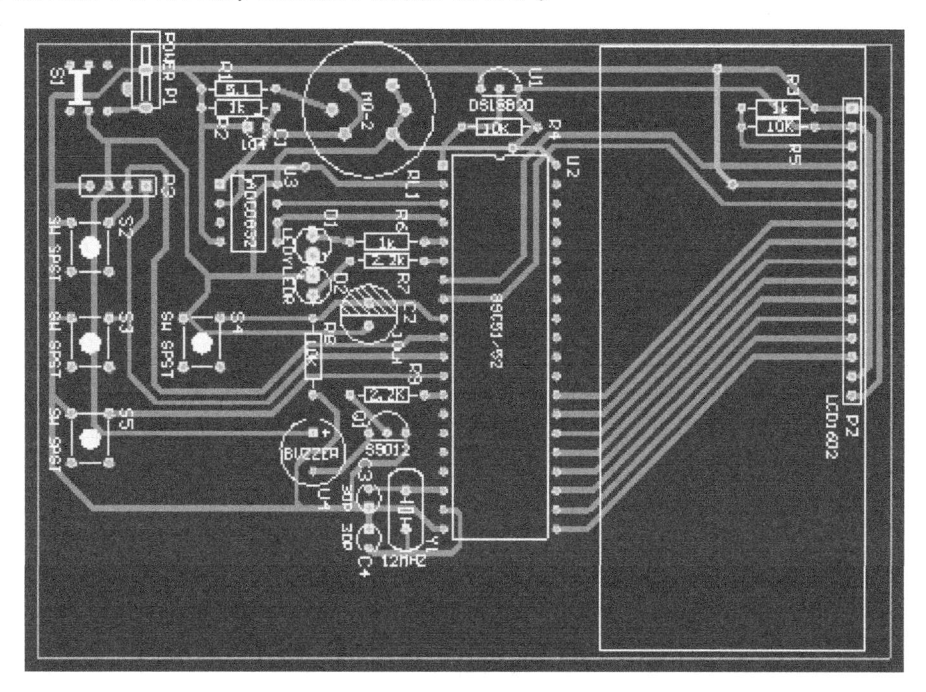

图 31-16　火灾检测电路 PCB 版图

实物测试

按照原理图的布局，在实际板子上进行各个元器件的焊接，焊接完成后的实物图如图 31-17 所示。实物测试图如图 31-18 所示。构成本电路的材料如表 31-1 所示。

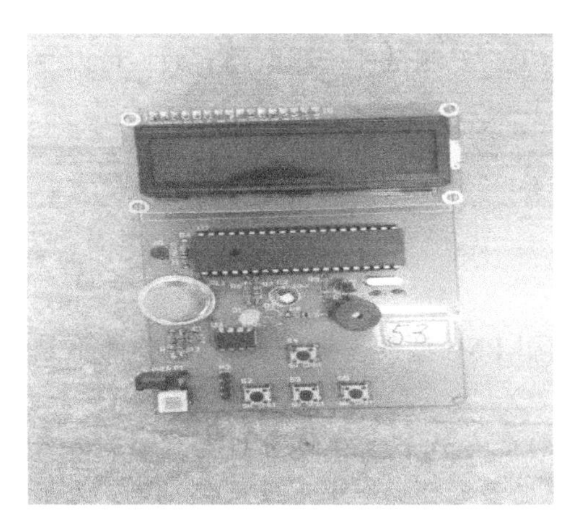

图 31-17　火灾检测电路实物图

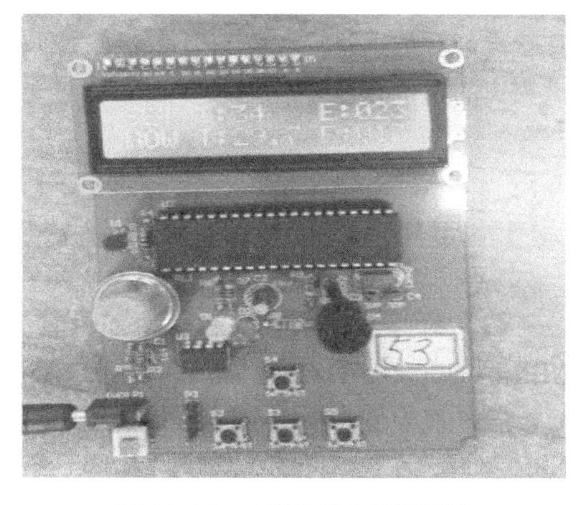

图 31-18　火灾检测电路测试图

表 31-1　火灾检测电路材料表

序　　号	名　　称	元件规格	数　　量	元件编号
1	电阻	5.1Ω	1	R1
2	电阻	1kΩ	2	R2，R6
3	电阻	2.2kΩ	3	R3，R7，R9
4	电阻	10kΩ	3	R4，R5，R8
5	瓷片电容	30pF	2	C3，C4
6	瓷片电容	104F	1	C1
7	电解电容	10μF	1	C2
8	LEDY 黄色	5mm 发光二极管	1	D1
9	LEDR 红色	5mm 发光二极管	1	D2
10	POWER	DC 电源插座 3.5~1.1mm	1	P1
11	LCD1602 液晶	LCD1602	1	P2
12	4P 排针	Header4	1	P3
13	PNP 型三极管	S9012	1	Q1
14	烟雾传感器	MQ-2	1	RL1
15	自锁开关	SWITCH	1	S1
16	轻触按键开关	SW SPST	4	S2，S3，S4，S5
17	温度传感器	DS18B20	11	U1
18	单片机	STC89C51/52	1	U2
19	两路 A/D 转换器	ADC0832	1	U3
20	蜂鸣器	BUZZER-5.08	1	U4
21	晶振	12MHz	1	Y1

在此次电路测试中，将温度阈值调到 33，烟雾阈值调到 23。用手触摸温度传感器（通过体温加热），当温度达到 33 或大于 33 时黄色 LED 灯发光，蜂鸣器产生报警；将烟雾吹向烟雾传感器，红色 LED 灯亮，蜂鸣器产生报警。经测试此检测电路有效，可以测试火灾的发生并报警。

思考与练习

（1）蜂鸣器或继电器的驱动三极管为什么选用 PNP 型的（9012、8550），而不是 NPN 型的（9013、8050）？

答：因为单片机刚一上电的时候所有 I/O 口均会有一个短暂的高电平，如果选用 NPN 型的，即使程序上将 I/O 口拉低，蜂鸣器或继电器也会响一小下或吸合一下，为了避免这种情况的发生，就选用 PNP 型。我们想控制蜂鸣器或继电器工作，单片机的 I/O 口为低电平，这样就避免了不必要的麻烦。

（2）液晶 3 脚接的两个电阻是怎样算出来的？

答： 经过查阅资料得知，液晶 3 脚是灰度调节引脚，灰度正常时是 0.5~1V，可以用两个电阻或电位器分压。电位器的调节比较麻烦，而采用 10kΩ 电阻接电源、1kΩ 电阻接地则刚刚好，并且不用调节，焊接好就可以用。

（3）晶振为什么选用 12MHz 的？

答： 12MHz 是比较常用的晶振，51 单片机是 12 分频的，选用 12MHz 晶振，如果是单指令周期的语句，则刚好是 1μs，其他语句正好是 1μs 的整数倍，很轻松就可以算出每个语句用了多长时间。

（4）数码管采用的是什么扫描方式？

答： 一位数码管的设计采用静态扫描方式。因为一位数码管是 8 个段选 1 个位选，如果采用动态扫描方式，就需用 9 个 I/O 口，并且程序也比较麻烦，而选用静态扫描方式，则位选接电源或地（共阳接电源，共阴接地），段选接 I/O 口，就可以控制显示，这样只用 8 个 I/O 口即可，并且程序比较简单。多位一体的数码管只能用动态扫描方式，因为硬件本身就将每个位的段都接到一起了，所以只能通过动态控制。

特别提醒

（1）本设计中除了电阻和一些无极性电容外，还有一些极性元件，焊接时要注意正、负极。例如，若将二极管正、负极焊反，将导致不能实现光报警。

（2）要将温度传感器置于板子的边缘，否则可能会因为通电后板子及其元器件发热而导致温度的测量结果不准确。

（3）上电显示正常，有烟雾值，温度值为 0，这时首先检查 DS18B20 周边，若无虚焊，则再看 DS18B20 是否极性弄反。若仍不能解决，建议更换元件。

（4）注意 LED 灯的选取，本例中设计 LED 的分得电压为 3V，若选取的灯不合适，则会出现不亮或烧毁器件的现象。

（5）若发现 LCD 不亮或有模糊、亮度低等情况，不要急着定论为 LCD 有问题。LCD 的 3 脚是清晰度调节引脚，若分压不合适，会导致上述问题的发生，绘制原理图时要注意这一点。

项目 32　物体流量计数器设计

设计任务

生产车间的生产量不断加大，在生产中遇到一个问题：正常情况下一个大袋中要装入 10 个物料，但是由于人为疏忽，有时会导致多装或漏装。为解决这个问题，提出一个物料自动打包系统。自动打包系统分为两部分，即物体流量计数器和机械封装系统。本设计完成物体流量计数器的设计，当计数达到 10 件时，信号输出启动自动封箱设备。

基本要求

☺ 当物体通过红外对射管时，计数器加 1，并能进行数码显示。

☺ 当数码管显示为 9 时，继电器 K1 吸合，LED 灯亮，同时报警。

总体思路

当物体没有通过流量计数器的红外对射管时，红外接收管导通；当物体通过红外对射管之间时，红外接收管呈现高阻态，红外发射接收电路输出信号通过放大电路、整形电路处理后转化为脉冲信号，BCD 码加法计数器接收到此信号后，对脉冲上升沿进行加法计数处理，计数电路输出信号送入译码显示电路和计满输出电路，使数码管显示所经过物体的数量，并且当所经过物体的数量为 10 时，继电器 K1 吸合，LED 灯亮，同时报警。

系统组成

物体流量计数器电路分为 7 部分。

第一部分为稳压电路。整流滤波电路为继电器提供额定工作电压 12V，串联稳压电路为后面各部分电路提供+5V 电压。

第二部分为红外发射、接收电路。当物体经过红外对射管时，电路输出的信号由高电平变为低电平。

第三部分为放大电路。对前面部分电路输出的信号进行放大。

第四部分为整形电路。前级输出信号进入由 NE555 组成的施密特触发器电路，将模拟信号转换为脉冲信号。

第五部分为 BCD 码计数电路。BCD 码加法计数器接收到此信号后，对脉冲上升沿进行加法计数处理。

第六部分为译码显示电路。CD4511 将接收到的 BCD 码经过译码后驱动 LED 数码管，使其显示当前计数值。

第七部分为计满输出电路。当 BCD 码输出为 1001 时继电器 K1 吸合，蜂鸣器响，计数达到 10 件时，信号输出启动自动封箱设备。

整个系统方案的模块框图如图 32-1 所示。

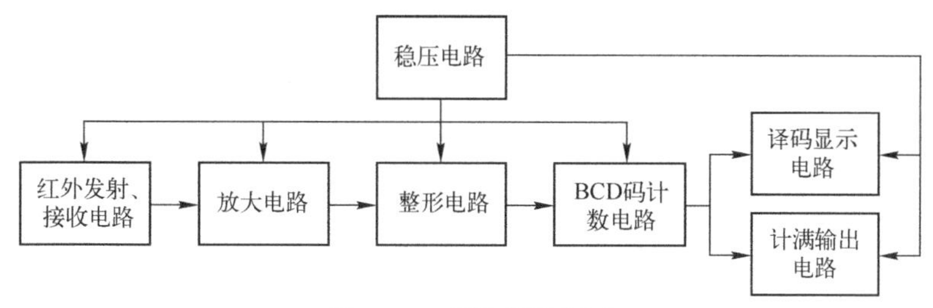

图 32-1　系统模块框图

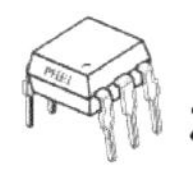

模块详解

1. 稳压电路

这部分电路由整流滤波电路和串联稳压电路组成。由 D1，D2，D3，D4 组成的桥式整流电路将交流 12V 电压整流为直流 12V 电压，220μF 的电解电容用于电源滤波。由 Q5，R1，D6 组成串联稳压电路。该部分电路以稳压管 D6 稳压电路为基础，利用晶体管 8050 的电流放大作用，增大负载电流；同时在电路中引入深度电压负反馈使输出电压稳定。D6，Q1，R12，RP2 和 R3 共同决定电路输出的稳定电压值。其中，RP2 中心抽头电压值为 $U_{RP2}=U_Z+U_{BE}$，U_{BE}为三极管 1815 基极和发射极间的电压差值，为 0.7V。最终达到的稳压值 $V_{CC}=V_{RP2}\times(R_3+RP2')/(R_{12}+RP2+R_3)$，其中，RP2′的值为 RP2 中间抽头与 1 脚之间的阻值。调整 RP2 的阻值使 V_{CC}的值为 5V。稳压电路如图 32-2 所示。

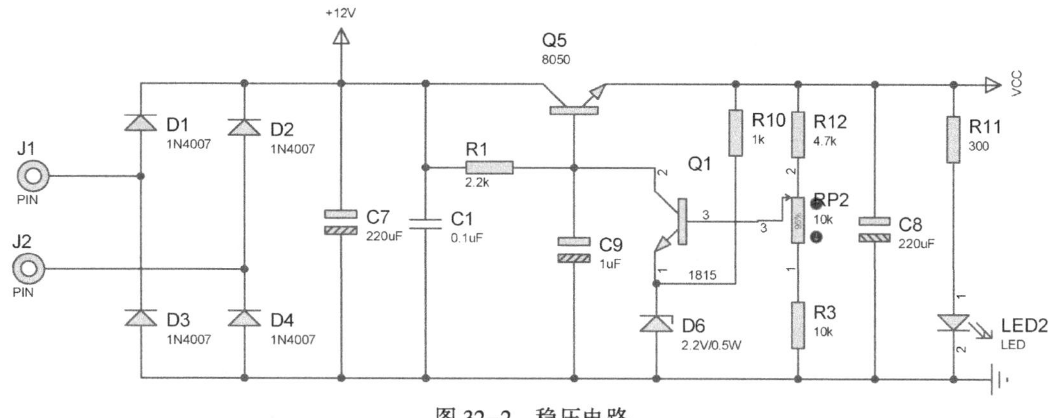

图 32-2　稳压电路

2. 红外发射、接收电路

这部分电路由红外发射管、红外接收管和相关电阻组成，如图 32-3 所示。红外发射/接收二极管与普通 5mm 发光二极管的外形相同，二者的区别在于红外发射二极管为透明封装，红外接收二极管采用黑胶封装。红外发射二极管工作于正向，电流流过发射二极管时，发射二极管发出红外线，红外接收二极管工作于反向，当没有接收到红外线时呈高阻状态，当接收到红外线时，接收二极管的电阻减小，故在本电路中，当没有物体经过时，红外发射二极管发射的红外线射入红外接收二极管中，红外接收二极管的阻值很小，out1 为高电平，当物体经过时将红外线遮挡，使红外接收二极管接收不到红外线而呈现高阻态，out1 为低电平。

3. 放大电路

该电路为晶体管 1815 工作在放大状态的共射放大电路，如图 32-4 所示。集电极电流受基极电流的控制，并且基极电流很小的变化会引起集电极电流很大的变化，而且变化满足一定的比例关系，集电极电流的变化量是基极电流变化量的 β 倍，故该级电路可以将前一级电路的输出信号进行放大。

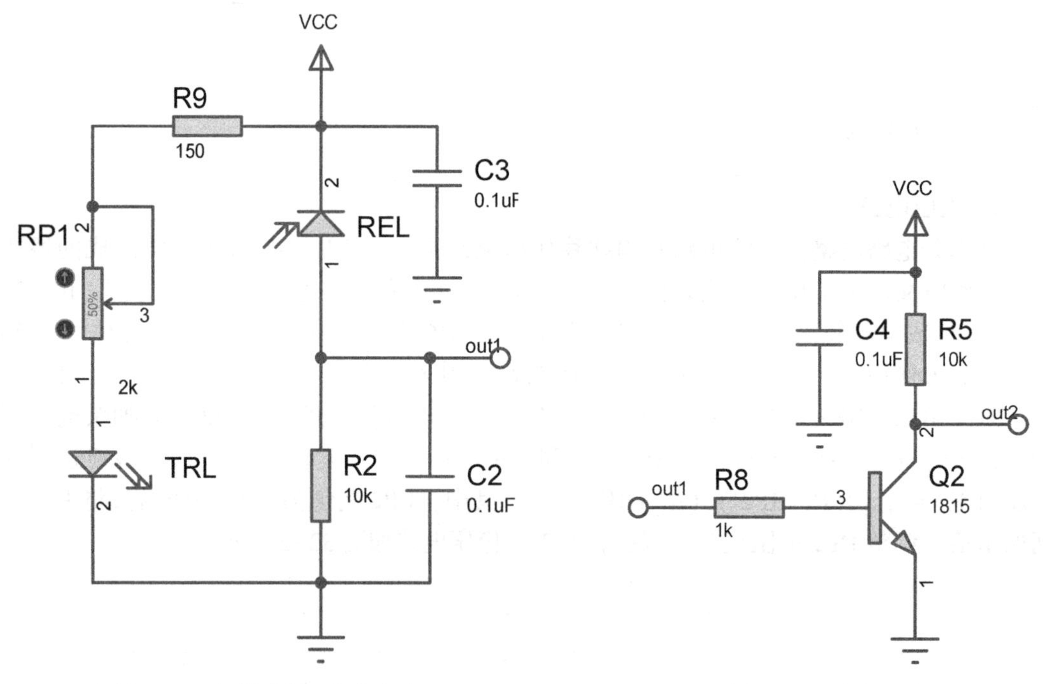

图 32-3　红外发射、接收电路　　　　图 32-4　放大电路

4. 整形电路

将 555 定时器 TR 和 TH 的两个输入端连在一起作为信号输入端，即得到由 555 定时器构成的施密特触发器。它靠输入电压信号 out2 来控制电路状态的翻转。外接输入信号的高电平必须大于 2/3VCC，低电平必须小于 1/3VCC，电路状态才能翻转。本设计中 out2 信号的高、低电平满足要求，可以使电路的状态翻转。当没有物体通过红外发射、接收二极管时，out2 是低电平，Q 输出为高电平；当有物体通过时，out2 为高电

平，电路状态反转为低电平，即达到将前一级输出信号整形成方波信号的目的。整形电路如图 3-25 所示。

5. BCD 码计数电路

BCD 码计数电路由二/十进制同步加计数器 CD4518 构成，如图 32-6 所示。CD4518 计数器是单路系列脉冲输入，4 路 BCD 码信号输出。本设计中计数清除端 MR 正常情况下为低电平，当按下 S1 键时，MR 变为高电平，计数清零。前端整形电路产生的脉冲信号输入 CLK 引脚，即采用上升沿触发，将 E 端接为高电平，这样电路才处于计数状态。若用时钟下降沿触发，时钟信号由 E 脚输入，此时 CP 端应为低电平，同时复位端也保持低电平，电路处于计数状态。

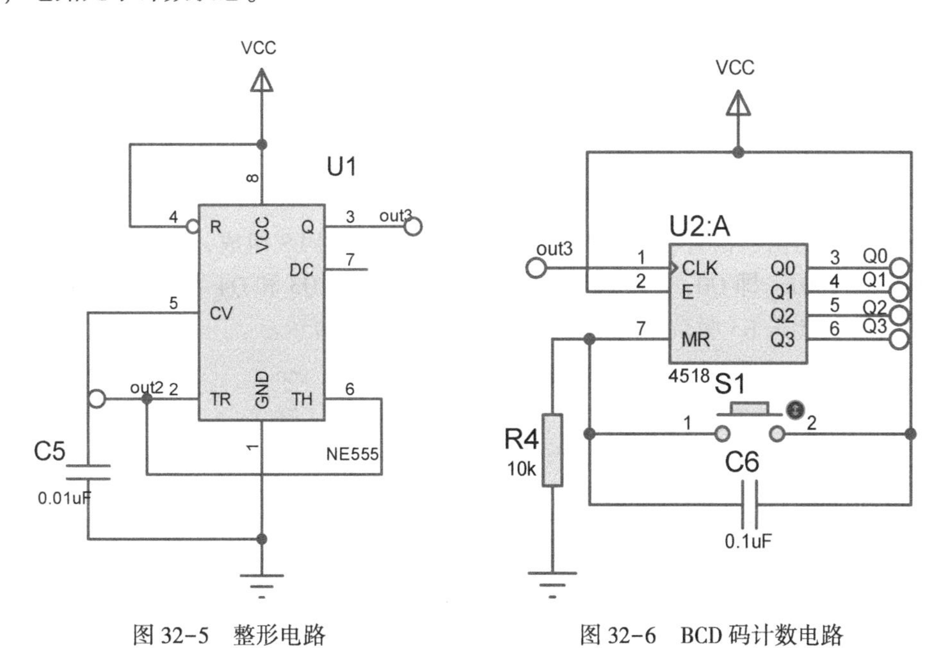

图 32-5　整形电路　　　　图 32-6　BCD 码计数电路

6. 译码显示电路

译码显示电路由 CD4511 和 7 段数码管及限流电阻组成，如图 32-7 所示。CD4511 是一个用于驱动 LED（数码管）显示器的译码器，其特点有：具有 BCD 转换、消隐和锁存控制、七段译码及驱动功能的 CMOS 电路，并且能提供较大的拉电流。可直接驱动 LED 显示器。CD4511 中 BI 即 4 脚是消隐输入控制端，当 BI=0 时，不管其他输入端状态怎么样，7 段数码管都会处于消隐也就是不显示状态。LE 即 5 脚是锁定控制端，当LE=0 时，允许译码输出；当 LE=1 时译码器是锁定保持状态，译码器输出被保持在LE=0 时的数值。LT 即 3 脚是测试信号的输入端，当 BI=1，LT=0 时，译码输出全为 1，不管输入 D、C、B、A 端的状态如何，7 段均发亮全部显示，其主要用来检测 7 段数码管是否有物理损坏。本电路中 LT 和 BI 均为高电平，可以正常译码。由 CD4511 的译码真值表可得：D、C、B、A 输入为 0000－1001 时，译码输出为 1111110、0110000、1101101、1101101、1111001、0110011、1011011、0011111、1110000、1111111、1110011，驱动共阴数码管显示 0~9 的数字。

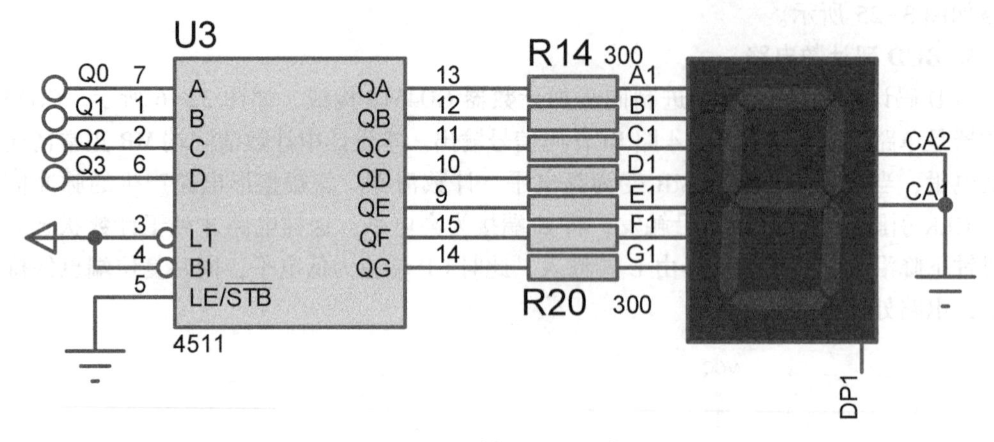

图 32-7　译码显示电路

7. 计满输出电路

计满输出电路由三极管 Q3、Q4、继电器 K1 和蜂鸣器 LS 组成，如图 32-8 所示。当计数电路输出 1001，即 Q0，Q3 为高电平时，NPN 三极管 Q3 和 Q4 导通，LED1 灯亮，继电器线圈得电，开关 K1 吸合，蜂鸣器报警输出自动封箱信号。

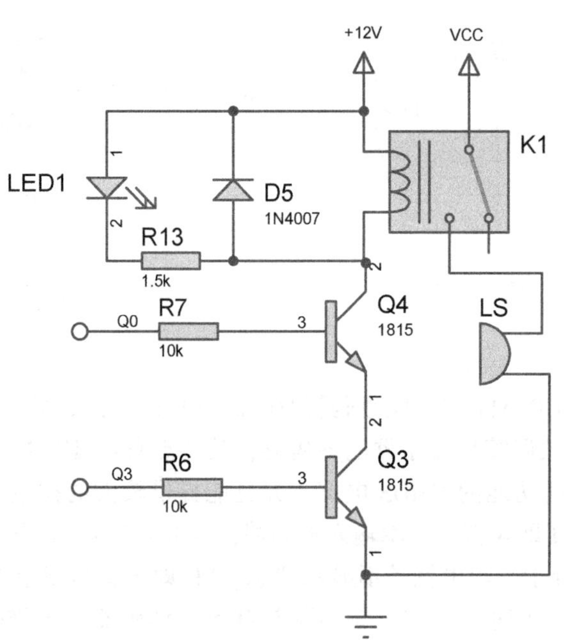

图 32-8　计满输出电路

电路整体原理图如图 32-9 所示。

电路实际测量结果分析：上电后，+5V 电源指示灯亮，当物体通过红外发射、接收管之间时数码管显示计数加 1，当计数为 9 时，LED1 灯亮，并且蜂鸣器报警。电路设计完成。

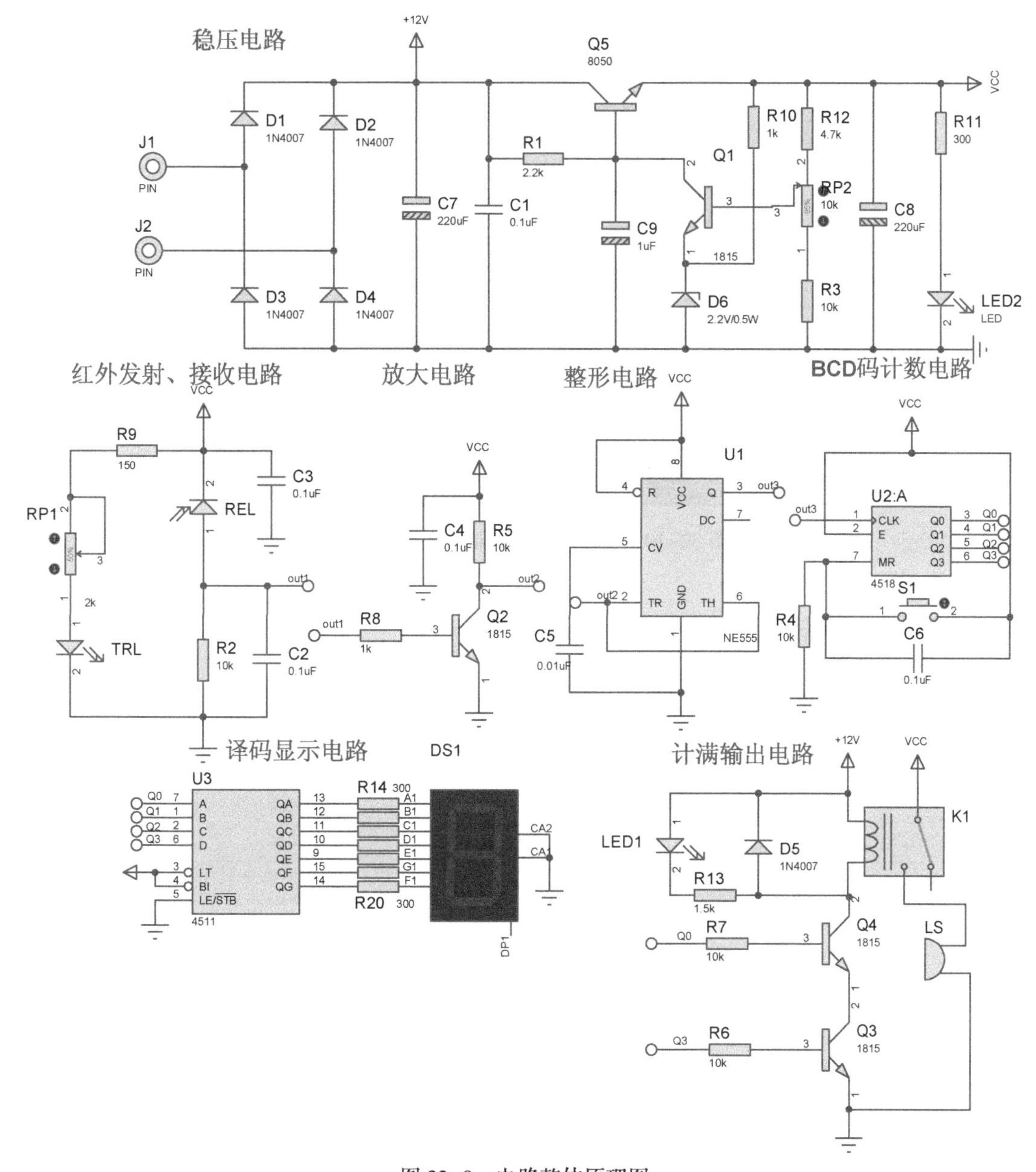

图 32-9　电路整体原理图

 PCB 版图

PCB 版图是通过原理图设计，在 Proteus 界面单击 PCB Layout，将原理图中各个元器件进行分布，然后进行布线处理而得到的，如图 32-10 所示。在 PCB 设计过程中需要考虑外部连接的布局、内部电子元器件的优化布局、金属连线和通孔的优化布局、电磁保护、热耗散等各种因素，这里就不做过多说明了。图 32-11 为实物图。

构成本电路的元器件清单如表 32-1 所示。

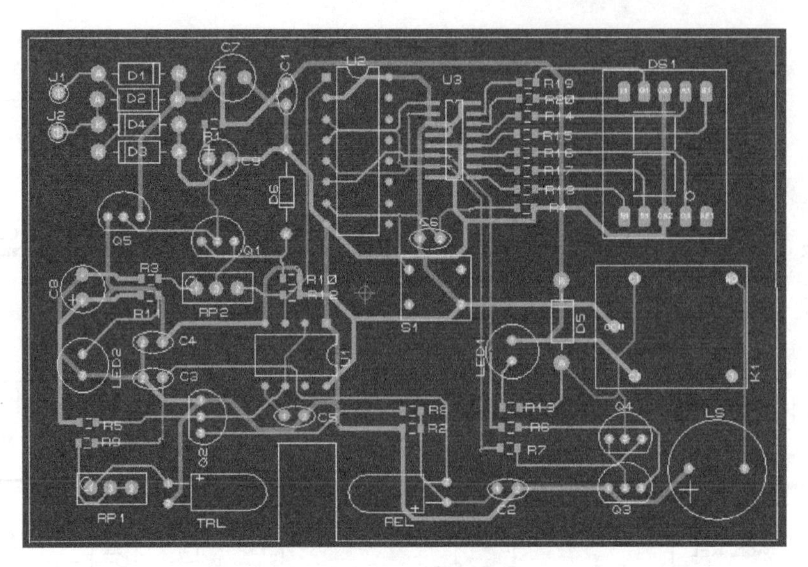

图 32-10　物体流量计数器电路 PCB 版图

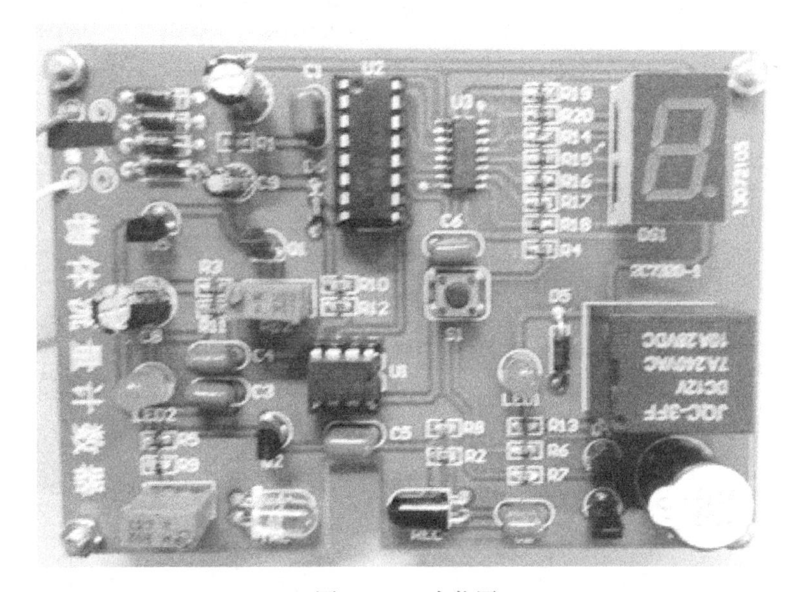

图 32-11　实物图

表 32-1　构成本电路的元器件清单

序号	名　称	原 件 规 格	数量	原 件 编 号
1	电阻	10kΩ	6	R2，R3，R4，R5，R6，R7
2	电阻	2. 2kΩ	1	R1
3	电阻	4. 7kΩ	1	R12
4	电阻	1kΩ	2	R8、R10
5	电阻	150Ω	1	R9
6	电阻	300Ω	7	R14，R15，R16，R17，R18，R19，R20
7	电阻	1. 5kΩ	1	R13
8	电解电容	10μF/25V	1	C9

续表

序号	名　　称	原件规格	数量	原件编号
9	电解电容	220μF/25V	2	C7，C8
10	CBB 电容	0.1μF	6	C1～C6
11	电位器	电位器 3296W-103	1	RP2
12	电位器	2kΩ	1	RP1
13	二极管	1N4007	4	D1～D4
14	按键	4 脚非自锁按钮	1	S1
15	稳压二极管	2.2V	1	D6
16	发光二极管	绿色、红色	2	LED1，LED2
17	红外发射管	白色	1	TRL
18	红外接收管	黑色	1	REL
19	三极管	C1815	4	Q1～Q4
20	三极管	C8050	1	Q5
21	数码管	共阴极	1	DS1
22	集成芯片	NE555	1	U1
23	集成芯片	CD4518	1	U2
24	集成芯片	CD4511	1	U3
25	继电器	JQC-3F	1	K1
26	蜂鸣器	有源，5V	1	LS

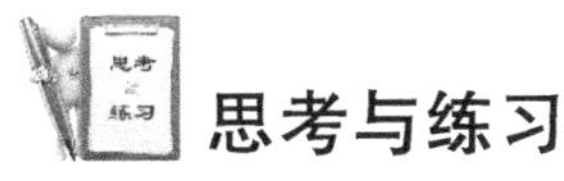

思考与练习

（1）目前的物体计数电路是物体经过后（障碍物移开后）计数器加 1，试分析电路怎样改进后，使物体进入（障碍物刚进入）时加 1？

答：将 R2 和 REL 对换一下位置。

（2）为什么当没有物体通过红外发射、接收二极管时，out2 是低电平？

答：因为没有物体通过红外发射、接收二极管时，红外发射二极管发射的红外线射入红外接收二极管中，红外接收二极管的阻值很小，out1 为高电平，从而使 Q2 导通，out2 的电平被拉低。

（3）为什么有物体通过时，out2 为高电平？

答：当物体通过时将红外线遮挡，使红外接收二极管接收不到红外线而呈现高阻态，即 out1 为低电平，Q2 不导通，out2 为高电平。

特别提醒

电路焊接完成后，要调节 RP2 的阻值，确保串联稳压部分电路输出+5V 的电压，才能保证后面电路的正常工作。

反侵权盗版声明

举报电话：（010）88254396；（010）88258888
传　　真：（010）88254397
E-mail：dbqq@phei.com.cn
通信地址：北京市海淀区万寿路173信箱
电子工业出版社总编办公室
邮　　编：100036